神农架

SHENNONGJIA

YAOYONG ZHIWU ZIYUAN YU JIYIN JIANDING

药用植物资源与基因鉴定

名誉主编 陈士林

主 编 胡志刚 刘霞 杜巍

长江出版传媒

湖北科学技术出版社

图书在版编目（CIP）数据

神农架药用植物资源与基因鉴定 / 胡志刚，刘霞，杜巍
主编 . —武汉：湖北科学技术出版社，2023.10
　　ISBN 978-7-5706-2284-9

　　Ⅰ．①神…　Ⅱ．①胡…　②刘…　③杜…　Ⅲ．①神农架－
药用植物－植物资源　②神农架－药用植物－基因－鉴定
Ⅳ．① S567

　　中国版本图书馆 CIP 数据核字（2022）第 200663 号

策　　划：冯友仁　李　青
责任编辑：李　青　冯友仁
责任校对：陈横宇　　　　　　　　　　　　　　　　　　封面设计：胡　博

出版发行：湖北科学技术出版社
地　　址：武汉市雄楚大街 268 号（湖北出版文化城 B 座 13—14 层）
电　　话：027-87679468　　　　　　　　　　　　　　邮　　编：430070

印　　刷：武汉雅美高印刷有限公司　　　　　　　　　　邮　　编：430024

889×1194　　　　1/16　　　　　　　　　33.75 印张　　　　864 千字
2023 年 10 月第 1 版　　　　　　　　　　2023 年 10 月第 1 次印刷
定　　价：298.00 元

《神农架药用植物资源与基因鉴定》

编 委 会

序

    神农架地处湖北省西北部，是世界中纬度北亚热带季风区的一块绿色宝地，拥有保存完好的亚热带森林生态系统与亚高山泥炭藓沼泽类湿地，获得联合国教科文组织世界生物圈保护区网络、世界地质公园网络、世界遗产名录共同录入。神农架据传是华夏始祖、神农炎帝搭架采药、为民疗疾的地方，拥有"神农四宝""三十六还阳""七十二七"等众多地方特色中草药和大量珍稀濒危药用植物，研究神农架药用植物具有极其重要的科学价值。

    神农架药用植物存在同名异物、同物异名和多基原品种等现象，给开展系统、准确的物种鉴定和该区域中药资源的发掘、利用及保护带来不便，而传统的性状鉴定、显微鉴定及理化鉴定在药用植物物种基原鉴定上具有一定的局限性。DNA 条形码（DNA barcoding）是利用基因组中一段公认的、相对较短的 DNA 序列来进行物种鉴定的分子生物学技术。该技术通过建立数字化物种鉴定数据库，为药用植物提供客观、快速、准确的鉴定，是中药分子鉴定方法学上的巨大创新，《中药材 DNA 条形码分子鉴定法指导原则》已纳入《中华人民共和国药典》。

    《神农架药用植物资源与基因鉴定》一书选取神农架 113 科 394 种代表性药用植物，涵盖了《中华人民共和国药典》（2020 年版）部分药材的基原物种，以及神农架特色和珍稀濒危药用植物，首次将 DNA 条形码分子鉴定技术应用于神农架药用植物的物种鉴定，对植物形态、生境与分布、DNA 条形码序列特征及资源现状与用途等进行描述，将 DNA 条形码序列转化为读者更容易直观识别的条形码和二维码。该书创新性地将药用植物的形态鉴定和基因鉴定有机融合，将为神农架药用植物鉴定、资源保护及发掘提供准确的数据支持，具有较高的学术应用价值。

    吾有幸先阅该书，全书图文并茂，陈述简明。书稿即将付梓，邀我作序，感谢主编与众位编者的信任，恭贺之余，谨致数语，乐观厥成。

中国工程院院士 肖培根

2023 年 10 月

一 前 言

神农架位于湖北省西北部，地跨东经 109°56′~110°58′，北纬 31°15′~31°75′，地处中国地势第二阶梯的东部边缘。相传远古时期我国伟大的农业和医药之神——炎帝神农氏曾在这里搭架上山采药，遍尝百草，为民疗疾，因而得名"神农架"。境内群峰耸立，最高峰神农顶海拔 3 106.2 米，为华中第一峰，神农架因此被称为"华中屋脊"。

神农架拥有当今世界中纬度地带唯一保存完好的亚热带森林生态系统，植物类型齐全，特别是生存着许多古老孑遗树种与珍稀濒危植物，被誉为"物种基因库"。神农架得天独厚的地理、生态、气候和人文环境，孕育出道地、珍稀与独特的中草药资源，是中医药文化积淀极为深厚的地区之一。据第四次全国中药资源普查数据显示，神农架中草药共有 252 科 1 081 属 2 552 种，资源总种类占全国中药资源的 1/6 以上，占湖北全省中药资源的 2/3 以上，且蕴藏量大，是名副其实的"中草药王国"。神农架的药用植物是中医药文化宝库中的瑰宝，具有不可估量的保护和开发利用价值，值得努力挖掘，加以提高。

《神农架药用植物资源与基因鉴定》的编著工作，由湖北中医药大学胡志刚教授、武汉理工大学刘霞教授、武汉大学杜巍副教授联合各地专家学者历时多年编写完成，由中国中医科学院中药研究所陈士林首席研究员担任名誉主编，湖北中医药大学刘合刚教授、湖北中医药大学吕文亮教授、神农架林区林业管理局沈绍平书记、武汉理工大学熊富良教授、武汉大学汪小凡教授担任本书顾问。该书基于神农架独特的药用植物资源优势，采集神农架 394 种代表性药用植物，图文并茂地介绍了其植物形态、生境与分布，运用陈士林研究员全球首创的"中草药 DNA 条形码物种鉴定体系"，通过 DNA 提取、PCR 扩增、测序、序列拼接、结果判定等步骤，获取 ITS2 序列为主、*psb*A-*trn*H 为补充的 DNA 条形码标准序列，转化为读者更容易直观识别的条形码和二维码，并介绍了代表性药用植物的资源现状与用途。该专著首次将 DNA 条形码用于神农架药用植物的物种鉴定，将形态鉴定与基因鉴定有机融合，是集科学研究和科普教育于一体的神农架药用植物研究又一力作。

本书先后被列入"十四五"国家重点出版物出版规划项目和国家出版基金项目，本书相关研究获得科学技术部国家重大新药创制重大科技专项（2014ZX09304307001）、湖北省科技支撑计划项目（研发与示范类）（2015BCA275）、湖北省青年拔尖人才培养计划和湖北省科技重大专项（2020ACA007）、湖北省科技创新人才计划项目（2023DJC132）等资助，并得到了神农架林区政府、九信中药集团有限公司和各界朋友的大力支持，在此一并表示感谢！

尽管本书组织者与编写者竭尽心智，精益求精，但书中难免存在一些错误、疏漏之处，恳请广大读者和各位专业人士批评指正。愿该书的出版能为神农架林区药用植物资源的鉴定、保护、开发与利用，以及促进中医药事业的发展尽绵薄之力。

编写说明

神农架位于湖北省西北部，神农顶为华中第一高峰，素有"华中屋脊"之称。神农架独特的地理位置和优越的气候条件，为药用植物的孕育和繁衍提供了良好的生存环境，其药用资源种类繁多，蕴藏量极大，是名副其实的"天然药库"。在神农架丰富的药用植物资源中，拥有众多颇具地方特色的中草药，如被誉为"神农四宝"的头顶一颗珠、江边一碗水、文王一支笔和七叶一枝花，以及"三十六还阳"和"七十二七"等。众多民间中草药在长期广泛的使用与传播过程中，形成了"同名异物""同物异名"以及一药多源等现象，容易导致用药混杂。对药用植物开展准确的物种鉴定，是保证用药安全和合理用药的前提。

DNA条形码是利用基因组中一段公认的、相对较短的DNA序列来进行物种鉴定的一种分子生物学技术，是传统形态鉴别的辅助手段和有效补充。国际欧亚科学院院士、俄罗斯工程院和俄罗斯自然科学院外籍院士、中国中医科学院中药研究所陈士林首席研究员领衔研究并创建了"中草药DNA条形码物种鉴定体系"，牵头制定的《中药材DNA条形码分子鉴定法指导原则》（9107）被纳入《中华人民共和国药典》（2020年版），在中药材鉴定上得到了广泛应用和普遍认可。利用DNA条形码技术获得中药材DNA条形码标准序列，可为神农架药用植物基原物种的准确鉴定提供分子依据。

本书中所选取的神农架中草药种类以及相关药材信息来源于《神农架中草药》（神农架林区）、《神农架植物》（中国科学院武汉植物研究所，1980年）、《中国神农架》（刘民壮，1993年）、《中国神农架中药资源》（詹亚华，1994年）以及《神农架常见植物图谱》（汪小凡，2015年）等专著；DNA条形码鉴定方法与流程以陈士林研究员编写的《中国药典中药材DNA条形码标准序列》（2015年）和《中药DNA条形码分子鉴定》（2012年）为参照，包括样品来源、样品鉴定、样品处理、DNA提取、PCR扩增、测序、序列拼接及结果判定等步骤，从而获取对应药用植物的DNA条形码序列。

本书各基原物种项下的体例及内容说明如下：

药材基原为药典品种的药用植物，其物种名、拉丁名、药用部位、功效与主治以《中华人民共和国药典》（2020年版）为准，同时参考《中国植物志》和 *Flora of China*；《中华人民共和国药典》未收载的神农架民间药用植物，其物种名和拉丁名以《中国植物志》、*Flora of China* 以及《湖北植物志》为准，药用部位、功效与主治参照《湖北省中药材质量标准》（湖北省药品监督管理局，2018年版）和《中国神农架中药资源》（詹亚华，1994年）。所有基原物种凭证标本保存于湖北中医药大学中药标本馆。

【性状特征】参考《中国植物志》、*Flora of China* 及《湖北植物志》。

【生境与分布】主要针对在神农架有分布的野生物种，参考《中国神农架中药资源》（詹亚华，1994 年）、《神农架常见植物图谱》（汪小凡，2015 年）以及赵子恩研究员（中国科学院武汉植物园）和杜巍副教授（武汉大学）的实地考察，描述其生境与分布，针对栽培种单独标注"神农架有栽培"，附有药用植物生境与形态图片。

【ITS2 序列特征】列出了基原物种的 ITS2 序列总条数，包括神农架基原植物样本和 GenBank（列出 GenBank 登录号）。应用 CondonCode Aligner V 4.2.4（CondonCodeCo，USA）软件对测序峰图进行校对拼接，并获得 ITS2 间隔区序列。利用 MEGA（Molecular Evolutionary Genetics Analysis）6.0 进行序列比对分析，列出 ITS2 序列的比对后的长度以及变异位点、碱基插入/缺失等信息。以条形码附加二维码的方式展示主导单倍型的序列特征（主导单倍型为所有单倍型中占有比例最高的单倍型），条形码及二维码按以下形式展示（以七叶一枝花为例）：

七叶一枝花 ITS2 序列信息

扫码查看七叶一枝花 ITS2 基因序列

左侧部分为由 DNA 序列转换成的彩色条形码图片，包含该物种的 DNA 条形码的序列信息，不同颜色分别代表不同核苷酸（ A T C G），形象化地展示了物种的 DNA 条形码序列。右侧部分为药用植物的拉丁名和 DNA 序列转化成的二维码图片，此二维码图片可以通过不同移动终端（Android 手机、iPhone 等）的多种二维码扫描软件识别。

【*psb*A-*trn*H 序列特征】同"ITS2 序列特征"描述。本书中涉及的基原植物在获取的 ITS2 序列基础上，同时增加叶绿体 *psb*A-*trn*H 基因间隔区序列作为辅助鉴定。

【资源现状与用途】主要介绍对应基原物种的别名、在全国的分布、民间用药特点及资源综合开发与利用等内容。

目 录

单子叶植物类

索　引

真 菌 类 Fungi

多孔菌科 Polyporaceae

猪 苓

***Polyporus umbellatus* (Pers.) Fries**

猪苓 *Polyporus umbellatus* (Pers.) Fries 为《中华人民共和国药典》（2020 年版）"猪苓"药材的基原物种。其干燥菌核具有利水渗湿的功效，用于小便不利、水肿、泄泻、淋浊、带下等。

性状特征 呈不规则的条块状、类球状或扁块状，有的有分枝，长 5～25 cm，直径 2～6 cm。表面皱缩或有瘤状突起，灰黑色或棕黑色。质致密而体轻，能浮于水面，断面细腻，按之较软，类白色或黄白色，略呈颗粒状。气微，味淡（图 1a）。

生境与分布 生于海拔 100～1 100 m 的丘陵、山地，分布于神农架木鱼镇、阳日镇、新华镇等地（图 1b）。

a   b

图 1　猪苓形态与生境图

ITS2序列特征 猪苓 *P. umbellatus* 共 3 条序列，均来自于 GenBank（HQ225509、JX110728、KX675129），序列比对后长度为 210 bp，其序列特征见图 2。

资源现状与用途 猪苓 *P. umbellatus*，别名豕苓、猪茯苓、地乌桃等，主要分布于东北、华北、华南、西北、华中等地区。猪苓含有的茯苓多糖具有抗肿瘤、抗辐射、抗诱变、抗衰老等药理活性，甾体类化学成分具有抗菌消炎的药理活性。此外，猪苓还应用于航天、航海等领域。目前，猪苓野生资源稀少，应开展人工种植研究，解决供需矛盾。

图 2　猪苓 ITS2 序列信息

扫码查看猪苓
ITS2 基因序列

茯　苓

Poria cocos（Schw.）Wolf

茯苓 *Poria cocos*（Schw.）Wolf 为《中华人民共和国药典》（2020 年版）"茯苓"药材的基原物种。其干燥菌核具有利水渗湿、健脾、宁心的功效，用于水肿尿少、痰饮眩悸、脾虚食少、便溏泄泻、心神不安、惊悸失眠等。

性状特征　呈类球状、椭球状或不规则的块状，大小不一。外皮薄而粗糙，棕褐色至黑褐色，有明显隆起的皱纹。体沉，质坚实，断面不平坦，外层淡棕色，内部白色，显颗粒性，少数淡红色，有的中间抱有松根。无臭，味淡，嚼之粘牙（图 3a）。

生境与分布　分布于神农架阳日镇等地（图 3b）。

a　　　　　　　　　　　　　　　　　　　　b

图 3　茯苓形态与生境图

ITS2序列特征　茯苓 *P. cocos* 共 2 条序列，均来自于 GenBank（EF397597、FJ501579），序列比对后长度为 460 bp，有 1 个变异位点，为 180 位点 G-A 变异。主导单倍型序列特征见图 4。

资源现状与用途　茯苓 *P. cocos*，别名茯灵、茯菟、松柏芋等，主要分布于华东、华南、华中地区。我国是世界上最早发现和应用茯苓的国家。茯苓于 2022 年被列入"十大楚药"。以茯苓为原料的中成药有 300 多种，如六味地黄丸、茯苓白术散、桂枝茯苓丸等。同时茯苓被应用于保健、药膳、美容等领域，茯苓饼、茯苓糕、茯苓酒、茯苓粥、茯苓霜等久负盛名。茯苓成分主要是茯苓多糖、三萜类化合物、脂肪酸、无机盐及微量元素，药理学研究表明茯苓具有抗肿瘤、抗氧化、抗炎、抗病毒、抗过敏等多种药理作用。目前，茯苓野生资源较少，市场上的商品主要来自于人工栽培品。神农架林区有少量栽培。

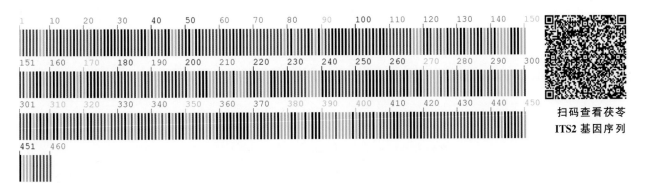

扫码查看茯苓
ITS2 基因序列

图 4　茯苓 ITS2 序列信息

真 藓 科 Bryaceae

暖地大叶藓

Rhodobryum giganteum（schwaegr.）Par.

暖地大叶藓 *Rhodobryum giganteum*（schwaegr.）Par. 为神农架民间"三十六还阳"药材"梅花还阳"的基原物种。其全草具有止血、生肌、收敛的功效，用于外伤出血、刀伤、烫伤、创伤溃烂、痈肿溃烂、黄水疮等。

植物形态 植株稀疏丛集，鲜绿色或深绿色。叶在茎顶部呈花头状，长舌状至匙形，上部明显宽于下部，顶部叶变小，尖部渐尖。叶上部边缘平或具波折状；中下部边缘强烈背卷；中肋下部明显粗壮。叶中部细胞长菱形，边缘细胞不明显分化。雌雄异株，蒴柄长，孢蒴长棒状，孢子圆形，直径 11～17 μm，透明无疣（图 5a）。

生境与分布 生于海拔 900～2 200 m 的潮湿林下或沟边，分布于神农架各地（图 5b）。

a   b

图 5 暖地大叶藓形态与生境图

ITS2序列特征 暖地大叶藓 *R. giganteum* 序列来自于 GenBank（FJ228231），序列长度为 164 bp，其序列特征见图 6。

图 6 暖地大叶藓 ITS2 序列信息

扫码查看暖地大叶藓 ITS2 基因序列

_psb_A–_trn_H序列特征 暖地大叶藓 *R. giganteum* 序列来自于 GenBank（AY312918），序列长度为 130 bp，其序列特征见图 7。

图 7 暖地大叶藓 *psb*A-*trn*H 序列信息

扫码查看暖地大叶藓 *psb*A-*trn*H 基因序列

资源现状与用途 暖地大叶藓 *R. giganteum*，别名回心草、岩谷伞、铁脚一把伞等，广布于西南、华中、东北、华北、华东等地区。暖地大叶藓含有挥发油、酚类、黄酮类、有机酸、甾体化合物、氨基酸、糖类及生物碱等成分，具有抗炎等药理作用。近年来在测定大气污染工作中，暖地大叶藓常被用作指示植物。

万年藓科 Climaciaceae

万 年 藓

Climacium dendroides (Hedw.) Web. et Mohr.

万年藓 *Climacium dendroides*（Hedw.）Web. et Mohr. 为神农架民间"三十六还阳"药材"松枝还阳"的基原物种。其全草具有活血散瘀、止痛的功效，用于跌打损伤、瘀滞作痛、血滞经闭、劳伤等。

植物形态 地下茎横生，具假根及膜质鳞状小叶，上部分枝树状，被叶枝条呈圆条状，具绿色鳞毛。茎上部叶及枝基部叶卵状披针形，基部略下延，上部阔披针形，先端常呈凹形。枝叶较小，狭长披针形，叶缘中上部有锯齿。雌雄异株。蒴柄红色。孢蒴直立，长柱形；蒴盖高圆锥状；无环带分化。蒴齿两层；外蒴齿红褐色基部相连，具黄色疣状边缘；内蒴齿橘黄色，具低基膜；齿条狭线形，具纵穿孔；无齿毛分化。蒴帽兜形，包盖全孢蒴（图 8a）。

生境与分布 生于海拔 900～2 200 m 的高山草丛中，分布于神农架各地（图 8b）。

ITS2序列特征 万年藓 *C. dendroides* 共 3 条序列，均来自于神农架样本，序列比对后长度为 237 bp，其序列特征见图 9。

a   b

图 8　万年藓形态与生境图

图 9　万年藓 ITS2 序列信息

扫码查看万年藓
ITS2 基因序列

_psb_A-_trn_H序列特征　万年藓 _C. dendroides_ 共 2 条序列，均来自于神农架样本，序列比对后长度为 200 bp，其序列特征见图 10。

图 10　万年藓 _psb_A-_trn_H 序列信息

扫码查看万年藓
_psb_A-_trn_H 基因序列

资源现状与用途　万年藓 _C. dendroides_，主要分布于东北、西北、西南高山林区。主要成分为甾醇类，为民间用药，目前野生资源较少。

地　钱　科　Marchantiaceae

地　钱

Marchantia polymorpha L.

地钱 _Marchantia polymorpha_ L. 为神农架民间"三十六还阳"药材"菊花还阳"的基原物种。其植物体具有清热利湿、解毒敛疮、清心明目的功效，用于烫伤、火伤、骨折、创伤、溃烂久不收口、痈肿疮毒等。

植物形态 叶状体暗绿色，宽带状，多回二歧分叉，边缘呈波曲状，有裂瓣。背面具六角形整齐排列的气室分隔；每室中央具1个烟囱型气孔，孔口边细胞4列，呈十字形排列。气室内具多数直立的营养丝。鳞片紫色，4～6列。假根平滑或带花纹。雌雄异株。雄托盘状，波状浅裂成7～8瓣，精子器生于托的背面；雌托扁平，深裂成9～11个指状裂瓣；孢蒴着生托的腹面，叶状体背面前端常生有杯状的无性芽孢（图11a）。

生境与分布 生于海拔500～1500 m的沟边、岩石上和石缝中，分布于神农架新华镇、宋洛乡、木鱼镇、松柏镇等地（图11b）。

a   b

图 11 地钱形态与生境图

***psb*A-*trn*H序列特征** 地钱 *M. polymorpha* 共7条序列，均来自于 GenBank（KJ437445、KJ437444、KT793478、KT793477、KX499602、KX499601、KJ437446），序列比对后长度为216 bp，有2个变异位点，分别为80位点 T-C 变异，131位点 G-T 变异。主导单倍型序列特征见图12。

图 12 地钱 *psb*A-*trn*H 序列信息

扫码查看地钱
*psb*A-*trn*H 基因序列

资源现状与用途 地钱 *M. polymorpha*，别名地浮萍、一团云、地梭罗等，在我国分布广泛。地钱成分主要包括黄酮类、联苄类、香豆素类及萜类化合物，具有抗真菌、抗微生物等活性。地钱主要为民间用药，目前野生资源尚可满足用药需求。

铁角蕨科 Aspleniaceae

北京铁角蕨
Asplenium pekinense Hance.

北京铁角蕨 *Asplenium pekinense* Hance. 为神农架民间"三十六还阳"药材"鸡毛还阳"的基原物种。其全草具有止咳化痰、利膈、止血的功效，用于外感咳嗽、外伤出血等。

植物形态 石生植物，高 8～20 cm。根状茎短而直立，密生披针形鳞片；叶簇生。叶柄淡绿色；叶片披针形，厚草质，长 6～12 cm，二回羽状至三回羽裂，羽轴和叶轴有狭翅；基部羽片略变短；末回裂片顶端有 2～3 个尖牙齿。孢子囊群每裂片 1 枚；囊群盖近矩圆形，全缘（图 13a）。

生境与分布 生于海拔 3 000 m 以下的岩缝中，分布于神农架阳日镇、新华镇等地（图 13b）。

a   b

图 13　北京铁角蕨形态与生境图

psbA-trnH序列特征 北京铁角蕨 *A. pekinense* 共 3 条序列，均来自于神农架样本，序列比对后长度为 522 bp，其序列特征见图 14。

图 14　北京铁角蕨 *psb*A-*trn*H 序列信息

资源现状与用途　北京铁角蕨 *A. pekinense*，别名小凤尾草、地柏枝、一炷香等。除新疆、青海外，分布广泛。主要为民间用药，目前野生资源较少。

石　松　科 Lycopodiaceae

石　松

Lycopodium japonicum Thunb. ex Murray

石松 *Lycopodium japonicum* Thunb. ex Murray 为神农架民间药材"羊毛分筋"的基原物种。其带根全草具有祛风散寒、舒筋活络、利尿通淋的功效，用于风寒湿痹、关节疼痛、水肿、跌打损伤等。

植物形态　多年生植物。茎匍匐；侧枝直立，高达 40 cm。叶螺旋状排列，上斜，披针形或线状披针形，长 4～8 mm，基部下延。孢子囊穗 3～8 个集生于长达 30 cm 的总柄上，直立，圆柱形；孢子叶阔卵形，边缘膜质；孢子囊略外露，圆肾形，黄色（图 15a）。

生境与分布　生于海拔 3 000 m 以下的向阳沙质土壤上，分布于神农架木鱼镇、大九湖镇、红坪镇等地（图 15b）。

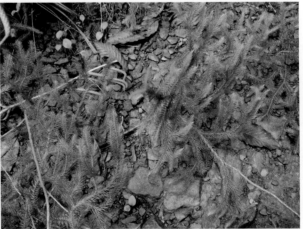

a　　　　　　　　　　　　　　　　　b

图 15　石松形态与生境图

*psb*A-*trn*H序列特征 石松 *L. japonicum* 共 3 条序列，均来自于神农架样本，序列比对后长度为 216 bp，其序列特征见图 16。

图 16 石松 *psb*A-*trn*H 序列信息

扫码查看石松
*psb*A-*trn*H 基因序列

资源现状与用途 石松 *L. japonicum*，别名伸筋草、过山龙、石蜈蚣等，在我国广泛分布。石松是一种强钙性土壤的指示植物，是气候的指示蕨类；可用来提高稻田氮素营养，也可用来作绿肥。

海金沙科 Lygodiaceae

海 金 沙

Lygodium japonicum (Thunb.) Sw.

海金沙 *Lygodium japonicum* (Thunb.) Sw. 为《中华人民共和国药典》（2020 年版）"海金沙"药材的基原物种。其干燥成熟孢子具有清利湿热、通淋止痛的功效，用于热淋、石淋、血淋、膏淋、尿道涩痛等。

植物形态 攀缘草质藤本。叶轴上面有两条狭边，羽片多数，平展。不育羽片尖三角形，长宽几相等，同羽轴一样多少被短灰毛，两侧并有狭边，二回羽状；一回羽片 2～4 对，互生；二回小羽片 2～3 对，卵状三角形，具短柄或无柄，互生，掌状三裂；末回裂片短阔，基部楔形或心脏形，先端钝。主脉明显，侧脉纤细。能育羽片卵状三角形，长宽几相等，或长稍过于宽，二回羽状；一回小羽片 4～5 对，互生，长圆披针形（图 17a）。

生境与分布 生于海拔 1 500 m 以下的土坎或石坎缝隙，分布于神农架阳日镇、红坪镇、木鱼镇等地（图 17b）。

a　　　　　　　　　　　　　　　　b

图 17 海金沙形态与生境图

ITS2序列特征 海金沙 *L. japonicum* 共 3 条序列，均来自于神农架样本，序列比对后长度为 265 bp，其序列特征见图 18。

图 18 海金沙 ITS2 序列信息

扫码查看海金沙
ITS2 基因序列

psbA-trnH序列特征 海金沙 *L. japonicum* 共 3 条序列，均来自于神农架样本，序列比对后长度为主导单倍型序列特征如下 389 bp，有 5 个变异位点，分别为 89 位点 C-T 变异，110 位点 A-T 变异，216 位点 A-C 变异，229 位点 A-G 变异，338 位点 C-A 变异，在 168 位点存在碱基缺失。主导单倍型序列特征见图 19。

图 19 海金沙 *psbA-trnH* 序列信息

扫码查看海金沙
psbA-trnH 基因序列

资源现状与用途 海金沙 *L. japonicum*，别名金沙藤、左转藤、蛤蟆藤等，广布于华东、华南、华中、西南等地区。海金沙的提取物具有一定的抗氧化性，尤其是对自由基的清除效果较好，稳定性好，可作为抗氧化物质资源开发利用。此外，海金沙是酸性土壤的指示植物，同时还应用于冶金行业。

瓶尔小草科 Ophioglossaceae

阴 地 蕨

Botrychium ternatum (Thunberg) Swartz J. Bot. (Schrader).

阴地蕨 *Botrychium ternatum* (Thunberg) Swartz J. Bot. (Schrader). 为神农架民间药材"一支蕨"的基原物种。其带根全草具有清热解毒、散结止咳的功效，用于毒蛇咬伤、痈疖肿毒、淋巴结核、肺痨咳喘、小儿惊风等。

植物形态 根状茎短而直立，有一簇粗健肉质的根。总叶柄短而细瘦，淡白色，干后扁平。营养叶的柄细长，光滑无毛；叶片为阔三角形，三回羽状分裂；侧生羽片 3～4 对，几对生或近互生，羽片阔三角形，短尖头，二回羽状；一回小羽片 3～4 对，有柄，几对生，一回羽状；末回小羽片为长卵形至卵形，基部下方一片较大，略浅裂，有短柄，其余较小，边缘有不整齐的细而尖的锯齿密生。叶干后为绿色，厚草质，遍体无毛，表面皱凸不平。孢子叶有长柄，孢子囊穗为圆锥状，2～3 回羽状，小穗疏松，略张开，无毛（图 20a）。

生境与分布 生于海拔 800～1 800 m 的山坡、山谷林荫下草丛中或向阳处，分布于神农架新华镇、宋洛乡、木鱼镇、下谷乡、大九湖镇等地（图 20b）。

a   b

图 20　阴地蕨形态与生境图

***psb*A-*trn*H序列特征** 阴地蕨 *B. ternatum* 共 2 条序列，均来自于神农架样本，序列比对后长度为 581 bp，其序列特征见图 21。

扫码查看阴地蕨
***psb*A-*trn*H 基因序列**

图 21　阴地蕨 *psb*A-*trn*H 序列信息

资源现状与用途 阴地蕨 *B. ternatum*，别名独脚金鸡、蛇不见、一朵云等。分布于西南、中南、华东等地区。主要为民间用药，目前野生资源尚可满足用药需求。

紫 萁 科 Osmundaceae

紫 萁
Osmunda japonica Thunb.

紫萁 *Osmunda japonica* Thunb. 为《中华人民共和国药典》（2020 年版）"紫萁贯众"药材的基原物种。其干燥根茎和叶柄残基具有清热解毒、止血、杀虫的功效，用于虫积腹痛、疫毒感冒、热毒泻痢、痈肿疮毒、便血等。

植物形态 多年生草本，株高 50～120 cm。根状茎短粗或成短树干状而稍弯。叶簇生，幼时被密绒毛；叶片三角广卵形，长 30～50 cm，顶部一回羽状，其下二回羽状；羽片对生，奇数羽状；小羽片无柄，长圆形或长圆披针形。孢子叶深棕色，小羽片线性，沿中肋两侧背面密生孢子囊（图 22a）。

🌿 **生境与分布** 生于海拔 2 500 m 以下的林下或溪边，分布于神农架宋洛乡、新华镇、红坪镇等地（图 22b）。

a b

图 22 紫萁形态与生境图

🌿 ***psb*A-*trn*H序列特征** 紫萁 *O. japonica* 共 3 条序列，均来自于神农架样本，序列比对后长度为 588 bp，在 140、141 位点存在碱基缺失。主导单倍型序列特征见图 23。

扫码查看紫萁
*psb*A-*trn*H 基因
序列

图 23 紫萁 *psb*A-*trn*H 序列信息

🌿 **资源现状与用途** 紫萁 *O. joponica*，别名紫萁贯众、高脚贯众等。分布于我国秦岭以南各地。其根状茎为较常用中药，民间常将嫩叶食用。

水 龙 骨 科 Polypodiaceae

槲 蕨

Drynaria fortunei（Kunze）J. Sm.

槲蕨 *Drynaria fortunei*（Kunze）J. Sm.（*Flora of China* 收录为 *Drynaria roosii* Nakaike）为《中华人民共和国药典》（2020 年版）"骨碎补"药材的基原物种。其干燥根茎具有疗伤止痛、补肾强

骨、外用消风祛斑的功效，用于跌扑闪挫、筋骨折伤、肾虚腰痛、筋骨痿软、耳鸣耳聋、牙齿松动、外治斑秃、白癜风等。

植物形态 附生植物。根状密被鳞片。叶二型；基生不育叶卵形，长 5～9 cm，边缘浅裂而似槲树叶，灰棕色；正常能育叶叶柄具明显的狭翅，叶片长 20～45 cm，深羽裂到距叶轴 2～5 mm 处，裂片披针形。孢子囊群圆形或椭圆形，沿裂片中肋两侧各成 2～4 行（图 24a）。

生境与分布 生于海拔 500～1 500 m 的树干或石上，偶生于墙缝，分布于神农架新华镇、木鱼镇、红坪镇、下谷乡等地（图 24b）。

a   b

图 24　槲蕨形态与生境图

ITS2序列特征 槲蕨 *D. fortunei* 序列来自于神农架样本，序列长度为 374 bp，其序列特征见图 25。

扫码查看槲蕨
ITS2 基因序列

图 25　槲蕨 ITS2 序列信息

***psb*A-*trn*H序列特征** 槲蕨 *D. fortunei* 共 3 条序列，均来自于神农架样本，序列比对后长度为 423 bp，其序列特征见图 26。

扫码查看槲蕨
*psb*A-*trn*H 基因序列

图 26　槲蕨 *psb*A-*trn*H 序列信息

资源现状与用途 槲蕨 *D. fortunei*，别名海州骨碎补、破故纸、猴姜等，主要分布于华东、华南、华中等地区。骨碎补主要含有三萜类、黄酮类、挥发油类、酚类和苯丙素类化合物，可促进骨折愈合、抗骨质疏松、抗炎、促进牙齿生长、防治中毒性耳聋、降血脂等。

抱 石 莲

Lemmaphyllum drymoglossoides (Baker) Ching

抱石莲 *Lemmaphyllum drymoglossoides* (Baker) Ching 为神农架民间"三十六还阳"药材"瓜子还阳"的基原物种。其全草具有清热解毒、活血散结的功效，用于小儿高热、跌打损伤、风火牙痛、无名肿痛等。

植物形态 小型附生植物。根状茎细长横走。叶远生，相距 1.5～5 cm，二型；不育叶长圆形至卵形，长 1～2 cm 或稍长，钝圆头，基部楔形，全缘；能育叶舌状或倒披针形，长 3～6 cm，基部狭缩，肉质，上面光滑，下面疏被鳞片。孢子囊群圆形，沿主脉两侧各成一行（图 27a）。

生境与分布 生于海拔 1 500 m 以下的阴湿树干和岩石上，分布于神农架新华镇、宋洛乡、红坪镇等地（图 27b）。

a   b

图 27　人工培养的抱石莲形态图

psbA-trnH序列特征 抱石莲 *L. drymoglossoides* 共 3 条序列，均来自于神农架样本，序列比对后长度为 549 bp，有 2 个变异位点，分别为 546 位点 C-A 变异，547 位点 C-A 变异。主导单倍型序列特征见图 28。

资源现状与用途 抱石莲 *L. drymoglossoides*，别名骨牌草、鳖金星、金龟藤等，主要分布于华南、西南、西北等地区。抱石莲含有酚酸类、甾体类、三萜类、香豆素、蒽醌、木脂素、脂肪酸类成分，具有抗病原微生物、镇痛、抑菌、降血脂等作用。抱石莲有抗蛇毒的作用，具有一定的观赏和绿化作用。

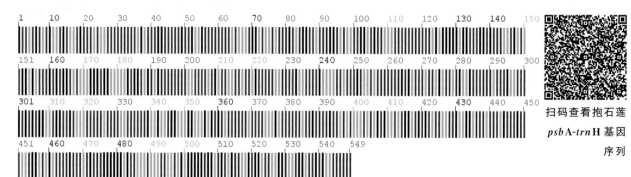

扫码查看抱石莲
*psb*A-*trn*H 基因
序列

图 28　抱石莲 *psb*A-*trn*H 序列信息

华 北 石 韦

Pyrrosia davidii（Baker）Ching

华北石韦 *Pyrrosia davidii*（Baker）Ching 为神农架民间"三十六还阳"药材"铁板还阳"的基原物种。其全草具有利尿通淋、清热止血的功效，用于热淋、血淋、小便涩痛、血热崩漏、外伤出血等。

植物形态　植株高 5～10 cm。根状茎略粗壮而横卧，密被披针形鳞片；鳞片长尾状渐尖头，幼时棕色，老时中部黑色，边缘具齿牙。叶密生，一型；基部着生处密被鳞片，向上被星状毛；叶片狭披针形，中部最宽，向两端渐狭，全缘，干后软纸质，上面淡灰绿色，下面棕色，密被星状毛，主脉在下面不明显隆起，上面浅凹陷，侧脉与小脉均不显。孢子囊群布满叶片下表面，幼时被星状毛覆盖，棕色，成熟时孢子囊开裂而呈砖红色（图 29a）。

生境与分布　生于海拔 2 500 m 以下的林下或沟边岩石上，分布于神农架松柏镇、新华镇、宋洛乡、木鱼镇等地（图 29b）。

a　　　　　　　　　　　　　　　　b

图 29　华北石韦形态与生境图

psbA–trnH序列特征 华北石韦 *P. davidii* 共2条序列，均来自于神农架样本，序列比对后长度为311 bp，其序列特征见图30。

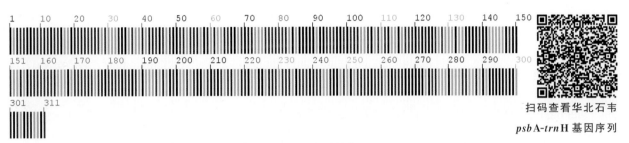

扫码查看华北石韦

*psb*A-*trn*H 基因序列

图30 华北石韦 *psb*A-*trn*H 序列信息

石　韦
Pyrrosia lingua (Thunb.) Farwell

石韦 *Pyrrosia lingua* (Thunb.) Farwell 为《中华人民共和国药典》（2020年版）"石韦"药材的基原物种之一。其干燥叶具有利尿通淋、清肺止咳、凉血止血的功效，用于热淋、血淋、石淋、小便不通、淋沥涩痛、肺热喘咳、吐血、衄血、尿血、崩漏等。

植物形态 植株通常高10～30 cm。根状茎长而横走，密被鳞片；鳞片披针形，淡棕色，边缘有睫毛。叶远生，近二型；能育叶通常远比不育叶长得高且较狭窄，两者的叶片略比叶柄长。不育叶片近长圆形，下部1/3处为最宽，全缘，干后革质。孢子囊群近椭圆形，在侧脉间整齐成多行排列，布满整个叶片下面，初时为星状毛覆盖而呈淡棕色，成熟后孢子囊开裂外露而呈砖红色（图31a）。

生境与分布 生于海拔1 500 m以下的林下、树干上或稍干的岩石上，分布于神农架新华镇、宋洛乡、木鱼镇、阳日镇、红坪镇等地（图31b）。

a　　　　　　　　　　　　　　　　　b

图31 石韦形态与生境图

psbA-trnH序列特征 石韦 *P. lingua* 共 28 条序列，均来自于神农架样本，序列比对后长度为 503 bp，有 5 个变异位点，分别为 158 位点 G-A 变异，222 位点 T-A 变异，323 位点 G-A 变异，353 位点 T-C 变异，379 位点 G-T 变异。主导单倍型序列特征见图 32。

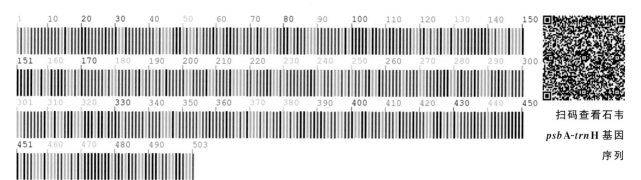

扫码查看石韦 *psbA-trnH* 基因序列

图 32　石韦 *psbA-trnH* 序列信息

有 柄 石 韦
Pyrrosia petiolosa (Christ) Ching

有柄石韦 *Pyrrosia petiolosa* (Christ) Ching 为《中华人民共和国药典》(2020 年版)"石韦"药材的基原物种之一。其干燥叶具有利尿通淋、清肺止咳、凉血止血的功效，用于热淋、血淋、石淋、小便不通、淋沥涩痛、肺热喘咳、吐血、衄血、尿血、崩漏等。

植物形态 附生植物，高 5～15 cm。根状茎细长横走，幼时密被棕色鳞片。叶远生；叶柄长度为叶片的 1/2 至叶片的 2 倍，基部被鳞片，向上被星状毛；叶片厚革质，椭圆形，急尖或短钝头，基部楔形，下延；下面被厚层星状毛。孢子囊群布满叶片下面，成熟时扩散并汇合（图 33a）。

生境与分布 生于海拔 550～1 800 m 的岩石上，分布于神农架新华镇、木鱼镇、红坪镇、宋洛乡等地（图 33b）。

a　　　　　　　　　　　　　　b

图 33　有柄石韦形态与生境图

psbA-trnH序列特征 有柄石韦 *P. petiolosa* 共 3 条序列，均来自于神农架样本，序列比对后长度为 422 bp，在 393 位点存在碱基缺失。主导单倍型序列特征见图 34。

图 34 有柄石韦 *psbA-trnH* 序列信息

扫码查看有柄石韦
psbA-trnH 基因序列

庐 山 石 韦

Pyrrosia sheareri (Bak.) Ching

庐山石韦 *Pyrrosia sheareri* (Bak.) Ching 为《中华人民共和国药典》（2020 年版）"石韦"药材的基原物种之一。其干燥叶具有利尿通淋、清肺止咳、凉血止血的功效，用于热淋、血淋、石淋、小便不通、淋沥涩痛、肺热喘咳、吐血、衄血、尿血、崩漏等。

植物形态 植株通常高 20～50 cm。根状茎粗壮，横卧，密被线状棕色鳞；鳞片头渐尖，边缘具睫毛，着生处近褐色。叶近生，一型；叶柄粗壮，基部密被鳞片，向上疏被星状毛，禾秆色至灰禾秆色；叶片椭圆状披针形，近基部处为最宽，向上渐狭、渐尖，顶端钝圆，基部近圆截形或心形，全缘，被厚层星状毛。主脉粗壮，两面均隆起，侧脉可见，小脉不显。孢子囊群呈不规则的点状排列于侧脉间，布满基部以上的叶片下面，无盖，幼时被星状毛覆盖，成熟时孢子囊开裂而呈砖红色（图 35a）。

生境与分布 生于海拔 2 500 m 以下的树干或石上，分布于神农架新华镇、红坪镇、宋洛乡、木鱼镇、下谷乡等地（图 35b）。

a   b

图 35 庐山石韦形态与生境图

***psbA-trn*H序列特征** 庐山石韦 *P. sheareri* 共3条序列，均来自于神农架样本，序列比对后长度为424 bp，其序列特征见图36。

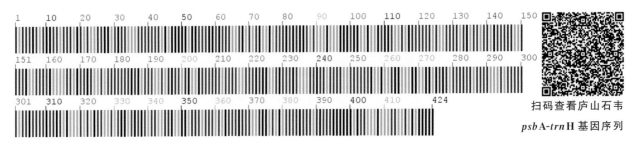

图36 庐山石韦 *psbA-trn*H 序列信息

扫码查看庐山石韦
*psbA-trn*H 基因序列

石 蕨

Pyrrosia angustissima (Giesenh. ex Diels) C. M. Kuo

石蕨 *Pyrrosia angustissima* (Giesenh. ex Diels) C. M. Kuo 为神农架民间"三十六还阳"药材"铁丝还阳"的基原物种。其全草具有活血散瘀的功效，用于跌打损伤、肌损劳伤等。

植物形态 石附生小型植物，高10～12 cm。根状茎细长横走，密被鳞片。叶远生，相距1～2 cm，几无柄；叶片线形，长3～9 cm，宽2～3.5 mm，钝尖头，边缘向下强烈反卷。主脉明显，上面凹陷。孢子囊群线形，沿主脉两侧各一行，幼时被反卷的叶边覆盖（图37a）。

生境与分布 生于海拔800～1 600 m 的山坡林缘岩石、沟边岩石壁上，分布于神农架新华镇、宋洛乡、下谷乡、木鱼镇等地（图37b）。

a b

图37 石蕨形态与生境图

***psbA-trn*H序列特征** 石蕨 *P. angustissimum* 共3条序列，均来自于神农架样本，序列比对后

长度为 449 bp，其序列特征见图 38。

扫码查看石蕨
*psb*A-*trn*H 基因
序列

图 38　石蕨 *psb*A-*trn*H 序列信息

金鸡脚假瘤蕨

Selliguea hastata（Thunb.）Fraser-Jenkins

金鸡脚假瘤蕨 *Selliguea hastata*（Thunb.）Fraser-Jenkins 为神农架民间"三十六还阳"药材"鸡脚还阳"的基原物种。其全草具有清热解毒、利尿消肿的功效，用于咽喉肿痛、痢疾、淋浊带下、毒蛇咬伤等。

植物形态　根状茎长而横走，密被鳞片；鳞片披针形，棕色，顶端长渐尖，边缘全缘或偶有疏齿。叶远生。叶为单叶，形态变化极大，单叶常见为戟状二至三分裂。叶片（或裂片）的边缘具缺刻和加厚的软骨质边，通直或呈波状。中脉和侧脉两面明显，侧脉不达叶边。叶纸质或草质，两面光滑无毛。孢子囊群大，圆形，在叶片中脉或裂片中脉两侧各一行，着生于中脉与叶缘之间；孢子表面具刺状突起（图 39a）。

生境与分布　生于海拔 600～2 000 m 的山地岩石上、河沟旁，分布于神农架各地（图 39b）。

a　　　　　　　　　　b

图 39　金鸡脚假瘤蕨形态与生境图

_psb_A-_trn_H序列特征　金鸡脚假瘤蕨 *S. hastata* 序列来自于 GenBank（AB575860），序列长度为543 bp，其序列特征见图 40。

图40　金鸡脚假瘤蕨 *psb*A-*trn*H 序列信息

凤尾蕨科 Pteridaceae

铁 线 蕨

Adiantum capillus-veneris L.

铁线蕨 *Adiantum capillus-veneris* L. 为神农架民间"七十二七"药材"猪毛七"的基原物种。其带根全草具有清热解毒、利尿通淋的功效，用于痢疾、腰痛、淋浊、跌打损伤、烧烫伤、蛇虫咬伤等。

植物形态　中小型植物，高达 15～40 cm。根状茎横走。叶近生，叶柄栗黑色；叶片卵状三角形，长 15～25 cm，中部以下二回羽状；小羽片斜扇形或斜方形，外缘浅裂至深裂，叶脉扇状分叉。孢子囊群生于变质裂片顶部反折的囊群盖下面；囊群盖圆肾形至矩圆形，全缘（图 41a）。

生境与分布　生于海拔 2 500 m 以下的潮湿岩壁上，分布于神农架阳日镇、新华镇、木鱼镇、红坪镇、下谷乡等地（图 41b）。

a　　　　　　　　　　　　　　　　　b

图 41　铁线蕨形态与生境图

🌿 **_psbA-trn_H序列特征** 铁线蕨 _A. capillus-veneris_ 共 3 条序列，均来自于 GenBank（KT427120、KT427121、KT427122），序列比对后长度为 418 bp，其序列特征见图 42。

扫码查看铁线蕨

_psbA-trn_H 基因序列

图 42 铁线蕨 _psbA-trn_H 序列信息

掌叶铁线蕨
Adiantum pedatum L.

掌叶铁线蕨 _Adiantum pedatum_ L. 为神农架民间"七十二七"药材"铁丝七"的基原物种。其全草具有利水渗湿、通淋、调经、止痛的功效，用于黄疸型肝炎、痢疾、尿路结石、月经不调等。

🌿 **植物形态** 植株高 40～60 cm。根状茎直立或横卧，被褐棕色阔披针形鳞片。叶簇生或近生；叶片阔扇形，从叶柄的顶部二叉成左右两个弯弓形的分枝，再从每个分枝的上侧生出 4～6 片一回羽状的线状披针形羽片；小羽片 20～30 对，互生，斜展，具短柄，中部对开式的小羽片较大，长三角形，先端圆钝，基部为不对称的楔形，裂片方形。孢子囊群每小羽片 4～6 枚，横生于裂片先端的浅缺刻内；囊群盖长圆形或肾形，淡灰绿色或褐色，膜质，全缘，宿存（图 43a）。

🌿 **生境与分布** 生于海拔 2 500 m 以下的林下或岩石上，分布于神农架大九湖镇、红坪镇、木鱼镇、宋洛乡等地（图 43b）。

a   b

图 43 掌叶铁线蕨形态与生境图

🌿 **ITS2序列特征** 掌叶铁线蕨 _A. pedatum_ 序列来自于神农架样本，序列长度为 292 bp，其序列特征见图 44。

图 44　掌叶铁线蕨 ITS2 序列信息

psbA–trnH序列特征　掌叶铁线蕨 *A. pedatum* 共 3 条序列，均来自于神农架样本，序列比对后长度为 331 bp，有 3 个变异位点，分别为 273 位点 T-G 变异，295 位点 G-C 变异，297 位点 G-A 变异，在 72～80 位点存在碱基缺失，275～280 位点存在碱基插入。主导单倍型序列特征见图 45。

图 45　掌叶铁线蕨 *psb*A-*trn*H 序列信息

普通凤丫蕨

Coniogramme intermedia Hiero

普通凤丫蕨 *Coniogramme intermedia* Hiero 为神农架民间"七十二七"药材"蕨鸡七"的基原物种。其根茎入药，具有活血解毒、祛风除湿的功效，用于风湿关节痛、腰腿痛等。

植物形态　喜阴植物，高 60～100 cm。根状茎横走。叶远生，叶柄禾秆色，间有棕色斑点；叶片矩圆三角形，长约 30 cm，下部二回羽状，上部一回羽状；小羽片披针形，渐尖头；叶脉二回分叉。孢子囊群沿叶脉分布至距叶边 3 mm 处（图 46a）。

生境与分布　生于海拔 700～2 400 m 的林下，分布于神农架各地（图 46b）。

a　　　　　　　　　　　　　　　　b

图 46　普通凤丫蕨形态与生境图

psbA-trnH序列特征 普通凤丫蕨 *C. intermedia* 共 3 条序列，均来自于神农架样本，序列比对后长度为 523 bp，其序列特征见图 47。

扫码查看普通凤
丫蕨 *psb*A-*trn*H
基因序列

图 47 普通凤丫蕨 *psb*A-*trn*H 序列信息

资源现状与用途 普通凤丫蕨 *C. intermedia*，别名华凤丫蕨、中华凤丫蕨、菜中菜，在我国广泛分布。普通凤丫蕨主要含有倍半萜类、三萜类、黄酮类、杂环类、木脂素类、甾体类等化合物。

书 带 蕨

Haplopteris flexuosa E. H. Crane

书带蕨 *Haplopteris flexuosa* E. H. Crane 为神农架民间"三十六还阳"药材"马尾还阳"的基原物种。其全草具有清热息风、舒筋活络、理气止痛、祛风解痉的功效，用于小儿惊风、目翳、跌打损伤、风湿痹痛、小儿疳积、妇女干血痨、咯血、吐血等。

植物形态 根状茎横走，密被鳞片；鳞片黄褐色，具光泽，钻状披针形，边缘具睫毛状齿，网眼壁较厚，深褐色；叶近生，常密集成丛。叶柄短，纤细，叶片带状；中肋在叶片下面隆起，纤细，其上面凹陷呈一狭缝，侧脉不明显。叶薄草质，叶边反卷，遮盖孢子囊群。孢子囊群线形，生于叶缘内侧，位于浅沟槽中；叶片下部和先端不育；隔丝多数，先端倒圆锥形，长宽近相等，亮褐色。孢子长椭圆形，无色透明，单裂缝，表面具模糊的颗粒状纹饰（图 48a）。

生境与分布 生于海拔 3 000 m 以下的岩石或者老树蔸上，分布于神农架木鱼镇、新华镇等地（图 48b）。

a   b

图 48 书带蕨形态与生境图

psbA-trnH序列特征 书带蕨 *H. flexuosa* 共 3 条序列，均来自于神农架样本，序列比对后的长度为 506 bp，其序列特征见图 49。

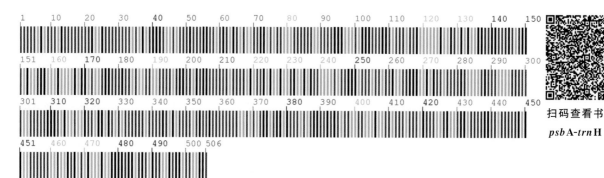

扫码查看书带蕨 *psbA-trnH* 基因序列

图 49 书带蕨 *psbA-trnH* 序列信息

卷 柏 科 Selaginellaceae

垫 状 卷 柏

Selaginella pulvinata (Hook. et Grev.) Maxim.

垫状卷柏 *Selaginella pulvinata* (Hook. et Grev.) Maxim. 为《中华人民共和国药典》（2020 年版）"卷柏"药材的基原物种之一。其干燥全草具有活血通经的功效，用于经闭痛经、癥瘕痞块、跌扑损伤等。

植物形态 土生或石生，旱生复苏植物，呈垫状，无匍匐根状茎或游走茎。根托只生于茎的基部，根多分叉，密被毛，和茎及分枝密集形成树状主干。主茎自近基部羽状分枝；侧枝 4～7 对，2～3 回羽状分枝，小枝排列紧密，分枝无毛，背腹压扁。叶全部交互排列，叶质厚，表面光滑，不具白边。分枝上的腋叶对称，卵圆形到三角形。小枝上的叶斜卵形或三角形，覆瓦状排列，背部不呈龙骨状，并外卷。侧叶不对称，小枝上的叶距圆形，略斜升。孢子叶穗紧密，四棱柱形，单生于小枝末端（图 50a）。

生境与分布 生于海拔 1 000 m 以下的山坡岩石上，分布于神农架新华镇、阳日镇、松柏镇等地（图 50b）。

a

b

图 50 垫状卷柏形态与生境图

ITS2序列特征 垫状卷柏 S. pulvinata 共 3 条序列，均来自于神农架样本，序列比对后长度为 171 bp，其序列特征见图 51。

图 51　垫状卷柏 ITS2 序列信息

扫码查看垫状卷柏
ITS2 基因序列

psbA-trnH序列特征 垫状卷柏 S. pulvinata 共 3 条序列，均来自于神农架样本，序列比对后长度为 325 bp，其序列特征见图 52。

图 52　垫状卷柏 psbA-trnH 序列信息

扫码查看垫状卷柏
psbA-trnH 基因序列

卷　柏
Selaginella tamariscina（Beauv.）Spring

卷柏 *Selaginella tamariscina*（Beauv.）Spring 为《中华人民共和国药典》（2020 年版）"卷柏"药材的基原物种之一。其干燥全草具有活血通经的功效，用于经闭痛经、癥瘕痞块、跌扑损伤等。

植物形态 多年生草本。茎具原生中柱或管状中柱。主茎可多次分枝，或具明显的不分枝。叶螺旋排列或排成 4 行，在分枝上通常成 4 行排列。孢子叶穗生茎或枝的先端，或侧生于小枝上，紧密或疏松，四棱形或压扁，偶呈圆柱形；孢子叶二型时通常倒置。孢子囊近轴面生于叶腋内叶舌的上方，二型，在孢子叶穗上各式排布。配子体微小，主要在孢子内发育（图 53a）。

生境与分布 生于海拔 1 000 m 以下的山坡、草丛中，分布于神农架新华镇、松柏镇等地（图 53b）。

ITS2序列特征 卷柏 S. tamariscina 共 3 条序列，均来自于 GenBank（KC559865，KC559864，KX068994），序列比对后长度为 171 bp，有 12 个变异位点，在 157～159 位点存在碱基插入。主导单倍型序列特征见图 54。

a   b

图 53　卷柏形态与生境图

图 54　卷柏 ITS2 序列信息

扫码查看卷柏
ITS2 基因序列

psbA-trnH序列特征　卷柏 *S. tamariscina* 共 3 条序列，均来自于 GenBank（KX068981，KX068982，KX068983），序列比对后长度为 274 bp，有 3 个变异位点，分别为 263 位点 A-G 变异，265 位点 A-T 变异，268 位点 A-G 变异。主导单倍型序列特征见图 55。

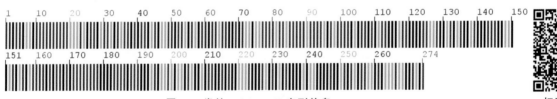

图 55　卷柏 *psbA-trnH* 序列信息

扫码查看卷柏
psbA-trnH 基因序列

细 叶 卷 柏
Selaginella labordei Hieron. ex Christ

　　细叶卷柏 *Selaginella labordei* Hieron. ex Christ 为神农架民间"三十六还阳"药材"鸡爪还阳"的基原物种。其全草具有清利湿热、泻火、止血的功效，用于黄疸、小儿高热惊厥、衄血、吐血、外伤出血、烫伤等。

　　植物形态　植株直立或基部横卧，高 5～30 cm，具一横走的地下根状茎和游走茎，主茎基部无块茎。根托生于茎的基部或匍匐根状茎处，纤细。主茎自中下部开始羽状分枝。主茎上的腋叶较分枝上的大，卵圆形，基部钝，不对称，卵状披针形。侧叶不对称，主茎上的明显大于侧枝上的，侧枝上的侧叶卵状披针形或窄卵形到三角形，边缘具细齿或具短睫毛，上侧基部边缘具短睫毛。孢子叶穗紧密，背腹压扁，单生于小枝末端；大孢子浅黄色或橘黄色；小孢子橘红色或红色（图56a）。

生境与分布 生于海拔1 000～3 000 m的林下或湿润岩石上，分布于神农架各地（图56b）。

a   b

图56 细叶卷柏形态与生境图

ITS2序列特征 细叶卷柏 *S. labordei* 共2条序列，均来自于 GenBank（KT161750、KT161751），序列比对后长度为215 bp，其序列特征见图57。

图57 细叶卷柏 ITS2 序列信息

扫码查看细叶卷柏
ITS2 基因序列

psbA-trnH序列特征 细叶卷柏 *S. labordei* 共2条序列，均来自于神农架样本，序列比对后长度为257 bp，其序列特征见图58。

图58 细叶卷柏 *psb*A-*trn*H 序列信息

扫码查看细叶卷柏
*psb*A-*trn*H 基因序列

兖 州 卷 柏

Selaginella involvens (Swartz) Spring

　　兖州卷柏 *Selaginella involvens*（Swartz）Spring 为神农架民间"三十六还阳"药材"松柏还阳"的基原物种。其全草具有凉血止血、利水消肿的功效，用于吐血、衄血、便血、创伤出血、黄疸、水肿、烫伤等。

植物形态 多年生石生植物，高15～45 cm。主茎直立，下部不分枝，禾秆色。上部3回羽状分枝，叶异型，成4行；侧叶不对称；上半部半卵形，有细锯齿；下半部半卵圆披针形，全缘；中叶卵圆形，渐尖，或有短芒。孢子囊穗多单生枝端，4棱，长4～20 mm（图59a）。

生境与分布 生于海拔800～2 000 m的岩石上，分布于神农架大九湖镇、阳日镇、宋洛乡等地（图59b）。

a   b

图59 兖州卷柏形态与生境图

ITS2序列特征 兖州卷柏 S. involvens 共3条序列，均来自于神农架样本，序列比对后长度为168 bp，其序列特征见图60。

图60 兖州卷柏 ITS2 序列信息

扫码查看兖州卷柏
ITS2 基因序列

psbA-trnH序列特征 兖州卷柏 S. involvens 共3条序列，均来自于神农架样本，序列比对后长度为321 bp，其序列特征见图61。

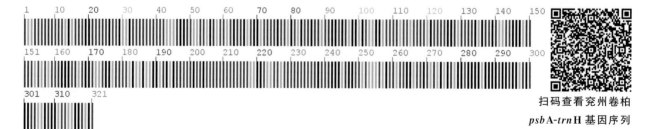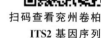

扫码查看兖州卷柏
psbA-trnH 基因序列

图61 兖州卷柏 psbA-trnH 序列信息

资源现状与用途 兖州卷柏 S. involvens，别名金不换、金扁柏、金扁桃等，分布于西南、华南、华东、华中等地区。其入药已有悠久历史，《福建民间草药》《陆川本草》《四川中药志》《泉州本草》和《湖南药物志》等对其均有所论述，主要有抗肿瘤、抗炎、抗病毒、抗菌、抗氧化等活性。

银 杏 科 Ginkgoaceae

银 杏
Ginkgo biloba L.

银杏 *Ginkgo biloba* L. 为《中华人民共和国药典》（2020 年版）"白果"和"银杏叶"药材的基原物种。其干燥成熟种子为"白果"，具有敛肺定喘、止带缩尿的功效，用于痰多咳喘、带下白浊、遗尿尿频等；其干燥叶为"银杏叶"，具有活血化瘀、通络止痛、敛肺平喘、化浊降脂的功效，用于瘀血阻络、胸痹心痛、中风偏瘫、肺虚咳喘等。

植物形态 落叶乔木，雌雄异株。叶在长枝上螺旋状散生，在短枝上簇生；叶片扇形，有长柄，具多少二叉状细脉，上缘浅波状，有时中央浅裂至深裂。雄球花柔荑花序状；雌球花有长梗，梗端二叉各生一珠座并有一胚珠。种子核果状，被白粉，熟时黄色。花期 3—4 月，种子 9—10 月成熟（图 65a）。

生境与分布 神农架有栽培（图 65b）。

a   b

图 65 银杏形态与生境图

ITS2序列特征 银杏 *G. biloba* 共 3 条序列，均来自于神农架样本，序列比对后长度为 246 bp，其序列特征见图 66。

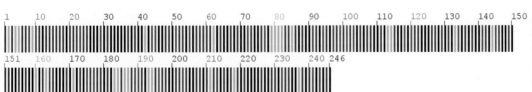

图 66 银杏 ITS2 序列信息

扫码查看银杏
ITS2 基因序列

psbA-trnH序列特征 银杏 *G. biloba* 共 3 条序列，均来自于神农架样本，序列比对后长度为 211 bp，在 82～86 位点存在碱基缺失。主导单倍型序列特征见图 67。

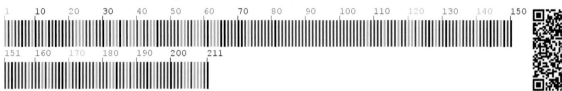

图 67　银杏 *psbA-trnH* 序列信息

扫码查看银杏
psbA-trnH 基因序列

资源现状与用途 银杏 *G. biloba*，别名公孙树、鸭脚子、白果等，该物种在我国广泛栽培，野生状态植株分布较少。银杏为我国特有种，是国家一级保护植物，于 2022 年被列入"十大楚药"。银杏为中生代孑遗的稀有树种，有"植物活化石"之称，集食用、化妆品、材用、绿化、观赏于一身，具有巨大的经济、生态、社会、文化和科研等价值。银杏种仁可被制成多种菜肴、罐头、饮料、蜜饯；银杏叶和提取物可被用来开发保健品和药品。

松　科 Pinaceae

马　尾　松
Pinus massoniana Lamb.

马尾松 *Pinus massoniana* Lamb. 为《中华人民共和国药典》（2020 年版）"松花粉"药材的基原物种之一。其干燥花粉具有收敛止血、燥湿敛疮的功效，用于外伤出血、湿疹、黄水疮、皮肤糜烂、脓水淋沥等。

植物形态 乔木；树皮红褐色，下部灰褐色，裂成不规则的鳞状块片。针叶 2 针一束，长 12～20 cm，细柔，微扭曲，两面有气孔线。雄球花淡红褐色，弯垂，聚生于新枝下部苞腋，穗状；雌球花单生或 2～4 个聚生于新枝近顶端，淡紫红色，一年生球果圆球形或卵圆形，鳞脐微凹，无刺，生于干燥环境者常具极短的刺；种子长卵圆形。花期 4—5 月，球果第二年 10—12 月成熟（图 68a）。

生境与分布 生于海拔 1 200 m 以下的岩石缝中、山坡上，分布于新华镇、松柏镇、阳日镇等地（图 68b）。

ITS2序列特征 马尾松 *P. massoniana* 共 3 条序列，均来自于神农架样本，序列比对后长度为 247 bp，其序列特征见图 69。

psbA-trnH序列特征 马尾松 *P. massoniana* 共 3 条序列，均来自于神农架样本，序列比对后长度为 565 bp，其序列特征见图 70。

图 68　马尾松形态与生境图

图 69　马尾松 ITS2 序列信息

扫码查看马尾松
ITS2 基因序列

扫码查看马尾松
psb A-*trn* H 基因
序列

图 70　马尾松 *psb* A-*trn* H 序列信息

资源现状与用途　马尾松 *P. massoniana*，别名青松、山松、枞松等，在我国广泛分布。马尾松是我国重要用材树种和采脂树种，松脂广泛应用于造纸、橡胶、油漆、医药等领域。在我国，马尾松花粉用于食品、医药、保健美容等方面的历史悠久。针对不同的年龄层，可开发出口服液、胶囊糖果、松花可乐、松花灵芝酒等多种产品。松叶可提取松针油，应用于香料行业。

柏 科 Cupressaceae

侧 柏

Platycladus orientalis (L.) Franco.

侧柏 *Platycladus orientalis* (L.) Franco. 为《中华人民共和国药典》（2020 年版）"侧柏叶"和"柏子仁"药材的基原物种。其干燥枝梢和叶为"侧柏叶"，具有化痰止咳、凉血止血、生发乌发的功效，用于吐血、血热脱发、须发早白、肺热咳嗽等；其干燥成熟种仁为"柏子仁"，具有润肠通便、止汗、养心安神的功效，用于阴血不足、肠燥便秘、阴虚盗汗、虚烦失眠、心悸怔忡等。

植物形态 乔木，高可达 20 m。树皮薄，浅灰褐色，纵裂成条片；枝条向上伸展或斜展，生鳞叶的小枝细，向上直展或斜展，扁平，排成一平面。叶鳞形，先端微钝，雄球花黄色，卵圆形，雌球花近球形，蓝绿色，被白粉。球果近卵圆形，成熟前近肉质，蓝绿色，被白粉，成熟后木质，开裂，红褐色；种子卵圆形或近椭圆形，无翅或有极窄之翅。花期 3—4 月，球果 10 月成熟（图 62a，b）。

生境与分布 神农架有栽培（图 62c）。

a   b   c

图 62　侧柏形态与生境图

ITS2序列特征 侧柏 *P. orientalis* 共 3 条序列，均来自于神农架样本，序列比对后长度为 218 bp，有 1 个变异位点，为 214 位点 C-A 变异。主导单倍型序列特征见图 63。

psbA-trnH序列特征 侧柏 *P. orientalis* 共 6 条序列，均来自于 GenBank（JQ512354、JQ512353、JQ512352、GQ463506、GQ463505、GQ434931），序列比对后长度为 259 bp，其序列特征见图 64。

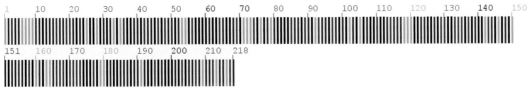

图 63　侧柏 ITS2 序列信息

扫码查看侧柏
ITS2 基因序列

图 64　侧柏 *psb*A-*trn*H 序列信息

扫码查看侧柏
*psb*A-*trn*H 基因序列

资源现状与用途　侧柏 *P. orientalis*，别名黄柏、扁柏、香树等，在我国广泛分布。含有很多挥发性物质，不仅气味芳香宜人，而且有杀菌、除虫、除臭的作用，是保健疗养型风景林的重要树种之一。同时，侧柏还是我国华北、西北以及华东、华中地区石质山地、黄土高原及干旱、半干旱地区荒山造林重要的生态林建设树种和石灰岩山地造林先锋树种。

菖 蒲 科 Acoracea

石 菖 蒲

Acorus tatarinowii Schott

石菖蒲 *Acorus tatarinowii* Schott（*Flora of China* 收录为金钱蒲 *Acorus gramineus* Soland.）为《中华人民共和国药典》（2020 年版）"石菖蒲"药材的基原物种。其干燥根茎具有开窍豁痰、醒神益智、化湿开胃的功效，用于神昏癫痫、健忘失眠、耳鸣耳聋、脘痞不饥、噤口下痢等。

植物形态 多年生草本。根状茎直径 2～5 mm。叶线形，基部对褶，先端渐狭，无中肋；花序柄长 4～15 cm，三棱形；佛焰苞叶状，长 13～25 cm；肉穗花序圆柱形，上部渐狭；花白色。果序长 7～8 cm，粗达 1 cm；果熟时黄绿色或黄白色。花果期 2—6 月（图 71a）。

生境与分布 生于海拔 2 500 m 以下的沟边阴湿处，分布于神农架新华镇、宋洛乡、红坪镇等地（图 71b）。

a   b

图 71 石菖蒲形态与生境图

ITS2序列特征 石菖蒲 *A. tatarinowii* 共 3 条序列，均来自于神农架样本，序列比对后长度为 254 bp，其序列特征见图 72。

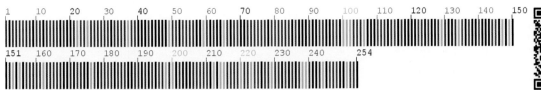

图 72　石菖蒲 ITS2 序列信息

扫码查看石菖蒲 ITS2 基因序列

🌿 *psb*A-*trn*H序列特征　石菖蒲 *A. tatarinowii* 共 3 条序列，均来自于神农架样本，序列比对后长度为 370 bp，有 1 个变异位点，在 366 位点存在简并碱基 K。主导单倍型序列特征见图 73。

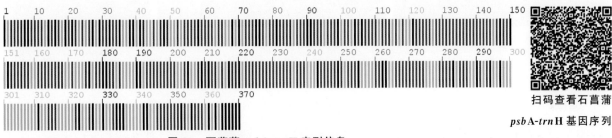

扫码查看石菖蒲 *psb*A-*trn*H 基因序列

图 73　石菖蒲 *psb*A-*trn*H 序列信息

🌿 资源现状与用途　石菖蒲 *A. tatarinowii*，别名紫耳、九节菖蒲、石蜈蚣、水蜈蚣等，主要分布于华东、华中、西南等地区。石菖蒲全草具有趋避和毒杀作用，对食叶害虫和地下害虫具有一定的防治作用；其含有的 β-细辛醚有明显的抑制肠癌细胞增殖的作用。

泽　泻　科 Alismataceae

东 方 泽 泻

Alisma orientale (Sam.) Juzep.

东方泽泻 *Alisma orientale* (Sam.) Juzep. 为《中华人民共和国药典》（2020 年版）"泽泻"药材的基原物种。其干燥块茎具有利水渗湿、泄热、化浊降脂的功效，用于小便不利、水肿胀满、泄泻尿少、痰饮眩晕、热淋涩痛、高脂血症等。

🌿 植物形态　多年生水生或沼生草本。叶多数；沉水叶条形或披针形；挺水叶宽披针形、椭圆形，先端渐尖，基部楔形近圆形或浅心形，叶脉 5～7 条。花葶高 35～90 cm。花两性；外轮花被片卵形，通常具 5～7 脉，内轮花被片近圆形，远大于外轮，边缘波状，白色、淡红色。种子紫红色。花果期 5—9 月（图 74a，b）。

🌿 生境与分布　生于海拔 400～700 m 的湖泊、河湾、溪流、水塘等的浅水区，分布于神农架新华镇、阳日镇、下谷乡等地（图 74c）。

| a | b | c |

图 74 东方泽泻形态与生境图

ITS2序列特征 东方泽泻 *A. orientale* 共 3 条序列，均来自于神农架样本，序列比对后长度为 311 bp，其序列特征见图 75。

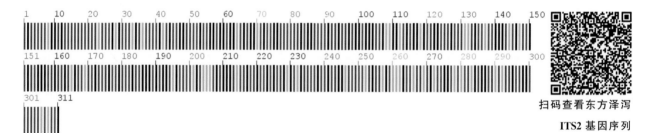

扫码查看东方泽泻
ITS2 基因序列

图 75 东方泽泻 ITS2 序列信息

资源现状与用途 东方泽泻 *A. orientale*，别名水泻、芒芋、泽芝、及泻、如意菜等，主要分布于华北及西南等地区。其药材"泽泻"为保健食品原料，越来越受到人们的推崇，相关药品和保健食品已被逐步开发并进入市场。

天 南 星 科 Araceae

螃 蟹 七

Arisaema fargesii Buchet

螃蟹七 *Arisaema fargesii* Buchet 为神农架民间"七十二七"药材"螃蟹七"的基原物种。其块茎具有祛风湿、消肿散结的功效，用于跌打损伤、风湿痹痛、毒蛇咬伤等。

植物形态 多年生草本。块茎扁球形，常具多数小球茎。叶柄长，下部 1/4 具鞘；叶片 3 深裂至 3 全裂。花序柄比叶柄短而细。佛焰苞紫色，有苍白色线状条纹，长 4~8 cm，直径 1.5~2 cm，喉部边缘耳状反卷；檐部长圆三角形，拱形下弯或近直立，长渐尖，具长 1～4 cm 的尾尖。肉穗花序单性，雌花序长，花密，子房具棱，柱头有毛；附属器粗壮，近直立或上部略弯。花期 5—6 月（图 76a）。

🌸 **生境与分布** 生于海拔 900～1 200 m 的林下沟谷边，分布于神农架新华镇、宋洛乡等地（图 76b）。

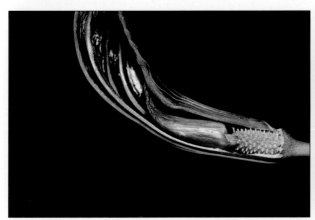
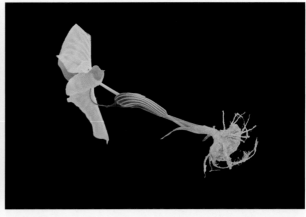

a   b

图 76 螃蟹七形态图

🌸 **ITS2序列特征** 螃蟹七 *A. fargesii* 共 2 条序列，均来自于神农架样本，序列比对后长度为 255 bp，其序列特征见图 77。

图 77 螃蟹七 ITS2 序列信息

扫码查看螃蟹七 ITS2 基因序列

🌸 ***psb*A-*trn*H序列特征** 螃蟹七 *A. fargesii* 共 2 条序列，均来自于神农架样本，序列比对后长度为 711 bp，其序列特征见图 78。

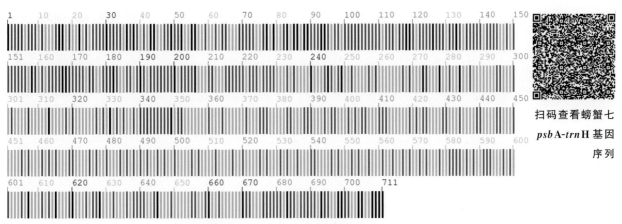

图 78 螃蟹七 *psb*A-*trn*H 序列信息

扫码查看螃蟹七 *psb*A-*trn*H 基因序列

半　夏

Pinellia ternata（Thunb.）Breit.

半夏 *Pinellia ternata*（Thunb.）Breit. 为《中华人民共和国药典》（2020 年版）"半夏"药材的基原物种。其干燥块茎具有燥湿化痰、降逆止呕、消痞散结的功效，用于湿痰寒痰、咳喘痰多、痰饮眩悸、风痰眩晕、痰厥头痛、呕吐反胃、胸脘痞闷、梅核气、外治痈肿痰核等。

植物形态　多年生草本，块茎球形，叶基出。一年生者为单叶；2～3 年生者为 3 小叶复叶，小叶卵状椭圆形至倒卵状矩圆形，长 5～10 cm；叶柄长达 25 cm，下部有 1 珠芽。花葶长达 30 cm；佛焰苞全长 5～7 cm；肉穗花序，雌花序长 2 cm，雄花序长 5～7 mm。花期 5—7 月，果 8 月成熟（图 79a，b）。

生境与分布　生于海拔 2 000 m 以下的山坡荒地、田间，分布于神农架各地（图 79c）。

a　　　　　　　　　　　　　　　　b　　　　　　　　　　　　　　　　c

图 79　半夏形态与生境图

ITS2序列特征　半夏 *P. ternata* 共 3 条序列，均来自于神农架样本，序列比对后长度为 251 bp，有 2 个变异位点，分别为 46、216 位点 G-T 变异。主导单倍型序列特征见图 80。

图 80　半夏 ITS2 序列信息

扫码查看半夏
ITS2 基因序列

psbA-trnH序列特征　半夏 *P. ternata* 序列来自于神农架样本，序列长度为 587 bp，其序列特征见图 81。

资源现状与用途　半夏 *P. ternata* 别名三叶半夏、地文、守田等，分布广泛。半夏于 2022 年被列入"十大楚药"。半夏本身具有一定的毒性，需要采取不同的炮制方法来对其进行炮制加工，使之毒性降低，其功效也会随之改变；半夏可阻止或延缓食饵性高脂血症的形成，对高脂血症有一定的治疗作用。半夏在防治农业害虫方面也有应用，对棉蚜虫有较强的拒食和毒杀作用，对线虫、松木虫等的毒性作用也很强。由于农业除草剂的广泛使用，致使野生资源日渐减少。现湖北、贵州、甘肃等地有大面积人工栽培。

扫码查看半夏
*psb*A-*trn*H 基因
序列

图 81　半夏 *psb*A-*trn*H 序列信息

独 角 莲
Typhonium giganteum Engl.

独角莲 *Typhonium giganteum* Engl.［*Flora of China* 收录为 *Sauromatum giganteum*（Engler）Cusimano & Hetterscheid］为《中华人民共和国药典》（2020 年版）"白附子"药材的基原物种。其干燥块茎具有祛风痰、定惊搐、解毒散结、止痛的功效，用于中风痰壅、口眼㖞斜、语言謇涩、惊风癫痫、破伤风、痰厥头痛、偏正头痛、瘰疬痰核、毒蛇咬伤等。

植物形态　多年生草本。块茎卵形至短圆柱形。叶基出，宽卵状椭圆形，基部箭形，长 10～25 cm。花葶长 8～10 cm；佛焰苞紫色，全长 10～15 cm，上部开展；肉穗花序长达 14 cm，雌花序长约 3 cm，雄花序长约 2 cm，附属器紫色。花期 6—8 月，果期 7—9 月（图 82a）。

生境与分布　生于海拔 700～1 400 m 的山谷沟边或林下，分布于神农架阳日镇、新华镇、宋洛乡、松柏镇等地（图 82b）。

a　　　　　　　　　　　　　　　　　　　b

图 82　独角莲形态与生境图

ITS2序列特征 独角莲 *T. giganteum* 共 3 条序列，均来自于神农架样本，序列比对后长度为 260 bp，其序列特征见图 83。

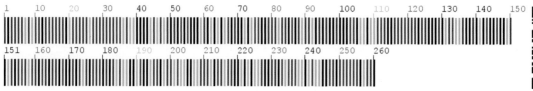

图 83 独角莲 ITS2 序列信息

扫码查看独角莲
ITS2 基因序列

psbA-trnH序列特征 独角莲 *T. giganteum* 共 3 条序列，均来自于神农架样本，序列比对后长度为 471 bp，其序列特征见图 84。

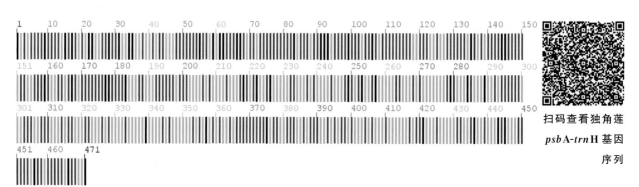

扫码查看独角莲
*psb*A-*trn*H 基因
序列

图 84 独角莲 *psb*A-*trn*H 序列信息

鸭 跖 草 科 Commelinaceae

鸭 跖 草

Commelina communis L.

鸭跖草 *Commelina communis* L. 为《中华人民共和国药典》（2020 年版）"鸭跖草"药材的基原物种。其干燥地上部分具有清热泻火、解毒、利水消肿的功效，用于感冒发热、热病烦渴、咽喉肿痛、水肿尿少、热淋涩痛、痈肿疔毒等。

植物形态 一年生草本。茎匍匐生根，多分枝，下部无毛，上部被短毛。叶披针形至卵状披针形。总苞片佛焰苞状，与叶对生，折叠状，展开后为心形，顶端短急尖，基部心形，边缘常有硬毛；聚伞花序，下面一枝仅有花 1 朵，不孕；上面一枝具花 3～4 朵，具短梗。花瓣深蓝色；内面 2 枚具爪，长近 1 cm。蒴果椭圆形，2 室，2 片裂，有种子 4 颗。种子长 2～3 mm，棕黄色，一端平截、腹面平，有不规则窝孔。花果期 6—9 月（图 85a）。

生境与分布 生于海拔 1 800 m 以下的林下、路边，分布于神农架各地（图 85b）。

a   b

图 85   鸭跖草形态与生境图

ITS2序列特征   鸭跖草 *C. communis* 共 3 条序列，均来自于神农架样本，序列比对后长度为 227 bp，有 3 个变异位点，分别为 33 位点 C-T 变异，34 位点 G-A 变异，47 位点 C-T 变异。主导单倍型序列特征见图 86。

图 86   鸭跖草 ITS2 序列信息

扫码查看鸭跖草 ITS2 基因序列

psbA-trnH序列特征   鸭跖草 *C. communis* 共 5 条序列，分别来自于神农架样本和 GenBank （HE966577、DQ006171），序列比对后长度为 603 bp，其序列特征见图 87。

扫码查看鸭跖草 *psb*A-*trn*H 基因序列

图 87   鸭跖草 *psb*A-*trn*H 序列信息

资源现状与用途   鸭跖草 *C. communis*，别名竹节菜、蓝花菜、碧蝉花等，在云南、甘肃以东的南北地区广泛分布。鸭跖草可作染料，还可以作为一种观赏性的园艺植物。

薯 蓣 科 Dioscoreaceae

薯 蓣
Dioscorea opposita Thunb.

薯蓣 *Dioscorea opposita* Thunb.（*Flora of China* 收录为 *Dioscorea polystachya* Turcz.）为《中华人民共和国药典》（2020 年版）"山药"药材的基原物种。其干燥根茎具有补脾养胃、生津益肺、补肾涩精的功效，用于脾虚食少、久泻不止、肺虚喘咳、肾虚遗精、带下、尿频、虚热消渴等。

植物形态 草质缠绕藤本。块茎长圆柱形，垂直生长。单叶，在茎下部的互生，中部以上的对生；叶片变异大。雌雄异株。雄花序为穗状花序，2～8 个着生于叶腋，偶尔呈圆锥状排列；苞片和花被片有紫褐色斑点；雄蕊 6。雌花序为穗状花序，1～3 个着生于叶腋。蒴果不反折，三棱状扁圆形或三棱状圆形，外面有白粉；种子着生于每室中轴中部，四周有膜质翅。花期 6－9 月，果期 7－11 月（图 88a）。

生境与分布 生于海拔 1 000 m 以下的向阳山坡林边或灌木丛中，分布于神农架新华镇、木鱼镇、红坪镇、阳日镇等地（图 88b）。

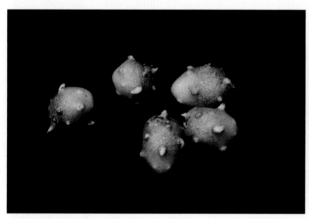

a b

图 88　薯蓣形态与生境图

psbA-trnH序列特征 薯蓣 *D. opposita* 共 3 条序列，均来自于神农架样本，序列比对后长度为282 bp，其序列特征见图 89。

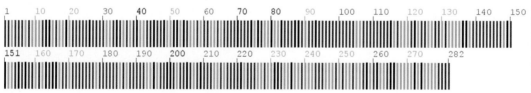

图 89　薯蓣 *psbA-trnH* 序列信息

扫码查看薯蓣
psbA-trnH 基因序列

资源现状与用途 薯蓣 *D. opposita*，别名野山豆、面山药等，分布广泛。薯蓣传统的食用方法是烹饪菜肴或作为药材入药，是养生健身、药食兼用的佳品；作药膳食疗应用时，多被制成粥、面条、糕点、馒头等保健食品，也是加工饮料的良好材料，还可利用发酵工艺制成山药啤酒等。因生薯蓣含有一定的毒素而不宜生吃。

粉背薯蓣
Dioscorea hypoglauca Palibin

粉背薯蓣 *Dioscorea hypoglauca* Palibin［*Flora of China* 收录为 *Dioscorea collettii* var. *hypoglauca* (Palibin) C. T. Ting］为《中华人民共和国药典》（2020 年版）"粉萆薢"药材的基原物种。其干燥根茎具有利湿去浊、祛风除痹的功效，用于膏淋、白浊、白带过多、风湿痹痛、关节不利、腰膝疼痛等。

植物形态 草质缠绕藤本。根状茎横生，竹节状，表面着生细长弯曲的须根，断面黄色。茎左旋，长圆柱形，无毛。单叶互生，三角状心形或卵状披针形，顶端渐尖，基部心形，边缘波状或近全缘，干后黑色。花单性，雌雄异株。雄花序单生或 2～3 个簇生于叶腋；花被碟形，顶端 6 裂，裂片新鲜时黄色。雌花序穗状。蒴果三棱形，成熟后反曲下垂。花期 5—8 月，果期 6—10 月（图 90a）。

生境与分布 生于海拔 1 500 m 以下的山坡林下，分布于神农架木鱼镇等地（图 90b）。

a   b

图 90 粉背薯蓣形态与生境图

ITS2序列特征 粉背薯蓣 *D. hypoglauca* 序列来自于 GenBank（DQ267931），序列长度为 192 bp，其序列特征见图 91。

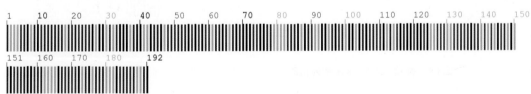

图 91 粉背薯蓣 ITS2 序列信息

扫码查看粉背薯蓣
ITS2 基因序列

psbA-trnH序列特征 粉背薯蓣 D. hypoglauca 共 3 条序列，分别来自于神农架样本和 GenBank（HQ637920），序列比对后长度为 265 bp，有 1 个变异位点，为 85 位点 T-C 变异。主导单倍型序列特征见图 92。

图 92 粉背薯蓣 psbA-trnH 序列信息

扫码查看粉背薯蓣
psbA-trnH 基因序列

穿 龙 薯 蓣
Dioscorea nipponica Makino

穿龙薯蓣 *Dioscorea nipponica* Makino 为神农架民间"七十二七"药材"海龙七"的基原物种。其根茎具有舒筋活络、祛风止痛的功效，用于风湿关节痛、风湿麻木、腰膝疼痛、牙周疼痛、支气管炎、扭挫损伤等。

植物形态 草质缠绕藤本。根状茎横生，茎近无毛。单叶互生，掌状心脏形，边缘作不等大的三角状浅裂、中裂或深裂，顶端叶片近于全缘。雌雄异株；雄花无梗，花被，顶端 6 裂，雄蕊 6；雌花序穗状，常单生，雌蕊柱头 3 裂。蒴果三棱形，每棱翅状。花期 6—8 月，果期 8—10 月（图 93a）。

生境与分布 生于海拔 1 500 m 以下的林边或灌丛中，分布于神农架各地（图 93b）。

a   b

图 93 穿龙薯蓣形态与生境图

psbA-trnH序列特征 穿龙薯蓣 D. nipponica 共 6 条序列，分别来自于神农架样本和 GenBank（DQ124703、DQ098159、JQ260256），序列比对后长度为 260 bp，有 1 个变异位点，为 113 位点 G-A 变异，在 79 位点存在碱基缺失。主导单倍型序列特征见图 94。

图 94　穿龙薯蓣 *psb*A-*trn*H 序列信息

扫码查看穿龙薯蓣
*psb*A-*trn*H 基因序列

资源现状与用途　穿龙薯蓣 *D. nipponica*，别名穿山龙、穿地龙、穿龙骨等，主要分布于东北、华北、华中等地区。目前野生资源已经不多，处于近危状态。民间还用于泡酒饮用，治筋骨麻木、腰腿酸痛。此外，在工业上可作为合成甾体激素药物的重要原料。

谷 精 草 科　Eriocaulaceae

谷　精　草

Eriocaulon buergerianum Koern.

谷精草 *Eriocaulon buergerianum* Koern. 为《中华人民共和国药典》（2020 年版）"谷精草"药材的基原物种。其干燥带花茎的头状花序具有疏散风热、明目退翳的功效，用于风热目赤、肿痛羞明、眼生翳膜、风热头痛等。

植物形态　草本。叶线形，丛生，半透明，具横格。花葶多数，扭转，具 4～5 棱；花序熟时近球形，禾秆色；总（花）托常有密柔毛；苞片倒卵形至长倒卵形，背面上部及顶端有白短毛。雄花：花萼佛焰苞状，外侧裂开，3 浅裂，花冠裂片 3，几等大，近顶处各有 1 黑色腺体；雌花：萼合生，外侧开裂，顶端 3 浅裂，背面及顶端有短毛，外侧裂口边缘有毛，下长上短。花瓣 3 枚，离生，扁棒形，肉质，顶端各具 1 黑色腺体及若干白短毛。花果期 7—12 月（图 95a）。

生境与分布　生于海拔 1 800 m 左右的沼泽草地，分布于神农架大九湖镇等地（图 95b）。

a　　　　　　　　　　　　　　　　　　b

图 95　谷精草形态与生境图

ITS2序列特征　谷精草 *E. buergerianum* 共 3 条序列，均来自于神农架样本，序列长度为 240 bp，有 3 个变异位点，分别为 7 位点 C-G 变异，24、58 位点 C-T 变异。主导单倍型序列特征见图 96。

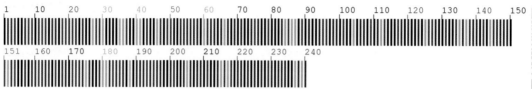

图 96　谷精草 ITS2 序列信息

扫码查看谷精草
ITS2 基因序列

***psb*A-*trn*H序列特征**　谷精草 *E. buergerianum* 共 3 条序列，均来自于神农架样本，序列长度为 544 bp。主导单倍型序列特征见图 97。

扫码查看谷精草
*psb*A-*trn*H 基因
序列

图 97　谷精草 *psb*A-*trn*H 序列信息

鸢　尾　科 Iridaceae

射　干

Belamcanda chinensis（L.）DC.

射干 *Belamcanda chinensis*（L.）DC. 为《中华人民共和国药典》（2020 年版）"射干"药材的基原物种。其干燥根茎具有清热解毒、消痰、利咽的功效，用于热毒痰火郁结、咽喉肿痛、痰涎壅盛、咳嗽气喘等。

植物形态　多年生草本。根状茎为不规则的块状，茎高 100～150 cm。叶互生，嵌迭状排列，剑形，长 20～60 cm，宽 2～4 cm。花序顶生，叉状分枝，每分枝的顶端聚生有数朵花；花梗细；苞片披针形或卵圆形；花橙红色，散生紫褐色的斑点；花柱上部稍扁，顶端 3 裂，子房下位，倒卵形，3 室，中轴胎座，胚珠多数。蒴果倒卵形或长椭圆形；种子圆球形，黑紫色，有光泽。花期 6—8 月，果期 7—9 月（图 98a）。

生境与分布　神农架有栽培（图 98b）。

a   b

图 98　射干形态与生境图

ITS2序列特征　射干 *B. chinensis* 共 3 条序列，均来自于神农架样本，序列比对后长度为 272 bp，其序列特征见图 99。

图 99　射干 ITS2 序列信息　　　　　扫码查看射干
ITS2 基因序列

资源现状与用途　射干 *B. chinensis*，别名乌扇、夜干、凤翼等，分布广泛。射干不仅具有多种药用价值，将其干粉添加在饲料中，能减少畜禽发病率。目前其野生资源日渐减少，在湖北团风县等地有大面积人工栽培。

鸢　尾

Iris tectorum Maxim.

鸢尾 *Iris tectorum* Maxim. 为《中华人民共和国药典》（2020 年版）"川射干"药材的基原物种。其干燥根茎具有清热解毒、祛痰、利咽的功效，用于热毒痰火郁结、咽喉肿痛、痰涎壅盛、咳嗽气喘等。

植物形态　多年生草本。根状茎粗壮，二歧分枝。叶基生，有数条不明显的纵脉。花茎光滑，苞片 2～3 枚，绿色。花蓝紫色，花被管细长，上端膨大成喇叭形，顶端微凹，爪部狭楔形，中脉上有不规则的鸡冠状附属物，成不整齐的缝状裂，内花被裂片椭圆形；花柱分枝扁平，淡蓝色。蒴果长椭圆形或倒卵形；种子黑褐色，梨形，无附属物。花期 4—5 月，果期 6—8 月（图 100a）。

生境与分布　生于海拔 2 500 m 以下的向阳坡地及水边湿地，分布于神农架新华镇、阳日镇、宋洛乡等地，常见栽培（图 100b）。

a   b

图 100 鸢尾形态与生境图

ITS2序列特征 鸢尾 *I. tectorum* 共 3 条序列，分别来自于神农架样本和 GenBank（GQ434814），序列比对后长度为 268 bp，其序列特征见图 101。

图 101 鸢尾 ITS2 序列信息

扫码查看鸢尾
ITS2 基因序列

psbA-trnH序列特征 鸢尾 *I. tectorum* 共 3 条序列，分别来自于神农架样本和 GenBank（GQ435430、GQ435430），序列比对后长度为 542 bp，其序列特征见图 102。

图 102 鸢尾 *psb*A-*trn*H 序列信息

扫码查看鸢尾
*psb*A-*trn*H 基因
序列

灯心草科 Juncaceae

灯 心 草
Juncus effusus L.

灯心草 *Juncus effusus* L. 为《中华人民共和国药典》（2020 年版）"灯心草"药材的基原物种。其干燥茎髓具有清心火、利小便的功效，用于心烦失眠、尿少涩痛、口舌生疮等。

植物形态 多年生草本。根状茎粗壮横走，具黄褐色稍粗的须根。茎丛生，直立，圆柱形，淡绿色，具纵条纹。叶全部为低出叶，呈鞘状或鳞片状；叶片退化为刺芒状。聚伞花序假侧生，含多花，排列紧密或疏散；总苞片圆柱形，生于顶端，似茎的延伸；小苞片 2 枚，宽卵形，膜质，顶端尖；花淡绿色；花被片线状披针形；雄蕊 3 枚；雌蕊具 3 室子房。蒴果长圆形或卵形，顶端钝或微凹，黄褐色。花期 4－7 月，果期 6－9 月（图 103a）。

生境与分布 生于海拔 2 800 m 以下的溪边湿地，分布于神农架红坪镇、宋洛乡等地（图 103b）。

a   b

图 103 灯心草形态与生境图

ITS2序列特征 灯心草 *J. effusus* 共 3 条序列，均来自于神农架样本，序列比对后长度为 223 bp，其序列特征见图 104。

图 104 灯心草 ITS2 序列信息

扫码查看灯心草
ITS2 基因序列

psbA-trnH序列特征 灯心草 *J. effusus* 共 3 条序列，均来自于神农架样本，序列比对后长度为 595 bp，其序列特征见图 105。

图 105　灯心草 *psb*A-*trn*H 序列信息

扫码查看灯心草 *psb*A-*trn*H 基因序列

资源现状与用途　灯心草 *J. effusus*，别名野席草、灯草、水灯心等，主要分布于我国长江中下游地区。灯心草用途很多，可用于编织席、篮，是部分地区处理城镇污水、养护人工湿地可供优先选择的水生植物，还可作为矿区重金属污染土壤的修复植物。

浮 萍 科 Lemnaceae

紫　萍

Spirodela polyrrhiza (L.) Schleid.

紫萍 *Spirodela polyrrhiza* (L.) Schleid. 为《中华人民共和国药典》（2020 年版）"浮萍"药材的基原物种。其干燥全草具有宣散风热、透疹、利尿的功效，用于麻疹不透、风疹瘙痒、水肿尿少等。

植物形态　水生草本。叶状体扁平，阔倒卵形，长 5～8 mm，宽 4～6 mm，先端钝圆，表面绿色，背面紫色，具掌状脉 5～11 条，背面中央生 5～11 条根，根长 3～5 cm，白绿色，根冠尖，脱落；根基附近的一侧囊内形成圆形新芽，萌发后，幼小叶状体渐从囊内浮出，由一细弱的柄与母体相连（图 106a）。

生境与分布　生于海拔 1 000 m 以下的水田中，分布于神农架松柏镇、阳日镇等（图 106b）。

a　　　　　　　　　　　　　　　　b

图 106　紫萍形态与生境图

ITS2序列特征 紫萍 *S. polyrrhiza* 共 2 条序列，均来自于 GenBank（KC573839、KC573838），序列比对后长度为 233 bp，有 5 个变异位点，分别为 20 位点 G-C 变异、28 位点 A-C 变异、42 位点 T-C 变异、50 位点 A-C 变异、228 位点 C-G 变异。主导单倍型序列特征见图 107。

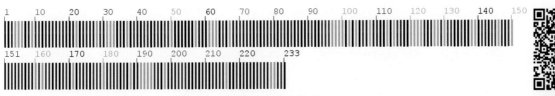

图 107　紫萍 ITS2 序列信息

扫码查看紫萍
ITS2 基因序列

psbA-trnH序列特征 紫萍 *S. polyrrhiza* 共 3 条序列，分别来自于神农架样本和 GenBank（KC584957），序列比对后长度为 429 bp，有 3 个变异位点，分别为 11 位点 C-G 变异，196 位点 A-C 变异，417 位点 T-G 变异，在 239～243 位点存在碱基缺失。主导单倍型序列特征见图 108。

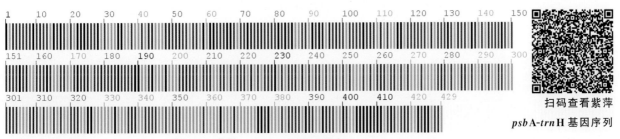

图 108　紫萍 *psb*A-*trn*H 序列信息

扫码查看紫萍
*psb*A-*trn*H 基因序列

资源现状与用途 紫萍 *S. polyrrhiza*，别名水萍、田萍、浮瓜叶等，分布广泛。浮萍可用作饲养动物的饲料，还可用于污水处理，或制成医学面膜、医药保健品等。

百 合 科 Liliaceae

薤

Allium chinense G. Don

薤 *Allium chinense* G. Don（*Flora of China* 收录为藠头）为《中华人民共和国药典》（2020 年版）"薤白"药材的基原物种之一。其干燥鳞茎具有通阳散结、行气导滞的功效，用于胸痹心痛、脘腹痞满胀痛、泻痢后重等。

植物形态 多年生草本。鳞茎数枚聚生，狭卵状；鳞茎外皮白色或带红色，膜质，不破裂。叶 2～5 枚，具 3～5 棱的圆柱状，中空，近与花葶等长。花葶侧生，圆柱状，下部被叶鞘；总苞 2 裂，比伞形花序短；伞形花序近半球状，较松散；花被片宽椭圆形至近圆形，顶端钝圆，内轮的稍长；花丝等长，约为花被片长的 1.5 倍；子房倒卵球状，腹缝线基部具有帘的凹陷蜜穴；花柱伸出花被外。花果期 10—11 月（图 109a）。

生境与分布 生于海拔 1 500 m 以下的山坡、丘陵、山谷或草地上，分布于神农架各地（图 109b）。

a   b

图 109　薤形态与生境图

ITS2序列特征 薤 *A. chinense* 共 3 条序列，均来自于神农架样本，序列比对后长度为 246 bp，其序列特征见图 110。

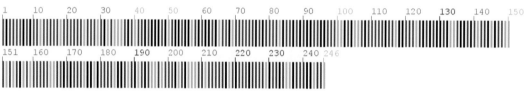

图 110　薤 ITS2 序列信息

扫码查看薤
ITS2 基因序列

psbA-trnH序列特征 薤 *A. chinense* 共 3 条序列，均来自于神农架样本，序列比对后长度为 562 bp，其序列特征见图 111。

扫码查看薤
*psb*A-*trn*H 基因
序列

图 111　薤 *psb*A-*trn*H 序列信息

资源现状与用途 薤 *A. chinense*，别名荞头、藠头，主要分布于长江流域及以南地区。薤除部分鲜食和晒干药用外，大多腌制加工成果蔬制品，部分出口。

小 根 蒜

Allium macrostemon Bge.

小根蒜 *Allium macrostemon* Bge.（*Flora of China* 收录为薤白）为《中华人民共和国药典》（2020 年版）"薤白"药材的基原物种之一。其干燥鳞茎具有通阳散结、行气导滞的功效，用于胸痹心痛、脘腹痞满胀痛、泻痢后重等。

植物形态 多年生小草本。鳞茎近球状，鳞茎外皮带黑色，纸质或膜质，不破裂。叶 3～5 枚，中空，上面具沟槽，比花葶短。花葶圆柱状，高 30～70 cm，1/4～1/3 被叶鞘；总苞 2 裂，比花序短；伞形花序半球状至球状，具多而密集的花；小花梗是花被片长 3～5 倍；珠芽暗紫色；花淡紫色或淡红色；花被片矩圆状卵形至矩圆状披针形。花果期 5—7 月（图 112a，b）。

生境与分布 生于海拔 1 700 m 以下的山坡、丘陵、山谷或草地上，分布于神农架各地（图 112c）。

a   b   c

图 112 小根蒜形态与生境图

ITS2序列特征 小根蒜 *A. macrostemon* 共 3 条序列，均来自于神农架样本，序列比对后长度为 245 bp，其序列特征见图 113。

图 113 小根蒜 ITS2 序列信息

扫码查看小根蒜
ITS2 基因序列

psbA-trnH序列特征 小根蒜 *A. macrostemon* 共 3 条序列，均来自于神农架样本，序列比对后长度为 565 bp，在 482 位点存在 C-G 变异。主导单倍型序列特征见图 114。

图 114 小根蒜 *psb*A-*trn*H 序列信息

扫码查看小根蒜 *psb*A-*trn*H 基因序列

资源现状与用途 小根蒜 *A. macrostemon*，别名团葱、山蒜等，分布广泛。小根蒜属药食同源的植物，具有类似大蒜、葱的特征风味成分，营养价值丰富，既可做家常菜吃，也可做成罐头等食品。其含有丰富的生物活性成分，具有抑菌防腐作用，非常具有开发价值。

韭 菜

Allium tuberosum Rottl. ex Spreng.

韭菜 *Allium tuberosum* Rottl. ex Spreng.（*Flora of China* 收录为韭）为《中华人民共和国药典》（2020 年版）"韭菜子"药材的基原物种。其干燥成熟种子具有温补肝肾、壮阳固精的功效，用于肝肾亏虚、腰膝酸痛、阳痿遗精、遗尿尿频、白浊带下等。

植物形态 多年生草本。鳞茎外皮暗黄色至黄褐色，破裂成纤维状，呈网状或近网状。叶条形，扁平，实心。花葶圆柱状，下部被叶鞘；小花梗近等长，比花被片长 2～4 倍，基部具小苞片；花白色；花被片常具绿色或黄绿色的中脉，内轮的矩圆状倒卵形；花丝等长，基部合生并与花被片贴生，分离部分狭三角形，内轮的稍宽；子房倒圆锥状球形，具 3 圆棱，外壁具细的疣状突起。种子黑色，多棱形或近球状。花果期 7—9 月（图 115a）。

生境与分布 神农架有栽培（图 115b）。

a   b

图 115 韭菜形态与生境图

ITS2序列特征 韭菜 *A. tuberosum* 共 3 条序列，均来自于神农架样本，序列比对后长度为 244 bp，其序列特征见图 116。

图 116　韭菜 ITS2 序列信息

扫码查看韭菜
ITS2 基因序列

psbA-trnH序列特征 韭菜 *A. tuberosum* 共 3 条序列，均来自于神农架样本，序列比对后长度为 577 bp，其序列特征见图 117。

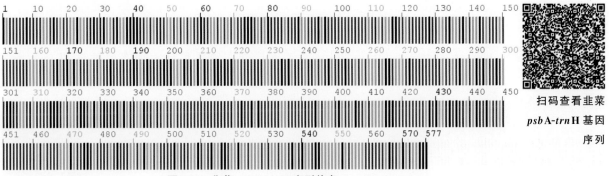

图 117　韭菜 *psbA-trnH* 序列信息

扫码查看韭菜
psbA-trnH 基因
序列

资源现状与用途 韭菜 *A. tuberosum*，别名起阳草、山韭等，在我国广泛分布。韭菜是我们日常生活中经常食用的蔬菜，多食韭菜可以润肠通便、治疗便秘、预防肠癌，还可以促进食欲、增强消化功能等。采用韭菜籽烟熏法可以直接杀灭米象，避免中药饮片在贮藏的过程中出现生霉、生虫的现象，且不会对中药饮片的颜色、气味以及相关性状产生影响。

天　冬
Asparagus cochinchinensis (Lour.) Merr.

天冬 *Asparagus cochinchinensis* (Lour.) Merr. (*Flora of China* 收录为天门冬) 为《中华人民共和国药典》(2020 年版)"天冬"药材的基原物种。其干燥块根具有养阴润燥、清肺生津等功效，用于肺燥干咳、顿咳痰黏、腰膝酸痛、骨蒸潮热、内热消渴、热病津伤、咽干口渴、肠燥便秘等。

植物形态 攀缘草本。根在中部或近末端成纺锤状膨大。茎平滑，常弯曲或扭曲，长可达 1～2 m，分枝具棱或狭翅。叶状枝通常每 3 枚成簇，扁平或由于中脉龙骨状而略呈锐三棱形，稍镰刀状；茎上的鳞片状叶基部延伸为长 2.5～3.5 mm 的硬刺。花通常每 2 朵腋生，淡绿色；花梗长 2～6 mm，关节一般位于中部。浆果直径 6～7 mm，熟时红色，有 1 粒种子。花期 5—6 月，果期 8—10 月（图 118a）。

生境与分布 生于海拔 600～1 700 m 的林下或路边，分布于神农架松柏镇、阳日镇、宋洛乡、新华镇、木鱼镇等地（图 118b）。

a   b

图 118　天冬形态与生境图

ITS2序列特征　天冬 *A. cochinchinensis* 共 3 条序列，分别来自于神农架样本和 GenBank（GQ434315），序列比对后长度为 246 bp，有 9 个变异位点，在 20 和 40 位点存在碱基缺失。主导单倍型序列特征见图 119。

图 119　天冬 ITS2 序列信息

扫码查看天冬
ITS2 基因序列

***psb*A–*trn*H序列特征**　天冬 *A. cochinchinensis* 共 3 条序列，均来自于神农架样本，序列比对后长度为 543 bp，其序列特征见图 120。

扫码查看天冬
*psb*A-*trn*H 基因
序列

图 120　天冬 *psb*A-*trn*H 序列信息

资源现状与用途　天冬 *A. cochinchinensis*，别名天门冬、门冬、明天冬、满冬等，从河北、山西、陕西、甘肃等省的南部至华东、中南、西南各地区均有分布。天冬的块根可用作药食两用原料，天冬提取物可以抗氧化、延缓衰老等，应用广泛。

大 百 合

Cardiocrinum giganteum（Wall.）Makino

大百合 *Cardiocrinum giganteum*（Wall.）Makino 为神农架民间"七十二七"药材"百合七"的基原物种。其鳞茎具有清肺止咳、解毒、散瘀的功效，用于肺虚咳嗽、呕吐、痢疾、疮疖肿毒等。

植物形态 多年生高大草本，小鳞茎卵形。茎直立，中空。叶纸质，网状脉；基生叶卵状心形或近宽矩圆状心形，茎生叶卵状心形。总状花序有花 10～16 朵，无苞片；花狭喇叭形，白色，里面具淡紫红色条纹。种子呈扁钝三角形，红棕色，周围具淡红棕色半透明的膜质翅。花期 6—7 月，果期 9—10 月（图 121a）。

生境与分布 生于海拔 1 100～1 900 m 的山坡林下、阴湿沟谷旁，分布于神农架新华镇、宋洛乡、红坪镇、下谷乡、大九湖镇等地（图 121b）。

a   b

图 121　大百合形态与生境图

ITS2序列特征 大百合 *C. giganteum* 共 3 条序列，均来自于神农架样本，序列比对后长度为 239 bp，有 10 个变异位点，在 37 位点存在简并碱基 R，142 位点存在简并碱基 S，186 位点存在碱基插入。主导单倍型序列特征见图 122。

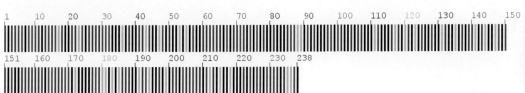

图 122　大百合 ITS2 序列信息

扫码查看大百合
ITS2 基因序列

psbA-trnH序列特征 大百合 *C. giganteum* 共 4 条序列，均来自于神农架样本，序列比对后长度为 441 bp。主导单倍型序列特征见图 123。

图 123　大百合 *psb*A-*trn*H 序列信息

扫码查看大百合
*psb*A-*trn*H 基因序列

资源现状与用途　大百合 *C. giganteum*，别名水百合，主要分布于西南地区。大百合是一种极具观赏价值的野生花卉，其植株硕大壮观，美丽芳香，可用于庭院绿化和盆栽观赏。其鳞茎富含淀粉等多种营养物质，可供食用，果实可入药。以野生为主，未见规模化栽培利用。由于民间大量采集其野生植株的鳞茎和果实，其生境破坏严重，为更好保护和利用这一宝贵的植物资源，有必要探索其人工快速繁殖技术。

七　筋　姑
Clintonia udensis Trantv. et Mey.

七筋姑 *Clintonia udensis* Trantv. et Mey. 为神农架"七十二七"药材"剪刀七"的基原物种。其全草具有散瘀止痛的功效，用于跌打损伤、劳伤腰痛、风湿疼痛等。

植物形态　多年生草本。根状茎短，质硬。花葶直立，密生短柔毛，长 10～20 cm。叶 3～4 枚，基生，椭圆形至倒卵状矩圆形，长 8～25 cm，顶端骤短尖，纸质至厚纸质，常无毛。总状花序 3～12 朵花；花常白色。果初为浆果状，后自顶端开裂，蓝或蓝黑色。花期 5～6 月，果期 7—10 月（图 124a）。

生境与分布　生于海拔 1 100～2 800 m 的山坡或沟谷林荫下，分布于神农架大九湖镇、宋洛乡、红坪镇等地（图 124b）。

a　　　　　　　　　　　　　　b

图 124　七筋姑形态与生境图

psbA-trnH序列特征　七筋姑 *C. udensis* 共 3 条序列，均来自于神农架样本，序列比对后长度为518 bp，其序列特征见图 125。

| | | | | | | | | | | | | | | | |
|1|10|20|30|40|50|60|70|80|90|100|110|120|130|140|150|

扫码查看七筋姑

*psb*A-*trn*H 基因

序列

图 125　七筋姑 *psb*A-*trn*H 序列信息

资源现状与用途　七筋姑 *C. udensis*，别名竹叶七，主要分布于东北、华中、西南等地区。民间根状茎及根供药用，治劳伤及腰痛。据文献记载，此药有小毒，服药过量会引起腹泻。

散斑竹根七

Disporopsis aspera（Hua）Engler

散斑竹根七 *Disporopsis aspera*（Hua）Engler 为神农架民间"七十二七"药材"黄金七"的基原物种。其根状茎具有养阴生津止渴的功效，用于口咽干燥、脾虚食欲不振、体虚气弱、面黄肌瘦、肺热咳嗽、口舌喉痛等。

植物形态　多年生草本，根状茎圆柱状。茎高 10～40 cm。叶厚纸质，卵形或卵状椭圆形，具柄，两面无毛；花 1～2 朵生于叶腋，黄绿色，多少具黑色斑点，俯垂；花被钟形；花被筒长约为花被全长的 1/3，口部不缢缩；花柱与子房近等长。浆果近球形，直径约 8 mm，熟时蓝紫色，具 2～4 粒种子。花期 5—6 月，果期 9—10 月（图 126a，b）。

生境与分布　生于海拔 500～2 300 m 的山坡、沟谷林荫下草丛中或阴湿岩壁上，分布于神农架新华镇、宋洛乡等地。

a　　　　　　　　　　　　　　　　　b

图 126　散斑竹根七形态图

ITS2序列特征 散斑竹根七 *D. aspera* 共 2 条序列，均来自于 GenBank（EU850002、KX375058），序列比对后长度为 222 bp，其序列特征见图 127。

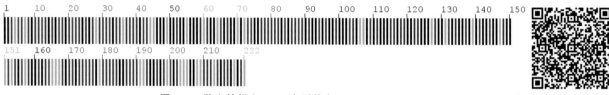

图 127　散斑竹根七 ITS2 序列信息

扫码查看散斑竹根
七 ITS2 基因序列

资源现状与用途 散斑竹根七 *D. aspera*，别名散斑假万寿竹，主要分布于西南及南方部分地区。该种绝大多数处于野生状态，是一种耐阴性很好的植物，可应用于风景林地下或建筑物边缘作地被植物，也可盆栽观赏，是有开发前景的一种野生花卉。野生状态下，该种通过根状茎萌蘖繁殖，繁殖系数较低，可通过组织培养技术建立快速繁殖体系，利于散斑竹根七的种质资源保护以及开发利用。

湖 北 贝 母

Fritillaria hupehensis Hsiao et K. C. Hsia

湖北贝母 *Fritillaria hupehensis* Hsiao et K. C. Hsia（*Flora of China* 收录为天目贝母 *Fritillaria monantha* Migo）为《中华人民共和国药典》（2020 年版）"湖北贝母"药材的基原物种。其干燥鳞茎具有清热化痰、止咳、散结的功效，用于热痰咳嗽、瘰疬痰核、痈肿疮毒等。

植物形态 直立草本，高 45～60 cm。鳞茎由 2 枚鳞片组成，直径约 2 cm。叶通常对生，有时兼有散生或 3 叶轮生的，矩圆状披针形至披针形。花单朵，淡紫色，有黄色小方格，有 3～5 枚先端不卷曲的叶状苞片；花梗长 3.5 cm 以上；花被片长 4.5～5 cm，宽约 1.5 cm；蜜腺窝在背面明显凸出；雄蕊长约为花被片的一半，花药近基着，花丝常无小乳突。蒴果长宽各约 3 cm，棱上的翅宽 6～8 mm。花期 4—6 月，果期 6—7 月（图 128a）。

生境与分布 神农架有栽培（图 128b）。

a　　　　　　　　　　　　　　　　b

图 128　湖北贝母形态与生境图

ITS2序列特征 湖北贝母 *F. hupehensis* 共 4 条序列，均来自于 GenBank（KT008167、KT008169、KT008171、KT008172），序列比对后长度 238 bp，其序列特征见图 129。

图 129　湖北贝母 ITS2 序列信息

扫码查看湖北贝母
ITS2 基因序列

资源现状与用途 湖北贝母 *F. hupehensis*，别名窑贝、板贝、奉贝等，主要分布于西南地区。近年来恩施、宜昌等地区的湖北贝母生产发展很快，有较大面积种植，为湖北贝母的主产区。

卷　丹
Lilium lancifolium Thunb.

卷丹 *Lilium lancifolium* Thunb.（*Flora of China* 收录为 *Lilium tigrinum* Ker Gawler）为《中华人民共和国药典》（2020 年版）"百合"药材的基原物种之一。其干燥肉质鳞叶具有养阴润肺、清心安神的功效，用于阴虚燥咳、劳嗽咳血、虚烦惊悸、失眠多梦、精神恍惚等。

植物形态 多年生草本。鳞茎宽卵状球形；鳞茎瓣宽卵形，白色。茎高 0.8～1.5 m，具白色绵毛。叶矩圆状披针形至披针形，宽 1.2～1.7 cm，无柄，上部叶腋具珠芽。花 3～6 朵或更多；花被片披针形，反卷，橙红色，有紫黑色斑点。花期 7—8 月，果期 9—10 月（图 130a，b）。

生境与分布 生于海拔 700～1 800 m 的山坡林下、沟边草丛中，分布于神农架松柏镇、宋洛乡、红坪镇、木鱼镇等地（图 130c）。

a　　　　　　　b　　　　　　　c

图 130　卷丹形态与生境图

ITS2序列特征 卷丹 *L. lancifolium* 共 5 条序列，均来自于神农架样本，序列比对后长度为 237 bp，有 1 个变异位点，为 112 位点 A-T 变异，在 112 位点存在简并碱基 W。主导单倍型序列特征见图 131。

图 131　卷丹 ITS2 序列信息

扫码查看卷丹
ITS2 基因序列

psbA-trnH序列特征　卷丹 *L. lancifolium* 共 3 条序列，均来自于神农架样本，序列比对后长度为 348 bp，其序列特征见图 132。

图 132　卷丹 *psb*A-*trn*H 序列信息

扫码查看卷丹
*psb*A-*trn*H 基因序列

资源现状与用途　卷丹 *L. lancifolium*，别名虎皮百合、倒垂莲、药百合、黄百合等，分布广泛。卷丹是百合属中具有极高观赏价值的物种，不仅适用于园林栽培，也是切花和盆栽的良好材料。此外，其鳞茎含有大量的淀粉和蛋白质，具有很高的食用价值。

禾叶山麦冬
Liriope graminifolia (L.) Baker

禾叶山麦冬 *Liriope graminifolia* (L.) Baker 为神农架民间"七十二七"药材"草三七"的基原物种。其块根具有清心润肺、养胃生津的功效，用于心烦、肺燥咳嗽、胃阴不足等。

植物形态　低矮草本。根细或稍粗，分枝多；根状茎短或稍长，具地下走茎。叶长 20～50 cm，宽 2～3 mm，先端钝或渐尖，具 5 条脉，近全缘。花葶通常稍短于叶，总状花序长 6～15 cm，具许多花；花通常 3～5 朵簇生于苞片腋内；苞片卵形，先端具长尖；花被片狭矩圆形或矩圆形，先端钝圆，白色或淡紫色；花丝长 1～1.5 mm，扁而稍宽；花药近矩圆形，长约 1 mm。种子卵圆形或近球形，初期绿色，成熟时蓝黑色。花期 6—8 月，果期 9—11 月（图 133a）。

生境与分布　生于海拔 950 m 左右的沟谷山坡、山谷林下、灌丛中或山沟阴处、石缝间及草丛中，分布于神农架木鱼镇、宋洛乡等地（图 133b）。

ITS2序列特征　禾叶山麦冬 *L. graminifolia* 共 3 条序列，均来自于 GenBank（KF671306、KF671305、KF671304），序列长度为 222 bp，有 5 个变异位点，分别为 51 位点 A-C 变异，136 位点 C-A 变异，144 位点 G-A 变异，220 位点 A-T 变异，221 位点 C-G 变异，在 41 位点存在碱基缺失。主导单倍型序列特征见图 134。

a   b

图 133   禾叶山麦冬形态与生境图

图 134   禾叶山麦冬 ITS2 序列信息

扫码查看禾叶山麦冬
ITS2 基因序列

psbA-trnH序列特征   禾叶山麦冬 *L. graminifolia* 共 3 条序列，分别来自于神农架样本和 Gen-Bank（KF671445），序列比对后长度为 543 bp，其序列特征见图 135。

扫码查看禾叶山
麦冬 *psbA-trnH*
基因序列

图 135   禾叶山麦冬 *psbA-trnH* 序列信息

资源现状与用途   禾叶山麦冬 *L. graminifolia* 主要分布于我国华北及秦岭以南地区。除药用外，因其具有抗旱、耐寒、叶色深绿、四季常青等优势，在北方城市园林绿化中作为地被植物逐渐受到重视。

湖 北 麦 冬

Liriope spicata (Thunb.) Lour. var. prolifera Y. T. Ma

湖北麦冬 *Liriope spicata* (Thunb.) Lour. var. *prolifera* Y. T. Ma [*Flora of China* 收录为山麦冬 *Liriope spicata* (Thunberg) Loureiro] 为《中华人民共和国药典》（2020 年版）"山麦冬"药材的基原物种之一。其干燥块根具有养阴生津、润肺清心的功效，用于肺燥干咳、阴虚痨嗽、喉痹咽痛、津伤口渴、内热消渴、心烦失眠、肠燥便秘等。

植物形态 草本，植株有时丛生。根稍粗，近末端处常膨大成矩圆形、椭圆形或纺锤形的肉质小块根；根状茎短，木质，具地下走茎。叶长 25～60 cm，宽 4～8 mm。花葶通常长于或几等长于叶，少数稍短于叶；总状花序具多数花；花通常 2～5 朵簇生于苞片腋内；花被片矩圆形、矩圆状披针形，先端钝圆，淡紫色或淡蓝色；花丝长约 2 mm；花药狭矩圆形，长约 2 mm；子房近球形，花柱长约 2 mm，稍弯，柱头不明显。种子近球形。花期 5—7 月，果期 8—10 月（图 136a）。

生境与分布 生于海拔 400～1 400 m 的山坡沟谷边，分布于神农架宋洛乡、木鱼镇等地（图 136b）。

a   b

图 136　湖北麦冬形态与生境图

ITS2序列特征 湖北麦冬 *L. spicata* var. *prolifera* 共 3 条序列，均来自于神农架样本，序列比对后长度为 227 bp，其序列特征见图 137。

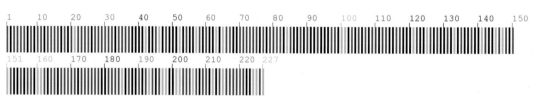

图 137　湖北麦冬 ITS2 序列信息

扫码查看湖北麦冬
ITS2 基因序列

psbA-trnH序列特征 湖北麦冬 *L. spicata* var. *prolifera* 共 3 条序列，均来自于神农架样本，序列比对后长度为 544 bp，其序列特征见图 138。

图 138　湖北麦冬 *psb*A-*trn*H 序列信息

扫码查看湖北麦冬 *psb*A-*trn*H 基因序列

资源现状与用途 湖北麦冬 *L. spicata* var. *prolifera*，别名土麦冬、湖北山麦冬，分布广泛。湖北麦冬除药用外，还是常见的地被植物。在汉水中游的冲积平原一带有规模化种植，其栽培年限短，单产高，是湖北的道地药材。

西藏洼瓣花
Lloydia tibetica Baker ex Oliver

西藏洼瓣花 *Lloydia tibetica* Baker ex Oliver 为神农架民间"七十二七"药材"韭母七"的基原物种。其鳞茎具有祛痰止咳、行气的功效，用于咳嗽、痰喘、支气管炎、胃腹胀痛等。

植物形态 多年生小草本，高 10～30 cm。鳞茎顶端延长、开裂。基生叶 3～10 枚，边缘通常无毛；茎生叶 2～3 枚，向上逐渐过渡为苞片，通常无毛，极少在茎生叶和苞片的基部边缘有少量疏毛；花 1～5 朵；花被片黄色，有淡紫绿色脉；内花被片宽 6～8 mm，内面下部或近基部两侧各有 1～4 个鸡冠状褶片，外花被片宽度约为内花被片的 2/3；内外花被片内面下部通常有长柔毛。花期 5—7 月（图 139a）。

生境与分布 生长于海拔 1 500～2 600 m 的山坡岩石上，分布于神农架红坪镇、大九湖镇等地（图 139b）。

a　　　　　　b

图 139　西藏洼瓣花形态与生境图

ITS2序列特征 西藏洼瓣花 *L. tibetica* 共 3 条序列，均来自于神农架样本，序列比对后长度为 233 bp，其序列特征见图 140。

图 140　西藏洼瓣花 ITS2 序列信息

扫码查看西藏洼瓣花
ITS2 基因序列

舞 鹤 草

Maianthemum bifolium (L.) F. W. Schmidt

舞鹤草 *Maianthemum bifolium* (L.) F. W. Schmidt 为神农架民间"七十二七"药材"鞭杆七"的基原物种之一。其带根全草具祛风除湿、活血调经的功效，用于风湿病、月经不调等。

植物形态 低矮草本。根状茎细长，节上有少数根。茎高 8～25 cm，无毛或散生柔毛。基生叶有长达 10 cm 的叶柄；茎生叶通常 2 枚，互生于茎的上部；叶柄常有柔毛。总状花序直立，有 10～25 朵花；花白色，单生或成对。浆果直径 3～6 mm。种子卵圆形，直径 2～3 mm，种皮黄色，有颗粒状皱纹。花期 5—7 月，果期 8—9 月（图 141a）。

生境与分布 生于海拔 800～2 500 m 的溪流边潮湿森林、灌丛、山坡，分布于神农架红坪镇、下谷乡、大九湖镇等地（图 141b）。

a　　　　　　　　　　　　　　　　b

图 141　舞鹤草形态与生境图

ITS2序列特征 舞鹤草 *M. bifolium* 共 3 条序列，均来自于 GenBank（EU850028、JF977019、KX375064），序列比对后长度为 182 bp，有 1 个变异位点，为 164 位点 T-C 变异。主导单倍型序列特征见图 142。

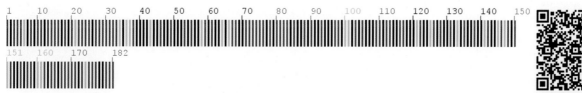

图 142 舞鹤草 ITS2 序列信息

扫码查看舞鹤草
ITS2 基因序列

psbA-trnH序列特征 舞鹤草 *M. bifolium* 共 5 条序列，均来自于 GenBank（EU850235、JN045441、KC704406、KC704408、KX375110），序列比对后长度为 538 bp，有 2 个变异位点，分别为 494 位点、504 位点 A-T 变异。主导单倍型序列特征见图 143。

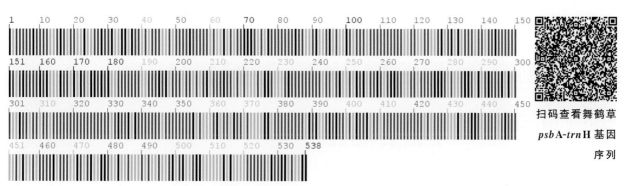

扫码查看舞鹤草
*psb*A-*trn*H 基因
序列

图 143 舞鹤草 *psb*A-*trn*H 序列信息

麦 冬
Ophiopogon japonicus (L. f.) Ker-Gawl.

麦冬 *Ophiopogon japonicus*（L. f.）Ker-Gawl. 为《中华人民共和国药典》（2020 年版）"麦冬"药材的基原物种。其干燥块根具有养阴生津、润肺清心的功效，用于肺燥干咳、阴虚痨嗽、喉痹咽痛、津伤口渴、内热消渴、心烦失眠、肠燥便秘等。

植物形态 多年生草本。根较粗，块根长 1～1.5 cm。地下匍匐茎细长；茎短。叶基生成密丛，禾叶状。花葶长 6～15 cm；总状花序轴长 2～5 cm，具 8～10 余朵花；花 1～2 朵生于苞片腋；花被片白色或淡紫色；花柱较粗，向上渐狭。花期 5—8 月，果期 8～9 月（图 144a）。

生境与分布 生于海拔 300～2 200 m 的山坡灌丛中阴湿处，分布于神农架各地（图 144b）。

ITS2序列特征 麦冬 *O. japonicus* 共 3 条序列，分别来自于神农架样本和 GenBank（KJ571548、KJ571549），序列比对后长度为 219 bp，有 1 个变异位点，为 33 位点 T-G 变异。主导单倍型序列特征见图 145。

a   b

图 144　麦冬形态与生境图

| 1 | 10 | 20 | 30 | 40 | 50 | 60 | 70 | 80 | 90 | 100 | 110 | 120 | 130 | 140 | 150 |

| 151 | 160 | 170 | 180 | 190 | 200 | 210 | 219 |

图 145　麦冬 ITS2 序列信息

扫码查看麦冬
ITS2 基因序列

psbA–trnH序列特征　麦冬 *O. japonicus* 共 3 条序列，均来自于神农架样本，序列比对后长度为 544 bp，其序列特征见图 146。

1	10	20	30	40	50	60	70	80	90	100	110	120	130	140	150
151	160	170	180	190	200	210	220	230	240	250	260	270	280	290	300
301	310	320	330	340	350	360	370	380	390	400	410	420	430	440	450

扫码查看麦冬
*psb*A-*trn*H 基因
序列

| 451 | 460 | 470 | 480 | 490 | 500 | 510 | 520 | 530 | 544 |

图 146　麦冬 *psb*A-*trn*H 序列信息

资源现状与用途　麦冬 *O. japonicus*，别名麦门冬、沿阶草，分布广泛。麦冬不但是一种药用植物，还是保健食品原料。其肉质丰厚，富含淀粉及糖，也非常适合作为饲料加工原料及饲料添加剂。

巴山重楼

Paris bashanensis F. T. Wang &J. Tang

巴山重楼 *Paris bashanensis* F. T. Wang & J. Tang 为神农架民间药材"露水一颗珠"的基原物种。其根茎具有清热解毒、镇痛的功效，用于头痛、蛇咬伤、痢疾等。

植物形态 多年生直立草本，高 25～45 cm。根状茎细长，直径 4～8 mm。叶 4 枚轮生，矩圆状披针形或卵状椭圆形，长 4～9 cm，宽 2～3.5 cm。花梗长 2～7 cm；外轮花被片 4，狭披针形，反折；内轮花被片线形，与外轮同数且近等长；雄蕊通常 8 枚，花药长 1～1.2 cm，花丝短，长 3～4 mm；子房球形，花柱具 4～5 分枝，分枝细长。浆果状蒴果不开裂，紫色，具多数种子。花期 4 月（图 147a）。

生境与分布 生于海拔 1 700～2 000 m 的山坡岩石边阴湿处，分布于神农架宋洛乡、大九湖镇、红坪镇等地（图 147b）。

a   b

图 147 巴山重楼形态与生境图

ITS2序列特征 巴山重楼 *P. bashanensis* 共 3 条序列，均来自于 GenBank（DQ404205、DQ486015、DQ663682），序列比对后长度为 228 bp，有 4 个变异位点，分别为 72、127 位点 T-C 变异，121 位点 A-G 变异，205 位点 G-C 变异。主导单倍型序列特征见图 148。

图 148 巴山重楼 ITS2 序列信息

扫码查看巴山重楼
ITS2 基因序列

psbA-trnH序列特征 巴山重楼 *P. bashanensis* 序列来自于 GenBank（DQ404239），序列长度为 1046 bp，其序列特征见图149。

扫码查看巴山重楼 *psbA-trnH* 基因序列

图149 巴山重楼 *psbA-trnH* 序列信息

七叶一枝花

***Paris polyphylla* Smith var. *chinensis*（Franch.）Hara**

七叶一枝花 *Paris polyphylla* Smith var. *chinensis*（Franch.）Hara 为《中华人民共和国药典》（2020 年版）"重楼"药材的基原物种之一，亦为神农架民间"四个一"药材之一"七叶一枝花"的基原物种。其干燥根茎具有清热解毒、消肿止痛、凉肝定惊的功效，用于疗疮痈肿、咽喉肿痛、蛇虫咬伤、跌扑伤痛、惊风抽搐等。

植物形态 多年生草本，高 35～100 cm。根状茎粗厚；茎常带紫色，基部具 1～3 枚膜质鞘。叶常 7～10，轮生，矩圆形、椭圆形或倒卵状披针形，长 7～15 cm，短尖或渐尖。外轮花被片 4～6，狭卵状披针形；内轮花被片狭条形；雄蕊 8～12；子房近球形。花期 4～7 月，果期 8—11 月（图150a）。

生境与分布 生于海拔 600～2 600 m 的山坡林荫处富含腐殖质的土壤中，分布于神农架大九湖镇、红坪镇、宋洛乡等地（图150b）。

ITS2序列特征 七叶一枝花 *P. polyphylla* var. *chinensis* 共 3 条序列，均来自于神农架样本，序列比对后长度为 232 bp，有 3 个变异位点，分别为 85、163 位点 T-C 变异，164 位点 G-A 变异。主导单倍型序列特征见图151。

psbA-trnH序列特征 七叶一枝花 *P. polyphylla* var. *chinensis* 共 3 条序列，均来自于神农架样本，序列比对后长度为 1030 bp，有 5 个变异位点，分别为 60、67、97 位点 T-A 变异，61 位点 A-G 变异，66 位点 C-T 变异，在 54～58 位点存在碱基缺失，69～73 位点存在碱基插入，620 位点存在碱基插入。主导单倍型序列特征见图152。

a   b

图 150   七叶一枝花形态与生境图

图 151   七叶一枝花 ITS2 序列信息

扫码查看七叶一枝花
ITS2 基因序列

图 152   七叶一枝花 *psb*A-*trn*H 序列信息

扫码查看七叶一
枝花 *psb*A-*trn*H
基因序列

资源现状与用途   七叶一枝花 *P. polyphylla* var. *chinensis*，别名华重楼、草河车、七叶莲、蚤休等，主要分布于我国西南、华中等地区。民间用于治疗蛇毒、妇女子宫大量出血等症，是云南白药、宫血宁、夺命丹等多种中成药的重要原料。目前，野生资源稀少，全国各地均开展人工种植研究，并有一定的人工种植规模。

卷 叶 黄 精

Polygonatum cirrhifolium（Wallich）Royle

卷叶黄精 *Polygonatum cirrhifolium*（Wallich）Royle 为神农架民间"七十二七"药材"龙头七（鸡头七）"的基原物种。其根茎具有补脾润肺、养阴生津的功效，用于脾气不足、食少倦怠、肺阴虚损、咽干咳嗽、消渴、便秘、劳伤力乏等。

植物形态 多年生草本。根状茎肥厚，圆柱状，或根状茎连珠状，结节直径 1～2 cm。茎高 30～90 cm。叶通常每 3～6 枚轮生，细条形至条状披针形，先端拳卷或弯曲成钩状，边常外卷。花序轮生，通常具 2 朵花；苞片透明膜质，无脉；花被淡紫色，花被筒中部稍缢狭，裂片长约 2 mm。浆果红色或紫红色，具 4～9 颗种子。花期 5—7 月，果期 9—10 月（图 153a）。

生境与分布 生于海拔 750～2 300 m 的山坡林荫下或沟边，分布于神农架各地（图 153b）。

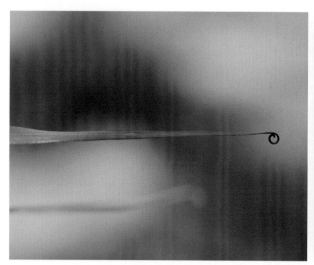

a   b

图 153 卷叶黄精形态与生境图

ITS2序列特征 卷叶黄精 *P. cirrhifolium* 序列共 3 条序列，均来自于 GenBank（KX375073、EU850005、JF977845），序列比对后长度为 198 bp，有 7 个变异位点，在 199～209 位点存在碱基缺失。主导单倍型序列特征见图 154。

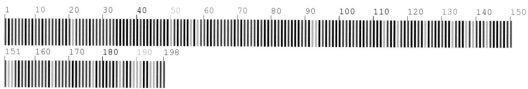

图 154 卷叶黄精 ITS2 序列信息

扫码查看卷叶黄精
ITS2 基因序列

psbA-trnH序列特征 卷叶黄精 *P. cirrhifolium* 共 3 条序列，均来自于神农架样本，序列比对后长度为 520 bp，有 1 个变异位点，为 8 位点 G-A 变异。主导单倍型序列特征见图 155。

图 155　卷叶黄精 *psb*A-*trn*H 序列信息

资源现状与用途　卷叶黄精 *P. cirrhifolium*，别名滇钩吻、老虎姜，是秦岭山区一种普遍的民间食疗中药，主要分布于我国西南地区。研究表明，黄精提取物具有增强免疫、抗病毒和抑制脂质过氧化等多种功能，并且在医药、食品工业等领域已显示出良好的应用前景。近年来，卷叶黄精野生资源被大量采挖，严重影响到其自然更新，导致局部地区资源枯竭。

多花黄精

Polygonatum cyrtonema Hua

多花黄精 *Polygonatum cyrtonema* Hua 为《中华人民共和国药典》（2020 年版）"黄精"药材的基原物种之一。其干燥根茎具有补气养阴、健脾、润肺、益肾的功效，用于脾胃气虚、体倦乏力、胃阴不足、口干食少、肺虚燥咳、劳嗽咳血、精血不足、腰膝酸软、须发早白、内热消渴等。

植物形态　多年生草本。根状茎肥厚；茎高 50～100 cm。叶互生，椭圆形、卵状披针形至矩圆状披针形，长 10～18 cm，顶端尖至渐尖。花序通常具 2－7 花，腋生；花被黄绿色，合生呈筒状；花柱长 12～15 mm。浆果近球形，直径约 1 cm，熟时黑色。花期 5－6 月，果期 8－10 月（图 156a）。

生境与分布　生于海拔 800～2 300 m 林下、灌丛或山坡阴处，分布于神农架新华镇、木鱼镇、红坪镇等地（图 156b）。

a　　　　　　b

图 156　多花黄精形态与生境图

ITS2序列特征 多花黄精 *P. cyrtonema* 序列来自于 GenBank（EU850001），序列长度为 226 bp，其序列特征见图 157。

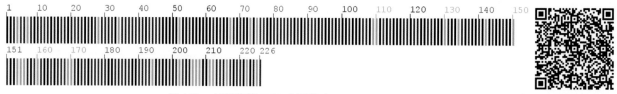

图 157 多花黄精 ITS2 序列信息

扫码查看多花黄精
ITS2 基因序列

psbA-trnH序列特征 多花黄精 *P. cyrtonema* 共 3 条序列，均来自于神农架样本，序列比对后长度为 592 bp，有 1 个变异位点，为 16 位点 C-G 变异，在 133 位点存在碱基缺失。主导单倍型序列特征见图 158。

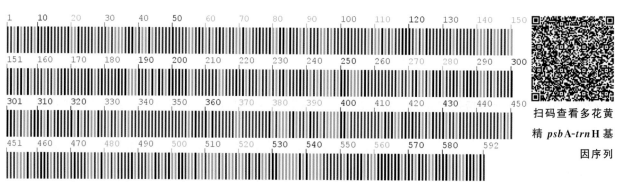

图 158 多花黄精 *psbA-trn*H 序列信息

扫码查看多花黄精 *psbA-trn*H 基因序列

资源现状与用途 多花黄精 *P. cyrtonema*，别名姜形黄精等，主要分布于华中、华东、西南等地。黄精于 2022 年被列入"十大楚药"。黄精的使用历史悠久，是著名的食疗补益中药。黄精还具有食用和观赏价值，是融药用、食用、观赏为一体，具有很高经济价值的植物。目前，已利用现代食品加工技术，开发研制出增强免疫力、降血压血糖等功能性保健食品。由于长期被大量采挖，黄精野生资源面临枯竭的境地。

玉 竹
Polygonatum odoratum（Mill.）Druce

玉竹 *Polygonatum odoratum*（Mill.）Druce 为《中华人民共和国药典》（2020 年版）"玉竹"药材的基原物种。其干燥根茎具有养阴润燥、生津止渴的功效，用于肺胃阴伤、燥热咳嗽、咽干口渴、内热消渴等。

植物形态 多年生草本。根状茎圆柱形；茎高 20～50 cm。叶互生，椭圆形至卵状矩圆形，长 5～12 cm，顶端尖。花序腋生，具 1～3 朵花；总花梗长 1～1.5 cm；花被白色或顶端黄绿色，长 13～30 mm，花被筒较直。浆果直径 7～10 mm，熟时蓝黑色。花期 5—6 月，果期 7—9 月（图 159a）。

生境与分布 生于海拔 1 700 m 以下的山坡林缘，分布于神农架各地（图 159b）。

a   b

图 159　玉竹形态与生境图

ITS2序列特征 玉竹 *P. odoratum* 共 3 条序列，均来自于 GenBank（KX302767、KX302768、KX302769），序列比对后长度为 230 bp，有 3 个变异位点，分别为 54、61 位点 T-G 变异，88 位点 T-C 变异。主导单倍型序列特征见图 160。

图 160　玉竹 ITS2 序列信息

扫码查看玉竹
ITS2 基因序列

psbA-trnH序列特征 玉竹 *P. odoratum* 共 3 条序列，均来自于神农架样本，序列比对后长度为 511 bp，其序列特征见图 161。

扫码查看玉竹
psb A-*trn* H 基因
序列

图 161　玉竹 *psb* A-*trn* H 序列信息

黄 精

Polygonatum sibiricum Red.

黄精 *Polygonatum sibiricum* Red. 为《中华人民共和国药典》（2020年版）"黄精"药材的基原物种之一。其干燥根茎具有补气养阴、健脾、润肺、益肾的功效，用于脾胃气虚、体倦乏力、胃阴不足、口干食少、肺虚燥咳、劳嗽咳血、精血不足、腰膝酸软、须发早白、内热消渴等。

植物形态 多年生草本。根状茎圆柱状，由于结节膨大，因此"节间"一头粗、一头细，在粗的一头有短分枝。茎高50～90 cm，有时呈攀缘状。叶轮生，每轮4～6枚，条状披针形，先端拳卷或弯曲成钩。花序通常具2～4朵花，似呈伞形状；苞片位于花梗基部，膜质，钻形或条状披针形，具1脉；花被乳白色至淡黄色，花被筒中部稍缢缩，裂片长约4 mm。浆果黑色，具4～7颗种子。花期5—6月，果期8—9月（图162a）。

生境与分布 生于海拔800～2 800 m的林下、灌丛或山坡阴处，分布于神农架新华镇、红坪镇、木鱼镇等地（图162b）。

a   b

图162 黄精形态与生境图

ITS2序列特征 黄精 *P. sibiricum* 共2条序列，分别来自于神农架样本和GenBank（EU850003），序列比对后长度为217 bp，有2个变异位点，分别为34位点A-C变异，208位点C-T变异，在146位点存在碱基缺失。主导单倍型序列特征见图163。

图163 黄精ITS2序列信息

扫码查看黄精
ITS2基因序列

psbA-trnH序列特征 黄精 *P. sibiricum* 共 3 条序列，均来自于神农架样本，序列比对后长度为 474 bp，有 4 个变异位点，分别为 30 位点 G-A 变异，66 位点 T-C 变异，67、111 位点 C-T 变异。主导单倍型序列特征见图 164。

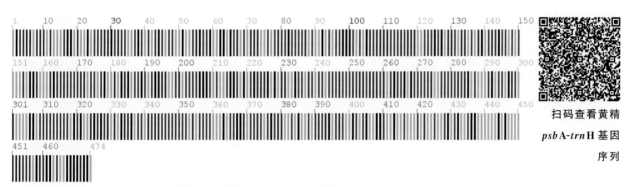

扫码查看黄精 *psbA-trn*H 基因序列

图 164　黄精 *psb*A-*trn*H 序列信息

吉　祥　草

Reineckea carnea（Andrews）Kunth

吉祥草 *Reineckea carnea*（Andrews）Kunth 为神农架民间"七十二七"药材"竹节七"的基原物种。其全草具有润肺、止咳、固肾、接骨的功效，用于肺痨、哮喘、腰痛、遗精、跌打损伤、骨折等。

植物形态 多年生草本。根状茎匍匐。叶 3～8 枚，簇生于根状茎顶端，条形或披针形，先端渐尖，向下渐狭，深绿色。花葶短于叶；穗状花序长 2～6.5 cm，多花；苞片卵状三角形，淡褐色或带紫色；花粉红色；子房瓶状。浆果球形，鲜红色。花果期 7—11 月（图 165a）。

生境与分布 生于海拔 800～1 800 m 的沟谷林下阴湿处，分布于神农架各地（图 165b）。

a　　　　　　　　　　　　　　　　　　　b

图 165　吉祥草形态与生境图

ITS2序列特征 吉祥草 *R. carnea* 共 2 条序列，均来自于神农架样本，序列比对后长度为 228 bp，有 1 个变异位点，为 58 位点 A-G 变异。主导单倍型序列特征见图 166。

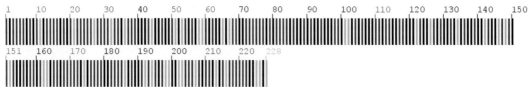

图 166 吉祥草 ITS2 序列信息

扫码查看吉祥草
ITS2 基因序列

psbA-trnH序列特征 吉祥草 *R. carnea* 共 3 条序列，均来自于神农架样本，序列比对后长度为 544 bp，其序列特征见图 167。

扫码查看吉祥草
*psb*A-*trn*H 基因
序列

图 167 吉祥草 *psb*A-*trn*H 序列信息

资源现状与用途 吉祥草 *R. carnea*，别名小叶万年青、玉带草、观音草等，主要分布于华东、华中、西南等地区。吉祥草是多年生四季常绿的宿根草本花卉，株型典雅，叶片浓绿，观赏价值和美学价值高，可用于花束花篮作配叶，盆栽或水培悬吊观赏。

光 叶 菝 葜

Smilax glabra Roxb.

光叶菝葜 *Smilax glabra* Roxb.（*Flora of China* 收录为土茯苓）为《中华人民共和国药典》（2020年版）"土茯苓"药材的基原物种。其干燥根茎具有解毒、除湿、通利关节的功效，用于梅毒及汞中毒所致的肢体拘挛、筋骨疼痛、湿热淋浊、带下、痈肿、瘰疬、疥癣等。

植物形态 攀缘灌木。根状茎粗厚，块状。茎光滑，无刺。叶薄革质，狭椭圆状披针形至狭卵状披针形；叶柄具狭鞘，有卷须。伞形花序通常具 10 余朵花；花绿白色，六棱状球形，直径约 3 mm；雄花外花被片近扁圆形，宽约 2 mm；内花被片近圆形，边缘有不规则的齿；雄蕊靠合，与内花被片近等长，花丝极短；雌花外形与雄花相似，但内花被片边缘无齿，具 3 枚退化雄蕊。浆果熟时紫黑色，具粉霜。花期 7－11 月，果期 11 月至次年 4 月（图 168a）。

生境与分布 生于海拔 1 000 m 以下的山坡林缘或灌丛，分布于神农架各地（图 168b）。

a   b

图 168　光叶菝葜形态与生境图

psbA-trnH序列特征 光叶菝葜 *S. glabra* 共 3 条序列，均来自于神农架样本，序列比对后长度为 717 bp，有 6 个变异位点，分别为 145、298 位点 T-A 变异，147、297 位点 A-T 变异，167、180 位点 G-T 变异，在 152～154、195～200、262～267、304～310 位点存在碱基缺失。主导单倍型序列特征见图 169。

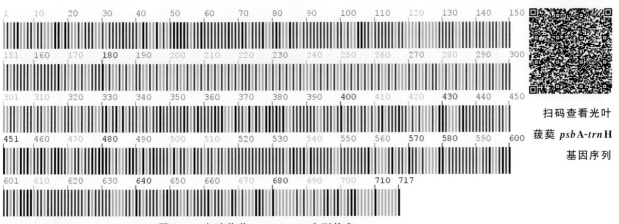

扫码查看光叶菝葜 *psb*A-*trn*H 基因序列

图 169　光叶菝葜 *psb*A-*trn*H 序列信息

资源现状与用途 光叶菝葜 *S. glabra*，别名冷饭团、禹余粮等，主要分布于西北、中南、西南等地区。民间有食用习惯，食用属性和药用属性要求不同，产地加工有所差异。

尖叶牛尾菜

Smilax riparia var. *Acuminata*（C. H. Wright）Wang et Tang

尖叶牛尾菜 *Smilax riparia* var. *acuminata*（C. H. Wright）Wang et Tang 为神农架民间常用药材"龙骨伸筋"的基原物种。其根茎具有祛风除湿、舒筋活络的功效，用于风湿关节炎、筋骨疼痛、腰肌劳损、跌打损伤、支气管炎等。

植物形态 多年生草质藤本，具坚硬的根状茎。茎长 1～2 m，中空，有少量髓，干后凹瘪并具槽。叶形状变化较大，叶下面，特别是脉上具乳突状微柔毛；叶柄长 7～20 mm，通常在中部以下有卷须。伞形花序总花梗较纤细；小苞片在花期一般不落；雌花具 6 枚钻形退化雄蕊。浆果直径 7～9 mm。花期 6—7 月，果期 8—10 月（图 170a）。

生境与分布 生于海拔 600～1 800 m 的山坡、沟谷、灌木丛中，分布于神农架新华镇、红坪镇、木鱼镇等地（图 170b）。

a　　　　　　　　　　　　　　　b

图 170　尖叶牛尾菜形态与生境图

ITS2序列特征 尖叶牛尾菜 *S. riparia* var. *acuminata* 共 3 条序列，均来自于神农架样本，序列比对后长度为 265 bp，其序列特征见图 171。

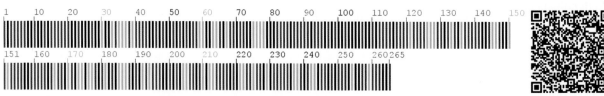

图 171　尖叶牛尾菜 ITS2 序列信息

扫码查看尖叶牛尾菜
ITS2 基因序列

psbA-trnH序列特征 尖叶牛尾菜 *S. riparia* var. *acuminata* 共 3 条序列，均来自于神农架样本，序列比对后长度为 658 bp，其序列特征见图 172。

扫码查看尖叶牛
尾菜 *psb*A-*trn*H
基因序列

图 172　尖叶牛尾菜 *psb*A-*trn*H 序列信息

牛　尾　菜
Smilax riparia A. DC.

牛尾菜 *Smilax riparia* A. DC. 为神农架民间"七十二七"药材"接骨七"的基原物种。其根及根茎具有祛风除湿、舒筋活络的功效，用于风湿痹痛、跌打损伤、骨折等。

植物形态　多年生草质藤本。茎长 1～2 m，中空，有少量髓，干后凹瘪并具槽。叶形状变化较大，长 7～15 cm，宽 2.5～11 cm，下面绿色，无毛；叶柄长 7～20 mm，通常在中部以下有卷须。伞形花序总花梗较纤细，长 3～10 cm；小苞片长 1～2 mm，在花期一般不落；雌花比雄花略小，不具或具钻形退化雄蕊。浆果直径 7～9 mm。花期 6－7 月，果期 10 月（图 173a）。

生境与分布　生长于海拔 500～1 600 m 的山坡、沟谷林下或灌丛、草丛中，分布于神农架各地（图 173b）。

　　　　　　　　　a　　　　　　　　　　　　　　　　　　　　　b

图 173　牛尾菜形态与生境图

ITS2序列特征　牛尾菜 *S. riparia* 共 3 条序列，均来自于 GenBank（JF978776、JF978777、JF978778），序列比对后长度为 244 bp，有 3 个变异位点，分别为 51 位点 T-C 变异，122 位点 A-G 变异，180 位点 G-T 变异。主导单倍型序列特征见图 174。

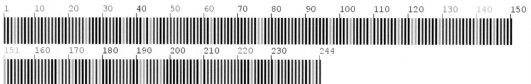

图 174　牛尾菜 ITS2 序列信息

扫码查看牛尾菜
ITS2 基因序列

🌿 *psb*A-*trn*H序列特征　牛尾菜 *S. riparia* 共 3 条序列，均来自于神农架样本，序列比对后长度为
665 bp，其序列特征见图 175。

扫码查看牛尾菜
*psb*A-*trn*H 基因
序列

图 175　牛尾菜 *psb*A-*trn*H 序列信息

🌿 资源现状与用途　牛尾菜 *S. riparia*，别名龙须菜、白须公，主要分布于东北、华北、华中等
地区。牛尾菜在民间作为野菜食用，也是值得进一步筛选的抗癌药物资源。其种子可以提取油料，根
茎富含鞣质，可提取栲胶，是酿造业和工业的重要原料。如今牛尾菜采用组织培养技术可满足其规模
化生产的需求。

延　龄　草

Trillium tschonoskii Maximowicz

延龄草 *Trillium tschonoskii* Maximowicz 为神农架民间"四个一"药材"头顶一颗珠"的基原物
种之一。其根茎或成熟果实具有镇静安神、活血止血、解毒的功效，用于神经衰弱、眩晕头痛、跌打
损伤、外伤出血等。

🌿 植物形态　多年生草本，高 15～50 cm。根状茎粗而短。茎基部有 1～2 枚褐色鞘叶；叶 3，无
柄，轮生，菱状圆形或菱形，长 6～15 cm。花单生于叶轮之上；花被片 6，外轮绿色，内轮白色。浆果
圆球形，直径 1.5～1.8 cm，黑紫色。花期 4—6 月，果期 7—8 月（图 176a）。

🌿 生境与分布　生于海拔 1 500～2 500 m 的山坡林下草丛中，分布于神农架大九湖镇、红坪镇、
宋洛乡等地（图 176b）。

a   b

图 176　延龄草形态与生境图

ITS2序列特征　延龄草 *T. tschonoskii* 共 4 条序列，均来自于神农架样本，序列比对后长度为 233 bp，其序列特征见图 177。

图 177　延龄草 ITS2 序列信息

扫码查看延龄草
ITS2 基因序列

psbA–trnH序列特征　延龄草 *T. tschonoskii* 共 4 条序列，均来自于神农架样本，序列比对后长度为 1 066 bp，有 5 个变异位点，为 17 位点 T-G 变异，28、59 位点 A-G 变异，83 位点 T-G 变异，161 位点 T-G 变异。主导单倍型序列特征见图 178。

扫码查看延龄草
*psb*A-*trn*H 基因
序列

图 178　延龄草 *psb*A-*trn*H 序列信息

资源现状与用途 延龄草 *T. tschonoskii*，别名地珠、天珠等，主要分布于西北、东北、华中和西南地区。该植物为国家二类珍贵药材、三级保护植物，属于珍稀濒危物种。延龄草疗效确切，尤其是治疗多年性头痛病症具有良效，在我国少数民族地区应用广泛。目前野生资源稀少，应大力开展人工种植研究，扩大药材资源。

兰 科 Orchidaceae

白 及
Bletilla striata（Thunb.）Richb. f.

白及 *Bletilla striata*（Thunb.）Richb. f. 为《中华人民共和国药典》（2020 年版）"白及"药材的基原物种。其干燥块茎具有收敛止血、消肿生肌的功效，用于咯血、吐血、外伤出血、疮疡肿毒、皮肤皲裂等。

植物形态 多年生草本，植株高 18～60 cm。假鳞茎扁球形，上面具荸荠似的环带，富黏性。茎粗壮，劲直。叶 4～6 枚，狭长圆形或披针形，先端渐尖，基部收狭成鞘并抱茎。花序具 3～10 朵花，常不分枝；花序轴或多或少呈"之"字状曲折；花大，紫红色或粉红色；萼片和花瓣近等长；花瓣较萼片稍宽；唇瓣较萼片和花瓣稍短，倒卵状椭圆形，白色带紫红色，具紫色脉。花期 4—5 月（图179a）。

生境与分布 生于海拔 1 500 m 以下的林下，分布于神农架阳日镇、大九湖镇、宋洛乡等地（图179b）。

a　　　　　　　　　　　　　　　　b

图 179　白及形态与生境图

ITS2序列特征 白及 *B. striata* 共 3 条序列，均来自于神农架样本，序列比对后长度为 259 bp，在 81、169 位点存在简并碱基 K 和 Y。主导单倍型序列特征见图 180。

psbA-trnH序列特征 白及 *B. striata* 共 3 条序列，分别来自于神农架样本和 GenBank（KC704332、KP765447），序列比对后长度为 761 bp，有 2 个变异位点，分别为 12 位点 A-T 变异，66 位点 A-T 变异，在 210～218 位点存在碱基插入。主导单倍型序列特征见图 181。

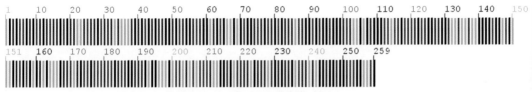

图 180　白及 ITS2 序列信息

扫码查看白及
ITS2 基因序列

扫码查看白及
*psb*A-*trn*H 基因
序列

图 181　白及 *psb*A-*trn*H 序列信息

资源现状与用途　白及 *B. striata*，别名白芨、连及草、甘根等，主要分布于我国长江流域各地区，全国大部分地区有栽培。白及假鳞茎中含有丰富的白及胶，具有特殊的黏度特性，可作为增稠剂、混悬剂、保湿剂等应用于生物医药、保健食品、纺织印染、特种涂料和日用化工等方面，具有很高的经济价值。此外，白及花色艳丽，花型优雅，可作为盆栽等观赏植物。

流苏虾脊兰
Calanthe alpina Hook. f. ex Lindl.

流苏虾脊兰 *Calanthe alpina* Hook. f. ex Lindl. 为神农架民间"七十二七"药材"铁梳子"的基原物种。其假鳞茎及根具有活血散瘀、止痛、解毒的功效，用于跌打损伤、痨伤、腰痛、腹痛、淋巴结核、慢性咽炎、闭经、关节痛、蛇咬伤等。

植物形态　草本，植株高可达 50 cm。叶 3 枚，在花期全部展开，椭圆形或倒卵状椭圆形，先端圆钝并具短尖或锐尖，基部收狭为鞘状短柄。花葶从叶间抽出，通常 1 个，直立，高出叶层之外；总状花序疏生 3～10 余朵花；花苞片宿存，狭披针形；唇瓣浅白色，后部黄色，前部具紫红色条纹，与蕊柱中部以下的蕊柱翅合生，半圆状扇形，不裂，前端边缘具流苏。蒴果倒卵状椭圆形。花期 6—9 月，果期 11 月（图 182a，b）。

生境与分布　生于海拔 1 200～1 600 m 的山坡林下，分布于神农架各地。

a   b

图 182　流苏虾脊兰形态图

ITS2序列特征　流苏虾脊兰 *C. alpina* 序列来自于神农架样本，序列长度为 259 bp，其序列特征见图 183。

图 183　流苏虾脊兰 ITS2 序列信息

扫码查看流苏虾脊兰 ITS2 基因序列

psbA–trnH序列特征　流苏虾脊兰 *C. alpina* 序列来自于神农架样本，序列长度为 739 bp，其序列特征见图 184。

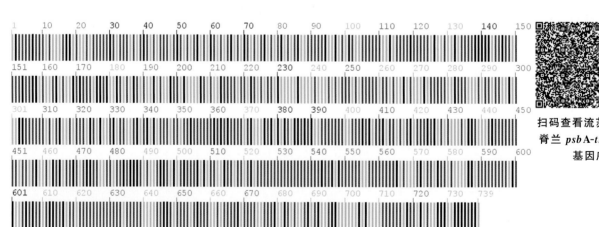

扫码查看流苏虾脊兰 *psb*A-*trn*H 基因序列

图 184　流苏虾脊兰 *psb*A-*trn*H 序列信息

资源现状与用途 流苏虾脊兰 *C. alpine*，别名高山虾脊兰、羽唇根节兰等，主要分布于西南、西北、华中地区。民间用于慢性咽炎、肝炎、胃溃疡的治疗。流苏虾脊兰作为兰科植物，除药用外，常用作观赏植物。

杜 鹃 兰
Cremastra appendiculata（D. Don）Makino

杜鹃兰 *Cremastra appendiculata*（D. Don）Makino 为《中华人民共和国药典》（2020 年版）"山慈菇"药材的基原物种之一。其干燥假鳞茎具有清热解毒、化痰散结的功效，用于痈肿疔毒、瘰疬痰核、蛇虫咬伤、癥瘕痞块等。

植物形态 草本。假鳞茎卵球形或近球形，密接，有关节。叶通常 1 枚；叶柄长 7～17 cm，下半部常为残存的鞘所包蔽。花葶从假鳞茎上部节上发出；总状花序具 5～22 朵花；花苞片披针形至卵状披针形；花常偏花序一侧，多少下垂；花瓣倒披针形或狭披针形，向基部收狭成狭线形；唇瓣与花瓣近等长，线形，上部 1/4 处 3 裂；中裂片卵形至狭长圆形，基部在两枚侧裂片之间具 1 枚肉质突起。花期 5—6 月，果期 9—12 月（图 185a）。

生境与分布 生于海拔 900～1 800 m 的山坡、沟边林下阴湿草丛中、岩石上，分布于神农架红坪镇、木鱼镇、宋洛乡等地（图 185b）。

a   b

图 185　杜鹃兰形态与生境图

ITS2序列特征 杜鹃兰 *C. appendiculata* 共 3 条序列，均来自于神农架样本，序列比对后长度为 258 bp，有 1 个变异位点，为 49 位点 C-T 变异，在 36、37 位点存在碱基缺失。主导单倍型序列特征见图 186。

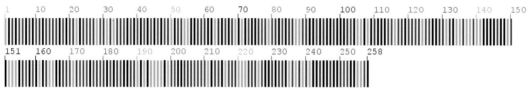

图 186　杜鹃兰 ITS2 序列信息

_psb_A–_trn_H序列特征　杜鹃兰 *C. appendiculata* 共 3 条序列，均来自于神农架样本，序列比对后长度为 694bp，有 1 个变异位点，为 99 位点 G-T 变异。主导单倍型序列特征见图 187。

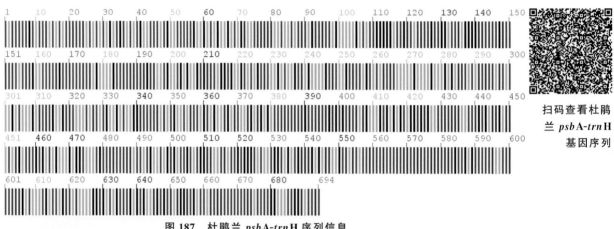

图 187　杜鹃兰 *psb*A-*trn*H 序列信息

资源现状与用途　杜鹃兰 *C. appendiculata*，别名毛慈菇、盘算七、三道箍、泥宾子等，主要分布于西南、华中等地区。药用可内服也可外用。杜鹃兰不仅具有重要的药用价值，还具有比较高的观赏价值。

多 花 兰

Cymbidium floribundum Lindl.

多花兰 *Cymbidium floribundum* Lindl. 为神农架民间"七十二七"药材"牛角七"的基原物种。其根茎具有散瘀消肿、清热解毒的功效，用于跌打损伤、咽喉肿痛、蛇咬伤等。

植物形态　附生多年生草本；假鳞茎近卵球形，稍压扁，包藏于叶基之内。叶通常 5～6 枚，带形，坚纸质，先端钝或急尖。花葶自假鳞茎基部穿鞘而出；花序通常具 10～40 朵花；花花较密集，一般无香气；萼片与花瓣红褐色或偶见绿黄色，唇瓣白色而在侧裂片与中裂片上有紫红色斑，褶片黄色；萼片狭长圆形；花瓣狭椭圆形，萼片近等宽；唇瓣近卵形，3 裂；侧裂片直立，具小乳突；中裂片稍外弯，亦具小乳突；唇盘上有 2 条纵褶片，褶片末端靠合。蒴果近长圆形。花期 4－8 月（图 188a）。

生境与分布　生于海拔 400～1 000 m 的溪谷边岩壁上，分布于神农架木鱼镇、红坪镇等地（图 188b）。

a   b

图 188　多花兰形态与生境图

🌸**ITS2序列特征**　多花兰 *C. floribundum* 共 3 条序列，均来自于神农架样本，序列比对后长度为 250 bp，有 2 个变异位点，分别为 29 位点 T-A 变异，45 位点 C-T 变异。主导单倍型序列特征见图 189。

图 189　多花兰 ITS2 序列信息

扫码查看多花兰
ITS2 基因序列

🌸***psb*A-*trn*H序列特征**　多花兰 *C. floribundum* 序列来自于神农架样本，序列长度为 771 bp，其序列特征见图 190。

扫码查看多花兰
*psb*A-*trn*H 基因
序列

图 190　多花兰 *psb*A-*trn*H 序列信息

扇 脉 杓 兰

Cypripedium japonicum Thunb.

扇脉杓兰 *Cypripedium japonicum* Thunb. 为神农架民间"三十六还阳"药材"扇子还阳"的基原物种。其根茎具有散瘀止痛、活血调经的功效，用于跌打损伤、劳伤腰痛、头痛头晕、月经不调等。

植物形态 草本，高 32～50 cm。根状茎横走；茎直立，与花葶均被褐色长柔毛。叶片 2，近对生，极少 3 枚而互生，菱状圆形或横椭圆形，上半部边缘呈钝波状，具扇形脉。花单生，绿黄色、白色，具紫色斑点；唇瓣下垂，囊状，近椭圆形或倒卵形；子房线形，密被长柔毛。花期 4－5 月，果期 6－10 月（图 191a）。

生境与分布 生于海拔 800～1 800 m 的山坡或沟谷林下，分布于神农架红坪镇、木鱼镇、宋洛乡、大九湖镇等地（图 191b）。

a b

图 191　扇脉杓兰形态与生境图

ITS2序列特征 扇脉杓兰 *C. japonicum* 共 3 条序列，分别来自于神农架样本和 GenBank（EF370093），序列比对后长度为 253 bp，有 2 个变异位点，分别为 242 位点 T-A 变异，243 位点 G-A 变异，在 205 位点存在简并碱基 N，在 206 位点存在碱基缺失。主导单倍型序列特征见图 192。

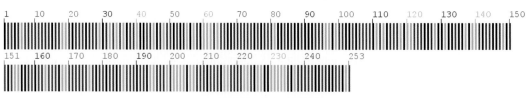

图 192　扇脉杓兰 ITS2 序列信息

扫码查看扇脉杓兰 ITS2 基因序列

psbA–trnH序列特征 扇脉杓兰 *C. japonicum* 共 3 条序列，分别来自于神农架样本和 GenBank

（JF796957、KC704357），序列比对后长度为 836 bp，有 2 个变异位点，分别为 86 位点 C-T 变异，91 位点 C-A 变异，在 38、86、93 位点存在碱基缺失，在 713 位点存在碱基插入。主导单倍型序列特征见图 193。

扫码查看扇脉杓兰 *psb*A-*trn*H 基因序列

图 193　扇脉杓兰 *psb*A-*trn*H 序列信息

资源现状与用途　扇脉杓兰 *C. japonicum* 主要分布于我国华东、华中及西南等地区。其花型奇特，唇瓣大而艳丽，叶型圆润，植株挺拔，具有很高的观赏价值。在农业农村部、国家林业和草原局制定的《国家重点保护野生植物名录》（第二批）中已被列为一级保护植物。

毛 杓 兰

Cypripedium franchetii E. H. Wilson

毛杓兰 *Cypripedium franchetii* E. H. Wilson 为神农架"七十二七"药材"牌楼七"的基原物种。其根具有理气、止咳、止痛的功效，用于咳嗽气喘、风湿疼痛等。

植物形态　多年生草本。植株高 20～35 cm，具粗壮、较短的根状茎。茎直立，密被长柔毛。叶片椭圆形或卵状椭圆形。花序顶生，具 1 花；花序柄密被长柔毛；花淡紫红色至粉红色，有深色脉纹；花瓣披针形，先端渐尖，内表面基部被长柔毛；唇瓣深囊状，椭圆形或近球形；退化雄蕊卵状箭头形至卵形，长 1～1.5 cm，宽 7～9 mm，基部具短耳和很短的柄，背面略有龙骨状突起。花期 5—7 月（图 194a）。

生境与分布　生于海拔 2 600 m 左右的山顶石壁上，分布于神农架大九湖镇等地（图 194b）。

ITS2序列特征　毛杓兰 *C. franchetii* 共 3 条序列，均来自于 GenBank（KJ939536、JF796908、JQ004995），序列比对后长度为 163 bp，有 1 个变异位点，为 125 位点 A-G 变异。主导单倍型序列特征见图 195。

a   b

图 194　毛杓兰形态与生境图

图 195　毛杓兰 ITS2 序列信息

扫码查看毛杓兰
ITS2 基因序列

🌿 psbA–trnH序列特征　毛杓兰 *C. franchetii* 共 2 条序列，均来自于 GenBank（JF796953、JQ923466），序列比对后长度为 753 bp，有 2 个变异位点，分别为 3 位点 G-A 变异，704 位点 A-G 变异，在 152 位点、628 位点存在碱基缺失。主导单倍型序列特征见图 196。

扫码查看毛杓兰
*psb*A-*trn*H 基因
序列

图 196　毛杓兰 *psb*A-*trn*H 序列信息

铁 皮 石 斛

Dendrobium officinale Kimura et Migo

铁皮石斛 _Dendrobium officinale_ Kimura et Migo 为《中华人民共和国药典》(2020 年版)"铁皮石斛"药材的基原物种。其干燥茎具有益胃生津、滋阴清热的功效，用于热病津伤、口干烦渴、胃阴不足、食少干呕、病后虚热不退、阴虚火旺、骨蒸劳热、目暗不明、筋骨痿软等。

植物形态 多年生草本。茎直立，圆柱形，粗 2～4 mm，不分枝，具多节，常在中部以上互生 3～5 枚叶；叶二列，纸质，长圆状披针形，先端钝并且多少钩转，基部下延为抱茎的鞘，边缘和中肋常带淡色。总状花序常从落了叶的老茎上部发出，具 2～3 朵花；萼片和花瓣黄绿色；侧萼片基部较宽阔，宽约 1 cm；唇瓣白色，基部具 1 个绿色或黄色的胼胝体，卵状披针形；唇盘密布细乳突状的毛，并且在中部以上具 1 个紫红色斑块；药帽白色，长卵状三角形，顶端近锐尖并且 2 裂。花期 3—6 月（图 197a）。

生境与分布 神农架有栽培（图 197b）。

a　　　　　　　　　　　　　b

图 197　铁皮石斛形态与生境图

ITS2序列特征 铁皮石斛 _D. officinale_ 共 3 条序列，均来自于神农架样本，序列比对后长度为 246 bp，有 2 个变异位点，分别为 61 位点 T-A 变异，153 位点 G-A 变异。主导单倍型序列特征见图 198。

图 198　铁皮石斛 ITS2 序列信息

扫码查看铁皮石斛
ITS2 基因序列

_psb_A-_trn_H序列特征 铁皮石斛 _D. officinale_ 共 3 条序列，均来自于神农架样本，序列比对后长度为 425 bp，在 417 位点存在碱基缺失。主导单倍型序列特征见图 199。

扫码查看铁皮石斛
*psb*A-*trn*H 基因序列

图 199　铁皮石斛 *psb*A-*trn*H 序列信息

资源现状与用途　铁皮石斛 D. officinale，别名铁皮兰、黑节草等，主要分布于我国西南及南方地区。铁皮石斛被誉为中华"九大仙草"之一。铁皮石斛含有丰富的多糖、氨基酸、微量元素，具有增强免疫力、抗疲劳、抗氧化、促消化、降血糖、降血压、抗肝损伤、抗肿瘤、预防辐射性损伤等作用，可做保健品食用。铁皮石斛株型适中，叶片绿意盎然，花开时清新典雅，适合在园林中作盆栽或装饰岩石。

台湾盆距兰

Gastrochilus formosanus（Hayata）Hayata

台湾盆距兰 Gastrochilus formosanus（Hayata）Hayata 为神农架民间"三十六还阳"药材"蜈蚣还阳"的基原物种。其全草具清热生津、滋阴养胃的功效，用于跌打损伤、狗咬伤等。

植物形态　草本。茎常匍匐、细长，常分枝。叶绿色，常两面带紫红色斑点，二列互生，稍肉质，长圆形或椭圆形，长 2～2.5 cm，宽 3～7 mm。总状花序缩短呈伞状，具 2～3 朵花；花淡黄色带紫红色斑点；中萼片凹，椭圆形；侧萼片与中萼片等大，斜长圆形，先端钝；花瓣倒卵形，先端圆形；前唇白色，宽三角形或近半圆形，先端近截形或圆钝；后唇近杯状；蕊柱长 1.5 mm；药帽前端收狭。花期 4—6 月（图 200a）。

生境与分布　生于海拔 500～2 500 m 的山地林中树干上，分布于神农架大九湖镇、宋洛乡等地（图 200b）。

a　　　　　　　　　　　　　　　　　b

图 200　台湾盆距兰形态与生境图

ITS2序列特征 台湾盆距兰 *G. formosanus* 序列来自于 GenBank（KJ733416），序列长度为 261 bp，其序列特征见图 201。

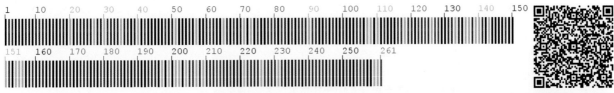

图 201　台湾盆距兰 ITS2 序列信息

扫码查看台湾盆距兰
ITS2 基因序列

psbA-trnH序列特征 台湾盆距兰 *G. formosanus* 序列来自于 GenBank（KJ733495），序列长度为 722 bp，其序列特征见图 202。

扫码查看台湾盆
距兰 *psb*A-*trn*H
基因序列

图 202　台湾盆距兰 *psb*A-*trn*H 序列信息

天　麻
Gastrodia elata Bl.

天麻 *Gastrodia elata* Bl. 为《中华人民共和国药典》（2020 年版）"天麻"药材的基原物种。其干燥块茎具有息风止痉、平抑肝阳、祛风通络的功效，用于小儿惊风、癫痫抽搐、破伤风、头痛眩晕、手足不遂、肢体麻木、风湿痹痛等。

植物形态 腐生草本，植株高 30～100 cm。根状茎肥厚，块茎状，椭圆形至近哑铃形，肉质，具较密的节。茎直立，橙黄色、黄色、灰棕色或蓝绿色，无绿叶，下部被数枚膜质鞘。总状花序长 5～50 cm，通常具 30～50 朵花；花扭转，橙黄、淡黄、蓝绿或黄白色，近直立；萼片和花瓣合生成的花被筒长约 1 cm。蒴果倒卵状椭圆形，长 1.4～1.8 cm，宽 8～9 mm。花果期 5—7 月（图 203a，b）。

生境与分布 生于海拔 600～2 300 m 的林下，分布于神农架木鱼镇、红坪镇、大九湖镇等地（图 203c）。

a   b   c

图 203　天麻形态与生境图

ITS2序列特征　天麻 *G. elata* 共 3 条序列，均来自于神农架样本，序列比对后长度为 245 bp，有 2 个变异位点，分别为 71 位点 A-T 变异，77 位点 G-A 变异。主导单倍型序列特征见图 204。

图 204　天麻 ITS2 序列信息

扫码查看天麻
ITS2 基因序列

资源现状与用途　天麻 *G. elata*，别名赤箭、神草、定风草等，分布广泛。除药用价值外，天麻也是一种常见的药食同用植物，民间主要用以制作天麻糕点或煲汤食用，天麻于 2022 年被列入"十大楚药"。开发有天麻金银花饮料、天麻酒、天麻面条等食品。天麻也可作为猪、牛等家畜破伤风治疗的天然药物。目前，天麻野生资源较少，全国大部分地区有栽培。

小 羊 耳 蒜

Liparis fargesii Finet

小羊耳蒜 *Liparis fargesii* Finet 为神农架民间"三十六还阳"药材"瓜米还阳"的基原物种。其全草具有生津止渴、润肺止咳的功效，用于阴虚燥热、肺虚燥咳、小儿高烧等。

植物形态　附生草本，矮小，常成丛生长。假鳞茎近圆柱形，彼此相连接而匍匐于岩石上，顶端具 1 叶。叶椭圆形或长圆形，坚纸质，基部骤然收狭成柄，有关节。花葶长 2～4 cm；总状花序长 1～2 cm，通常具 2～3 朵花；花淡绿色；萼片线状披针形。蒴果倒卵形。花期 9—10 月，果期次年 5—6 月（图 205a，b）。

生境与分布　生于海拔 600～1 400 m 的山坡、林中或荫蔽处的石壁或岩石上，分布于神农架新华镇、松柏镇、木鱼镇等地。

a   b

图 205   小羊耳蒜形态图

ITS2序列特征   小羊耳蒜 *L. fargesii* 共 5 条序列，均来自于神农架样本，序列比对后长度为 249 bp，有 1 个变异位点，为 17 位点 G-A 变异。主导单倍型序列特征见图 206。

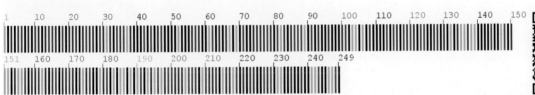

图 206   小羊耳蒜 ITS2 序列信息

扫码查看小羊耳蒜 ITS2 基因序列

psbA-trnH序列特征   小羊耳蒜 *L. fargesii* 共 4 条序列，均来自于神农架样本，序列比对后长度为 834 bp，有 8 个变异位点，在 103 位点存在简并碱基 Y，在 89、798 位点存在碱基插入，在 138～139 位点存在碱基缺失。主导单倍型序列特征见图 207。

扫码查看小羊耳蒜 *psb*A-*trn*H 基因序列

图 207   小羊耳蒜 *psb*A-*trn*H 序列信息

羊 耳 蒜

Liparis japonica (Miq.) Maxim.

羊耳蒜 *Liparis japonica* (Miq.) Maxim. 为神农架民间药材"金扣子"的基原物种。其全草具有补中益气、活血调经、强心镇静、消肿止痛的功效，用于产后腹痛、跌打损伤、扁桃体炎等。

植物形态 多年生草本。假鳞茎卵形，外被白色的薄膜质鞘。叶 2 枚，卵形或近椭圆形，膜质或草质，先端急尖或钝，边缘皱波状或近全缘，基部收狭成鞘状柄，无关节；鞘状柄长 3～8 cm，初时抱花葶，果期则多少分离。总状花序具数朵至 10 余朵花；花苞片狭卵形；花通常淡绿色，有时可变为粉红色或带紫红色；唇瓣近倒卵形，先端具短尖，边缘稍有不明显的细齿或近全缘，基部逐渐变狭；蕊柱长 2.5～3.5 mm，上端略有翅，基部扩大。蒴果倒卵状长圆形。花期 6－8 月，果期 9－10 月（图 208a）。

生境与分布 生于海拔 700～2 000 m 的山坡、沟谷灌木丛中，分布于神农架大九湖镇、松柏镇、木鱼镇等地（图 208b）。

a　　　　　　　　　　　　　　　b

图 208　羊耳蒜形态与生境图

ITS2序列特征 羊耳蒜 *L. japonica* 共 3 条序列，均来自于神农架样本，序列比对后长度为 245 bp，有 6 个变异位点，分别为 12 位点 G-C 变异，66、112 位点 T-C 变异，71、150 位点 T-G 变异，149 位点 A-G 变异，在 111 位点存在简并碱基 S，241 位点存在简并碱基 K。主导单倍型序列特征见图 209。

图 209　羊耳蒜 ITS2 序列信息

扫码查看羊耳蒜
ITS2 基因序列

psbA-trnH序列特征 羊耳蒜 *L. japonica* 共 3 条序列，均来自于神农架样本，序列比对后长度为 800 bp，有 3 个变异位点，分别为 195 位点 C-T 变异，202 位点 C-G 变异，578 位点 A-T 变异，在 44 位点存在碱基缺失。主导单倍型序列特征见图 210。

扫码查看羊耳蒜
*psbA-trn*H 基因
序列

图 210 羊耳蒜 *psbA-trn*H 序列信息

资源现状与用途 羊耳蒜 *L. japonica* 主要分布于我国东北、华中及华北大部分地区。土家族民间常用于治疗崩漏、白带、产后腹痛等症。羊耳蒜作为多年生球根花卉，具有较高的观赏价值，可盆栽。

云南石仙桃

Pholidota yunnanensis Rolfe

云南石仙桃 *Pholidota yunnanensis* Rolfe 为神农架民间"三十六还阳"药材"鸦雀还阳"的基原物种。其全草具有清热润燥、化痰止咳、消肿止痛、生肌的功效，用于消化不良、止痛、痈肿疮毒等。

植物形态 附生草本。根状茎粗壮；假鳞茎肉质，疏生，顶生 2 叶。叶革质，披针形，宽 7～20 mm，先端近钝尖，基部收狭；叶柄短。花葶从幼小假鳞茎顶端伸出；总状花序具 12～18 朵花；花小，先叶开放，白色或稍带粉红色；唇瓣凹陷或仅基部凹陷成浅囊状。花期 5 月，果期 9－10 月（图 211a）。

生境与分布 生于海拔 900～1 500 m 的岩石上，分布于神农架宋洛乡、新华镇等地（图 211b）。

ITS2序列特征 云南石仙桃 *P. yunnanensis* 共 3 条序列，均来自于神农架样本，序列比对后长度为 261 bp，其序列特征见图 212。

psbA-trnH序列特征 云南石仙桃 *P. yunnanensis* 共 4 条序列，均来自于神农架样本，序列比对后长度为 668 bp，有 2 个变异位点，分别为 66、92 位点 T-A 变异。主导单倍型序列特征见图 213。

a   b

图 211 云南石仙桃形态与生境图

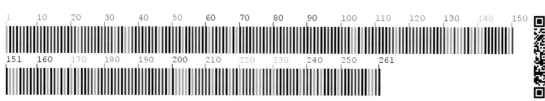

图 212 云南石仙桃 ITS2 序列信息   扫码查看云南石仙桃

ITS2 基因序列

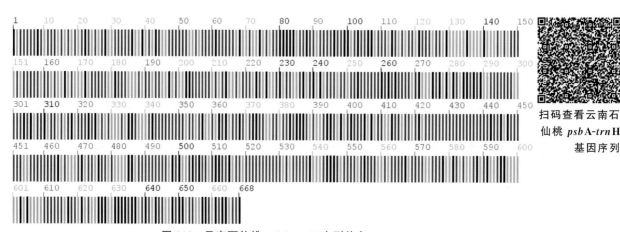

扫码查看云南石

仙桃 *psb* A-*trn* H

基因序列

图 213 云南石仙桃 *psb* A-*trn* H 序列信息

🌸 资源现状与用途　云南石仙桃 *P. yunnanensis*，别名石枣子、石风子、六角分筋等，主要分布于我国西南地区。民间一般煎汤内服用于治疗风湿病痛。云南石仙桃的花色、花形美丽，观赏价值较高。

独 蒜 兰
Pleione bulbocodioides（Franch.）Rolfe

独蒜兰 *Pleione bulbocodioides*（Franch.）Rolfe 为《中华人民共和国药典》（2020 年版）"山慈菇"药材的基原物种之一。其干燥假鳞茎具有清热解毒、化痰散结的功效，用于痈肿疔毒、瘰疬痰核、蛇虫咬伤、癥瘕痞块等。

植物形态 半附生草本，高 15～30 cm。假鳞茎狭卵形或长颈瓶状，顶生 1 叶。叶和花同时出现，椭圆状披针形，长 10～20 cm，先端稍钝或渐尖，基部收狭成柄，抱花葶。花葶生 1 花；花淡紫色或粉红色；唇瓣倒卵形或宽倒卵形，长 3.5～4.5 m。花期 4—6 月（图 214a）。

生境与分布 生于海拔 900～1 800 m 的山坡沟边或者山坡岩石上，分布于神农架大九湖镇、下谷乡、木鱼镇等地（图 214b）。

a   b

图 214　独蒜兰形态与生境图

ITS2序列特征 独蒜兰 *P. bulbocodioides* 共 3 条序列，均来自于神农架样本，序列比对后长度为 252 bp，其序列特征见图 215。

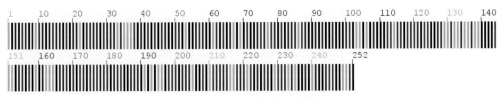 

图 215　独蒜兰 ITS2 序列信息   扫码查看独蒜兰
ITS2 基因序列

psbA–trnH序列特征 独蒜兰 *P. bulbocodioides* 共3条序列，均来自于神农架样本，序列比对后长度为 736 bp，其序列特征见图 216。

扫码查看独蒜兰
*psb*A-*trn*H 基因
序列

图 216　独蒜兰 *psb*A-*trn*H 序列信息

资源现状与用途 独蒜兰 *P. bulbocodioides*，别名冰球子，主要分布于我国西北、西南和华中等部分地区。独蒜兰是苗族和土家族民间常用药，可用于治疗胃癌。独蒜兰花色鲜艳，具有一定的花卉开发价值。

禾　本　科 Poaceae

薏　米

Coix lacryma-jobi var. *ma-yuen*（Roman.）Stapf

薏米 *Coix lacryma-jobi* var. *ma-yuen*（Roman.）Stapf 为《中华人民共和国药典》（2020 年版）"薏苡仁"药材的基原物种。其干燥成熟种仁具有利水渗湿、健脾止泻、除痹、排脓、解毒散结的功效，用于水肿、脚气、小便不利、脾虚泄泻、湿痹拘挛、肺痈、肠痈、癌肿等。

植物形态 一年生草本。秆具 6～10 节，多分枝。叶片宽大开展，无毛。总状花序腋生，雄花序位于雌花序上部，雌小穗位于花序下部，为甲壳质的总苞所包；总苞椭圆形，先端成颈状之喙，并具一斜口，基部短收缩，有纵长直条纹，暗褐色或浅棕色。颖果大，长圆形。花果期 7—12 月（图 217a）。

生境与分布 生于海拔 400～2 000 m 湿润的屋旁、池塘、河沟、山谷、溪涧或易受涝的农田等处，分布于神农架松柏镇、新华镇、阳日镇、宋洛乡等地（图 217b）。

ITS2序列特征 薏米 *C. lacryma-jobi* var. *ma-yuen* 共3条序列，均来自于神农架样本，序列比对后长度为 221 bp，其序列特征见图 218。

a   b

图 217　薏米形态与生境图

图 218　薏米 ITS2 序列信息

扫码查看薏米
ITS2 基因序列

psbA-trnH序列特征　薏米 *C. lacryma-jobi* var. *ma-yuen* 共 3 条序列，均来自于神农架样本，序列比对后长度为 535 bp，其序列特征见图 219。

扫码查看薏米
*psb*A-*trn*H 基因
序列

图 219　薏米 *psb*A-*trn*H 序列信息

资源现状与用途　薏米 *C. lacryma-jobi* var. *ma-yuen*，别名薏苡、薏苡米、药玉米等，主要分布于我国华中、华南和西南地区。民间药食两用，具有极高的营养价值和药用价值。经膨化的薏米粉可用于制作薏米饼干、蛋糕、面包和薏米酥等烘焙食品，薏米粉膨化物经烘烤后适当调配也可作茶品冲泡饮用。薏苡除种仁以外，其他部位也具有很高的利用价值，如薏苡糠皮，其脂肪含量高，是提取油脂的良好材料，可以做药用或化妆品，也可代替薏米作为酿酒原料；薏苡叶煎煮后有香味，有暖胃提神的作用；茎秆可以作为造纸的原料和燃料。

大　麦

Hordeum vulgare L.

大麦 *Hordeum vulgare* L. 为《中华人民共和国药典》（2020 年版）"麦芽"药材的基原物种。其成熟果实经发芽干燥的炮制加工品具有行气消食、健脾开胃、回乳消胀的功效，用于食积不消、脘腹胀痛、脾虚食少、乳汁郁积、乳房胀痛、肝郁胁痛、肝胃气痛等。

植物形态　一年生草本。秆粗壮，光滑无毛，直立。叶鞘松弛抱茎，多无毛或基部具柔毛；两侧有两披针形叶耳；叶舌膜质；叶片长 9～20 cm，扁平。穗状花序，小穗稠密，每节着生 3 枚发育的小穗；小穗均无柄；颖线状披针形，外被短柔毛，先端常延伸为 8～14 mm 的芒；外稃具 5 脉，先端延伸成芒，边棱具细刺；内稃与外稃几等长。颖果熟时黏着于稃内，不脱出（图 220a）。

生境与分布　神农架有栽培（图 220b）。

a　　　　　　　　　　　　　　　　　　b

图 220　大麦形态与生境图

ITS2序列特征　大麦 *H. vulgare* 共 3 条序列，均来自于神农架样本，序列比对后长度为 221 bp，其序列特征见图 221。

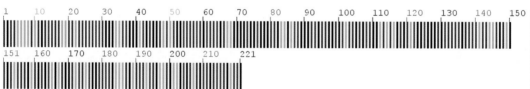

图 221　大麦 ITS2 序列信息

扫码查看大麦 **ITS2 基因序列**

psbA-trnH序列特征　大麦 *H. vulgare* 共 3 条序列，均来自于 GenBank（KF986174、KF986175、KF986176），序列比对后长度为 324 bp，有 5 个变异位点，分别为 146 位点 C-A 变异，170 位点 T-G 变

异，192 位点 A-G 变异，213 位点 T-A 变异，214 位点 G-A 变异。主导单倍型序列特征见图222。

扫码查看大麦
*psb*A-*trn*H 基因
序列

图 222　大麦 *psb*A-*trn*H 序列信息

🌸 **资源现状与用途**　大麦 *H. vulgare* 分布广泛，是世界四大粮食作物之一，资源丰富。大麦不仅可以直接食用，还可以做成饲料及相关的加工产品，如用于酿造啤酒；大麦芽根可被加工酿造成酱油；大麦籽粒、干草均可作为饲料喂养家畜。

白　茅

Imperata cylindrica (L.) Beauv. var. major (Nees) C. E. Hubb.

白茅 *Imperata cylindrica* (L.) Beauv. var. *major* (Nees) C. E. Hubb. 为《中华人民共和国药典》（2020 年版）"白茅根"药材的基原物种。其干燥根茎具有凉血止血、清热利尿的功效，用于血热吐血、衄血、尿血、热病烦渴、湿热黄疸、水肿尿少、热淋涩痛等。

🌸 **植物形态**　多年生草本。具粗壮的长根状茎。秆直立，具 1～3 节，节无毛。叶鞘聚集于秆基，甚长于其节间，质地较厚；叶舌膜质，紧贴其背部或鞘口具柔毛。圆锥花序稠密，长 20 cm，小穗长 4.5～6 mm，基盘具长 12～16 mm 的丝状柔毛。颖果椭圆形，长约 1 mm，胚长为颖果之半。花果期 4—6 月（图 223a）。

🌸 **生境与分布**　生于海拔 400～1 000 m 的山坡荒地，分布于神农架新华镇、阳日镇、松柏镇等地（图 223b）。

a　　　　　　　　　　　　　　　b

图 223　白茅形态与生境图

ITS2序列特征 白茅 *I. cylindrica* var. *major* 共 3 条序列，均来自于神农架样本，序列比对后长度为 216 bp，有 2 个变异位点，分别为 43 位点 T-C 变异，126 位点 A-G 变异。主导单倍型序列特征见图 224。

扫码查看白茅
ITS2 基因序列

图 224　白茅 ITS2 序列信息

psbA-trnH序列特征 白茅 *I. cylindrica* var. *major* 共 3 条序列，均来自于神农架样本，序列比对后长度为 486 bp，有 1 个变异位点，为 354 位点 G-T 变异，在 7～8 位点存在碱基缺失。主导单倍型序列特征见图 225。

扫码查看白茅
*psb*A-*trn*H 基因
序列

图 225　白茅 *psb*A-*trn*H 序列信息

资源现状与用途 白茅 I. cylindrica，别名毛启莲、茅针、茅根等，产于中国河南、辽宁、河北、山西、山东、陕西、新疆等北方地区。白茅根可用于治疗肺热喘急、胃热哕逆、淋病等疾病。白茅的根茎可以食用，处于花苞时期的花穗可以鲜食。

淡 竹 叶

Lophatherum gracile Brongn.

淡竹叶 *Lophatherum gracile* Brongn. 为《中华人民共和国药典》（2020 年版）"淡竹叶"药材的基原物种。其干燥茎叶具有清热泻火、除烦解渴、利尿通淋的功效，用于热病烦渴、小便短赤涩痛、口舌生疮等。

植物形态 多年生草本，具木质根。须根中部膨大呈纺锤形小块根。秆直立，疏丛生。叶鞘平滑或外侧边缘具纤毛；叶舌质硬，褐色，背有糙毛；叶片披针形。圆锥花序分枝斜升或开展；小穗线状披针形，具极短柄；颖顶端钝，具 5 脉，边缘膜质。颖果长椭圆形。花果期 6—10 月（图 226a，b）。

生境与分布 生于海拔 700 m 以下的山坡草丛中，分布于神农架新华镇、松柏镇等地（图 226c）。

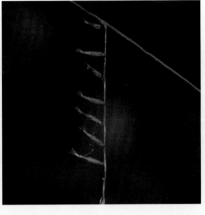

a　　　　　　　　　　　　　　　b　　　　　　　　　　　　　　　c

图226　淡竹叶形态与生境图

🌸 *psb*A-*trn*H序列特征　淡竹叶 *L. gracile* 共3条序列，均来自于神农架样本，序列比对后长度为540 bp，其序列特征见图227。

扫码查看淡竹叶 *psb*A-*trn*H 基因 序列

图227　淡竹叶 *psb*A-*trn*H 序列信息

🌸 资源现状与用途　淡竹叶 *L. gracile*，别名竹叶门冬青、迷身草等，主要分布于我国南方地区。淡竹叶含有较高含量的褪黑激素，具有抗氧化性；可作药食两用；含有较丰富的茶多酚，可作为一种新型的天然食品添加剂。

稻

Oryza sativa L.

稻 *Oryza sativa* L. 为《中华人民共和国药典》（2020年版）"稻芽"药材的基原物种。其成熟果实经发芽干燥的炮制加工品具有消食和中、健脾开胃的功效，用于食积不消、腹胀口臭、脾胃虚弱、不饥食少等。

🌸 植物形态　一年生水生草本。秆直立。叶鞘松弛，无毛；叶舌披针形，两侧基部下延长成叶鞘边缘，具2枚镰形抱茎的叶耳；叶片线状披针形。圆锥花序大型疏展，长约30 cm，分枝多，棱粗糙，成熟期向下弯垂；小穗含1成熟花，两侧甚压扁。颖果长约5 mm，宽约2 mm，厚1～1.5 mm；胚比小，约为颖果长的 1/4（图 228a）。

🌱 **生境与分布** 神农架有栽培（图 228b）。

a   b

图 228　稻形态与生境图

🧬 **ITS2序列特征** 稻 *O. sativa* 共 3 条序列，均来自于神农架样本，序列比对后长度为 234 bp，有 3 个变异位点，分别为 23 位点 A-C 变异，143 位点 A-T 变异，159 位点 G-C 变异，在 185 位点存在简并碱基 K。主导单倍型序列特征见图 229。

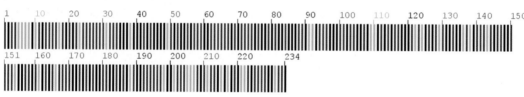

图 229　稻 ITS2 序列信息

扫码查看稻
ITS2 基因序列

🧬 **psbA-trnH序列特征** 稻 *O. sativa* 共 3 条序列，均来自于神农架样本，序列比对后长度为 538 bp，其序列特征见图 230。

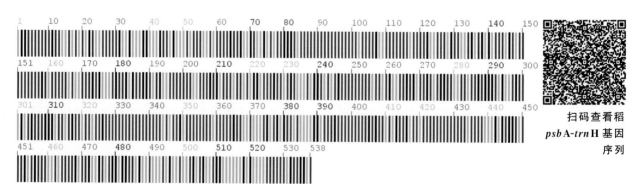

扫码查看稻
*psbA-trn*H 基因
序列

图 230　稻 *psb*A-*trn*H 序列信息

芦 苇

Phragmites communis Trin.

芦苇 *Phragmites communis* Trin. 为《中华人民共和国药典》（2020 年版）"芦根"药材的基原物种。其新鲜或干燥根茎具有清热泻火、生津止渴、除烦、止呕、利尿的功效，用于热病烦渴、肺热咳嗽、肺痈吐脓、胃热呕哕、热淋涩痛等。

植物形态 多年生高大草本，根状茎十分发达。秆直立。叶舌边缘密生一圈长约 1 mm 的短纤毛，易脱落；叶片披针状线形。圆锥花序大型，分枝多数，着生稠密下垂的小穗；第一不孕外稃雄性，具 3 脉，顶端长渐尖，基盘延长，两侧密生等长于外稃的丝状柔毛，与无毛的小穗轴相连接处具明显关节，成熟后易自关节上脱落；内稃长约 3 mm，两脊粗糙；雄蕊 3，黄色；颖果长约 1.5 mm（图 231a）。

生境与分布 生于海拔 800 m 以下的溪边、灌丛中，分布于神农架松柏镇、新华镇、阳日镇等地（图 231b）。

a   b

图 231　芦苇形态与生境图

psbA-trnH序列特征 芦苇 *P. communis* 共 3 条序列，均来自于神农架样本，序列比对后长度为 483 bp，在 418 位点存在碱基缺失。主导单倍型序列特征见图 232。

扫码查看芦苇
*psb*A-*trn*H 基因
序列

图 232　芦苇 *psb*A-*trn*H 序列信息

资源现状与用途 芦苇 *P. communis*，别名苇、芦、芦苇、蒹葭等，主要分布于我国东北、华东、华中、华北地区。芦苇是人工湿地中最常应用的植物之一，能够调节局部小气候，防止水土流失，维持物种多样性，具有很高的生态价值；同时也具有很高的经济价值，在工业、医药、纺织业等领域发挥着重要作用。

粟

Setaria italica（L.）Beauv.

粟 *Setaria italica*（L.）Beauv.（*Flora of China* 收录为粱）为《中华人民共和国药典》（2020 年版）"谷芽"药材的基原物种。其成熟果实经发芽干燥的炮制加工品具有消食和中、健脾开胃的功效，用于食积不消、腹胀口臭、脾胃虚弱、不饥食少等。

植物形态 一年生草本，须根粗大。叶鞘松裹茎秆，密具疣毛或无毛，毛以近边缘及与叶片交接处的背面为密，边缘密具纤毛；叶舌为一圈纤毛。圆锥花序呈圆柱状或近纺锤状，通常下垂，基部多少有间断，主轴密生柔毛，刚毛显著长于或稍长于小穗，黄色、褐色或紫色；小穗椭圆形或近圆球形，长 2～3 mm，黄色、橘红色或紫色；花柱基部分离（图 233a）。

生境与分布 神农架有栽培（图 233b）。

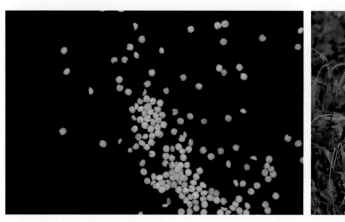

a   b

图 233 粟形态与生境图

ITS2序列特征 粟 *S. italica* 共 3 条序列，均来自于神农架样本，序列比对后长度为 221 bp，其序列特征见图 234。

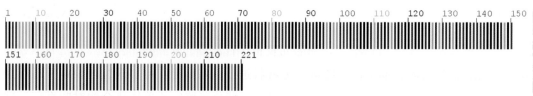

图 234 粟 ITS2 序列信息

扫码查看粟
ITS2 基因序列

psbA–trnH序列特征 粟 *S. italica* 共 3 条序列，均来自于神农架样本，序列比对后长度为 617 bp，其序列特征见图 235。

图 235 粟 *psbA-trnH* 序列信息

扫码查看粟 *psbA-trnH* 基因序列

百 部 科 Stemonaceae

对 叶 百 部

Stemona tuberosa Lour.

对叶百部 *Stemona tuberosa* Lour.（*Flora of China* 收录为大百部）为《中华人民共和国药典》（2020 年版）"百部"药材的基原物种之一。其干燥块根具有润肺下气止咳、杀虫灭虱的功效，用于新久咳嗽、肺痨咳嗽、顿咳等，外用于头虱、体虱、蛲虫病、阴痒等。

植物形态 多年生草本，块根通常纺锤状。茎常具少数分枝，攀缘状，下部木质化，分枝表面具纵槽。叶对生或轮生，卵状披针形、卵形或宽卵形，顶端渐尖至短尖，基部心形，边缘稍波状，纸质或薄革质。花单生或 2～3 朵排成总状花序，生于叶腋或偶尔贴生于叶柄上；花被片黄绿色带紫色脉纹。蒴果光滑，具多数种子。花期 4—7 月，果期 5—8 月（图 236a）。

生境与分布 生于海拔 500～800 m 的山坡灌木丛中，分布于神农架新华镇、木鱼镇、红坪镇等地（图 236b）。

psbA–trnH序列特征 对叶百部 *S. tuberosa* 共 3 条序列，均来自于神农架样本，序列比对后长度为 947 bp，有 3 个变异位点，分别为 62、68 位点 T-A 变异，65 位点 C-G 变异。主导单倍型序列特征见图 237。

资源现状与用途 对叶百部 *S. tuberose*，别名九重根、百部草、闹虱药、药虱药，主要分布于华北、华东、华中等地区。以对叶百部带侧芽的嫩茎为材料进行组培研究，可实现组培快速繁殖，为对叶百部药用资源可持续利用打下了坚实的基础。通过对叶百部分离鉴定的单体化合物对叶百部碱进行了抗蜂螨药效筛选研究，证明其对在体和离体蜂螨都有效。

a   b

图 236   对叶百部形态与生境图

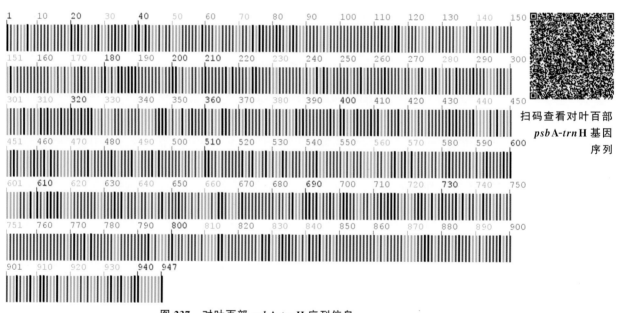

扫码查看对叶百部
*psb*A-*trn*H 基因
序列

图 237   对叶百部 *psb*A-*trn*H 序列信息

香 蒲 科 Typhaceae

黑 三 棱

***Sparganium stoloniferum* Buch. -Ham.**

黑三棱 *Sparganium stoloniferum* Buch. -Ham. 为《中华人民共和国药典》（2020 年版）"三棱"药材的基原物种。其干燥块茎具有破血行气、消积止痛的功效，用于癥瘕痞块、痛经、瘀血经闭、胸痹心痛、食积胀痛等。

植物形态 多年生水生或沼生草本。块茎膨大，或更粗；根状茎粗壮。茎直立，粗壮，高 70～120 cm，或更高，挺水。叶片具中脉，上部扁平，下部背面呈龙骨状凸起，或呈三棱形，基部鞘状。圆锥花序开展，具 3～7 个侧枝，每个侧枝上着生 7～11 个雄性头状花序和 1～2 个雌性头状花序，主轴顶端通常具 3～5 个雄性头状花序，或更多，无雌性头状花序。果实倒圆锥形，上部通常膨大呈冠状，具棱，褐色。花果期 5—10 月（图 238a）。

生境与分布 生于海拔 1 800 m 左右的湖泊边草丛中，分布于神农架大九湖镇（图 238b）。

a   b

图 238　黑三棱形态与生境图

ITS2序列特征 黑三棱 *S. stoloniferum* 共 3 条序列，均来自于神农架样本，序列比对后长度为 226 bp，其序列特征见图 239。

图 239　黑三棱 ITS2 序列信息

扫码查看黑三棱
ITS2 基因序列

psbA–trnH序列特征 黑三棱 *S. stoloniferum* 共 3 条序列，均来自于 GenBank（KX347012、KX347013、KX347014），序列比对后长度为 603bp，在 528 位点存在碱基缺失。主导单倍型序列特征见图 240。

扫码查看黑三棱
*psb*A-*trn*H 基因
序列

图 240　黑三棱 *psb*A-*trn*H 序列信息

东 方 香 蒲
Typha orientalis Presl.

东方香蒲 *Typha orientalis* Presl（*Flora of China* 收录为香蒲）为《中华人民共和国药典》（2020年版）"蒲黄"药材的基原物种之一。其干燥花粉具有止血、化瘀、通淋的功效，用于吐血、衄血、咯血、崩漏、外伤出血、经闭痛经、胸腹刺痛、跌扑肿痛、血淋涩痛等。

植物形态　多年生水生或沼生草本。根状茎乳白色。地上茎粗壮，向上渐细。叶片条形，光滑无毛，上部扁平，下部腹面微凹，背面逐渐隆起呈凸形。雌雄花序紧密连接；雄花序长 2.7～9.2 cm，花序轴具白色弯曲柔毛，自基部向上具 1～3 枚叶状苞片，花后脱落；雌花序长 4.5～15.2 cm，基部具1 枚叶状苞片，花后脱落；雌花无小苞片；孕性雌花柱头匙形，外弯；白色丝状毛通常单生，有时几枚基部合生，稍长于花柱，短于柱头。花果期 5—8 月（图 241a，b）。

生境与分布　生于海拔 1 200 m 以下的池塘、沟渠或沼泽边，分布于神农架各地（图 241c）。

a　　　　　　　　　　b　　　　　　　　　　c

图 241　东方香蒲形态与生境图

ITS2序列特征 东方香蒲 *T. orientalis* 共有 2 条序列，分别来自于神农架样本和 GenBank（KJ474679），序列比对后长度为 234 bp，其序列特征见图 242。

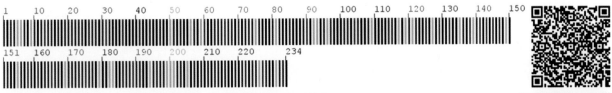

图 242 东方香蒲 ITS2 序列信息

扫码查看东方香蒲
ITS2 基因序列

psbA-trnH序列特征 东方香蒲 *T. orientalis* 序列来自于神农架样本，序列长度为 678 bp，其序列特征见图 243。

扫码查看东方香蒲
*psb*A-*trn*H 基因
序列

图 243 东方香蒲 *psb*A-*trn*H 序列信息

资源现状与用途 东方香蒲 *T. orientalis*，别名蒲草、蒲菜、猫尾草，主要分布于华东、华中、华北等地区。蒲黄是传统中药，生用和炒炭用。研究发现蒲黄具有多种药理作用，无明显的毒副作用，具有降低血脂，防治冠心病、高脂血症和心肌梗死，增强免疫力等作用，还能促进肠道蠕动、抗炎、抗低压低氧、抗微生物。其叶片挺拔，花序粗壮，常用于水生景观植物。

姜 科 Zingiberaceae

姜

Zingiber officinale Rosc.

姜 *Zingiber officinale* Rosc. 为《中华人民共和国药典》（2020 年版）"生姜"和"干姜"药材的基原物种。其新鲜根茎为"生姜"，具有解表散寒、温中止呕、化痰止咳、解鱼蟹毒的功效，用于风寒感冒、胃寒呕吐、寒痰咳嗽、鱼蟹中毒等；其干燥根茎为"干姜"，具有温中散寒、回阳通脉、温肺化饮的功效，用于脘腹冷痛、呕吐泄泻、肢冷脉微、寒饮喘咳等。

植物形态 多年生草本。株高 0.5～1 m；根茎肥厚，多分枝，有芳香及辛辣味。叶片披针形或线状披针形，无毛，无柄。总花梗长达 25 cm；穗状花序球果状；苞片卵形，淡绿色或边缘淡黄色，顶端有小尖头；花萼管长约 1 cm；花冠黄绿色，裂片披针形；唇瓣中央裂片长圆状，倒卵形（图 244a）。

生境与分布 神农架有栽培（图 244b）。

a   b

图 244　姜形态与生境图

ITS2序列特征 姜 *Z. officinale* 共 3 条序列，均来自于神农架样本，序列比对后长度为 264 bp，其序列特征见图 245。

图 245　姜 ITS2 序列信息

扫码查看姜
ITS2 基因序列

psbA-trnH序列特征 姜 *Z. officinale* 共 3 条序列，均来自于神农架样本，序列比对后长度为 676 bp，其序列特征见图 246。

扫码查看姜
*psb*A-*trn*H
基因序列

图 246　姜 *psb*A-*trn*H 序列信息

资源现状与用途 姜 *Z. officinale* 在我国华南、西南地区广泛种植。除含有姜油酮、姜酚等生理活性物质外，还含有蛋白质、多糖、维生素和多种微量元素，自古被医家视为药食同源的保健食品，具有暖胃、加速血液循环等多种保健功能。另外生姜精油香气温辛、甜而浓厚，可作化妆品香料、食品香料等。

双子叶植物类 Dicotyledoneae

爵 床 科 Acanthaceae

九头狮子草

***Peristrophe japonica* (Thunberg) Bremekamp**

九头狮子草 *Peristrophe japonica* (Thunberg) Bremekamp 为神农架民间"七十二七"药材"辣椒七"的基原物种。其全草具有疏风清热、解毒消肿的功效，用于咽喉肿痛、跌打损伤、蛇咬伤等。

植物形态 草本，高 20～50 cm。叶卵状矩圆形，顶端渐尖或尾尖，基部钝或急尖。花序顶生或腋生于上部叶腋，由 2～10 聚伞花序组成，每个聚伞花序下托以 2 枚总苞状苞片，一大一小，卵形，顶端急尖，基部宽楔形或平截，全缘；花萼裂片 5，钻形；花冠粉红色至微紫色，外疏生短柔毛，2 唇形，下唇 3 裂。蒴果，开裂时胎座不弹起，上部具 4 粒种子，下部实心；种子有小疣状突起。花果期 7—10 月（图 247a）。

生境与分布 生于海拔 500～700 m 的山谷沟边或岩石边，分布于神农架红坪镇、下谷乡、阳日镇等地（图 247b）。

a   b

图 247 九头狮子草形态与生境图

ITS2序列特征 九头狮子草 *P. japonica* 共 3 条序列，均来自于神农架样本，序列比对后长度为 240 bp，有 9 个变异位点，分别为 26、170 位点 G-A 变异，53、94、126、169 位点 T-C 变异，83、

185 位点 C-T 变异，176 位点 A-G 变异，在 95～106 位点存在碱基插入。主导单倍型序列特征见图 248。

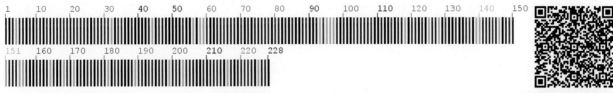

图 248　九头狮子草 ITS2 序列信息

扫码查看九头狮子草 ITS2 基因序列

psbA-trnH序列特征　九头狮子草 *P. japonica* 共 4 条序列，均来自于神农架样本，序列比对后长度为 319 bp，在 45～54 位点存在碱基插入。主导单倍型序列特征见图 249。

扫码查看九头狮子草 *psbA-trn*H 基因序列

图 249　九头狮子草 *psbA-trn*H 序列信息

苋　科 Amaranthaceae

牛　膝

Achyranthes bidentata Bl.

牛膝 *Achyranthes bidentata* Bl. 为《中华人民共和国药典》（2020 年版）"牛膝" 药材的基原物种。其干燥根具有逐瘀通经、补肝肾、强筋骨、利尿通淋、引血下行的功效，用于经闭、痛经、腰膝酸痛、筋骨无力、淋证、水肿、头痛、眩晕、牙痛、口疮、吐血、衄血等。

植物形态　多年生草本，高 70～120 cm。茎有棱角，节部膝状膨大。叶对生，椭圆形或椭圆披针形，长 4.5～12 cm，具尾尖，两面有柔毛；叶柄长 5～30 mm，有柔毛。穗状花序顶生及腋生，花后总花梗伸长，花向下折而贴近总花梗；花被片 5，绿色；雄蕊 5。胞果矩圆形，长 2～2.5 mm。花期 7—9 月，果期 9—10 月（图 250a，b）。

生境与分布　生于海拔 1 800 m 以下的山坡林缘、沟边草丛中，分布于神农架红坪镇、松柏镇、下谷乡等地（图 250c）。

ITS2序列特征　牛膝 *A. bidentata* 共 8 条序列，均来自于神农架样本，序列比对后长度为 199 bp，其序列特征见图 251。

a   b   c

图 250   牛膝形态与生境图

图 251   牛膝 ITS2 序列信息

扫码查看牛膝
ITS2 基因序列

🌿 ***psb*A–*trn*H序列特征**   牛膝 *A. bidentata* 共 4 条序列，均来自于神农架样本，序列比对后长度为
445 bp，其序列特征见图 252。

扫码查看牛膝
*psb*A-*trn*H 基因序列

图 252   牛膝 *psb*A-*trn*H 序列信息

🌿 **资源现状与用途**   牛膝 *A. bidentata*，别名怀牛膝、牛髁膝、山苋菜等，在我国广泛分布。牛
膝及其提取物牛膝多糖目前已开发出药品、化妆品、保健食品等，常见的产品形式有胶囊剂、酒类、
茶类、颗粒剂、泡腾片、丸剂以及精油等。

青 葙

Celosia argentea L.

青葙 *Celosia argentea* L. 为《中华人民共和国药典》（2020 年版）"青葙子"药材的基原物种。其干燥成熟种子具有清肝泻火、明目退翳的功效，用于肝热目赤、目生翳膜、视物昏花、肝火眩晕等。

植物形态 一年生草本，高 0.3～1 m，全体无毛。茎直立，具明显条纹。叶矩圆披针形至披针形，长 5～8 cm，具小芒尖。穗状花序长 3～10 cm；苞片、小苞片和花被片干膜质，光亮，淡红色；雄蕊花丝下部合生成杯状。胞果卵形，长 3～3.5 mm，盖裂。花期 5—8 月，果期 6—10 月（图 253a）。

生境与分布 生于海拔 1 000 m 以下的山坡、路旁、田园及潮湿草地，分布于神农架新华镇、宋洛乡、松柏镇、阳日镇等地（图 253b）。

a   b

图 253 青葙形态与生境图

ITS2序列特征 青葙 *C. argentea* 共 3 条序列，分别来自于神农架样本和 GenBank（GQ434785），序列比对后长度为 214 bp，有 3 个变异位点，分别为 71 位点 C-T 变异，79、82 位点 G-A 变异。主导单倍型序列特征见图 254。

图 254 青葙 ITS2 序列信息

扫码查看青葙
ITS2 基因序列

***psb*A–*trn*H序列特征** 青葙 *C. argentea* 共 2 条序列，分别来自于神农架样本和 GenBank（GQ435411），序列比对后长度为 466 bp，其序列特征见图 255。

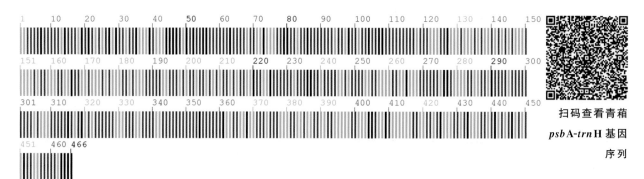

扫码查看青葙 *psb*A-*trn*H 基因 序列

图 255 青葙 *psb*A-*trn*H 序列信息

资源现状与用途 青葙 *C. argentea*，别名草蒿、姜蒿、鸡冠菜、野鸡冠等，分布于我国大部分地区。民间常食用青葙嫩茎叶和幼苗。由于青葙长期处于自然生长状态，目前只有个别地方进行了少量试验性种植。

鸡 冠 花

Celosia cristata L.

鸡冠花 *Celosia cristata* L. 为《中华人民共和国药典》（2020 年版）"鸡冠花"药材的基原物种。其干燥花序具有收敛止血、止带、止痢的功效，用于吐血、崩漏、便血、痔血、赤白带下、久痢不止等。

植物形态 一年生草本。叶片卵形、卵状披针形或披针形，宽 2～6 cm。花多数，极密生，呈扁平肉质鸡冠状、卷冠状或羽毛状的穗状花序，一个大花序下面有数个较小的分枝，圆锥状矩圆形，表面羽毛状；花被片红色、紫色、黄色、橙色或红色黄色相间。花果期 7—9 月（图 256a）。

生境与分布 神农架有栽培（图 256b）。

a

b

图 256 鸡冠花形态与生境图

ITS2序列特征 鸡冠花 *C. cristata* 共 3 条序列，均来自于神农架样本，序列比对后长度为 432 bp，有 1 个变异位点，为 152 位点 C-T 变异。主导单倍型序列特征见图 257。

扫码查看鸡冠花
ITS2 基因序列

图 257　鸡冠花 ITS2 序列信息

psbA-trnH序列特征 鸡冠花 *C. cristata* 共 3 条序列，均来自于神农架样本，序列比对后长度为 499 bp，其序列特征见图 258。

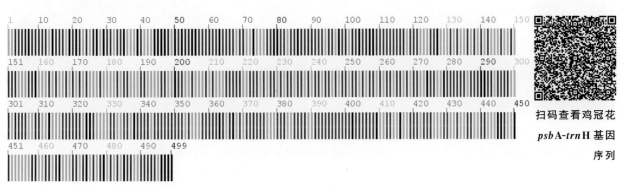

扫码查看鸡冠花
***psb*A-*trn*H 基因序列**

图 258　鸡冠花 *psb*A-*trn*H 序列信息

资源现状与用途 鸡冠花 *C. cristata*，别名鸡髻花、老来红、鸡公花等，我国各地均有栽培。鸡冠花被誉为"热带菠菜"，可作为粮食、饲料、药用、观赏的植物。可直接利用鸡冠花鲜花作饲料，或经青刈、晒干制草、青贮用作家畜冬春季饲料，种子为高蛋白质饲料，可替代部分鱼粉、豆饼等蛋白质饲料。鸡冠花生长迅速，具有很高的光合效率和很强的抗逆性，能适应多样的环境，易于人工种植，园林绿化中较为常见。

漆　树　科 Anacardiaceae

青　麸　杨
Rhus potaninii Maxim.

青麸杨 *Rhus potaninii* Maxim. 为《中华人民共和国药典》（2020 年版）"五倍子"药材的基原物种之一。其叶上的虫瘿具有敛肺降火、涩肠止泻、敛汗、止血、收湿敛疮的功效，用于肺虚久咳、肺热痰嗽、久泻久痢、自汗盗汗、消渴、便血痔血、外伤出血、痈肿疮毒、皮肤湿烂等。

植物形态 落叶乔木。树皮灰褐色，小枝无毛。奇数羽状复叶有小叶 3～5 对，叶轴无翅；小叶卵状长圆形或长圆状披针形，全缘，两面沿中脉被微柔毛或近无毛，小叶具短柄。圆锥花序长 10～20 cm，被微柔毛；苞片钻形；花白色；花瓣卵形或卵状长圆形，开花时先端外卷；花丝线形，在雌花中较短，花药卵形；子房球形，密被白色绒毛。核果近球形，略压扁，密被具节柔毛和腺毛，成熟时红色。花果期 7—9 月（图 259a）。

生境与分布 生于海拔 800～1 800 m 的山坡或沟谷林中，分布于神农架各地（图 259b）。

a   b

图 259 青麸杨形态与生境图

ITS2序列特征 青麸杨 *R. potaninii* 序列来自于 GenBank（AY641489），序列比对后长度为 224 bp，其序列特征见图 260。

图 260 青麸杨 ITS2 序列信息

扫码查看青麸杨
ITS2 基因序列

盐 肤 木

***Rhus chinensis* Mill.**

盐肤木 *Rhus chinensis* Mill. 为《中华人民共和国药典》（2020 年版）"五倍子"药材的基原物种之一。其叶上的虫瘿具有敛肺降火、涩肠止泻、敛汗、止血、收湿敛疮的功效，用于肺虚久咳、肺热痰咳、久泻久痢、自汗盗汗、消渴、便血痔血、外伤出血、痈肿疮毒、皮肤湿烂等。

植物形态 落叶小乔木或灌木。小枝棕褐色，被锈色柔毛。奇数羽状复叶；小叶3～6 对，卵形或椭圆状卵形或长圆形，长 6～12 cm，下面被锈色柔毛，无柄；叶轴具宽的叶状翅。圆锥花序宽大，多分枝，花白色，被微柔毛。核果球形，略压扁，熟时红色。花期 8－9 月，果期 10 月（图 261a）。

🌿 **生境与分布** 生于海拔 2 000 m 以下的向阳沟谷、溪边疏林或灌丛中，分布于神农架各地（图 261b）。

a　　　　　　　　　　　　　　　b

图 261　盐肤木形态与生境图

🌿 **ITS2序列特征** 盐肤木 *R. chinensis* 共 3 条序列，分别来自于神农架样本和 GenBank（GQ434626、GQ434627），序列比对后长度为 225 bp，在 8 位点存在碱基缺失。主导单倍型序列特征见图 262。

图 262　盐肤木 ITS2 序列信息

扫码查看盐肤木
ITS2 基因序列

🌿 **psbA-trnH序列特征** 盐肤木 *R. chinensiss* 共 2 条序列，均来自于神农架样本，序列比对后长度为 437 bp，有 21 个变异位点，在 302、382 位点存在碱基缺失。主导单倍型序列特征见图 263。

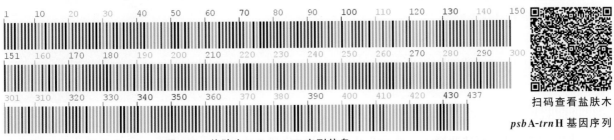

图 263　盐肤木 *psb*A-*trn*H 序列信息

扫码查看盐肤木
*psb*A-*trn*H 基因序列

🌿 **资源现状与用途** 盐肤木 *R. chinensiss*，别名五倍柴、山梧桐、木五倍子、乌桃叶等，广泛分布于我国各地。目前，盐肤木人工栽培已获成功。现代临床研究表明，五倍子具有组胺释放、抗肿瘤活性、抑制人肾小球膜细胞增生、抗菌、抗腹泻、抗凝血、抗单纯疱疹病毒活性等药理作用，具有较好的开发利用前景。

漆 树

Toxicodendron vernicifluum (Stokes) F. A. Barkl.

漆树 _Toxicodendron vernicifluum_（Stokes）F. A. Barkl.（_Flora of China_ 收录为漆）为《中华人民共和国药典》（2020 年版）"干漆"药材的基原物种。其树脂经加工后的干燥品具有破瘀通经、消积杀虫的功效，用于瘀血经闭、癥瘕积聚、虫积腹痛等。

植物形态 落叶乔木。奇数羽状复叶互生，常螺旋状排列，小叶 4～6 对，叶轴圆柱形，被微柔毛；叶柄被微柔毛，近基部膨大，半圆形；小叶膜质至薄纸质，卵形或卵状椭圆形或长圆形。圆锥花序与叶近等长，被灰黄色微柔毛，序轴及分枝纤细，疏花；花黄绿色。果序多少下垂，核果肾形或椭圆形，不偏斜，略压扁。花期 5—6 月，果期 7—10 月（图 264a）。

生境与分布 生于海拔 500～2 000 m 的阳坡林中或山坡，分布于神农架各地（图 264b）。

a

b

图 264　漆树形态与生境图

ITS2序列特征 漆树 _T. vernicifluum_ 共 8 条序列，均来自于神农架样本，序列比对后长度为 219 bp，其序列特征见图 265。

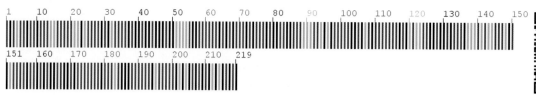

图 265　漆树 ITS2 序列信息

扫码查看漆树
ITS2 基因序列

psbA-trnH序列特征 漆树 *T. vernicifluum* 共 3 条序列，均来自于神农架样本，序列比对后长度为 542 bp，有 7 个变异位点，在 52 位点存在碱基插入，65、303~325 位点存在碱基缺失。主导单倍型序列特征见图 266。

图 266 漆树 *psbA-trnH* 序列信息

扫码查看漆树
psbA-trnH 基因
序列

资源现状与用途 漆树 *T. vernicifluum*，别名大木漆、小木漆、山漆等，华中、西南地区广布。民间常用漆树籽油炖鸡，治疗产妇营养不良、腹部不适或消化不良等症。漆树也是原产于我国的重要经济树种，在世界的漆产业中，中国资源丰富、历史悠久，有着举足轻重的地位。

伞 形 科 Apiaceae

重齿毛当归

Angelica pubescens Maxim. f. biserrata Shan et Yuan

重齿毛当归 *Angelica pubescens* Maxim. f. *biserrata* Shan et Yuan [*Flora of China* 收录为重齿当归 *Angelica biserrata* (R. H. Shan & C. Q. Yuan) C. Q. Yuan & R. H. Shan] 为《中华人民共和国药典》（2020 年版）"独活"药材的基原物种。其根具有祛风除湿、通痹止痛的功效，用于风寒湿痹、腰膝酸痛、少阴伏风头痛、风寒挟湿头痛等。

植物形态 多年生高大草本。根类圆柱形，棕褐色，有特殊香气。茎高 1~2 m，中空，上部有短糙毛。叶二回三出式羽状全裂，宽卵形；茎生叶基部膨大成长 5~7 cm 的长管状、半抱茎的厚膜质叶鞘，开展花序托叶简化成囊状膨大的叶鞘，无毛。复伞形花序顶生和侧生；总苞片 1，长钻形，有缘毛，早落；伞辐 10~25，密被短糙毛；伞形花序有花 17~28 朵。花白色，无萼齿，花瓣倒卵形，顶端内凹，花柱基扁圆盘状。果实椭圆形，侧翅与果体等宽或略狭，背棱线形，隆起。花期 8—9 月，果期 9—10 月（图 267a）。

生境与分布 生于海拔 900~2 000 m 的阴湿山坡、林下草丛或稀疏灌丛中，分布于神农架大九湖镇、红坪镇等地（图 267b）。

ITS2序列特征 重齿毛当归 *A. pubescens* f. *biserrata* 共 3 条序列，均来自于神农架样本，序列比对后长度为 228 bp，其序列特征见图 268。

a   b

图 267　重齿毛当归形态与生境图

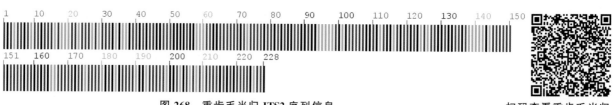

图 268　重齿毛当归 ITS2 序列信息

扫码查看重齿毛当归
ITS2 基因序列

*psb*A–*trn*H序列特征　重齿毛当归 *A. pubescens* f. *biserrata* 共 3 条序列，均来自于神农架样本，序列比对后长度为 303 bp，其序列特征见图 269。

扫码查看重齿毛当归
*psb*A-*trn*H 基因序列

图 269　重齿毛当归 *psb*A-*trn*H 序列信息

资源现状与用途　重齿毛当归 A. pubescens，别名大活、山大活、玉活等，产四川、湖北、江西、安徽、浙江等地区。独活中的主要成分是香豆素和挥发油类等物质。随着市场需求量的增加，在湖北、四川等地有大规模人工种植，市场发展前景较好。

当　归
Angelica sinensis (Oliv.) Diels

当归 *Angelica sinensis*（Oliv.）Diels 为《中华人民共和国药典》（2020 年版）"当归"药材的基原

物种。其干燥根具有补血活血、调经止痛、润肠通便的功效，用于血虚萎黄、眩晕心悸、月经不调、风湿痹痛、跌打损伤、痈疽疮疡、肠燥便秘等。

植物形态 多年生草本。根圆柱状，分枝，有浓郁香气。茎直立，绿白色或带紫色，有纵深沟纹，光滑无毛。叶三出或二至三回羽状分裂，基部膨大成管状的薄膜质鞘，紫色或绿色。复伞形花序；伞辐9～30；总苞片2，线形，或无；小伞形花序有花13～36；小总苞片2～4，线形；花白色；萼齿5，卵形。果实椭圆至卵形。花期6—7月，果期7—9月（图270a）。

生境与分布 神农架有栽培（图270b）。

图 270 当归形态与生境图

ITS2序列特征 当归 *A. sinensis* 共3条序列，均来自于神农架样本，序列比对后长度为229 bp。其序列特征见图271。

图 271 当归 ITS2 序列信息

扫码查看当归
ITS2 基因序列

资源现状与用途 当归 *A. sinensis*，别名干归、秦哪、西当归等，主产于我国西北和西南地区部分高海拔地带，野生种质资源较为丰富，是常用的大宗药材之一，是重要的中成药原料来源。当归也是重要的保健食品原料，在免疫调节、改善贫血、改善胃肠道功能及美容等方面具有独特优势。

白　芷

Angelica dahurica（Fisch. ex Hoffm.）Benth. et Hook. f.

白芷 *Angelica dahurica*（Fisch. ex Hoffm.）Benth. et Hook. f. 为《中华人民共和国药典》（2020年版）"白芷"药材的基原物种之一。其干燥根具有解表散寒、祛风止痛、宣通鼻窍、燥湿止带、消肿排脓的功效，用于感冒头痛、眉棱骨痛、鼻塞流涕、鼻衄、鼻渊、牙痛、带下、疮疡肿痛等。

植物形态 多年生高大草本。根圆柱形，有分枝，具有浓烈气味。茎通常带紫色，中空，有纵长沟纹。基生叶一回羽状分裂，有长柄，叶柄下部有管状抱茎边缘膜质的叶鞘；茎上部叶二至三回羽状分裂，叶片轮廓为卵形至三角形。复伞形花序顶生或侧生，花序梗、伞辐和花柄均有短糙毛；伞辐18～40，中央主伞有时伞辐多至70。果实长圆形至卵圆形。花期7－8月，果期8－9月（图272a）。

生境与分布 神农架新华镇、松柏镇、宋洛乡等地有栽培（图272b）。

a   b

图 272　白芷形态与生境图

ITS2序列特征 白芷 *A. dahurica* 共 3 条序列，分别来自于神农架样本和 GenBank（GQ434688、GQ434689），序列比对后长度为 227 bp，有 1 个变异位点，为 170 位点 T-C 变异。主导单倍型序列特征见图 273。

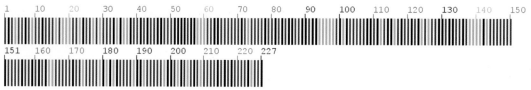

图 273　白芷 ITS2 序列信息

扫码查看白芷
ITS2 基因序列

***psb*A-*trn*H序列特征** 白芷 *A. dahurica* 共 3 条序列，分别来自于神农架样本和 GenBank（GQ435303、GQ435304），序列比对后长度为 202 bp，其序列特征见图 274。

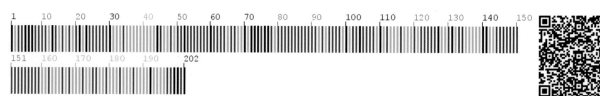

图 274　白芷 *psb*A-*trn*H 序列信息

扫码查看白芷
*psb*A-*trn*H 基因序列

资源现状与用途 白芷 *A. dahurica*，别名兴安白芷、河北独活等，主要分布于我国东北及华北地区。民间主要用于解热、镇痛、抗炎等。白芷提取物不仅具有促进皮肤的新陈代谢、清洁皮肤的功能，同时还能减少黑色素的生成，滋润肌肤，常作为面膜等美白产品的原料。

拐 芹

Angelica polymorpha Maximowicz

拐芹 *Angelica polymorpha* Maximowicz 为神农架民间药材"紫金砂"的基原物种之一。其根及根茎具有温中散寒、理气止痛的功效，用于感冒鼻塞、胃病、腹痛、胸胁痛、痨伤、风湿关节痛、跌打损伤、毒蛇咬伤等。

植物形态 多年生草本，高 0.5～1.5 m。根圆锥形，外皮灰棕色，有少数须根。茎单一，细长，中空。叶二至三回三出式羽状分裂。复伞形花序直径 4～10 cm；伞辐 11～20；总苞片 1～3 或无，狭披针形，有缘毛；花瓣匙形至倒卵形，白色；花柱短，常反卷。花期 8—9 月，果期 9—10 月（图 275a）。

生境与分布 生于海拔 1 300～1 600 m 的山谷沟边、路旁杂草丛中，分布于神农架宋洛乡、新华镇、木鱼镇等地（图 275b）。

a   b

图 275　拐芹形态与生境图

ITS2序列特征 拐芹 *A. polymorpha* 序列共 5 条，均来自于 GenBank（HQ256680、DQ263590、JN603220、JN603223、JN603225），序列比对后长度为 219 bp，有 2 个变异位点，分别为 155、165 位点 T-C 变异，在 215 位点存在碱基缺失。主导单倍型序列特征见图 276。

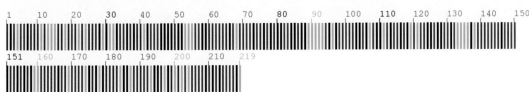

图 276　拐芹 ITS2 序列信息

扫码查看拐芹
ITS2 基因序列

psbA–trnH序列特征 拐芹 A. polymorpha 序列来自于 GenBank（KC812801），序列长度为 241 bp，其序列特征见图 277。

图 277　拐芹 psbA-trnH 序列信息

扫码查看拐芹
psbA-trnH 基因序列

紫 花 前 胡

Peucedanum decursivum（Miq.）Maxim.

紫花前胡 Peucedanum decursivum（Miq.）Maxim.［Flora of China 收录为 Angelica decursiva (Miquel) Franchet & Savatier］为《中华人民共和国药典》（2020 年版）"紫花前胡"药材的基原物种。其根具有降气化痰、散风清热的功效，用于痰热喘满、咯痰黄稠、风热咳嗽痰多等。

植物形态 多年生草本。根圆锥状，有少数分枝，具有强烈气味。茎高 1～2 m，直立，单一，中空，光滑，常为紫色，无毛，有纵沟纹。根生叶和茎生叶有长柄；叶片三角形至卵圆形，坚纸质，一回三全裂或一至二回羽状分裂。复伞形花序顶生和侧生，花序梗长 3～8 cm，有柔毛；伞辐 10～22；花深紫色，萼齿明显，线状锥形或三角状锥形。果实长圆形至卵状圆形，无毛，背棱线形隆起，尖锐，侧棱有较厚的狭翅。花期 8—9 月，果期 9—11 月（图 278a）。

生境与分布 生于海拔 700～1 800 m 的山坡林缘、溪沟边或杂木林灌丛中，分布于神农架各地（图 278b）。

a　　　　　　　　　　　　　　　　　　　b

图 278　紫花前胡形态与生境图

ITS2序列特征 紫花前胡 *P. decursivum* 共 3 条序列，均来自于神农架样本，序列比对后长度为 227 bp，其序列特征见图 279。

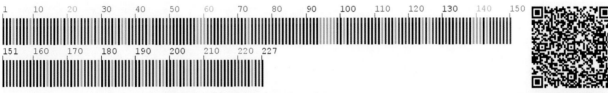

图 279　紫花前胡 **ITS2** 序列信息

扫码查看紫花前胡
ITS2 基因序列

***psb*A–*trn*H序列特征** 紫花前胡 *P. decursivum* 共 3 条序列，均来自于神农架样本，序列比对后长度为 200 bp，其序列特征见图 280。

图 280　紫花前胡 *psb*A-*trn*H 序列信息

扫码查看紫花前胡
*psb*A-*trn*H 基因序列

峨　参

***Anthriscus sylvestris* (L.) Hoffm.**

峨参 *Anthriscus sylvestris* (L.) Hoffm. 为神农架民间 "七十二七" 药材 "萝卜七" 的基原物种。其根具有健脾益肾、补中益气、补肺平喘、祛瘀生新的功效，用于肺虚喘咳、头痛、胃痛、腹痛、腹胀、食积、四肢乏力、跌打损伤等。

植物形态 二年生或多年生草本。茎较粗壮，多分枝。基生叶有长柄；叶片轮廓呈卵形，2 回羽状分裂，一回羽片有长柄，卵形至宽卵形，有 2 回羽片 3～4 对，2 回羽片有短柄，轮廓卵状披针形，羽状全裂或深裂，末回裂片卵形或椭圆状卵形，有粗锯齿。复伞形花序伞辐 4～15，不等长；花白色，通常带绿或黄色。果实长卵形至线状长圆形，光滑或疏生小瘤点，顶端渐狭成喙状，合生面明显收缩，果柄顶端常有一环白色小刚毛。花果期 4—5 月（图 281a）。

生境与分布 生于海拔 700～2 000 m 以下的山坡或沟谷林下，分布于神农架新华镇、木鱼镇、红坪镇、宋洛乡等地（图 281b）。

ITS2序列特征 峨参 *A. sylvestris* 共 3 条序列，均来自于神农架样本，序列比对后长度为 231 bp，其序列特征见图 282。

***psb*A–*trn*H序列特征** 峨参 *A. sylvestris* 共 3 条序列，均来自于神农架样本，序列比对后长度为 267 bp，其序列特征见图 283。

a   b

图 281   峨参形态与生境图

图 282   峨参 ITS2 序列信息

扫码查看峨参
ITS2 基因序列

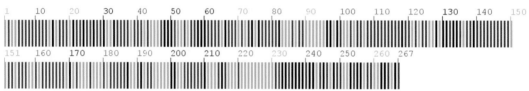

图 283   峨参 *psb*A-*trn*H 序列信息

扫码查看峨参
*psb*A-*trn*H 基因序列

资源现状与用途　峨参 *A. sylvestris*，别名田七、金山田七等，主要分布于我国华中、华北、西南等地区，为峨眉山特产之一。在我国民间药用历史悠久，其根常作为滋补强壮剂，治疗老人尿频、水肿等，叶外用治疗创伤。

柴　胡

Bupleurum chinense DC.

柴胡 *Bupleurum chinense* DC.（*Flora of China* 收录为北柴胡）为《中华人民共和国药典》（2020年版）"柴胡"药材的基原物种之一。其干燥根具有疏散退热、疏肝解郁、升举阳气的功效，用于感冒发热、寒热往来、胸胁胀痛、月经不调、子宫脱垂、脱肛等。

植物形态　多年生草本。主根较粗大，棕褐色，质坚硬。茎单一或数茎，表面有细纵槽纹，实心，上部多回分枝，微作"之"字形曲折。基生叶倒披针形或狭椭圆形；茎中部叶倒披针形或广线状披针形，基部收缩成叶鞘抱茎。复伞形花序很多，花序梗细，常水平伸出，形成疏松的圆锥状。果广椭圆形，棕色，两侧略扁。花期 9 月，果期 10 月（图 284a）。

生境与分布 生于海拔 2 500 m 以下的向阳山坡、路旁，分布于神农架红坪镇等地（图 284b）。

a   b

图 284 柴胡形态与生境图

ITS2序列特征 柴胡 *B. chinense* 共 3 条序列，均来自于神农架样本，序列比对后长度为 233 bp，有 2 个变异位点，分别为 17 位点 C-T 变异，147 位点 C-A 变异，在 108 位点存在简并碱基 W。主导单倍型序列特征见图 285。

图 285 柴胡 ITS2 序列信息

扫码查看柴胡
ITS2 基因序列

psbA-trnH序列特征 柴胡 *B. chinense* 共 3 条序列，均来自于神农架样本，序列比对后长度为 357 bp，其序列特征见图 286。

扫码查看柴胡
*psb*A-*trn*H 基因序列

图 286 柴胡 *psb*A-*trn*H 序列信息

资源现状与用途 柴胡 *B. chinense*，别名韭叶柴胡、硬苗柴胡等，主产于东北、华北、西北、华东、湖北、四川等地区。柴胡具有解热、退热、抗菌、抗病毒、免疫双向调节的作用。目前野生柴胡资源蕴藏量呈下降趋势，全国野生资源蕴藏量较少。

积 雪 草

Centella asiatica (L.) Urb.

积雪草 *Centella asiatica* (L.) Urb. 为《中华人民共和国药典》（2020 年版）"积雪草"药材的基原物种。其干燥全草具有清热利湿、消肿解毒的功效，用于湿热黄疸、中暑腹泻、石淋血淋、痈肿疮毒、跌打损伤等。

植物形态 多年生草本。茎匍匐，细长，节上生根。叶片膜质至草质，圆形、肾形或马蹄形，边缘有钝锯齿，基部阔心形，两面无毛或在背面脉上疏生柔毛；掌状脉 5～7，两面隆起，脉上部分叉。伞形花序梗 2～4 个，聚生于叶腋；苞片通常 2，卵形，膜质；每一伞形花序有花 3～4，聚集呈头状；花瓣卵形，紫红色或乳白色。果实两侧扁压，圆球形。花果期 4－10 月（图 287a）。

生境与分布 生于海拔 2 000 m 以下的阴湿草地、水沟边，分布于神农架各地（图 287b）。

a   b

图 287　积雪草形态与生境图

ITS2序列特征 积雪草 *C. asiatica* 共 3 条序列，均来自于神农架样本，序列比对后长度为 235 bp，在 13 位点存在碱基缺失。主导单倍型序列特征见图 288。

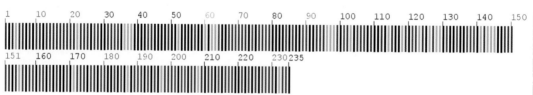

图 288　积雪草 ITS2 序列信息

扫码查看积雪草
ITS2 基因序列

psbA-trnH序列特征 积雪草 *C. asiatica* 共 3 条序列，均来自于神农架样本，序列比对后长度为 389 bp，其序列特征见图 289。

图 289　积雪草 *psb* A-*trn* H 序列信息

扫码查看积雪草
psb A-*trn* H 基因序列

资源现状与用途　积雪草 *C. asiatica*，别名地钱草、马蹄草等，主要分布于我国华东、华南、中南及西南等地区。除药用外，民间将积雪草干燥叶片做凉茶，东南亚部分国家和地区将其新鲜叶作蔬菜或果汁。

野 胡 萝 卜

Daucus carota L.

野胡萝卜 *Daucus carota* L. 为《中华人民共和国药典》（2020 年版）"南鹤虱"药材的基原物种。其成熟果实具有杀虫消积的功效，用于蛔虫病、蛲虫病、绦虫病、虫积腹痛、小儿疳积等。

植物形态　二年生草本，高 15～120 cm。茎单生，全体有白色粗硬毛。基生叶薄膜质，长圆形，二至三回羽状全裂，末回裂片线形或披针形，顶端尖锐，有小尖头，光滑或有糙硬毛。复伞形花序，花序梗长 10～55 cm，有糙硬毛；总苞有多数苞片，呈叶状，羽状分裂，裂片线形；伞辐多数，结果时外缘的伞辐向内弯曲；小总苞片 5～7，线形，不分裂或 2～3 裂，边缘膜质，具纤毛；花通常白色，有时带淡红色。果实卵圆形，棱上有白色刺毛。花期 5—7 月（图 290a）。

生境与分布　生于海拔 2 000 m 以下的山坡、沟谷、路旁草丛中，分布于神农架各地（图 290b）。

a　　　　　　　　　　　　　　　　b

图 290　野胡萝卜形态与生境图

ITS2序列特征 野胡萝卜 *D. carota* 共 3 条序列，分别来自于神农架样本和 GenBank（GQ434703、GQ434704），序列比对后长度为 230 bp，其序列特征见图 291。

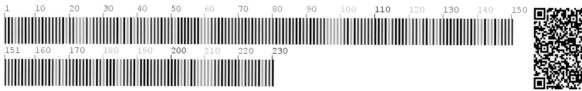

图 291　野胡萝卜 ITS2 序列信息

扫码查看野胡萝卜
ITS2 基因序列

***psb*A–*trn*H序列特征** 野胡萝卜 *D. carota* 共 3 条序列，均来自于 GenBank（GQ435316、GQ435317、KC526434），序列比对后长度为 185 bp，其序列特征见图 292。

图 292　野胡萝卜 *psb*A-*trn*H 序列信息

扫码查看野胡萝卜
*psb*A-*trn*H 基因序列

资源现状与用途 野胡萝卜 *D. carota*，别名鹤虱草、山萝卜等，资源分布广泛。除具有药用价值外，新鲜野胡萝卜鲜嫩多汁，适口性好，在民间常作为猪、兔等的饲料。另外，野胡萝卜籽精油，也称鹤虱油，具有芳香气味。

茴 香

Foeniculum vulgare Mill.

茴香 *Foeniculum vulgare* Mill. 为《中华人民共和国药典》（2020 年版）"小茴香"药材的基原物种。其干燥成熟果实具有散寒止痛、理气和胃的功效，用于寒疝腹痛、睾丸偏坠、痛经、少腹冷痛、脘腹胀痛、食少吐泻等。

植物形态 草本。茎直立，光滑，多分枝。叶片轮廓为阔三角形，4～5 回羽状全裂，末回裂片线形。复伞形花序顶生与侧生，花序梗长 2～25 cm；伞辐 6～29，不等长；小伞形花序有花 14～39；花柄纤细，不等长；无萼齿；花瓣黄色，倒卵形或近倒卵圆形，先端有内折的小舌片，中脉 1 条。果实长圆形，主棱 5 条，尖锐；每棱槽内有油管 1，合生面油管 2；胚乳腹面近平直或微凹。花期 5—6月，果期 7—9 月（图 293a，b）。

生境与分布 神农架有栽培（图 293c）。

ITS2序列特征 茴香 *F. vulgare* 共 3 条序列，均来自于神农架样本，序列比对后长度为 227 bp，其序列特征见图 294。

a　　　　　　　　　　　　　　b　　　　　　　　　　　　　　c

图 293　茴香形态与生境图

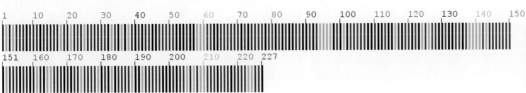

图 294　茴香 ITS2 序列信息

扫码查看茴香
ITS2 基因序列

🐝 *psb*A-*trn*H序列特征　茴香 *F. vulgare* 共 3 条序列，均来自于神农架样本，序列比对后长度为 191 bp，其序列特征见图 295。

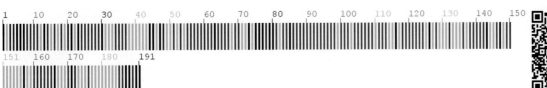

图 295　茴香 *psb*A-*trn*H 序列信息

扫码查看茴香
*psb*A-*trn*H 基因序列

🐝 资源现状与用途　茴香 *F. vulgare*，别名小茴香、土茴香、野茴香等，茴香原产自地中海地区，后被引种栽培至我国，主产于我国西北和东北等地。作为一种多用途（蔬菜、中药、香料）的芳香植物，民间常把茴香装入香囊中用于治疗失眠，另外茴香还是日常生活中常用的调料。

川　芎

Ligusticum chuanxiong Hort.

川芎 *Ligusticum chuanxiong* Hort.（*Flora of China* 收录为 *Ligusticum sinense* cv. Chuanxiong S. H.）为《中华人民共和国药典》（2020 年版）"川芎"药材的基原物种。其干燥根茎具有活血行气、

祛风止痛的功效，用于胸痹心痛、胸胁刺痛、跌扑肿痛、月经不调、经闭痛经、癥瘕腹痛、头痛、风湿痹痛等。

植物形态 多年生草本。根茎发达，形成不规则的结节状拳形团块，具浓烈香气。茎直立，圆柱形，具纵条纹，上部多分枝，下部茎节膨大呈盘状（苓子）。茎下部叶具柄，基部扩大成鞘；叶片轮廓卵状三角形，3～4回三出式羽状全裂，羽片4～5对，卵状披针形。复伞形花序顶生或侧生；总苞片3～6，线形；伞辐7～24，不等长；花瓣白色，倒卵形至心形。幼果两侧扁压。花期7－8月，幼果期9－10月（图296a）。

生境与分布 神农架有栽培（图296b）。

a   b

图 296 川芎形态与生境图

ITS2序列特征 川芎 *L. chuanxiong* 共3条序列，分别来自于神农架样本和 Genbank（DQ311639、AY548231）序列比对后长度为225 bp，有1个变异位点，为92位点 T-C 变异，主导单倍型序列特征见图297。

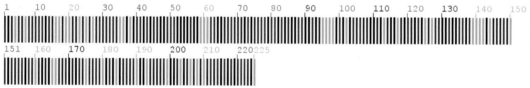

图 297 川芎 ITS2 序列信息

扫码查看川芎
ITS2 基因序列

psbA-trnH序列特征 川芎 *L. chuanxiong* 共3条序列，均来自于神农架样本，序列比对后长度为185 bp，其序列特征见图298。

图 298 川芎 *psb*A-*trn*H 序列信息

扫码查看川芎
***psb*A-*trn*H 基因序列**

资源现状与用途 川芎 *L. chuanxiong*，别名香果、山鞠穷、京芎等，主要分布于华东、华中、西南、西北等地区，在我国具有近两千年的栽种和应用历史。川芎除供药用外，还可用于保健品、美容化妆品等。

白 花 前 胡
Peucedanum praeruptorum Dunn

白花前胡 *Peucedanum praeruptorum* Dunn（*Flora of China* 收录为前胡）为《中华人民共和国药典》（2020 年版）"前胡"药材的基原物种。其干燥根具有降气化痰、散风清热的功效，用于痰热喘满、咯痰黄稠、风热咳嗽痰多等。

植物形态 多年生草本。根颈粗壮，存留多数越年枯鞘纤维；根圆锥形，末端细瘦，常分叉。基生叶具长柄，叶柄长 5～15 cm，基部有卵状披针形叶鞘；叶片轮廓宽卵形或三角状卵形，三出式二至三回分裂。复伞形花序多数，顶生或侧生，伞形花序；伞辐 6～15，不等长，内侧有短毛；花瓣卵形，小舌片内曲，白色。果实卵圆形，背部扁压。花期 8—9 月，果期 10—11 月（图 299a）。

生境与分布 生于海拔 2 000 m 以下的山坡林缘或路旁，分布于神农架木鱼镇等地（图 299b）。

a   b

图 299　白花前胡形态与生境图

ITS2序列特征 白花前胡 *P. praeruptorum* 共 3 条序列，均来自于神农架样本，序列比对后长度为 230 bp，有 8 个变异位点，分别为 54 位点 T-G 变异，82 位点 T-C 变异，146 位点 C-T 变异，155 位点 A-C 变异，163 位点 A-G 变异，190 位点 T-C 变异，208 位点 A-T 变异，228 位点 C-T 变异，在 181 位点存在碱基缺失。主导单倍型序列特征见图 300。

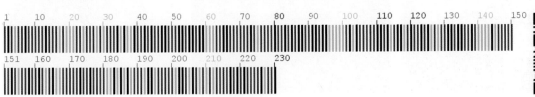

图 300　白花前胡 ITS2 序列信息

扫码查看白花前胡
ITS2 基因序列

psbA-trnH序列特征 白花前胡 *P. praeruptorum* 共 3 条序列，均来自于神农架样本，序列比对后长度为 213 bp，在 145 位点存在碱基插入。主导单倍型序列特征见图 301。

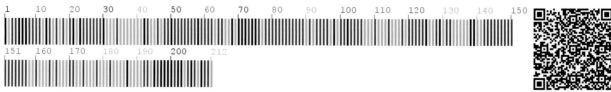

图 301 白花前胡 psbA-trnH 序列信息

扫码查看白花前胡
psbA-trnH 基因序列

资源现状与用途 白花前胡 *P. praeruptorum*，别名鸡脚前胡、山前胡等，主要分布于我国西南和南方部分地区。除具有药用价值外，白花前胡也是良好的蜜源植物，蜂蜜呈琥珀色，味道清香，是特色药蜜之一，同时也是香豆素等化工原料的重要来源。

异 叶 茴 芹

Pimpinella diversifolia DC.

异叶茴芹 *Pimpinella diversifolia* DC. 为神农架民间药材"六月寒"的基原物种。其全草具有温中散寒、理气止痛、解毒的功效，用于风寒感冒、痢疾、皮肤瘙痒、毒蛇咬伤等。

植物形态 多年生草本。通常为须根。茎直立，有条纹，被柔毛，中上部分枝。叶异形，基生叶有长柄；叶片三出分裂，裂片卵圆形，两侧的裂片基部偏斜；茎中、下部叶片三出分裂或羽状分裂。通常无总苞片，披针形；伞辐 6～30；小总苞片 1～8；小伞形花序有花 6～20，花柄不等长；无萼齿；花瓣倒卵形，白色，基部楔形，顶端凹陷，小舌片内折，背面有毛。幼果卵形，有毛，成熟的果实卵球形，基部心形，近于无毛，果棱线形。花果期 5—10 月（图 302b）。

生境与分布 生于海拔 800～1 800 m 的山坡林下草丛中，分布于神农架宋洛乡、红坪镇、大九湖镇等地（图 302c）。

a   b   c

图 302 异叶茴芹形态与生境图

ITS2序列特征 异叶茴芹 *P. diversifolia* 共 3 条序列，均来自于神农架样本，序列比对后长度为 223 bp，其序列特征见图 303。

图 303 异叶茴芹 ITS2 序列信息

扫码查看异叶茴芹 ITS2 基因序列

***psb*A-*trn*H序列特征** 异叶茴芹 *P. diversifolia* 共 3 条序列，均来自于神农架样本，序列比对后长度为 213 bp，在 193～201 位点处存在碱基插入。主导单倍型序列特征见图 304。

图 304 异叶茴芹 *psb*A-*trn*H 序列信息

扫码查看异叶茴芹 *psb*A-*trn*H 基因序列

夹 竹 桃 科 Apocynaceae

络 石

Trachelospermum jasminoides (Lindley) Lemaire

络石 *Trachelospermum jasminoides* (Lindley) Lemaire 为《中华人民共和国药典》（2020 年版）"络石藤"药材的基原植物。其干燥带叶藤茎具有祛风通络、凉血消肿的功效，用于风湿热痹、筋脉拘挛、腰膝酸痛、喉痹、痈肿、跌扑损伤等。

植物形态 常绿木质藤本，具乳汁。叶革质或近革质，顶端锐尖至渐尖或钝，基部渐狭至钝，叶面无毛。二歧聚伞花序腋生或顶生，花多朵组成圆锥状；花白色，芳香；花萼 5 深裂；花蕾顶端钝，花冠筒圆筒形，中部膨大；雄蕊着生在花冠筒中部。蓇葖双生，叉开，无毛，线状披针形，向先端渐尖；种子多颗，褐色，线形，顶端具白色绢质种毛。花期 3—7 月，果期 7—12 月（图 305a）。

生境与分布 生于海拔 400～1 000 m 的山野、溪边、路旁、林缘或杂木林中，分布于神农架新华镇、松柏镇、阳日镇等地（图 305b）。

ITS2序列特征 络石 *T. jasminoides* 共 3 条序列，均来自于神农架样本，序列比对后长度为 222 bp，其序列特征见图 306。

a   b

图 305 络石形态与生境图

图 306 络石 ITS2 序列信息

扫码查看络石
ITS2 基因序列

psbA-trnH序列特征 络石 *T. jasminoides* 共 4 条序列，分别来自于神农架样本和 GenBank（GQ435036、GQ435035），序列比对后长度为 298 bp，其序列特征见图 307。

图 307 络石 *psbA-trnH* 序列信息

扫码查看络石
psbA-trnH 基因序列

资源现状与用途 络石 *T. jasminoides*，别名石龙藤、耐冬、络石藤等，主要分布于我国长江中下游等地区。络石是临床常见的抗风湿药物，另外该物种以其花朵形态美丽、抗性优良、栽培管理简单等优势在园林绿化中广泛应用。

五 加 科 Araliaceae

黄毛楤木

Aralia chinensis L.

黄毛楤木 *Aralia chinensis* L. 为神农架民间药材"飞天蜈蚣"的基原物种。其根、根皮及茎皮具有祛风解毒、活血止痛的功效，用于风湿腰腿痛、跌打损伤、骨折、无名肿痛、蛇虫咬伤、水肿及虚肿等。

植物形态 灌木或乔木，高 2～5 m。树干疏生粗壮直刺；小枝通常淡灰棕色，疏生细刺。二至三回羽状复叶，叶轴无刺或有细刺；羽片有小叶 5～11；小叶卵形、阔卵形或长卵形，长 5～12 cm。圆锥花序大，密生淡黄棕色或灰色短柔毛；花白色。果球形，黑色。花期 7—9 月，果期 9—12 月（图 308a，b）。

生境与分布 生于海拔 900～2 000 m 的山坡、灌木丛或林缘等土壤较湿润处，分布于神农架阳日镇、红坪镇、松柏镇、木鱼镇、宋洛乡等地（图 308c）。

a   b   c

图 308 黄毛楤木形态与生境图

ITS2序列特征 黄毛楤木 *A. chinensis* 共 2 条序列，均来自于神农架样本，序列比对后长度为 226 bp，在 108 位点存在简并碱基 K，175 位点存在简并碱基 N。主导单倍型序列特征见图 309。

图 309 黄毛楤木 ITS2 序列信息

扫码查看黄毛楤木
ITS2 基因序列

psbA–trnH序列特征 黄毛楤木 *A. chinensis* 共 3 条序列，均来自于神农架样本，序列比对后长度为 494 bp，有 1 个变异位点，为 265 位点 C-G 变异。主导单倍型序列特征见图 310。

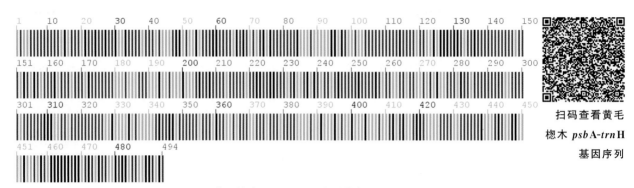

扫码查看黄毛
楤木 *psb*A-*trn*H
基因序列

图 310　黄毛楤木 *psb*A-*trn*H 序列信息

资源现状与用途　黄毛楤木 *A. chinensis*，别名乌龙头、刺包头、通刺等，主要分布于长江流域，资源丰富。民间用黄毛楤木治疗小儿豆疹、干咳等，有食用黄毛楤木芽苞的习惯。

柔毛龙眼独活

Aralia henryi Harms

柔毛龙眼独活 *Aralia henryi* Harms 为神农架民间药材"水田七"的基原植物之一。其根茎具有祛风燥湿、散寒止痛的功效，用于风寒湿痹、腰膝疼痛、腰肌劳损、手足拘挛、头痛等。

植物形态　多年生草本。根茎短；地上茎高 40～80 cm，有纵纹，疏生长柔毛。叶为二回或三回羽状复叶，无毛或疏生长柔毛；羽片有 3 小叶，小叶片膜质，长圆状卵形，两面脉上疏生长柔毛，边缘有钝锯齿；圆锥花序伞房状，顶生；花序轴基部有叶状总苞；伞形花序有花 3～10 朵；萼无毛，萼齿 5，长圆形，先端钝圆；花瓣 5，阔三角状卵形，长约 1 mm。果实近球形，有 5 棱，直径约 3 mm。花期 7—8 月，果期 9—11 月（图 311a）。

生境与分布　生于海拔 1 400～1 900 m 山坡林下草丛中，分布于神农架大九湖镇、红坪镇、木鱼镇等地（图 311b）。

a　　　　　　　　　　　　　　　　　　　b

图 311　柔毛龙眼独活形态与生境图

ITS2序列特征 柔毛龙眼独活 *A. henryi* 共 2 条序列，均来自于 GenBank（KC952338、U41672），序列比对后长度为 243 bp，在 70 位点存在碱基缺失。主导单倍型序列特征见图 312。

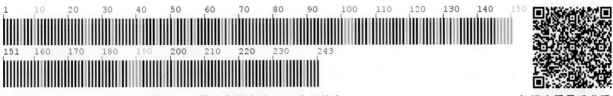

图 312　柔毛龙眼独活 ITS2 序列信息

扫码查看柔毛龙眼
独活 ITS2 基因序列

***psb*A-*trn*H序列特征** 柔毛龙眼独活 *A. henryi* 序列来自于 GenBank（KC952514），序列长度为 406 bp，其序列特征见图 313。

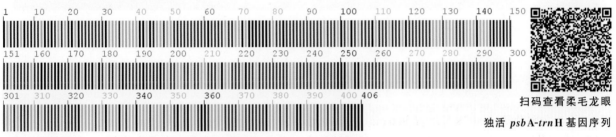

图 313　柔毛龙眼独活 *psb*A-*trn*H 序列信息

扫码查看柔毛龙眼
独活 *psb*A-*trn*H 基因序列

五　加

***Acanthopanax gracilistylus* W. W. Smith.**

五加 *Acanthopanax gracilistylus* W. W. Smith［*Flora of China* 收录为细柱五加 *Eleutherococcus nodiflorus*（Dunn）S. Y. Hu］为《中华人民共和国药典》（2020 年版）"五加皮"药材的基原物种。其干燥根皮具有祛风除湿、补益肝肾、强筋壮骨、利水消肿的功效，用于风湿痹病、筋骨痿软、小儿行迟、体虚乏力、水肿、脚气等。

植物形态 灌木，高 2～3 m。枝灰棕色，软弱而下垂，无毛，节上通常疏生反曲扁刺。叶有小叶 5，稀 3～4；小叶片膜质至纸质，倒卵形至倒披针形。伞形花序单个稀 2 个腋生，或顶生在短枝上；花梗细长，无毛；花黄绿色；萼边缘近全缘或有 5 小齿；花瓣 5；雄蕊 5；子房 2 室；花柱 2，细长，离生或基部合生。果实扁球形，长约 6 mm，宽约 5 mm，黑色；宿存花柱长 2 mm，反曲。花期 4—8 月，果期 6—10 月（图 314a）。

生境与分布 生于海拔 1 800 m 以下的山坡，分布于神农架松柏镇、阳日镇等地（图 314b）。

ITS2序列特征 五加 *A. gracilistylus* 共 3 条序列，均来自于神农架样本，序列比对后长度为 230 bp，其序列特征见图 315。

a   b

图 314　五加形态与生境图

扫码查看五加
ITS2 基因序列

图 315　五加 ITS2 序列信息

 psbA-trnH序列特征　五加 *A. gracilistylus* 共 3 条序列，均来自于神农架样本，序列比对后长度为 392 bp，其序列特征见图 316。

扫码查看五加
*psb*A-*trn*H 基因序列

图 316　五加 *psb*A-*trn*H 序列信息

 资源现状与用途　五加 *A. gracilistylus*，别名五叶路刺，野生资源分布范围较广。民间常使用制五加皮泡酒。因富含芳香、苦味、辛味等活性物质，可作为特殊香料的提取原料。

常 春 藤

Hedera nepalensis var. *sinensis*（Tobl.）Rehder

常春藤 *Hedera nepalensis* var. *sinensis*（Tobl.）Rehder 为神农架民间"上树蜈蚣"药材的基原物种。其全株具有祛风解毒、活血止血、消肿止痛的功效，用于风湿痹痛、各种出血、跌打损伤、痈肿疮毒、蛇虫咬伤等。

植物形态 常绿攀缘灌木。茎有气生根；一年生枝疏生锈色鳞片。叶片革质，在不育枝上通常为三角状卵形或三角状长圆形，花枝上的叶片通常为椭圆状卵形至椭圆状披针形。伞形花序单个顶生，或 2～7 个总状排列或伞房状排列成圆锥花序；花淡黄白色或淡绿白色，芳香；萼密生棕色鳞片，长 2 mm，边缘近全缘；花瓣 5，三角状卵形，长 3～3.5 mm，外面有鳞片；雄蕊 5，花药紫色；花盘隆起，黄色；花柱全部合生成柱状。果实球形，红色或黄色。花期 9—11 月，果期次年 3—5 月（图 317a）。

生境与分布 生于海拔 3 000 m 以下的林下，常攀缘于林缘的其他树干或沟谷岩石上，分布于神农架各地（图 317b）。

a   b

图 317　常春藤形态与生境图

ITS2序列特征 常春藤 *H. nepalensis* var. *sinensis* 共 3 条序列，均来自于神农架样本，序列比对后长度为 230 bp，其序列特征见图 318。

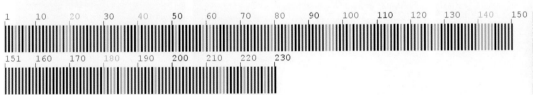

图 318　常春藤 ITS2 序列信息

扫码查看常春藤
ITS2 基因序列

psbA-trnH序列特征 常春藤 *H. nepalensis* var. *sinensis* 共 3 条序列，均来自于神农架样本，序列比对后长度为 401 bp，其序列特征见图 319。

扫码查看常春藤

*psb*A-*trn*H 基因序列

图 319　常春藤 *psb*A-*trn*H 序列信息

🌿 **资源现状与用途**　常春藤 *H. nepalensis* var. *sinensis*，别名爬树藤、爬墙虎等，在我国华中、华南、西南和西北等地区均有分布。常春藤醇提取物因含有皂苷等活性成分，以其为原料制成的糖浆剂等制剂常被用于治疗哮喘及支气管炎。

竹 节 参

Panax japonicus C. A. Mey.

竹节参 *Panax japonicus* C. A. Mey. 为《中华人民共和国药典》（2020 年版）"竹节参"药材的基原物种。其干燥根茎具有散瘀止血、消肿止痛、祛痰止咳、补虚强壮的功效，用于痨嗽咯血、跌打损伤、咳嗽痰多、病后虚弱等。

🌿 **植物形态**　多年生草本。根茎横卧，呈竹鞭状，肉质，结节间具凹陷茎痕。茎直立，圆柱形，有条纹，光滑无毛。掌状复叶 3～5 枚轮生于茎端；小叶通常 5，两侧的较小，薄膜质，倒卵状椭圆形至长椭圆形。伞形花序单生于茎端，有花 50～80 朵或更多；花小，淡绿色；花萼具 5 齿，齿三角状卵形，无毛；花瓣 5，长卵形，覆瓦状排列；子房下位，中部以下连合，果时向外弯。果近球形，成熟时红色，具种子 2～5 粒，白色，三角状长卵形。花期 5—6 月，果期 7—9 月（图 320a，b）。

🌿 **生境与分布**　生于海拔 1 200 m 以下的沟谷、林下，分布于神农架红坪镇等地（图 320c）。

a　　　　　　　　　　b　　　　　　　　　　c

图 320　竹节参形态与生境图

ITS2序列特征 竹节参 *P. japonicus* 共 3 条序列，均来自于神农架样本，序列比对后长度为 230 bp，有 1 个变异位点，为 114 位点 T-C 变异。主导单倍型序列特征见图 321。

图 321 竹节参 ITS2 序列信息

扫码查看竹节参 ITS2 基因序列

psbA-trnH序列特征 竹节参 *P. japonicus* 共 3 条序列，均来自于神农架样本，序列比对后长度为 496 bp，其序列特征见图 322。

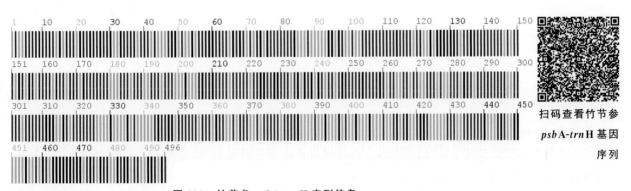

扫码查看竹节参 *psbA-trn*H 基因序列

图 322 竹节参 *psb*A-*trn*H 序列信息

资源现状与用途 竹节参 *P. japonicus*，别名竹节人参、竹节三七、白三七等，主要分布于我国西南地区，野生资源分布零散，部分地区已濒临枯竭。根据其抗氧化活性的特点制成的抗氧化剂，可以取代化学制品作为绿色无毒的食品保护剂。

珠 子 参

Panax japonicus var. major (Burkill) C. Y. Wu et K. M. Feng

珠子参 *Panax japonicus* var. *major* (Burkill) C. Y. Wu et K. M. Feng 为《中华人民共和国药典》（2020 年版）"珠子参"药材的基原物种之一。其干燥根茎具有补肺养阴、祛瘀止痛、止血的功效，用于气阴两虚、烦热口渴、虚劳咳嗽、跌扑损伤、关节痹痛、咳血、吐血、衄血、崩漏、外伤出血等。

植物形态 多年生草本。根块状，近于卵球状或卵状，上端具短细环纹，下部则疏生横长皮孔。茎缠绕或近于直立，不分枝。叶片纸质而较大，几乎全缘，叶互生或有时对生，叶柄极短至长达 1.2 cm。花单生于主茎及侧枝顶端；花萼贴生至子房顶端，裂片上位着生，筒部倒长圆锥状；花冠辐状而近于 5 全裂，裂片椭圆形，淡蓝色或蓝紫色，顶端急尖。种子极多，长圆状，无翼，棕黄色，有光泽。花果期 7—10 月（图 323a）。

生境与分布 生于海拔 1 400～2 800 m 的山坡灌木丛中或沟谷林下，分布于神农架各地（图 323b）。

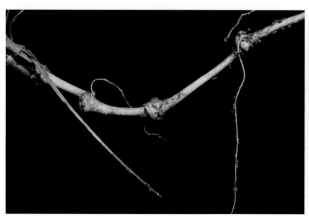 

a   b

图 323　珠子参形态与生境图

ITS2序列特征　珠子参 *P. japonicus* var. *major* 共 3 条序列，均来自于神农架样本，序列比对后长度为 230 bp，有 2 个变异位点，分别为 34 位点 T-C 变异，186 位点 G-A 变异，在 13 位点存在碱基缺失。主导单倍型序列特征见图 324。

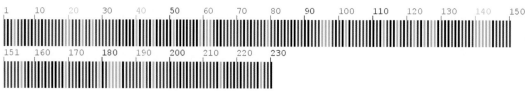

图 324　珠子参 ITS2 序列信息

扫码查看珠子参
ITS2 基因序列

psbA-trnH序列特征　珠子参 *P. japonicus* var. *major* 共 2 条序列，均来自于神农架样本，序列比对后长度为 496 bp，其序列特征见图 325。

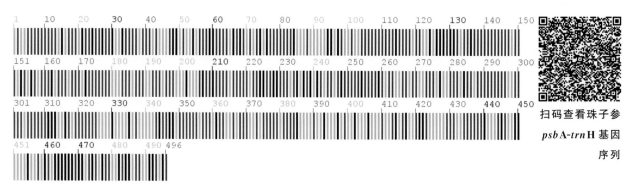

扫码查看珠子参
*psb*A-*trn*H 基因
序列

图 325　珠子参 *psb*A-*trn*H 序列信息

资源现状与用途　珠子参 *P. japonicus* var. *major*，别名珠儿参、扣子七、钮子七等，主要分布于我国西南地区，被列为国家三级保护植物。民间常以其叶片泡茶饮用以保护嗓音。

羽叶三七

Panax japonicus C. A. Mey. var. bipinnatifidus (Seem.) C. Y. Wu et K. M. Feng

羽叶三七 Panax japonicus C. A. Mey. var. bipinnatifidus (Seem.) C. Y. Wu et K. M. Feng（Flora of China 收录为疙瘩七）为《中华人民共和国药典》（2020 年版）"珠子参"药材的基原物种之一。其干燥根茎具有补肺养阴、祛瘀止痛、止血的功效，用于气阴两虚、烦热口渴、虚劳咳嗽、跌扑损伤、关节痹痛、咳血、吐血、衄血、崩漏、外伤出血等。

🌿 **植物形态** 多年生草本。根状茎短，串珠状，横生；肉质根圆柱形，干时有纵皱纹。地上茎单生，有纵纹，无毛，基部有宿存鳞片。叶为掌状复叶，4 枚轮生于茎顶，小叶片长圆形，二回羽状深裂，稀一回羽状深裂，裂片又有不整齐的小裂片和锯齿。伞形花序单个顶生，有花 20～50 朵；花梗纤细，无毛；苞片不明显；花黄绿色；萼杯状，边缘有 5 个三角形的齿；花瓣 5。花果期 7－9 月（图 326a，b）。

🌿 **生境与分布** 生于海拔 2 000～2 800 m 的山坡林下或沟谷灌木丛中，分布于神农架木鱼镇、新华镇、大九湖镇、红坪镇、下谷乡等地（图 326c）。

a　　　　　　　　　　b　　　　　　　　　　c

图 326　羽叶三七形态与生境图

🌿 **ITS2序列特征** 羽叶三七 P. japonicus var. bipinnatifidus 共 5 条序列，均来自于神农架样本，序列比对后长度为 230 bp，有 2 个变异位点，分别为 144 位点 G-A 变异，212 位点 T-C 变异。主导单倍型序列特征见图 327。

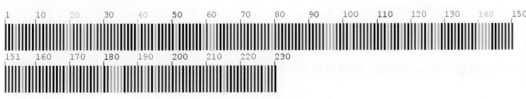

图 327　羽叶三七 ITS2 序列信息

扫码查看羽叶三七
ITS2 基因序列

psbA-trnH序列特征 羽叶三七 *P. japonicus* var. *bipinnatifidus* 共5条序列，均来自于神农架样本，序列比对后长度为482 bp，其序列特征见图328。

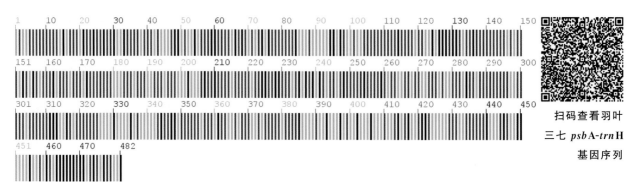

扫码查看羽叶
三七 *psb*A-*trn*H
基因序列

图328　羽叶三七 *psb*A-*trn*H 序列信息

资源现状与用途 羽叶三七 *P. japonicus* var. *bipinnatifidus*，别名纽子三七、复羽裂参、羽叶竹节参等，主要分布于我国西北至西南等部分高海拔山区。民间认为其根茎具有清热解毒、顺气健胃的功效；部分地区将其用于妇女产后温补、康复、通乳等。

通 脱 木

Tetrapanax papyrifer (Hook.) K. Koch

通脱木 *Tetrapanax papyrifer* (Hook.) K. Koch 为《中华人民共和国药典》（2020年版）"通草"药材的基原物种。其干燥茎髓具有清热利尿、通气下乳的功效，用于湿热淋证、水肿尿少、乳汁不下等。

植物形态 常绿或落叶灌木或小乔木。树皮深棕色，略有皱裂。叶大，集生茎顶；叶片纸质或薄革质，掌状5～11裂，裂片通常为叶片全长的1/3或1/2，倒卵状长圆形或卵状长圆形，通常再分裂为2～3小裂片。圆锥花序长50 cm或更长；分枝多；花淡黄白色；花瓣4，三角状卵形，外面密生星状厚绒毛。果实球形，紫黑色。花期10—12月，果期次年1—2月（图329a）。

生境与分布 生于海拔2 500 m以下的山坡、林缘，分布于神农架红坪镇、木鱼镇等地（图329b）。

a　　　　　　　　　　　　　　　　b

图329　通脱木形态与生境图

ITS2序列特征 通脱木 *T. papyrifer* 共 3 条序列，均来自于神农架样本，序列比对后长度为 228 bp，其序列特征见图 330。

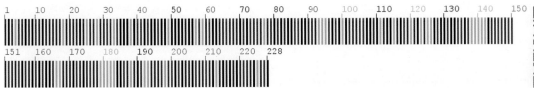

扫码查看通脱木
ITS2 基因序列

图 330 通脱木 ITS2 序列信息

psbA-trnH序列特征 通脱木 *T. papyrifer* 共 3 条序列，分别来自于神农架样本和 GenBank（GQ435402），序列比对后长度为 259 bp，其序列特征见图 331。

扫码查看通脱木
psbA-trnH 基因序列

图 331 通脱木 psbA-trnH 序列信息

马 兜 铃 科 Aristolochiaceae

华 细 辛

Asarum sieboldii Miq.

华细辛 *Asarum sieboldii* Miq.（*Flora of China* 收录为汉城细辛）为《中华人民共和国药典》（2020 年版）"细辛"药材的基原物种之一。其干燥根和根茎具有解表散寒、祛风止痛、通窍、温肺化饮的功效，用于风寒感冒、头痛、牙痛、鼻塞流涕、鼻鼽、鼻渊、风湿痹痛、痰饮喘咳等。

植物形态 多年生草本。根状茎直立或横走，有多条须根。叶通常 2 枚，叶片心形或卵状心形，先端渐尖或急尖，基部深心形，顶端圆形；叶柄长 8～18 cm，光滑无毛。花紫黑色；花被裂片三角状卵形，直立或近平展；雄蕊着生子房中部，花丝与花药近等长或稍长，药隔突出，短锥形；子房半下位或几近上位，球状，花柱 6，较短，顶端 2 裂，柱头侧生。果近球状，棕黄色。花期 4—5 月（图 332a）。

生境与分布 生于海拔 1 200～2 100 m 的林下阴湿腐殖土中，分布于神农架松柏镇、新华镇、木鱼镇等地（图 332b）。

ITS2序列特征 华细辛 *A. sieboldii* 共 3 条序列，均来自于神农架样本，序列比对后长度为 227 bp，有 1 个变异位点，为 25 位点 T-C 变异。主导单倍型序列特征见图 333。

a   b

图 332 华细辛形态与生境图

图 333 华细辛 ITS2 序列信息

扫码查看华细辛
ITS2 基因序列

双 叶 细 辛
Asarum caulescens Maxim.

双叶细辛 *Asarum caulescens* Maxim. 为神农架民间"七十二七"药材"乌金七"的基原物种。其全草具有祛风散寒、温肺化痰、行气止痛的功效，用于胃痛、腹痛、胸肋疼痛等。

植物形态 多年生草本。根状茎横走，有多条须根；地上茎匍匐，有 1～2 对叶。叶片近心形，基部心形，顶端圆形，常向内弯接近叶柄，两面散生柔毛，叶背毛较密。花紫色，花被裂片三角状卵形，花柱合生，顶端 6 裂，裂片倒心形，柱头着生于裂缝外侧。果近球状，直径约 1 cm。花期 4—5 月（图 334a）。

生境与分布 生于海拔 1 000～2 000 m 的山坡林下、岩石边、沟旁，分布于神农架木鱼镇、新华镇、宋洛乡、红坪镇等地（图 334b）。

ITS2序列特征 双叶细辛 *A. caulescens* 共 7 条序列，均来自于神农架样本，序列比对后长度为 233 bp，其序列特征见图 335。

a b

图 334 双叶细辛形态与生境图

图 335 双叶细辛 ITS2 序列信息

扫码查看双叶细辛
ITS2 基因序列

萝 藦 科 Asclepiadaceae

白 薇

Cynanchum atratum Bge.

白薇 *Cynanchum atratum* Bge. 为《中华人民共和国药典》（2020 年版）"白薇"药材的基原物种之一。其干燥根和根茎具有清热凉血、利尿通淋、解毒疗疮的功效，用于温邪伤营发热、阴虚发热、骨蒸劳热、产后血虚发热、热淋、血淋、痈疽肿毒等。

植物形态 直立多年生草本。根须状，有香气。叶卵形或卵状长圆形，顶端渐尖或急尖，基部圆形，两面均被有白色绒毛，特别以叶背及脉上为密；侧脉 6～7 对。伞形状聚伞花序，无总花梗，生在茎的四周，着花 8～10 朵；花深紫色；花冠辐状，外面有短柔毛，并具缘毛；副花冠 5 裂，裂片盾状，圆形。蓇葖单生，种子扁平。花期 4－8 月，果期 6－8 月（图 336a）。

生境与分布 生于海拔 2 000 m 以下的山地林下或路旁湿地，分布于神农架木鱼镇、大九湖镇等地（图 336b）。

a   b

图 336　白薇形态与生境图

ITS2序列特征　白薇 *C. atratum* 共 3 条序列，均来自于神农架样本，序列比对后长度为 246 bp，其序列特征见图 337。

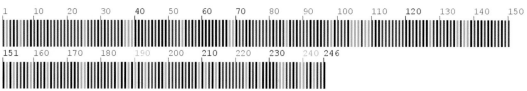

图 337　白薇 ITS2 序列信息

扫码查看白薇
ITS2 基因序列

psbA-trnH序列特征　白薇 *C. atratum* 共 3 条序列，均来自于神农架样本，序列比对后长度为 348 bp，其序列特征见图 338。

图 338　白薇 *psb*A-*trn*H 序列信息

扫码查看白薇
*psb*A-*trn*H 基因序列

资源现状与用途　白薇 *C. atratum*，别名薇草、知微老等，在我国大部分地区均有分布，但野生资源正逐年减少。因具有抗炎活性，近年来被广泛应用于家兔、家鸡等畜禽养殖业的疾病防治。

徐 长 卿

Cynanchum paniculatum (Bge.) Kitag.

徐长卿 *Cynanchum paniculatum* (Bge.) Kitag. 为《中华人民共和国药典》（2020 年版）"徐长卿"药材的基原物种。其干燥根和根茎具有祛风、化湿、止痛、止痒的功效，用于风湿痹痛、胃痛胀满、牙痛、腰痛、跌扑伤痛、风疹、湿疹等。

植物形态　多年生直立草本，高约 100 cm。根须状；茎不分枝，无毛或被微生。叶对生，纸质，披针形至线形，两端锐尖，两面无毛或叶面具疏柔毛；侧脉不明显；圆锥状聚伞花序生于顶端的叶腋内，着花 10 余朵；花萼内的腺体或有或无；花冠黄绿色，近辐状；副花冠裂片 5，基部增厚，顶端钝。蓇葖单生，披针形，向端部长渐尖；种子长圆形。花期 5—7 月，果期 9—12 月（图 339a）。

生境与分布　生于海拔 1 300 m 以下的山坡草丛中，分布于神农架新华镇、下谷乡、松柏镇等地（图 339b）。

a　　　　　　　　　　　　　　　　　　b

图 339　徐长卿形态与生境图

ITS2序列特征　徐长卿 *C. paniculatum* 共 3 条序列，均来自于神农架样本，序列比对后长度为 247 bp，其序列特征见图 340。

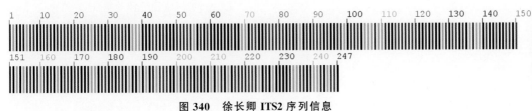

图 340　徐长卿 ITS2 序列信息

扫码查看徐长卿
ITS2 基因序列

psbA-trnH序列特征　徐长卿 *C. paniculatum* 共 3 条序列，均来自于神农架样本，序列比对后长度为 298 bp，其序列特征见图 341。

图 341 徐长卿 *psb*A-*trn*H 序列信息

扫码查看徐长卿
***psb*A-*trn*H 基因序列**

资源现状与用途 徐长卿 *C. paniculatum*，别名鬼督邮、别仙踪、料刁竹等，主要分布于我国华东、华北、华中等地区。徐长卿是治疗毒蛇咬伤的常用中药，民间还常用于抗炎等。近年来开发的含其提取液的牙膏在减轻口腔急性炎症方面有良好效果。

柳 叶 白 前
Cynanchum stauntonii（Decne.）Schltr. ex Levl.

柳叶白前 *Cynanchum stauntonii*（Decne.）Schltr. ex Levl. 为《中华人民共和国药典》（2020 年版）"白前"药材的基原物种之一。其干燥根茎和根具有降气、消痰、止咳的功效，用于肺气壅实、咳嗽痰多、胸满喘急等。

植物形态 直立半灌木，高约 1 m。无毛，分枝或不分枝；须根纤细、节上丛生。叶对生，纸质，狭披针形，两端渐尖；中脉在叶背显著，侧脉约 6 对。伞形聚伞花序腋生；花序梗长达 1 cm，小苞片众多；花萼 5 深裂，内面基部腺体不多；花冠紫红色，辐状，内面具长柔毛；副花冠裂片盾状，隆肿，比花药为短；花粉块每室 1 个，长圆形，下垂；柱头微凸，包在花药的薄膜内。蓇葖单生，长披针形。花期 5—8 月，果期 9—10 月（图 342a）。

生境与分布 生于海拔 800 m 以下的山谷湿地，分布于神农架阳日镇、新华镇、下谷乡等地（图 342b）。

a

b

图 342 柳叶白前形态与生境图

ITS2序列特征 柳叶白前 *C. stauntonii* 共 3 条序列，均来自于神农架样本，序列比对后长度为 246 bp，其序列特征见图 343。

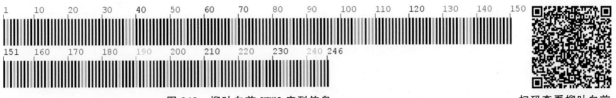

图 343　柳叶白前 ITS2 序列信息

扫码查看柳叶白前
ITS2 基因序列

***psb*A-*trn*H序列特征** 柳叶白前 *C. stauntonii* 共 3 条序列，均来自于神农架样本，序列比对后长度为 337 bp，其序列特征见图 344。

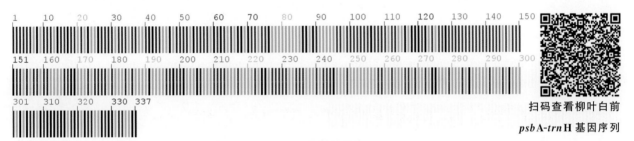

扫码查看柳叶白前
***psb*A-*trn*H 基因序列**

图 344　柳叶白前 *psb*A-*trn*H 序列信息

杠　柳
Periploca sepium Bge.

杠柳 *Periploca sepium* Bge. 为《中华人民共和国药典》（2020 年版）"香加皮"药材的基原物种。其干燥根皮具有利水消肿、祛风湿、强筋骨的功效，用于下肢浮肿、心悸气短、风寒湿痹、腰膝酸软等。

植物形态 落叶蔓性灌木。主根圆柱状，外皮灰棕色，内皮浅黄色。具乳汁，除花外，全株无毛；茎皮灰褐色；小枝通常对生，有细条纹，具皮孔。叶卵状长圆形，顶端渐尖，基部楔形，叶面深绿色，叶背淡绿色。聚伞花序腋生，着花数朵；花萼裂片卵圆形，顶端钝，花萼内面基部有 10 个小腺体；花冠紫红色，辐状，张开直径 1.5 cm，花冠筒短；花粉器匙形，四合花粉藏在载粉器内，粘盘粘连在柱头上。花期 5—6 月，果期 7—9 月（图 345a）。

生境与分布 生于海拔 1 500 m 以下的低山丘的林缘、沟坡、河边沙质地或地埂，分布于神农架宋洛乡、阳日镇、松柏镇等地（图 345b）。

ITS2序列特征 杠柳 *P. sepium* 共 3 条序列，均来自于神农架样本，序列比对后长度为 237 bp，其序列特征见图 346。

a   b

图 345 杠柳形态与生境图

图 346 杠柳 ITS2 序列信息

扫码查看杠柳
ITS2 基因序列

🌿 *psb*A-*trn*H序列特征 杠柳 *P. sepium* 共 2 条序列，均来自于神农架样本，序列比对后长度为 287 bp，其序列特征见图 347。

图 347 杠柳 *psb*A-*trn*H 序列信息

扫码查看杠柳
*psb*A-*trn*H 基因序列

🌿 资源现状与用途 杠柳 *P. sepium*，别名北五加皮、杠柳皮等，主要分布于我国东北、华北、华中等地区。除作药用外，杠柳自古也是我国民间的土农药，其根皮具有一定的胃毒性，因此常作为生物农药的原料，对瓢虫等具有防治和趋避作用。

青 蛇 藤

Periploca calophylla（Wight）Falconer

青蛇藤 *Periploca calophylla*（Wight）Falconer 为神农架民间"七十二七"药材"黑风（虎）七"的基原物种。其藤茎具有祛风除湿、散瘀止痛的功效，用于风湿麻木、腰痛劳伤、月经不调、跌打损伤及蛇虫咬伤等。

植物形态 藤状灌木，具乳汁；全株无毛。叶近革质，椭圆状披针形，顶端渐尖，基部楔形，叶面深绿色，叶背淡绿色；中脉在叶面微凹，两面扁平，叶缘具一边脉。聚伞花序腋生，着花达10朵；花冠深紫色或黄绿色，辐状，花冠筒短，裂片长圆形，中间不加厚，不反折；副花冠环状，着生在花冠的基部，5～10裂；花粉器匙形，四合花粉藏在载粉器内。花期4—5月，果期8—9月（图348a）。

生境与分布 生于海拔1 000 m以下的山坡或山谷林下、沟边、岩石上，分布于神农架新华镇、木鱼镇等地（图348b）。

a   b

图348　青蛇藤形态与生境图

ITS2序列特征 青蛇藤 *P. calophylla* 共3条序列，均来自于神农架样本，序列比对后长度为235 bp，其序列特征见图349。

图349　青蛇藤 ITS2 序列信息

扫码查看青蛇藤
ITS2 基因序列

***psb*A-*trn*H序列特征** 青蛇藤 *P. calophylla* 共3条序列，均来自于神农架样本，序列比对后长度为268 bp，其序列特征见图350。

图350　青蛇藤 *psb*A-*trn*H 序列信息

扫码查看青蛇藤
***psb*A-*trn*H 基因序列**

菊　　科 Asteraceae

云　南　蓍

Achillea wilsoniana Heimerl ex Handel-Mazzetti

云南蓍 *Achillea wilsoniana* Heimerl ex Handel-Mazzetti 为神农架民间药材"一枝蒿"的基原物种。其地上部分具有祛风解毒、活血止痛的功效，用于跌打损伤、风湿疼痛、痈肿疮毒、毒蛇咬伤、经闭腹痛等。

植物形态 多年生草本，有短的根状茎。茎直立，高35～100 cm，下部变无毛，中部以上被较密的长柔毛，叶腋常有不育枝。叶无柄，二回羽状全裂。头状花序多数，集成复伞房花序；总苞宽钟形或半球形；托片披针形，舟状。边花6～16朵；舌片白色；管状花淡黄色或白色。瘦果矩圆状楔形。花果期7—9月（图351a）。

生境与分布 生于海拔1 600～1 900 m的山坡或沟边，分布于神农架大九湖镇、下谷乡等地（图351b）。

a　　　　　　　　　　　　　　　　　　b

图351　云南蓍形态与生境图

ITS2序列特征 云南蓍 *A. wilsoniana* 共3条序列，均来自于神农架样本，序列比对后长度为206 bp，其序列特征见图352。

图352　云南蓍ITS2序列信息

扫码查看云南蓍
ITS2基因序列

_psbA–trn_H序列特征 云南蓍 _A. wilsoniana_ 共 3 条序列，均来自于神农架样本，序列比对后长度为 380 bp，其序列特征见图 353。

扫码查看云南蓍
_psb_A-_trn_H 基因序列

图 353　云南蓍 _psb_A-_trn_H 序列信息

牛　蒡
Arctium lappa L.

牛蒡 _Arctium lappa_ L. 为《中华人民共和国药典》（2020 年版）"牛蒡子"药材的基原物种。其干燥成熟果实具有疏散风热、宣肺透疹、解毒利咽的功效，用于风热感冒、咳嗽痰多、麻疹、风疹、咽喉肿痛、疹腮、丹毒、痈肿疮毒等。

植物形态 二年生草本。茎直立，高达 2 m，粗壮，通常紫红色或淡紫红色，全被毛。基生叶宽卵形，长达 30 cm；茎生叶与基生叶近同形，渐小，头状花序多数；总苞卵形，有钩刺；小花紫红色。瘦果倒长卵形或偏斜倒长卵形；冠毛多层，刚毛状。花果期 6—9 月（图 354a）。

生境与分布 生于海拔 3 000 m 以下的林中、灌丛、荒地，分布于神农架各地（图 354b）。

a　　　　　　　　　　　　　　b

图 354　牛蒡形态与生境图

ITS2序列特征 牛蒡 *A. lappa* 共 6 条序列，均来自于神农架样本，序列比对后长度为 223 bp，其序列特征见图 355。

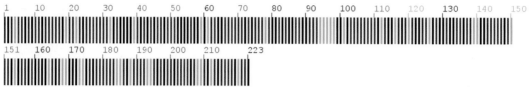

扫码查看牛蒡
ITS2 基因序列

图 355 牛蒡 ITS2 序列信息

psbA-trnH序列特征 牛蒡 *A. lappa* 共 6 条序列，均来自于神农架样本，序列比对后长度为 368 bp，其序列特征见图 356。

扫码查看牛蒡
*psb*A-*trn*H 基因序列

图 356 牛蒡 *psb*A-*trn*H 序列信息

资源现状与用途 牛蒡子 *A. lappa*，别名鼠粘子、恶实、大力子等，主要分布于我国东北、华北、华中等地区。牛蒡子自古以来就是一味治病良药，神农架本地开发有牛蒡茶，其种子和根均可入药，从牛蒡叶原料中能够提取水溶性好的食用色素。

黄 花 蒿

Artemisia annua L.

黄花蒿 *Artemisia annua* L. 为《中华人民共和国药典》（2020 年版）"青蒿"药材的基原物种。其干燥地上部分具有清虚热、除骨蒸、解暑热、截疟、退黄的功效，用于温邪伤阴、夜热早凉、阴虚发热、骨蒸劳热、暑邪发热、疟疾寒热、湿热黄疸等。

植物形态 一年生草本。茎单生，高 100～200 cm。叶纸质，两面具腺点，二至四回栉齿状羽状深裂，裂片再次分裂。头状花序多数，组成总状圆锥花序；总苞片 3～4 层；花深黄色；边花雌花，中央两性花，结实。瘦果小，椭圆状卵形，略扁。花果期 8—11 月（图 357a，b）。

生境与分布 生于海拔 1 800 m 以下的路边、山坡，分布于神农架松柏镇、宋洛乡、红坪镇等地（图 357c）。

a　　　　　　　　　　　　　b　　　　　　　　　　　　　c

图 357　黄花蒿形态与生境图

ITS2序列特征　黄花蒿 *A. annua* 共 3 条序列，均来自于神农架样本，序列比对后长度为 225 bp，其序列特征见图 358。

图 358　黄花蒿 ITS2 序列信息

扫码查看黄花蒿
ITS2 基因序列

psbA-trnH序列特征　黄花蒿 *A. annua* 共 3 条序列，均来自于神农架样本，序列比对后长度为 374 bp，其序列特征见图 359。

图 359　黄花蒿 psbA-trnH 序列信息

扫码查看黄花蒿
*psb*A-*trn*H 基因序列

资源现状与用途　黄花蒿 *A. annua*，别名草蒿、青蒿、臭蒿等，分布广泛。现代研究表明，青蒿具有免疫抑制和细胞免疫促进等作用，其提取物青蒿素（artemisinin）是我国发现的第一个植物化学药品，也是中国唯一被世界卫生组织认可的按合成药研究标准开发的中药。黄花蒿挥发油具有浓郁的药草香气，具有消炎、止痒、避虫等药用功效，可用于香水等化妆品的制造。

169

艾

Artemisia argyi Levl. et Vant.

艾 *Artemisia argyi* Levl. et Vant. 为《中华人民共和国药典》（2020年版）"艾叶"药材的基原物种。其干燥叶具有温经止血、散寒止痛的功效，用于吐血、衄血、崩漏、月经过多、胎漏下血、少腹冷痛、经寒不调、宫冷不孕，外用祛湿止痒、皮肤瘙痒等。

植物形态 多年生草本，植株有浓烈香气。主根明显，略粗长。茎单生或少数。叶厚纸质，上面被灰白色短柔毛，背面密被灰白色蛛丝状密绒毛。头状花序椭圆形，每数枚至10余枚在分枝上排成小型的穗状花序或复穗状花序，并在茎上通常再组成狭窄、尖塔形的圆锥花序，花后头状花序下倾；雌花6～10朵，花冠狭管状，檐部具2裂齿，紫色；两性花8～12朵，花冠管状或高脚杯状，外面有腺点。花果期7—10月（图360a）。

生境与分布 生于海拔400～1 800 m的山坡、路旁、荒地草丛中，分布于神农架各地（图360b）。

a   b

图360 艾形态与生境图

ITS2序列特征 艾 *A. argyi* 共3条序列，均来自于神农架样本，序列比对后长度为225 bp，其序列特征见图361。

图361 艾 ITS2 序列信息

**扫码查看艾
ITS2 基因序列**

***psb*A-*trn*H序列特征** 艾 *A. argyi* 共3条序列，均来自于神农架样本，序列比对后长度为362 bp，其序列特征见图362。

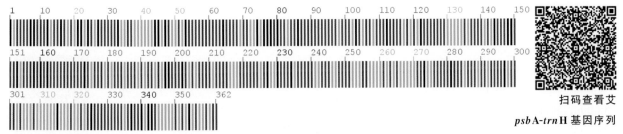

图362　艾 *psb*A-*trn*H 序列信息

扫码查看艾
*psb*A-*trn*H 基因序列

🐾 **资源现状与用途** 艾 *A. argyi*，别名艾蒿、灸草等，主要分布于我国东北、华中等地区。艾叶制成艾绒可用于艾灸；其枝叶熏烟可以驱蚊蝇；民间端午节时到郊外去采艾叶，插在门楣上，用以祛邪、驱赶毒气。艾叶粉作为中草药的一种添加剂，可对畜禽起到预防疾病、增强体质的作用。国内市场推出了牙膏日用品、艾绒、艾条、艾灸等艾叶系列产品。目前，湖北蕲春和河南南阳等地有大面积栽培。

茵　陈　蒿
Artemisia capillaris Thunb.

茵陈蒿 *Artemisia capillaris* Thunb. 为《中华人民共和国药典》（2020年版）"茵陈"药材的基原物种之一。其干燥地上部分具有清利湿热、利胆退黄的功效，用于黄疸尿少、湿温暑湿、湿疮瘙痒等。

🐾 **植物形态** 半灌木状草本，高40～120 cm。叶二至三回羽状全裂，裂片再全裂，小裂片狭线形或狭线状披针形，常细直。头状花序多数，常成复总状花序；苞片3～4层；雌花6～10朵；两性花不孕。瘦果长圆形或长卵形。花果期7—10月（图363a，b）。

🐾 **生境与分布** 生于海拔2 000 m以下的沙地、路旁及低山坡，分布于神农架木鱼镇、红坪镇、宋洛乡等地（图363c）。

a　　　　　　　　b　　　　　　　　c

图363　茵陈蒿形态与生境图

ITS2序列特征 茵陈蒿 A. capillaris 共 3 条序列，均来自于神农架样本，序列比对后长度为 226 bp，其序列特征见图 364。

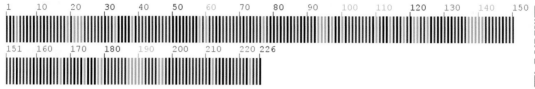

图 364　茵陈蒿 ITS2 序列信息

扫码查看茵陈蒿
ITS2 基因序列

psbA-trnH序列特征 茵陈蒿 A. capillaris 共 3 条序列，均来自于神农架样本，序列比对后长度为 438 bp，其序列特征见图 365。

图 365　茵陈蒿 psbA-trnH 序列信息

扫码查看茵陈蒿
psbA-trnH 基因序列

资源现状与用途 茵陈蒿 A. capillaris，别名茵陈、滨蒿、绵茵陈、绒蒿、细叶青蒿等，分布广泛。民间还用于治疗黄疸。茵陈蒿为具有药用、食用价值的多功能植物，其种子的蛋白质及氨基酸含量高且种类齐全，有很高的营养保健功能；茵陈蒿在化妆品工业中也具有一定的发展前景，其所含的 6，7-二甲氧基香豆素、绿原酸、咖啡酸等成分可刺激头发生长。

茅 苍 术

Atractylodes lancea（Thunb.）DC.

茅苍术 Atractylodes lancea（Thunb.）DC.（Flora of China 收录为苍术）为《中华人民共和国药典》（2020 年版）"苍术"药材的基原物种之一。其干燥根茎具有燥湿健脾、祛风散寒、明目的功效，用于湿阻中焦、脘腹胀满、泄泻、水肿、脚气痿躄、风湿痹痛、风寒感冒、夜盲、眼目昏涩等。

植物形态 多年生草本。根状茎平卧或斜升。基部叶花期脱落；中下部茎叶 3～9 羽状深裂或半裂，基部楔形或宽楔形，扩大半抱茎；中部以上或仅上部茎叶不分裂。全部叶质地硬，硬纸质。头状花序单生茎枝顶端。总苞钟状。苞叶针刺状羽状全裂或深裂。总苞片 5～7 层，覆瓦状排列，最外层及外层卵形至卵状披针形。小花白色，瘦果倒卵圆状。冠毛刚毛褐色或污白色，羽毛状，基部连合成环。花果期 6—10 月（图 366a）。

生境与分布 生于海拔 1 000 m 以下的山坡草地、林下、灌丛及岩缝隙中，分布于神农架新华镇、红坪镇、宋洛乡、松柏镇等地（图 366b）。

a   b

图 366　茅苍术形态与生境图

ITS2序列特征　茅苍术 *A. lancea* 共 3 条序列，均来自于神农架样本，序列比对后长度为 229 bp，其序列特征见图 367。

图 367　茅苍术 ITS2 序列信息

扫码查看茅苍术
ITS2 基因序列

psbA-trnH序列特征　茅苍术 *A. lancea* 共 4 条序列，均来自于 GenBank（KC416838、KC416843、KC416846、KC416847），序列比对后长度为 397 bp，有 1 个变异位点，为 377 位点 A-C 变异。主导单倍型序列特征见图 368。

扫码查看茅苍术
*psb*A-*trn*H 基因序列

图 368　茅苍术 *psb*A-*trn*H 序列信息

资源现状与用途　茅苍术 *A. lancea*，别名南苍术、茅术、京苍术，主要分布于秦岭以南等地区，其中以江苏茅山野生茅苍术的质量最好，但该产区野生茅苍术濒临灭绝，目前茅苍术的主产地为湖北。苍术于 2022 年被列入"十大楚药"。湖北英山苍术基地为我国唯一一家通过 GAP 认证的苍术种植基地，该基地年产量大，质量较优。

白　术

Atractylodes macrocephala Koidz.

白术 *Atractylodes macrocephala* Koidz. 为《中华人民共和国药典》（2020 年版）"白术"药材的基原物种。其干燥根茎具有健脾益气、燥湿利水、止汗、安胎的功效，用于脾虚食少、腹胀泄泻、痰饮眩悸、水肿、自汗、胎动不安等。

植物形态　多年生草本，根状茎结节状。茎直立，通常自中下部长分枝，全部光滑无毛。叶片通常 3～5 羽状全裂，侧裂片 1～2 对。全部叶质地薄，纸质，两面绿色，无毛，边缘或裂片边缘有长或短针刺状缘毛或细刺齿。头状花序单生茎枝顶端，植株通常有 6～10 个头状花序。苞叶绿色，针刺状羽状全裂。总苞大，宽钟状，总苞片 9～10 层，覆瓦状排列。小花紫红色，冠檐 5 深裂。瘦果倒圆锥状。花果期 8－10 月（图 369a）。

生境与分布　神农架有栽培（图 369b）。

a　　　　　　　　　　　　　　　　　b

图 369　白术形态与生境图

ITS2序列特征　白术 *A. macrocephala* 共 3 条序列，均来自于神农架样本，序列比对后长度为 229 bp，有 4 个变异位点，分别为 42、79、152 位点 C-T 变异，98 位点 G-C 变异。主导单倍型序列特征见图 370。

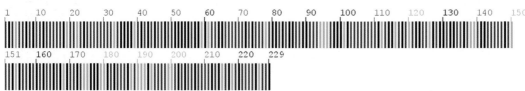

图 370　白术 ITS2 序列信息

扫码查看白术
ITS2 基因序列

psbA–trnH序列特征　白术 *A. macrocephala* 共 3 条序列，分别来自于神农架样本和 GenBank（KC416766），序列比对后长度为 397 bp，有 1 个变异位点，为 96 位点 T-G 变异。主导单倍型序列特征见图 371。

图 371　白术 *psb*A-*trn*H 序列信息

扫码查看白术
*psb*A-*trn*H 基因序列

资源现状与用途　白术 *A. macrocephala*，别名於术、冬白术、浙术等，主要分布于我国华中、华北、西南等地区。其有效成分用于治疗黄疸湿痹、小便不利等症，被历代医家奉为"安脾胃之神品"。目前市场供应的商品药材主要来自人工栽培品。

天 名 精
Carpesium abrotanoides L.

天名精 *Carpesium abrotanoides* L. 为《中华人民共和国药典》（2020 年版）"鹤虱"药材的基原物种。其干燥成熟果实具有杀虫消积的功效，用于蛔虫病、蛲虫病、绦虫病、虫积腹痛、小儿疳积等。

植物形态　多年生粗壮草本，高 60～100 cm。茎圆柱形，上部密被短柔毛。叶广椭圆形或长椭圆形，长 8～16 cm，上面粗糙，下面密被短柔毛。头状花序多数，生茎端及叶腋；总苞钟球形，苞片 3 层；雌花狭筒状；两性花筒状黄色。瘦果长约 3.5 mm。花果期 6—10 月（图 372a）。

生境与分布　生于海拔 2 000 m 以下的路边荒地、溪边及林缘，分布于神农架红坪镇、宋洛乡等地（图 372b）。

a

b

图 372　天名精形态与生境图

ITS2序列特征 天名精 *C. abrotanoides* 共 3 条序列，均来自于神农架样本，序列比对后长度为 228 bp，其序列特征见图 373。

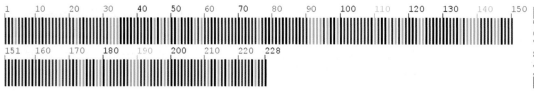

扫码查看天名精
ITS2 基因序列

图 373　天名精 ITS2 序列信息

psbA–trnH序列特征 天名精 *C. abrotanoides* 共 3 条序列，均来自于神农架样本，序列比对后长度为 449 bp，其序列特征见图 374。

扫码查看天名精
*psb*A-*trn*H 基因
序列

图 374　天名精 *psb*A-*trn*H 序列信息

红　花

Carthamus tinctorius L.

红花 *Carthamus tinctorius* L. 为《中华人民共和国药典》（2020 年版）"红花"药材的基原物种。其干燥花具有活血通经、散瘀止痛的功效，用于经闭、痛经、恶露不行、癥瘕痞块、胸痹心痛、瘀滞腹痛、胸胁刺痛、跌扑损伤、疮疡肿痛等。

植物形态 一年生草本。茎直立，上部分枝，全部茎枝白色或淡白色，光滑，无毛。全部叶质地坚硬，革质，两面无毛无腺点。头状花序多数，在茎枝顶端排成伞房花序，为苞叶所围绕。总苞片 4 层，外层竖琴状，中部或下部有收缢，全部苞片无毛无腺点。小花红色、橘红色，全部为两性，花冠裂片几达檐部基部。瘦果倒卵形，乳白色，有 4 棱，棱在果顶伸出，侧生着生面。无冠毛。花果期 5—8 月（图 375a）。

生境与分布 神农架有栽培（图 375b）。

ITS2序列特征 红花 *C. tinctorius* 共 5 条序列，均来自于神农架样本，序列比对后长度为 222 bp，其序列特征见图 376。

psbA–trnH序列特征 红花 *C. tinctorius* 共 4 条序列，分别来自于神农架样本和 GenBank（KF886669、KF886670、KX108703），序列比对后长度为 384 bp，有 3 个变异位点，分别为 100 位点 G-T 变异，304 位点 G-C 变异，311 位点 G-A 变异。主导单倍型序列特征见图 377。

a   b

图 375　红花形态与生境图

图 376　红花 ITS2 序列信息

扫码查看红花
ITS2 基因序列

图 377　红花 *psb*A-*trn*H 序列信息

扫码查看红花
*psb*A-*trn*H 基因序列

资源现状与用途　红花 *C. tinctorius*，别名红蓝花、草红花、刺红花，主要分布于我国西部地区。红花集药用、食用、染料、油料和饲料于一身，红花种子油在国际上被作为绿色食品，红花饼粕可作为饲料，红花种壳在化工方面也有多种用途。

野　菊

Chrysanthemum indicum L.

野菊 *Chrysanthemum indicum* L. 为《中华人民共和国药典》（2020 年版）"野菊花"药材的基原物种。其干燥头状花序具有清热解毒、泻火平肝的功效，用于疔疮痈肿、目赤肿痛、头痛眩晕等。

植物形态　多年生草本，高 0.25～1 m。茎枝被稀疏的毛。叶卵形、长卵形或椭圆状卵形，长 3～7 cm。羽状半裂、浅裂或分裂不明显；叶柄长 1～2 cm。头状花序直径 1.5～2.5 cm；总苞片约

5 层，外层卵形；舌状花黄色。瘦果长 1.5～1.8 cm。花果期 6—11 月（图 378a）。

生境与分布 生于海拔 2 900 m 以下的山坡草地、灌丛、田边及路旁，分布于神农架各地（图 378b）。

a   b

图 378　野菊形态与生境图

ITS2序列特征 野菊 *C. indicum* 共 3 条序列，均来自于神农架样本，序列比对后长度为 225 bp，有 1 个变异位点，为 201 位点 T-C 变异。主导单倍型序列特征见图 379。

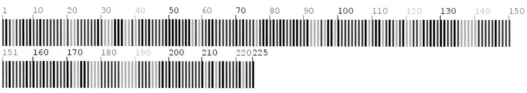

图 379　野菊 ITS2 序列信息

扫码查看野菊
ITS2 基因序列

psbA-trnH序列特征 野菊 *C. indicum* 共 3 条序列，均来自于神农架样本，序列比对后长度为 436 bp，有 1 个变异位点，为 327 位点 A-C 变异。主导单倍型序列特征见图 380。

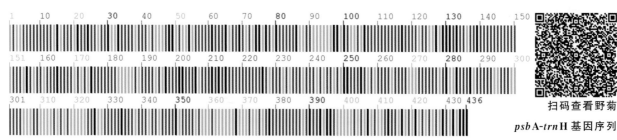

扫码查看野菊
*psb*A-*trn*H 基因序列

图 380　野菊 *psb*A-*trn*H 序列信息

资源现状与用途 野菊 *C. indicum*，别名山菊花、野山菊、苦薏等，分布广泛。野菊在药品、保健品、日化产品等行业上得到广泛应用；民间有将其泡茶饮用、加工成枕头等。此外，野菊耐旱性较好，也是园林景观应用中地被植物的良选。

菊 苣

Cichorium intybus L.

菊苣 *Cichorium intybus* L. 为《中华人民共和国药典》（2020 年版）"菊苣"药材的基原物种之一。其干燥地上部分或根具有清肝利胆、健胃消食、利尿消肿的功效，用于湿热黄疸、胃痛食少、水肿尿少等。

植物形态 多年生草本，高 40～100 cm。基生叶莲座状，倒披针状长椭圆形，羽状分裂。茎生叶卵状倒披针形至披针形，无柄，基部半抱茎；两面被毛。头状花序多数，单生或数个集生于茎顶；总苞圆柱形，苞片 2 层；舌状花蓝色，有色斑。花果期 5—10 月（图 381a）。

生境与分布 神农架有栽培（图 381b）。

a   b

图 381 菊苣形态与生境图

ITS2序列特征 菊苣 *C. intybus* 共 3 条序列，均来自于神农架样本，序列比对后长度为 226 bp，有 3 个变异位点，分别为 166 位点 T-G 变异，169 位点 T-C 变异，203 位点 A-G 变异，在 13 位点存在碱基缺失，164 位点存在简并碱基 W。主导单倍型序列特征见图 382。

图 382 菊苣 ITS2 序列信息

扫码查看菊苣
ITS2 基因序列

psbA-trnH序列特征 菊苣 *C. intybus* 共 3 条序列，均来自于神农架样本，序列比对后长度为 384 bp，其序列特征见图 383。

图 383　菊苣 *psb* A-*trn* H 序列信息

资源现状与用途　菊苣 *C. intybus*，别名欧洲菊苣、法国苣荬菜、苦白菜等，主要分布于我国华北、华中、西南等地区。菊苣具有食用价值、药用价值和饲用价值。作为维吾尔族习用药材，维语称"卡申纳"。菊苣是一种高产优质的饲用牧草；将菊苣和粮食作物进行间种，可解决牧草种植与粮食作物争地问题，促进种植业结构向多元化发展。菊苣开花时间长，一年四季都为绿色，可作为一种观赏植物。

蓟

Cirsium japonicum Fisch. ex DC.

蓟 *Cirsium japonicum* Fisch. ex DC. 为《中华人民共和国药典》（2020 年版）"大蓟"药材的基原物种。其干燥地上部分具有凉血止血、散瘀解毒消痈的功效，用于衄血、吐血、尿血、便血、崩漏、痈肿疮毒等。

植物形态　多年生草本，高 30～80 cm。茎具条棱，被毛。叶卵形、长倒卵形或长椭圆形，长 8～20 cm，羽状分裂，柄翼边缘有针刺，上部叶无柄半抱茎。头状花序直立；总苞钟形，苞片约 6 层，覆瓦状排列，有针刺；花红色或紫色。瘦果扁压，冠毛浅褐色。花果期 4—11 月（图 384a，b）。

生境与分布　生于海拔 1 000 m 以下的山坡草丛中，分布于神农架松柏镇、宋洛乡、木鱼镇、大九湖镇等地（图 384c）。

a　　　　　　　　　　　b　　　　　　　　　　　c

图 384　蓟形态与生境图

ITS2序列特征 蓟 *C. japonicum* 共 3 条序列，均来自于神农架样本，序列比对后长度为 231 bp，其序列特征见图 385。

图 385　蓟 ITS2 序列信息

扫码查看蓟
ITS2 基因序列

psbA–trnH序列特征 蓟 *C. japonicum* 共 3 条序列，均来自于神农架样本，序列比对后长度为 387 bp，有 2 个变异位点，分别为 101 位点 C-T 变异，281 位点 G-T 变异，在 138 位点存在碱基缺失。主导单倍型序列特征见图 386。

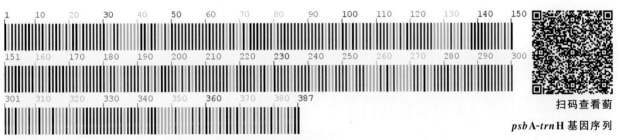

图 386　蓟 *psb*A-*trn*H 序列信息

扫码查看蓟
*psb*A-*trn*H 基因序列

刺　儿　菜

Cirsium setosum（Willd.）MB.

刺儿菜 *Cirsium setosum*（Willd.）MB.（*Flora of China* 收录为 *Cirsium arvense* var. *Integrifolium C. Wimm. et Grabowski*）为《中华人民共和国药典》（2020 年版）"小蓟"药材的基原物种。其干燥地上部分具有凉血止血、散瘀解毒消痈的功效，用于衄血、吐血、尿血、血淋、便血、崩漏、外伤出血、痈肿疮毒等。

植物形态 多年生草本，高 30～80 cm。叶椭圆形、长椭圆形或椭圆状倒披针形，长 7～15 cm，先端钝或圆形，边缘有针刺。头状花序单生茎端；总苞卵形，苞片约 6 层，顶端有针刺。小花紫红色至白色，有雌花和两性花。瘦果椭圆形，冠毛污白色。花果期 5—9 月（图 387a，b）。

生境与分布 生于海拔 400～2 700 m 的山坡、河旁、田间，分布于神农架各地（图 387c）。

ITS2序列特征 刺儿菜 *C. setosum* 共 4 条序列，均来自于神农架样本，序列比对后长度为 228 bp，其序列特征见图 388。

a   b   c

图 387   刺儿菜形态与生境图

图 388   刺儿菜 ITS2 序列信息

_psb_A–_trn_H序列特征   刺儿菜 *C. setosum* 共 4 条序列，均来自于神农架样本，序列比对后长度为 368 bp，其序列特征见图 389。

图 389   刺儿菜 *psb*A-*trn*H 序列信息

资源现状与用途   刺儿菜 *C. setosum*，别名刺蓟、小蓟草等，全国广布。民间常用于治疗血症，同时也被作为野菜食用。刺儿菜含有丰富的营养物质，广泛用于临床及保健品开发。

醴 肠

Eclipta prostrata L.

醴肠 *Eclipta prostrata* L. 为《中华人民共和国药典》（2020 年版）"墨旱莲"药材的基原物种。其干燥地上部分具有凉血止血、滋补肝肾的功效，用于肝肾阴虚、牙齿松动、须发早白、眩晕耳鸣、腰膝酸软、阴虚血热、吐血、衄血、尿血、血痢、崩漏下血、外伤出血等。

植物形态 一年生草本。茎直立，斜升或平卧，高达 60 cm，通常自基部分枝，被贴生糙毛。叶长圆状披针形或披针形，顶端尖或渐尖，边缘有细锯齿或有时仅波状，两面被密硬糙毛。头状花序径 6～8 mm，有长 2～4 cm 的细花序梗；外围的雌花 2 层，舌状，舌片短，顶端 2 浅裂或全缘，中央的两性花多数，花冠管状，白色，长约 1.5 mm，顶端 4 齿裂。花期 6—9 月（图 390a）。

生境与分布 生于海拔 700 m 以下的沟边草丛中，分布于神农架阳日镇、新华镇、红坪镇、木鱼镇等地（图 390b）。

a   b

图 390　醴肠形态与生境图

ITS2序列特征 醴肠 *E. prostrata* 共 3 条序列，均来自于神农架样本，序列比对后长度为 229 bp，其序列特征见图 391。

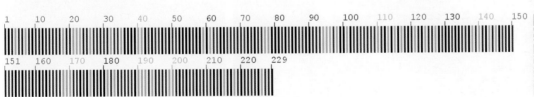

图 391　醴肠 ITS2 序列信息   扫码查看醴肠
ITS2 基因序列

psbA-trnH序列特征 醴肠 *E. prostrata* 共 3 条序列，均来自于神农架样本，序列比对后长度为 405 bp，其序列特征见图 392。

图 392 醴肠 *psb*A-*trn*H 序列信息

扫码查看醴肠

*psb*A-*trn*H 基因序列

佩　兰

Eupatorium fortunei Turcz.

佩兰 *Eupatorium fortunei* Turcz. 为《中华人民共和国药典》（2020 年版）"佩兰"药材的基原物种。其干燥地上部分具有芳香化湿、醒脾开胃、发表解暑的功效，用于湿浊中阻、脘痞呕恶、口中甜腻、口臭、多涎、暑湿表证、湿温初起、发热倦怠、胸闷不舒等。

植物形态 多年生草本。根茎横走，淡红褐色。茎直立，绿色或红紫色，分枝少或仅在茎顶有伞房状花序分枝。全部茎枝被稀疏的短柔毛，花序分枝及花序梗上的毛较密。中部茎叶较大，三全裂或三深裂。全部茎叶两面光滑，无毛无腺点，羽状脉，边缘有粗齿或不规则的细齿。中部以下茎叶渐小，基部叶花期枯萎。头状花序多数在茎顶及枝端排成复伞房花序。花白色或带微红色，花冠长约 5 mm，外面无腺点。瘦果黑褐色，长椭圆形，5 棱，无毛无腺点；冠毛白色。花果期 7—11 月（图 393a）。

生境与分布 生于海拔 600～1 400 m 的山坡林下或草丛中，分布于神农架红坪镇、松柏镇、新华镇、阳日镇等地（图 393b）。

a

b

图 393 佩兰形态与生境图

🌿 **ITS2序列特征** 佩兰 *E. fortunei* 共 4 条序列，均来自于神农架样本，序列比对后长度为 218 bp，有 4 个变异位点，分别为 19、182、209 位点 T-C 变异，187 位点 T-A 变异，在 177 位点存在简并碱基 Y。主导单倍型序列特征见图 394。

图 394　佩兰 ITS2 序列信息

扫码查看佩兰
ITS2 基因序列

🌿 **psbA-trnH序列特征** 佩兰 *E. fortunei* 共 4 条序列，均来自于神农架样本，序列比对后长度为 369 bp，有 2 个变异位点，分别为 322、323 位点 T-A 变异，在 35 位点存在碱基缺失。主导单倍型序列特征见图 395。

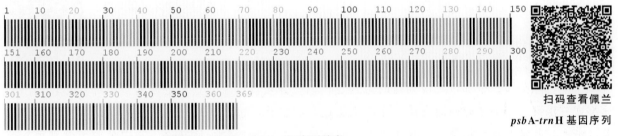

图 395　佩兰 *psbA-trn*H 序列信息

扫码查看佩兰
*psbA-trn*H 基因序列

菊 三 七

Gynura japonica (Thunb.) Juel

菊三七 *Gynura japonica* (Thunb.) Juel 为神农架民间"七十二七"药材"菊三七"的基原物种。其根及全株具有散瘀、止血、消肿、解毒的功效，用于各种出血、跌打损伤、痈肿疔毒、蛇虫叮咬等。

🌿 **植物形态** 高大多年生草本，高 60～150 cm。根粗大成块状。茎直立，中空，基部木质。基部叶在花期常枯萎。基部和下部叶较小，椭圆形，不分裂至大头羽状，叶柄基部有圆形，具齿或羽状裂的叶耳；叶片椭圆形或长圆状椭圆形，羽状深裂，顶裂片大，倒卵形。头状花序多数，花茎枝端排成伞房状圆锥花序；每一花序枝有 3～8 个头状花序；总苞狭钟状或钟状，花冠黄色或橙黄色。花果期 8—10 月（图 396a）。

🌿 **生境与分布** 神农架有栽培（图 396b）。

🌿 **ITS2序列特征** 菊三七 *G. japonica* 共 4 条序列，分别来自于神农架样本和 GenBank（KC508096），序列比对后长度为 225 bp，在 218 位点存在碱基缺失。主导单倍型序列特征见图 397。

a   b

图 396 菊三七形态与生境图

图 397 菊三七 ITS2 序列信息

扫码查看菊三七
ITS2 基因序列

psbA-trnH序列特征 菊三七 *G. japonica* 共 3 条序列，均来自于神农架样本，序列比对后长度为 272 bp，其序列特征见图 398。

图 398 菊三七 *psb*A-*trn*H 序列信息

扫码查看菊三七
*psb*A-*trn*H 基因序列

资源现状与用途 菊三七 *G. japonica*，别名三七草、土三七、金不换，主要分布于我国西南地区。菊三七含有丰富的生物碱、黄酮类、香豆素类、萜类、甾体类及皂苷等化学成分，具有良好的止血、抗炎、扩凝血等药理活性。但因其含有吡咯里西啶类生物碱，是造成药源性肝损伤的物质基础，对用药安全构成了威胁。

大 黄 橐 吾

Ligularia duciformis（C. Winkl.）Hand.-Mazz.

  大黄橐吾 *Ligularia duciformis*（C. Winkl.）Hand.-Mazz. 为神农架民间"七十二七"药材"葫芦七"的基原物种之一。其根茎具有活血散瘀、止痛的功效，用于跌打损伤、痨伤咳血、月经不调等。

植物形态 多年生草本。根肉质，多数，簇生。茎直立。丛生叶与茎下部叶具柄，叶片肾形或心形，叶脉掌状，主脉 3～5，网脉突起。复伞房状聚伞花序长达 20 cm；苞片与小苞片极小，线状钻形；花序梗长达 1 cm，被密的黄色有节短柔毛；头状花序多数，盘状，总苞狭筒形。小花全部管状，黄色，伸出总苞之外，冠毛白色与花冠管部等长。花果期 7—9 月（图 399a）。

生境与分布 生于海拔 1 900 m 左右的溪沟边，分布于神农架宋洛乡等地（图 399b）。

a   b

图 399　大黄橐吾形态与生境图

ITS2序列特征 大黄橐吾 *L. duciformis* 共 3 条序列，均来自于 GenBank（AY458826、AY458827、LC128585），序列比对后长度为 221 bp，有 3 个变异位点，分别为 30 位点 A-G 变异，153 位点 C-T 变异，219 位点 T-C 变异，在 43 位点存在简并碱基 K，71、106 位点存在简并碱基 Y，74 位点存在简并碱基 W。主导单倍型序列特征见图 400。

图 400　大黄橐吾 ITS2 序列信息

扫码查看大黄橐吾
ITS2 基因序列

资源现状与用途 大黄橐吾 *L. duciformis*，别名山紫菀、大黄，主要分布于我国西部地区。青海和甘肃地区使用的藏药中，"日肖""隆肖""曲肖"包括大黄橐吾等橐吾属植物，具有清热解毒功效，主要用于治疗龙热病、脾热病、白喉、疫疠、疮疖、皮肤病等。

土　木　香

Inula helenium L.

土木香 *Inula helenium* L. 为《中华人民共和国药典》（2020 年版）"土木香"药材的基原物种。其干燥根具有健脾和胃、行气止痛、安胎的功效，用于胸胁、脘腹胀痛、呕吐泻痢、胸胁挫伤、岔气作痛、胎动不安等。

植物形态 多年生草本，根状茎块状，有分枝。茎直立，粗壮，不分枝或上部有分枝；叶片椭圆状披针形，边缘有不规则的齿或重齿。头状花序少数，排列成伞房状花序；花序梗长 6～12 cm，为多数苞叶所围裹；总苞 5～6 层，外层草质，宽卵圆形。舌状花黄色；舌片线形，顶端有 3～4 个浅裂片；管状花长 9～10 mm，有披针形裂片。瘦果四或五面形，有棱和细沟，无毛。花果期 6—9 月（图 401a，b）。

生境与分布 神农架有栽培。

a   b

图 401　土木香形态图

ITS2序列特征 土木香 *I. helenium* 共 4 条序列，均来自于神农架样本，序列比对后长度为 228 bp，其序列特征见图 402。

图 402　土木香 ITS2 序列信息

扫码查看土木香
ITS2 基因序列

psbA-trnH序列特征 土木香 *I. helenium* 共 2 条序列，均来自于神农架样本，序列比对后长度为 347 bp，其序列特征见图 403。

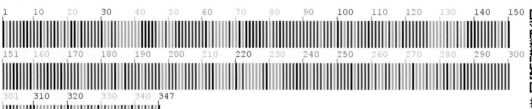

图 403　土木香 *psb*A-*trn*H 序列信息

扫码查看土木香
*psb*A-*trn*H 基因序列

木 香

Aucklandia lappa Decne.

木香 *Aucklandia lappa* Decne.（*Flora of China* 收录为云木香 *Aucklandia costus* Falconer.）为《中华人民共和国药典》（2020 年版）"木香"药材的基原物种。其干燥根具有行气止痛、健脾消食的功效，用于胸胁、脘腹胀痛，以及泻痢后重、食积不消、不思饮食等。

植物形态 多年生草本。主根粗壮，圆柱形，有浓郁的芳香味。茎直立，不分枝，具多数纵棱。基生叶大，叶片三角形或三角状卵形，先端钝，基部渐狭并沿柄下延至叶柄基，叶柄具翅，翅不规则地羽状分裂；总苞片 7～10 层，覆瓦状排列，近革质，干后变黑色，先端渐尖呈褐色、反折的刺尖头；花序托具刚毛状托片。小花全部两性，结实，花冠暗紫色或紫色，管状。瘦果长圆形，先端较狭，稍压扁；冠毛 2 层，淡褐色，近等长。花果期 5—8 月（图 404a）。

生境与分布 神农架宋洛乡、大九湖镇等地有栽培（图 404b）。

a   b

图 404　木香形态与生境图

ITS2序列特征 木香 *A. lappa* 共 4 条序列，均来自于神农架样本，序列比对后长度为 223 bp，有 1 个变异位点，为 195 位点 C-G 变异。主导单倍型序列特征见图 405。

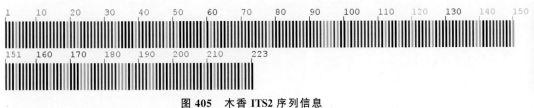

图 405　木香 ITS2 序列信息

扫码查看木香
ITS2 基因序列

psbA-trnH序列特征 木香 *A. lappa* 共 3 条序列，均来自于神农架样本，序列比对后长度为418 bp，有 1 个变异位点，为 166 位点 G-A 变异。主导单倍型序列特征见图 406。

图 406　木香 *psb*A-*trn*H 序列信息

资源现状与用途　木香 *A. lappa*，别名云木香、广木香，主要分布于我国西南和西北地区。云木香在我国产量大，所含化学成分丰富，无论作为药用还是用作香料都具有较高的应用价值。此外，其所含的倍半萜内酯还可以作为合成其他化合物的原料。

条叶旋覆花

Inula linariifolia Turcz.

条叶旋覆花 *Inula linariifolia* Turcz.（*Flora of China* 收录为线叶旋覆花）为《中华人民共和国药典》（2020 年版）"金沸草"药材的基原物种之一。其干燥地上部分具有降气、消痰、行水的功效，用于外感风寒、痰饮蓄结、咳喘痰多、胸膈痞满等。

植物形态　多年生草本，基部常有不定根。茎直立，单生或 2～3 个簇生，上部常被长毛，杂有腺体，基部叶和下部叶在花期常生存，线状披针形，下部渐狭成长柄。头状花序径 1.5～2.5 cm，在枝端单生或 3～5 个排列成伞房状；总苞半球形，总苞片约 4 层，线状披针形，上部叶质，下部革质，但有时最外层叶状，较总苞稍长；舌状花较总苞长 2 倍；舌片黄色，长圆状线形，冠毛 1 层，白色，与管状花花冠等长，花期 7－8 月，果期 8－10 月（图 407a）。

生境与分布　生于海拔 800～1 800 m 的荒草地中，分布于神农架红坪镇等地（图 407b）。

a　　　　　　　　　　　　　　　　b

图 407　条叶旋覆花形态与生境图

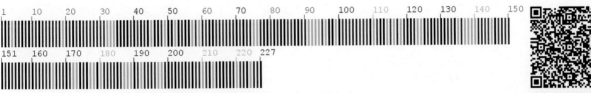

ITS2序列特征 条叶旋覆花 *I. linariifolia* 共 3 条序列，均来自于神农架样本，序列比对后长度为 227 bp，其序列特征见图 408。

图 408 条叶旋覆花 ITS2 序列信息

扫码查看条叶旋覆花
ITS2 基因序列

psbA-trnH序列特征 条叶旋覆花 *I. linariifolia* 共 3 条序列，均来自于神农架样本，序列比对后长度为 395 bp，其序列特征见图 409。

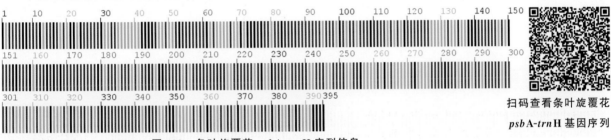

图 409 条叶旋覆花 *psbA-trn*H 序列信息

扫码查看条叶旋覆花
*psb*A-*trn*H 基因序列

资源现状与用途 条叶旋覆花 *I. linariifolia*，别名窄叶旋覆花、线叶旋覆花、小朵旋覆花等，主要分布于我国北方地区。现代药理研究表明，条叶旋覆花具有抗肿瘤、抗炎、抗真菌等多种作用。近年来条叶旋覆花生境破坏严重，野生资源急剧减少。虽然条叶旋覆花种子量很大，但发芽率极低，故其野生资源自然更新能力较弱。对条叶旋覆花开展种质资源评价，从而筛选优良种质开展人工栽培工作，对条叶旋覆花野生资源保护及开发利用具有良好的现实意义。

千 里 光

Senecio scandens Buch. -Ham.

千里光 *Senecio scandens* Buch. -Ham. 为《中华人民共和国药典》（2020 年版）"千里光"药材的基原物种。其干燥地上部分具有清热解毒、明目、利湿的功效，用于痈肿疮毒、感冒发热、目赤肿痛、泄泻痢疾、皮肤湿疹等。

植物形态 多年生草本。茎伸长，弯曲。叶具柄，卵状披针形至长三角形，长 2～12 cm，渐尖，基部宽楔形至戟形，有时具细裂或羽状浅裂；上部叶渐小。头状花序成顶生复聚伞圆锥花序；总苞圆柱状钟形，具外层苞片；花黄色，舌状花 8～10，管状花多数。花期 8 月至翌年 2 月（图 410a）。

生境与分布 生于海拔 2 500 m 以下的路边、林缘，分布于木鱼镇、红坪镇、松柏镇、下谷乡等地（图 410b）。

ITS2序列特征 千里光 *S. scandens* 共 3 条序列，均来自于神农架样本，序列比对后长度为 224 bp，

a   b

图 410 千里光形态与生境图

其序列特征见图 411。

图 411 千里光 ITS2 序列信息

**扫码查看千里光
ITS2 基因序列**

*psbA-trn*H序列特征 千里光 *S. scandens* 共 3 条序列，均来自于神农架样本，序列比对后长度为 424 bp，其序列特征见图 412。

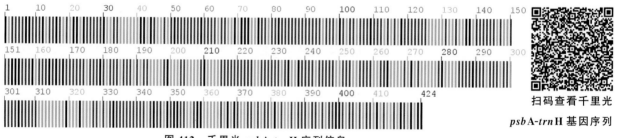

图 412 千里光 *psb*A-*trn*H 序列信息

**扫码查看千里光
*psb*A-*trn*H 基因序列**

资源现状与用途 千里光 *S. scandens*，别名九里明、黄花草、九岭光、蒲儿根、一扫光等，主要分布于我国华东、中南及西南等地区。民间有将其用于治疗内、外痔疮的偏方，还可用于泡澡，以防止长疮。

毛 梗 豨 莶

***Siegesbeckia glabrescens* Makino**

毛梗豨莶 *Siegesbeckia glabrescens* Makino 为《中华人民共和国药典》（2020 年版）"豨莶草"药材的基原植物之一。其干燥地上部分具有祛风湿、利关节、解毒的功效，用于风湿痹痛、筋骨无力、腰膝酸软、四肢麻痹、半身不遂、风疹湿疮等。

植物形态 一年生草本。茎直立，较细弱，通常上部分枝，被平伏短柔毛。基部叶花期枯萎；中部叶卵圆形、三角状卵圆形或卵状披针形。头状花序多数在枝端排列成疏散的圆锥花序。总苞钟状；总苞片 2 层，叶质。托片倒卵状长圆形，背面疏被头状具柄腺毛。瘦果倒卵形，4 棱，有灰褐色环状突起。花期 4－9 月，果期 6－11 月（图 413a）。

生境与分布 生于海拔 400～1 400 m 的路边、荒草地和山坡，分布于神农架新华镇、松柏镇等地（图 413b）。

a   b

图 413 毛梗豨莶形态与生境图

ITS2序列特征 毛梗豨莶 *S. glabrescens* 共 3 条序列，均来自于神农架样本，序列比对后长度为 226 bp，有 5 个变异位点，分别为 31 位点 C-A 变异、41 位点 G-C 变异、139 位点 A-G 变异、166 位点 T-G 变异、175 位点 A-G 变异，在 13 位点存在碱基插入。主导单倍型序列特征见图 414。

图 414 毛梗豨莶 ITS2 序列信息

扫码查看毛梗豨莶
ITS2 基因序列

psbA-trnH序列特征 毛梗豨莶 *S. glabrescens* 共 3 条序列，均来自于神农架样本，序列比对后长度为 382 bp，有 1 个变异位点，为 308 位点 A-T 变异。主导单倍型序列特征见图 415。

扫码查看毛梗豨莶
psbA-trnH 基因序列

图 415 毛梗豨莶 *psbA-trnH* 序列信息

深山蟹甲草

Parasenecio profundorum（Dunn）Y. L. Chen

深山蟹甲草 *Parasenecio profundorum*（Dunn）Y. L. Chen 为神农架民间"七十二七"药材"泡桐七"的基原物种之一。其全草具有清热解毒、消肿止痛的功效，用于无名肿痛、头癣、跌打损伤、腹泻痢疾、虫蛇咬伤等。

植物形态 多年生直立草本，全体被白色柔毛。茎通常丛生，不分枝。叶最下部的对生，其余的互生，长条形至条状披针形，全缘，基出三大脉。花序长 3～12 cm；苞片卵状披针形，黄白色，宽 0.5～1.2 cm；花萼长约 2 cm，前后两方裂达一半，两侧裂达 1/4，裂片条形；花冠淡黄色或白色，筒部长管状；药室一长一短。蒴果无毛，顶端钩状尾尖。花期 6—8 月（图 416a，b）。

生境与分布 生于海拔 1 200～1 800 m 的山坡林缘、山谷潮湿处或路边，分布于神农架木鱼镇、红坪镇、松柏镇等地（图 416c）。

a

b

c

图 416 深山蟹甲草形态与生境图

ITS2序列特征 深山蟹甲草 *P. profundorum* 共 2 条序列，均来自于神农架样本，序列比对后长度为 225 bp，其序列特征见图 417。

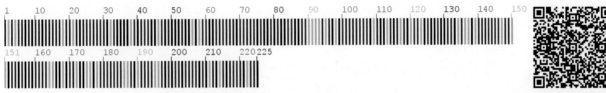

图 417　深山蟹甲草 ITS2 序列信息

扫码查看深山蟹甲草
ITS2 基因序列

***psb*A-*trn*H序列特征** 深山蟹甲草 *P. profundorum* 共 2 条序列，均来自于神农架样本，序列比对后长度为 423 bp，其序列特征见图 418。

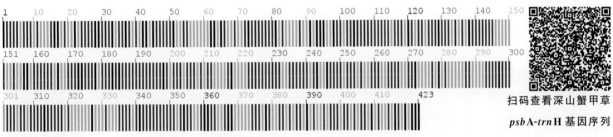

扫码查看深山蟹甲草
*psb*A-*trn*H 基因序列

图 418　深山蟹甲草 *psb*A-*trn*H 序列信息

豨　莶

Siegesbeckia orientalis L.

豨莶 *Siegesbeckia orientalis* L. 为《中华人民共和国药典》（2020 年版）"豨莶草"药材的基原物种之一。其干燥地上部分具有祛风湿、利关节、解毒的功效，用于风湿痹痛、筋骨无力、腰膝酸软、四肢麻痹、半身不遂、风疹湿疮等。

植物形态 一年生草本。茎直立，粗壮，上部多分枝，被灰白色短柔毛。基部叶卵状披针形，花期枯萎；全部叶上面深绿色，下面淡绿色，三出基脉，侧脉和网脉明显，两面被平伏短柔毛，沿脉有长柔毛。头状花序多数，生于枝端，排列成松散的圆锥花序；花梗较长，密生紫褐色头状具柄腺毛和长柔毛。舌状花花冠管部长 1～1.2 mm，舌片先端 2～3 齿裂。瘦果倒卵圆形，4 棱，顶端有灰褐色环状突起。花期 4—9 月，果期 6—11 月（图 419a）。

生境与分布 生于海拔 400～2 000 m 的荒地、田野及林下，分布于神农架各地（图 419b）。

ITS2序列特征 豨莶 *S. orientalis* 共 3 条序列，均来自于神农架样本，序列比对后长度为 224 bp，其序列特征见图 420。

a

b

图 419　豨莶形态与生境图

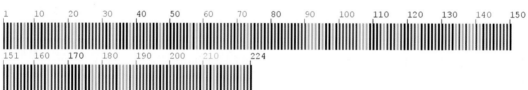

图 420　豨莶 ITS2 序列信息

扫码查看豨莶
ITS2 基因序列

psbA-trnH序列特征 　豨莶 *S. orientalis* 共 3 条序列，均来自于神农架样本，序列比对后长度为 360 bp，有 2 个变异位点，分别为 283 位点 G-T 变异，284 位点 A-C 变异。主导单倍型序列特征见图 421。

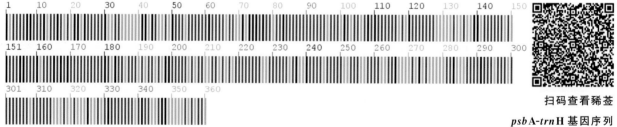

图 421　豨莶 *psb*A-*trn*H 序列信息

扫码查看豨莶
*psb*A-*trn*H 基因序列

腺 梗 豨 莶

Siegesbeckia pubescens Makino

腺梗豨莶 *Siegesbeckia pubescens* Makino 为《中华人民共和国药典》（2020 年版）"豨莶草"药材的基原物种之一。其干燥地上部分具有祛风湿、利关节、解毒的功效，用于风湿痹痛、筋骨无力、腰膝酸软、四肢麻痹、半身不遂、风疹湿疮等。

植物形态 一年生草本。茎直立，粗壮，上部多分枝，被开展的灰白色长柔毛和糙毛。基部叶卵状披针形，花期枯萎；中部叶卵圆形或卵形，开展；下面淡绿色，基出三脉，侧脉和网脉明显。头状花序多数生于枝端，排列成松散的圆锥花序；花梗较长，密生紫褐色头状具柄腺毛和长柔毛；总苞宽钟状；总苞片 2 层，叶质。舌状花花冠管部长 1～1.2 mm。瘦果倒卵圆形，4 棱，顶端有灰褐色环状突起。花期 5－8 月，果期 6－10 月（图 422a，b）。

生境与分布 生于海拔 1 900 m 以下的山坡、山谷林缘和灌丛中，分布于神农架各地（图 422c）。

a   b   c

图 422　腺梗豨莶形态与生境图

ITS2序列特征 腺梗豨莶 *S. pubescens* 共 3 条序列，分别来自于神农架样本和 GenBank（GQ434508），序列比对后长度为 226 bp，有 1 个变异位点，为 209 位点 G-C 变异，在 13 位点存在碱基缺失，49、161 位点存在碱基插入。主导单倍型序列特征见图 423。

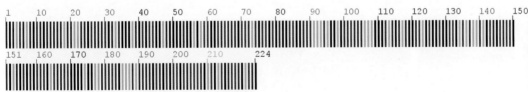

图 423　腺梗豨莶 ITS2 序列信息

扫码查看腺梗豨莶
ITS2 基因序列

_psb_A–_trn_H序列特征 腺梗豨莶 *S. pubescens* 共 2 条序列，均来自于神农架样本，序列比对后长度为 382 bp，其序列特征见图 424。

图 424　腺梗豨莶 *psb*A-*trn*H 序列信息

资源现状与用途　腺梗豨莶 *S. pubescens*，别名毛豨莶、棉苍狼、珠草，分布广泛。民间还用于治疗急性肝炎和高血压等疾病。以腺梗豨莶为主要原料的中成药豨莶通栓丸已用于临床。

华　蟹　甲

Sinacalia tangutica（Maxim.）B. Nord.

华蟹甲 *Sinacalia tangutica*（Maxim.）B. Nord. 为神农架民间"七十二七"药材"马棒七"的基原物种。其块茎具有活血、祛风、止咳的功效，用于咳嗽、头痛、头晕目眩、胸肋胀痛等。

植物形态　多年生草本，高 50～100 cm。根状茎块状，径 1～1.5 cm，具多数纤维状根。茎粗壮，中空，不分枝。茎上部、花序轴被黄褐色腺状毛。下部叶具柄，卵形或卵状心形，长 10～16 cm，羽状深裂；上部叶渐小。头状花序呈复圆锥状；总苞圆柱状；花黄色；舌状花 2～3 个；管状花 4。瘦果圆柱形；冠毛白色。花期 7—9 月（图 425a，b）。

生境与分布　生于海拔 1 100～1 900 m 的山坡疏林、沟边草丛中，分布于神农架各地（图 425c）。

a　　　　　　　　　　b　　　　　　　　　　c

图 425　华蟹甲形态与生境图

ITS2序列特征 华蟹甲 *S. tangutica* 共 3 条序列，分别来自于神农架样本和 GenBank（AY176157），序列比对后长度为 225 bp，其序列特征见图 426。

图 426 华蟹甲 ITS2 序列信息

扫码查看华蟹甲
ITS2 基因序列

psbA-trnH序列特征 华蟹甲 *S. tangutica* 共 3 条序列，分别来自于神农架样本和 GenBank（GU818472），序列比对后长度为 398 bp，其序列特征见图 427。

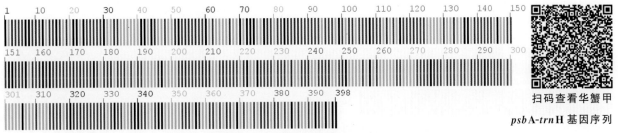

图 427 华蟹甲 *psb*A-*trn*H 序列信息

扫码查看华蟹甲
*psb*A-*trn*H 基因序列

单头蒲儿根

Sinosenecio hederifolius (Dunn) B. Nord.

单头蒲儿根 *Sinosenecio hederifolius* (Dunn) B. Nord. 为神农架民间"三十六还阳"药材"猪耳还阳"的基原物种。其全草具有补虚、镇静、安神的功效，用于体虚乏力、头晕目眩、失眠多梦、头痛、高血压等。

植物形态 多年生具葶草本。根状茎短粗，直立或斜升。茎单生，葶状，直立，被密黄褐色绒毛，不分枝。叶基生，具长柄；叶片宽卵形或卵状心形，顶端圆形，基部深心形，全缘或具浅波状齿。头状花序单生；花葶上部具少数线状披针形小苞片。舌状花约 10 个；舌片黄色，顶端钝至圆形，具 3 小齿；管状花多数，花冠黄色。瘦果圆柱形，无毛，具肋。花期 4—5 月（图 428a）。

生境与分布 生于海拔 600～2 500 m 的向阳坡的石壁上，分布于神农架大九湖镇、红坪镇等地（图 428b）。

ITS2序列特征 单头蒲儿根 *S. hederifolius* 共 3 条序列，均来自于神农架样本，序列比对后长度为 225 bp，有 5 个变异位点，分别为 9 位点 A-G 变异、48 位点 G-A 变异、97 位点 T-G 变异、100 位点 A-T 变异、213 位点 A-G 变异。主导单倍型序列特征见图 429。

a   b

图 428 单头蒲儿根形态与生境图

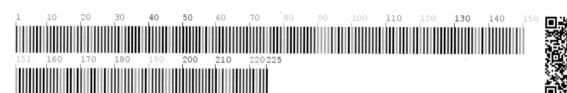

图 429 单头蒲儿根 ITS2 序列信息

扫码查看单头蒲儿根
ITS2 基因序列

psbA-trnH序列特征 单头蒲儿根 *S. hederifolius* 共 3 条序列，均来自于神农架样本，序列比对后长度为 458 bp，有 1 个变异位点，为 392 位点 T-G 变异，在 264～271、376～379 位点存在碱基缺失。主导单倍型序列特征见图 430。

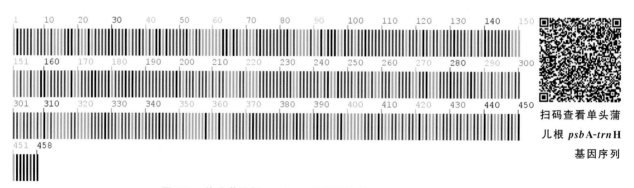

扫码查看单头蒲
儿根 *psbA-trn*H
基因序列

图 430 单头蒲儿根 *psb*A-*trn*H 序列信息

蒲 公 英

Taraxacum mongolicum Hand.-Mazz

蒲公英 *Taraxacum mongolicum* Hand.-Mazz. 为《中华人民共和国药典》（2020 年版）"蒲公英"药材的基原物种之一。其干燥全草具有清热解毒、消肿散结、利尿通淋的功效，用于疔疮肿毒、乳痈、瘰疬、目赤、咽痛、肺痈、肠痈、湿热黄疸、热淋涩痛等。

🌸 **植物形态** 多年生草本。叶基生，倒卵状披针形或长圆状披针形，长 4～20 cm，先端钝或急尖，边缘具波状齿或羽状深裂。头状花序直径 30～40 mm，单生于花上；总苞钟状，苞片2～3层；舌状花黄色。瘦果倒卵状披针形，喙长 6～10 mm；冠毛白色。花期 4—9 月，果期 5—10 月（图 431a）。

🌸 **生境与分布** 生于海拔 400～2 800 m 山坡草地、路边，分布于神农架各地（图 431b）。

a   b

图 431　蒲公英形态与生境图

🌸 **ITS2序列特征** 蒲公英 *T. mongolicum* 共 3 条序列，均来自于神农架样本，序列比对后长度为 230 bp，其序列特征见图 432。

扫码查看蒲公英
ITS2 基因序列

图 432　蒲公英 ITS2 序列信息

🌸 ***psb*A-*trn*H序列特征** 蒲公英 *T. mongolicum* 共 3 条序列，均来自于 GenBank（KR997713、KR997714、KR997715），序列比对后长度为 429 bp，其序列特征见图 433。

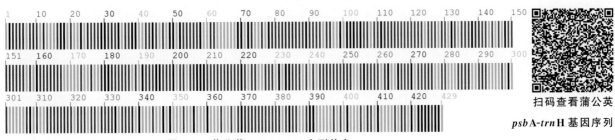

扫码查看蒲公英
*psb*A-*trn*H 基因序列

图 433　蒲公英 *psb*A-*trn*H 序列信息

资源现状与用途 蒲公英 *T. mongolicum*，又名黄花地丁、姑姑英、婆婆丁、地丁、灯笼草等，分布广泛。蒲公英有悠久的药用和食用历史，被誉为"天然抗生素"，兼有药用价值与营养价值。蒲公英已被《饲料药物添加剂允许使用品种目录》收录，是一种重要的中草药饲料添加剂。

款 冬

Tussilago farfara L.

款冬 *Tussilago farfara* L. 为《中华人民共和国药典》（2020 年版）"款冬花"药材的基原植物。其干燥花蕾具有润肺下气、止咳化痰的功效，用于新久咳嗽、喘咳痰多、劳嗽咳血等。

植物形态 多年生草本。根状茎横生地下，褐色。早春花叶抽出数个花葶，高 5～10 cm，密被白色茸毛，有鳞片状，互生的苞叶，苞叶淡紫色。头状花序单生顶端，初时直立，花后下垂；边缘有多层雌花，花冠舌状，黄色。瘦果圆柱形；冠毛白色。后生出基生叶阔心形，具长叶柄，边缘有波状，顶端增厚的疏齿，掌状网脉，下面被密白色茸毛。花期 3—4 月，果期 5—7 月（图 434a）。

生境与分布 生于海拔 1 000～1 800 m 的山谷湿地或林下，分布于神农架红坪镇、木鱼镇等地（图 434b）。

a   b

图 434　款冬形态与生境图

ITS2序列特征 款冬 *T. farfara* 共 3 条序列，均来自于神农架样本，序列比对后长度为 221 bp，有 1 个变异位点，为 170 位点 C-T 变异。主导单倍型序列特征见图 435。

图 435　款冬 ITS2 序列信息

扫码查看款冬
ITS2 基因序列

资源现状与用途 款冬 *T. farfara*，别名款冬花、冬花、虎须等，分布广泛。该药材采收时间是在种植当年冬至前后地冻之前，花蕾未出土且苞片显紫色时，开花后药材质量降低，而且花开后不能入药。

苍 耳

Xanthium sibiricum Patr.

苍耳 *Xanthium sibiricum* Patr. 为《中华人民共和国药典》（2020 年版）"苍耳子"药材的基原物种。其干燥成熟带总苞的果实具有散风寒、通鼻窍、祛风湿的功效，用于风寒头痛、鼻塞流涕、鼻渊、风疹瘙痒、湿痹拘挛等。

植物形态 一年生草本，高 20～90 cm。茎上部被灰白色糙伏毛。叶三角状卵形或心形，长 4～9 cm，近全缘或 3～5 浅裂，上面绿色，下面苍白色，被糙伏毛。雌雄同株；雄头状花序球形，有多数雄花；雌头状花序椭圆形，内层总苞片在瘦果成熟时变硬，外面有钩状刺。瘦果成熟时钩状刺变坚硬，刺极细而直，瘦果 2，倒卵形。花期 7—8 月，果期 9—10 月（图 436a）。

生境与分布 生于海拔 1 500 m 以下的山坡路旁草丛中，分布于神农架松柏镇、阳日镇、新华镇、红坪镇、宋洛乡等地（图 436b）。

a   b

图 436　苍耳形态与生境图

ITS2序列特征 苍耳 *X. sibiricum* 共 3 条序列，均来自于神农架样本，序列比对后长度为 229 bp，有 2 个变异位点，分别为 106 位点 T-C 变异，190 位点 G-A 变异。主导单倍型序列特征见图 437。

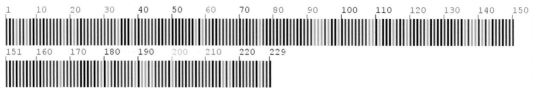

图 437　苍耳 ITS2 序列信息

扫码查看苍耳
ITS2 基因序列

✦ *psbA-trn*H序列特征　苍耳 *X. sibiricum* 共 3 条序列，均来自于神农架样本，序列比对后长度为 380 bp，其序列特征见图 438。

扫码查看苍耳
*psb*A-*trn*H 基因序列

图 438　苍耳 *psb*A-*trn*H 序列信息

✦ 资源现状与用途　苍耳 *X. sibiricum*，别名野茄子、粘头婆、猪耳等，分布广泛。苍耳具有极强的适应能力和耐胁迫性，在荒山、荒野、旱地、盐碱地都可以生长。苍耳油主要用于代替大豆油生产油漆，也可用于制作油墨、肥皂和高级香料。将苍耳子作为饲料添加剂饲喂生猪，生猪不仅生长速度快、抗病能力强，而且肉质好。

蛇 菰 科 Balanophoraceae

筒 鞘 蛇 菰

Balanophora involucrata Hook. f.

筒鞘蛇菰 *Balanophora involucrata* Hook.f. 为神农架民间"四个一"药材"文王一支笔"的基原物种之一。其干燥全株具有止血、镇痛的功效，用于胃病、鼻出血、妇女月经出血不止、痢疾及外伤出血等。

✦ 植物形态　草本。根茎肥厚，干时脆壳质，近球形，不分枝或偶分枝，黄褐色，很少呈红棕色，表面密集颗粒状小疣瘤和浅黄色或黄白色星芒状皮孔，顶端裂鞘 2～4 裂，裂片呈不规则三角形或短三角形，长 1～2 cm；鳞苞片 2～5 枚，轮生，基部连合呈筒鞘状。花雌雄异株（序）；花序均呈卵球形；雄花较大，直径约 4 mm，3 数；花被裂片卵形或短三角形；聚药雄蕊无柄，呈扁盘状，花药横裂。花期 7—8 月（图 439a）。

生境与分布 生于海拔 1 500 m 以下的山坡林下，分布于神农架下谷乡、红坪镇等地（图 439b）。

a   b

图 439　筒鞘蛇菰形态与生境图

序列特征 该物种 DNA 提取较难，尚未获取相关序列。

资源现状与用途 筒鞘蛇菰 *B. involucrata*，别名鹿仙草、文王一支笔、鸡心七等，主要分布于我国华中、西南等地区。筒鞘蛇菰为寄生性植物，湘西土家族传统的"四大名药"之一，广西瑶族和黔南布依族民间有饭酒前服用筒鞘蛇菰解酒的习俗。筒鞘蛇菰在民间多用于镇痛抗炎、醒酒、保肝、抗衰、抑菌等，并用以治疗各种出血症。

凤 仙 花 科 Balsaminaceae

凤 仙 花

Impatiens balsamina L.

凤仙花 *Impatiens balsamina* L. 为《中华人民共和国药典》（2020 年版）"急性子"药材的基原物种之一。其种子具有破血、软坚、消积的功效，用于癥瘕痞块、经闭、噎膈等。

植物形态 一年生草本。茎粗壮，肉质，直立，不分枝或有分枝，具多数纤维状根，下部节常膨大。叶互生；叶片披针形、狭椭圆形或倒披针形，先端尖或渐尖，基部楔形，边缘有锐锯齿，向基部常有数对无柄的黑色腺体，两面无毛或被疏柔毛。花单生或 2～3 朵簇生于叶腋，无总花梗，白色、粉红色或紫色，单瓣或重瓣。蒴果宽纺锤形，两端尖，密被柔毛。种子多数，圆球形，黑褐色。花果期 7—10 月（图 440a）。

生境与分布 神农架有栽培（图 440b）。

a   b

图 440　凤仙花形态与生境图

ITS2序列特征　凤仙花 *I. balsamina* 共 3 条序列，均来自于神农架样本，序列比对后长度为 199 bp，其序列特征见图 441。

图 441　凤仙花 ITS2 序列信息

扫码查看凤仙花
ITS2 基因序列

psbA-trnH序列特征　凤仙花 *I. balsamina* 共 3 条序列，分别来自于神农架样本和 GenBank（GQ434995）序列比对后长度为 258 bp，有 1 个变异位点，为 162 位点 T-C 变异。主导单倍型序列特征见图 442。

图 442　凤仙花 *psb*A-*trn*H 序列信息

扫码查看凤仙花
*psb*A-*trn*H 基因序列

资源现状与用途　凤仙花 *I. balsamina*，别名指甲花、凤仙透骨草等，始载于《救荒本草》，为我国传统中药之一。在我国广泛分布，资源丰富。临床上还用于避孕，治疗肿瘤、骨质增生等。我国凤仙花属植物种类繁多，为选育观赏价值高的花卉优种提供了丰富资源。

秋海棠科 Begoniaceae

秋 海 棠
Begonia grandis Dryander

秋海棠 *Begonia grandis* Dryander 为神农架民间"七十二七"药材"鸳鸯七"的基原物种之一。其块茎具有清热解毒、止血止痢、活血散瘀的功效，用于痢疾、肠炎、疝气、腹疼、崩漏、痛经、赤白带、跌打损伤、外伤出血等。

植物形态 多年生草本，株高 60～100 cm。根状茎近球形。茎直立，有分枝，有纵棱。茎生叶互生，具长柄；叶片两侧不相等，轮廓宽卵形至卵形；花粉红色，2～4 回二歧聚伞状，花柱 3，1/2 部分合生或微合生或离生。蒴果下垂。花期 7－8 月，果期 8－10 月（图 443a）。

生境与分布 生于海拔 1 200 m 以下的山谷潮湿石壁、沟边岩石上和山谷灌丛中，分布于神农架新华镇、阳日镇等地（图 443b）。

a　　　　　　　　　　　　　　　　　　b

图 443　秋海棠形态与生境图

ITS2序列特征 秋海棠 *B. grandis* 共 5 条序列，均来自于神农架样本，序列比对后长度为 218 bp，有 1 个变异位点，为 197 位点 G-T 变异，在 23 位点存在碱基插入。主导单倍型序列特征见图 444。

图 444　秋海棠 ITS2 序列信息

扫码查看秋海棠
ITS2 基因序列

psbA-trnH序列特征　秋海棠 *B. grandis* 共 5 条序列，均来自于神农架样本，序列比对后长度为 305 bp，有 1 个变异位点，为 43 位点 T-A 变异。主导单倍型序列特征见图 445。

扫码查看秋海棠
*psb*A-*trn*H 基因序列

图 445　秋海棠 *psb*A-*trn*H 序列信息

资源现状与用途　秋海棠 *B. grandis*，别名断肠草、相思草、八月春，资源分布广泛。民间用于治疗跌打损伤、伤后吐血等。秋海棠多栽培于庭园，观赏价值很高。

中华秋海棠

Begonia grandis subsp. _sinensis_（A. Candolle）Irmscher

中华秋海棠 *Begonia grandis* subsp. *sinensis*（A. Candolle）Irmscher 为神农架民间"七十二七"药材"鸳鸯七"的基原物种之一。其块茎具有清热解毒、止血止痢、活血散瘀的功效，用于痢疾、肠炎、疝气、腹疼、崩漏、痛经、赤白带、跌打损伤、外伤出血等。

植物形态　草本，高 20～70 cm，几无分枝。叶较小，椭圆状卵形至三角状卵形，长 5～12 cm，渐尖，基部心形，宽侧下延呈圆形，下面色淡，偶带红色。伞房状至圆锥状二歧聚伞花序，较短；花小，粉红色；雄蕊多数；柱头呈螺旋状扭曲。蒴果具 3 不等大之翅。花期 7－9 月，果期 10 月（图446a）。

生境与分布　生于海拔 1 200 m 以下的山谷潮湿的灌木林下或岩石边，分布于神农架宋洛乡、木鱼镇、红坪镇、阳日镇等地（图 446b）。

ITS2序列特征　中华秋海棠 *B. grandis* subsp. *sinensis* 共 3 条序列，均来自于神农架样本，序列比对后长度为 217 bp，其序列特征见图 447。

a   b

图 446　中华秋海棠形态与生境图

```
1    10   20   30   40   50   60   70   80   90   100  110  120  130  140  150
151  160  170  180  190  200  210 217
```

图 447　中华秋海棠 ITS2 序列信息

扫码查看中华秋海棠
ITS2 基因序列

⚘ *psbA-trn*H序列特征　中华秋海棠 *B. grandis* subsp. *sinensis* 共 3 条序列，均来自于神农架样本，序列比对后长度为 372 bp，其序列特征见图 448。

```
1    10   20   30   40   50   60   70   80   90   100  110  120  130  140  150
151  160  170  180  190  200  210  220  230  240  250  260  270  280  290  300
301  310  320  330  340  350  360  372
```

扫码查看中华秋海棠
*psb*A-*trn*H 基因序列

图 448　中华秋海棠 *psb*A-*trn*H 序列信息

小 檗 科 Berberidaceae

红 毛 七
Caulophyllum robustum Maxim.

红毛七 *Caulophyllum robustum* Maxim. 为神农架民间"七十二七"药材"红毛七"的基原物种。其根及根茎具有活血散瘀、消肿止痛、清热解毒、抗风湿的功效，用于妇女月经不调、跌打损伤、风湿筋骨痛、劳伤、胃痛、头痛等。

植物形态 多年生草本，高达 80 cm。根状茎粗短。茎生叶 2，互生，二至三回三出复叶；小叶卵形，长圆形或阔披针形，长 4～8 cm，全缘或 2～3 裂；顶生小叶具柄。圆锥花序顶生；花淡黄色，直径 7～8 mm。花后子房开裂，露出种子，浆果状，熟后蓝黑色。花期 5－6 月，果期 7－9 月（图 449a）。

生境与分布 生于海拔 1 200～3 000 m 的山坡下、沟边的阴湿处，分布于神农架木鱼镇、大九湖镇、红坪镇等地（图 449b）。

a   b

图 449　红毛七形态与生境图

ITS2序列特征 红毛七 *C. robustum* 共 3 条序列，均来自于神农架样本，序列比对后长度为 228 bp，有 1 个变异位点，为 206 位点 T-C 变异。主导单倍型序列特征见图 450。

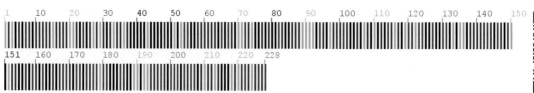

图 450　红毛七 ITS2 序列信息

扫码查看红毛七
ITS2 基因序列

psbA–trnH序列特征 红毛七 *C. robustum* 共 3 条序列，均来自于神农架样本，序列比对后长度为 702 bp，有 2 个变异位点，分别为 700 位点 A-G 变异，701 位点 G-A 变异。主导单倍型序列特征见图 451。

扫码查看红毛七 *psbA-trn*H 基因序列

图 451　红毛七 *psb*A-*trn*H 序列信息

资源现状与用途 红毛七 *C. robustum*，别名类叶牡丹、葳严仙、红毛细辛等，在我国广泛分布。红毛七为传统"七药"之一，是长江三峡库区民间广为使用的中草药。

南方山荷叶

Diphylleia sinensis H. L. Li

南方山荷叶 *Diphylleia sinensis* H. L. Li 为神农架民间"四个一"药材"江边一碗水"的基原物种之一。其根茎具有散瘀活血、止血止痛的功效，用于治疗风湿关节炎、跌打损伤、腰腿疼痛、月经不调等。

植物形态 多年生草本，高 40～80 cm。叶肾形或肾状圆形，盾状着生；下部叶宽 20～46 cm，呈 2 半裂，各半裂浅裂并具不规则锯齿，下面被柔毛。聚伞花序顶生，具花 10～20 朵；萼片 6；花瓣 6，白色；雄蕊 6，对瓣；子房椭圆形，柱头盘状。浆果球形或阔椭圆形。花期 5—6 月，果期 7—8 月（图 452a）。

生境与分布 生于海拔 1 700～2 700 m 的山坡林下或沟边阴湿处，分布于神农架红坪镇、大九湖镇等地（图 452b）。

ITS2序列特征 南方山荷叶 *D. sinensis* 共 7 条序列，分别来自于神农架样本和 GenBank（DQ478609、KC494673、KC494674），序列比对后长度为 247 bp，有 5 个变异位点，分别为 46 位点 A-T 变异，122 位点 T-C 变异，124 位点 G-C 变异，189 位点 C-T 变异，211 位点 G-T 变异，在 33 位点存在碱基插入，48、175 位点存在碱基缺失，127 位点存在简并碱基 Y。主导单倍型序列特征见图 453。

a

b

图 452　南方山荷叶形态与生境图

图 453　南方山荷叶 ITS2 序列信息

扫码查看南方山荷叶
ITS2 基因序列

psbA–trnH序列特征　南方山荷叶 *D. sinensis* 共 2 条序列，均来自于神农架样本，序列比对后长度为 697 bp，有 9 个变异位点，在 691 位点存在碱基缺失。主导单倍型序列特征见图 454。

扫码查看南方山
荷叶 *psbA-trn*H
基因序列

图 454　南方山荷叶 *psb*A-*trn*H 序列信息

资源现状与用途　南方山荷叶 *D. sinensis*，别名山荷叶、窝儿七、金鞭七等，主要分布于我国西南、西北、华中等地区。南方山荷叶所含的鬼臼毒素是治疗尖锐湿疣的良好药物，也是合成治疗癌症药物的前体，具有重要的药用价值和经济价值。其生长速度缓慢，对生境要求苛刻，自然分布较少，野生资源有限。

小八角莲

Dysosma difformis（Hemsl. et Wils.）T. H. Wang ex Ying

小八角莲 *Dysosma diformis*（Hemsl. et Wils.）T. H. Wang ex Ying 为神农架民间"七十二七"药材"包袱七"的基原物种。其根茎具有清热解毒、活血镇痛的功效，用于风湿性关节炎、跌打损伤等。

植物形态 多年生草本，植株高 15～30 cm。根状茎细长，横走，多须根；茎直立。茎生叶通常 2 枚，薄纸质，互生，叶片不分裂或浅裂。花 2～5 朵着生于叶基部处，无花序梗，簇生状；萼片 6，长圆状披针形；花瓣 6，淡赭红色。子房坛状，花柱长约 2 mm，柱头膨大呈盾状。浆果小，圆球形。花期 4—6 月，果期 6—9 月（图 455a）。

生境与分布 生于海拔 600～1 800 m 的山坡、沟谷，分布于神农架红坪镇、下谷乡等地（图 455b）。

a　　　　　　　　　　　　　　　b

图 455　小八角莲形态与生境图

ITS2序列特征 小八角莲 *D. difformis* 共 3 条序列，均来自于神农架样本，序列比对后长度为 242 bp，有 2 个变异位点，分别为 89 位点 G-A 变异，221 位点 T-C 变异，在 239 位点存在碱基缺失，207 位点存在简并碱基 R。主导单倍型序列特征见图 456。

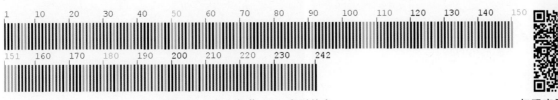

图 456　小八角莲 ITS2 序列信息

扫码查看小八角莲
ITS2 基因序列

psbA-trnH序列特征 小八角莲 *D. difformis* 共 3 条序列，均来自于神农架样本，序列比对后长度为 519 bp，有 3 个变异位点，分别为 86 位点 T-G 变异，87 位点 A-T 变异，88 位点 C-A 变异，在

111 位点存在碱基插入。主导单倍型序列特征见图 457。

扫码查看小八角莲 *psb*A-*trn*H 基因序列

图 457　小八角莲 *psb*A-*trn*H 序列信息

柔毛淫羊藿
Epimedium pubescens Maxim.

柔毛淫羊藿 *Epimedium pubescens* Maxim. 为《中华人民共和国药典》（2020 年版）"淫羊藿"药材的基原物种之一。其干燥叶具有补肾阳、强筋骨、祛风湿的功效，用于肾阳虚衰、阳痿遗精、筋骨痿软、风湿痹痛、麻木拘挛等。

植物形态　多年生草本。根状茎粗短，被褐色鳞片。一回三出复叶基生或茎生；茎生叶 2 枚对生，小叶 3 枚；花茎具 2 枚对生叶。圆锥花序具 30～100 余朵花，通常序轴及花梗被腺毛；花梗长 1～2 cm；花直径约 1 cm；萼片 2 轮，外萼片阔卵形，带紫色，内萼片披针形或狭披针形，急尖或渐尖，白色；花瓣远较内萼片短，长约 2 mm，囊状，淡黄色；雄蕊长约 4 mm，外露，花药长约 2 mm。蒴果长圆形，宿存花柱长喙状。花期 4—5 月，果期 5—7 月（图 458a）。

生境与分布　生于海拔 400～1 800 m 的山坡灌丛、林下、沟谷及草丛中，分布于神农架各地（图 458b）。

a　　　　　　　　　　　　　　　b

图 458　柔毛淫羊藿形态与生境图

ITS2序列特征 柔毛淫羊藿 *E. pubescens* 共 5 条序列，均来自于 GenBank（GQ434793、JN010299、KT285164、KT285166、KX675077），序列比对后长度为 247 bp，有 1 个变异位点，为 43 位点 G-A 变异。主导单倍型序列特征见图 459。

图 459　柔毛淫羊藿 ITS2 序列信息

扫码查看柔毛淫羊藿
ITS2 基因序列

psbA-trnH序列特征 柔毛淫羊藿 *E. pubescens* 共 2 条序列，均来自于神农架样本，序列比对后长度为 437 bp，有 9 个变异位点，在 173～178 位点存在碱基缺失，316 位点存在碱基插入。主导单倍型序列特征见图 460。

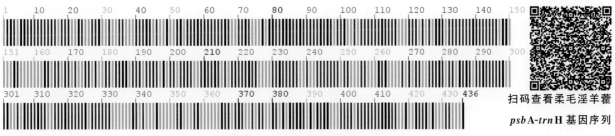

图 460　柔毛淫羊藿 *psb*A-*trn*H 序列信息

扫码查看柔毛淫羊藿
*psb*A-*trn*H 基因序列

资源现状与用途 柔毛淫羊藿 *E. pubescens*，别名毛叶淫羊藿、三枝九叶草等，主要分布于我国西北、华中等地区。柔毛淫羊藿是民间常用药，还是多种复方药剂的原料，此外也作牧草使用。

箭叶淫羊藿

Epimedium sagittatum（Sieb. et Zucc.）Maxim.

箭叶淫羊藿 *Epimedium sagittatum*（Sieb. et Zucc.）Maxim.（*Flora of China* 收录为三枝九叶草）为《中华人民共和国药典》（2020 年版）"淫羊藿"药材的基原物种之一。其干燥叶具有补肾阳、强筋骨、祛风湿的功效，用于肾阳虚衰、阳痿遗精、筋骨痿软、风湿痹痛、麻木拘挛等。

植物形态 多年生草本。根状茎粗短，节结状，质硬，多须根。一回三出复叶基生和茎生，小叶 3 枚；小叶革质，顶生小叶基部两侧裂片近相等，圆形，侧生小叶基部高度偏斜，外裂片远较内裂片大，三角形，急尖，内裂片圆形，上面无毛，背面疏被粗短伏毛或无毛，叶缘具刺齿；花茎具 2 枚对生叶。圆锥花序具 200 朵花，通常无毛；花较小，白色；萼片 2 轮，外萼片 4 枚，先端钝圆，具紫色斑点；花瓣囊状，淡棕黄色，先端钝圆。花期 4—5 月，果期 5—7 月（图 461a）。

生境与分布 生于海拔 1 800 m 以下的山坡草丛中、林下、灌丛中、水沟边或岩边石缝中，分布于神农架木鱼镇、新华镇等地（图 461b）。

a   b

图 461   箭叶淫羊藿形态与生境图

ITS2序列特征   箭叶淫羊藿 *E. sagittatum* 共 3 条序列，均来自于神农架样本，序列比对后长度为 247 bp，有 1 个变异位点，为 90 bp 位点 T-A 变异。主导单倍型序列特征见图 462。

图 462   箭叶淫羊藿 ITS2 序列信息

扫码查看箭叶淫
羊藿 ITS2 基因序列

psbA-trnH序列特征   箭叶淫羊藿 *E. sagittatum* 共 3 条序列，均来自于神农架样本，序列比对后长度为 475 bp，其序列特征见图 463。

扫码查看箭叶淫
羊藿 *psb*A-*trn*H
基因序列

图 463   箭叶淫羊藿 *psb*A-*trn*H 序列信息

资源现状与用途   箭叶淫羊藿 *E. sagittatum*，别名三枝九叶草，分布于我国的华东、华南、华中及西南地区。箭叶淫羊藿在淫羊藿属中分布较广、形态变异较大。箭叶淫羊藿种内活性成分的种类和含量差异较大，质量不稳定。有地区用淫羊藿喂食母猪，可提高母猪产仔量并加快体质恢复，或用于治疗牛、马等牲畜的不孕症。

巫山淫羊藿

Epimedium wushanense Ying

巫山淫羊藿 *Epimedium wushanense* Ying 为《中华人民共和国药典》（2020 年版）"巫山淫羊藿"药材的基原物种之一。其干燥叶具有补肾阳、强筋骨、祛风湿的功效，用于肾阳虚衰、阳痿遗精、筋骨痿软、风湿痹痛、麻木拘挛、绝经期眩晕等。

植物形态 多年生常绿草本，高 50～80 cm。根状茎结节状。三出复叶基生和茎生；小叶具柄，革质，披针形至狭披针形，长 9～23 cm，渐尖或长渐尖，边缘具刺齿，基部心形，侧生小叶基部裂片偏斜。圆锥花序顶生，具多花；花淡黄色，直径达 3.5 cm。蒴果长约 1.5 cm，宿存花柱喙状。花期 4—5 月，果期 5—6 月（图 464a）。

生境与分布 生于海拔 800～1 500 m 的山坡、路边草丛中，分布于神农架木鱼镇、红坪镇等地（图 464b）。

a   b

图 464　巫山淫羊藿形态与生境图

ITS2序列特征 巫山淫羊藿 *E. wushanense* 共 3 条序列，均来自于神农架样本，序列比对后长度为 247 bp，有 1 个变异位点，为 35 位点 C-T 变异，在 94 位点存在简并碱基 Y。主导单倍型序列特征见图 465。

图 465　巫山淫羊藿 ITS2 序列信息

扫码查看巫山淫羊藿
ITS2 基因序列

***psbA-trn*H序列特征** 巫山淫羊藿 *E. wushanense* 共 3 条序列，均来自于神农架样本，序列比对

后长度为 461 bp，其序列特征见图 466。

扫码查看
psb A-*trn* H
基因序列

图 466 巫山淫羊藿 *psb* A-*trn* H 序列信息

阔叶十大功劳

Mahonia bealei (Fort.) Carr.

阔叶十大功劳 *Mahonia bealei* (Fort.) Carr. 为《中华人民共和国药典》(2020 年版)"功劳木"药材的基原物种之一。其干燥茎具有清热燥湿，泻火解毒的功效，用于湿热泻痢、黄疸尿赤、目赤肿痛、胃火牙痛、疮疖痈肿等。

植物形态 灌木或小乔木，高 0.5～8 m。叶狭倒卵形至长圆形，背面被白霜，有时淡黄绿色或苍白色，两面叶脉不显，具 1～2 粗锯齿。总状花序直立，通常 3～9 个簇生；芽鳞卵形至卵状披针形；苞片阔卵形或卵状披针形，先端钝；花黄色；外萼片卵形，中萼片椭圆形，内萼片长圆状椭圆形；花瓣倒卵状椭圆形，基部腺体明显，先端微缺；药隔不延伸，顶端圆形至截形。浆果卵形，直径约 1～1.2 cm，深蓝色，被白粉。花期 9 月至翌年 1 月，果期 3—5 月（图 467a）。

生境与分布 生于海拔 500～2 000 m 的山坡及灌丛中，分布于神农架松柏镇、大九湖镇、新华镇、木鱼镇、宋洛乡等地（图 467b）。

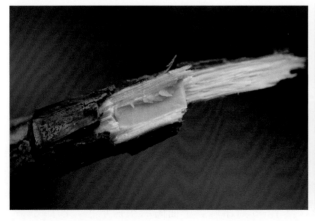

a   b

图 467 阔叶十大功劳形态与生境图

ITS2序列特征 阔叶十大功劳 *M. bealei* 共 3 条序列，均来自于神农架样本，序列比对后长度为 223 bp，有 5 个变异位点，分别为 5 位点 C-T 变异、81 位点 A-T 变异、141 位点 G-T 变异、172 位点 T-C 变异、191 位点 G-A 变异。主导单倍型序列特征见图 468。

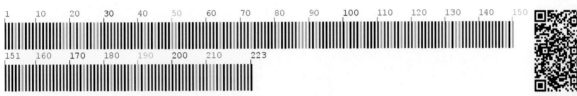

图 468　阔叶十大功劳 ITS2 序列信息

扫码查看阔叶十大功劳 ITS2 基因序列

***psb*A-*trn*H序列特征** 阔叶十大功劳 *M. bealei* 共 2 条序列，均来自于 GenBank（HQ427095、KF176554），序列比对后长度为 518 bp，有 4 个变异位点，分别为 419 位点 A-T 变异、471 位点 G-T 变异、476 位点 A-T 变异、477 位点 T-A 变异。主导单倍型序列特征见图 469。

扫码查看阔叶十大功劳 *psb*A-*trn*H 基因序列

图 469　阔叶十大功劳 *psb*A-*trn*H 序列信息

资源现状与用途 阔叶十大功劳 *M. bealei*，别名刺黄檗、大叶黄柏、皮氏黄连竹、老鼠刺，主要分布于我国华南、华中地区，也是贵州和云南常见的民族药用植物。阔叶十大功劳具有很高的园林观赏价值，且该树对污染气体有一定抗性，是工业园区绿化的优良树种。此外，阔叶十大功劳茎皮内含有丰富的小檗碱，是提取黄连素的优质原材料。

细叶十大功劳

Mahonia fortunei（Lindl.）Fedde

细叶十大功劳 *Mahonia fortunei*（Lindl.）Fedde（*Flora of China* 收录为十大功劳）为《中华人民共和国药典》（2020 年版）"功劳木"药材的基原物种之一。其干燥茎具有清热燥湿、泻火解毒的功效，用于湿热泻痢、黄疸尿赤、目赤肿痛、胃火牙痛、疮疖痈肿等。

植物形态 灌木。叶倒卵形至倒卵状披针形，具 2～5 对小叶，上面暗绿至深绿色，叶脉不显，背面淡黄色，叶脉隆起；小叶无柄或近无柄，狭披针形至狭椭圆形，基部楔形，边缘每边具 5～10 刺齿。总状花序 4～10 个簇生。花黄色；外萼片卵形或三角状卵形，中萼片长圆状椭圆形；花瓣长圆形。

浆果球形，直径 4～6 mm，紫黑色，被白粉。花期 7－9 月，果期 9－11 月（图 470a）。

生境与分布 神农架有栽培（图 470b）。

a b

图 470 细叶十大功劳形态与生境图

ITS2序列特征 细叶十大功劳 *M. fortunei* 共 3 条序列，均来自于神农架样本，序列比对后长度为 223 bp，其序列特征见图 471。

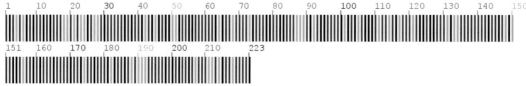

图 471 细叶十大功劳 ITS2 序列信息

扫码查看细叶十
大功劳 ITS2 基因序列

资源现状与用途 细叶十大功劳 *M. fortunei* 是一种常绿灌木，主要分布于长江以南区域。该植物兼具观赏及药用价值，其有效成分主要为小檗碱、药根碱等生物碱，具有抗菌、抗炎、抗氧化及抗肿瘤等生物活性，临床上还用于湿疹和牛皮癣等。

紫 葳 科 Bignoniaceae

凌 霄

Campsis grandiflora（Thunb.）K. Schum.

凌霄 *Campsis grandiflora*（Thunb.）K. Schum. 为《中华人民共和国药典》（2020 年版）"凌霄花"药材的基原物种之一。其干燥花具有活血通经、凉血祛风的功效，用于月经不调、经闭癥瘕、产后乳肿、风疹发红、皮肤瘙痒、痤疮等。

植物形态 攀缘藤本。茎木质，表皮脱落，枯褐色，以气生根攀附于它物之上。叶对生，奇数羽状复叶；小叶7～9枚，卵形至卵状披针形，顶端尾状渐尖，基部阔楔形，两侧不等大。顶生疏散的短圆锥花序。花萼钟状，花冠内面鲜红色，外面橙黄色。雄蕊着生于花冠筒近基部，花药黄色，"个"字形着生。花柱线形，柱头扁平，2裂。花期5－8月（图472a）。

生境与分布 神农架有栽培（图472b）。

a   b

图 472　凌霄形态与生境图

ITS2序列特征 凌霄 *C. grandiflora* 共3条序列，均来自于神农架样本，序列比对后长度为247 bp，在13位点存在碱基插入。主导单倍型序列特征见图473。

图 473　凌霄 ITS2 序列信息

扫码查看凌霄
ITS2 基因序列

psbA-trnH序列特征 凌霄 *C. grandiflora* 共3条序列，均来自于神农架样本，序列比对后长度为328 bp。主导单倍型序列特征见图474。

扫码查看凌霄
*psb*A-*trn*H 基因序列

图 474　凌霄 *psb*A-*trn*H 序列信息

十字花科 Brassicaceae

芥

Brassica juncea (L.) Czern. et Coss.

芥 *Brassica juncea* (L.) Czern. et Coss.（*Flora of China* 收录为芥菜）为《中华人民共和国药典》（2020 年版）"芥子"药材的基原物种之一。其干燥成熟种子具有温肺豁痰利气、散结通络止痛的功效，用于寒痰咳嗽、胸胁胀痛、痰滞经络、关节麻木或疼痛、痰湿流注、阴疽肿毒等。

植物形态 一年生草本，常无毛，带粉霜，有辣味。茎直立，有分枝。基生叶宽卵形至倒卵形，顶端圆钝，基部楔形，大头羽裂，具 2~3 对裂片，或不裂，边缘均有缺刻或牙齿，具小裂片。总状花序顶生，花后延长；花黄色；萼片淡黄色，长圆状椭圆形；花瓣倒卵形，长角果线形。种子球形，紫褐色。花期 3—5 月，果期 5—6 月（图 475a）。

生境与分布 神农架有栽培（图 475b）。

a   b

图 475　芥形态与生境图

ITS2序列特征 芥 *B. juncea* 共 3 条序列，均来自于神农架样本，序列比对后长度为 191 bp，有 2 个变异位点，分别为 97 位点、132 位点 C-T 变异，在 97 位点存在碱并碱基 Y，138 位点存在碱并碱基 M。主导单倍型序列特征见图 476。

图 476　芥 ITS2 序列信息

扫码查看芥
ITS2 基因序列

_psbA-trnH_序列特征 芥 _B. juncea_ 共 3 条序列，均来自于神农架样本，序列比对后长度为 353 bp，在 1 位点存在碱基缺失。主导单倍型序列特征见图 477。

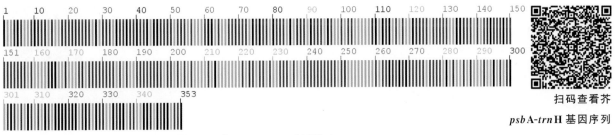

扫码查看芥

psbA-trnH 基因序列

图 477 芥 _psbA-trnH_ 序列信息

白花碎米荠

Cardamine leucantha（Tausch）O. E. Schulz

白花碎米荠 _Cardamine leucantha_（Tausch）O. E. Schulz 为神农架民间"七十二七"药材"菜子七"的基原物种。其根具有止咳平喘、利水的功效，用于百日咳等。

植物形态 多年生草本。根状茎短而匍匐，着生多数粗线状、长短不一的匍匐茎，其上生有须根。茎单一，不分枝。基生叶有长叶柄，小叶 2～3 对，顶生小叶卵形至长卵状披针形。总状花序顶生，花后伸长；萼片长椭圆形；花瓣白色，长圆状楔形；雌蕊细长；子房有长柔毛，柱头扁球形。长角果线形。花期 4—7 月，果期 6—8 月（图 478a）。

生境与分布 生于海拔 600～1 800 m 的山坡林下草丛中或沟边，分布于神农架红坪镇、松柏镇等地（图 478b）。

a   b

图 478 白花碎米荠形态与生境图

ITS2序列特征 白花碎米荠 *C. leucantha* 共 3 条序列，均来自于神农架样本，序列比对后长度为 191 bp，其序列特征见图 479。

图 479　白花碎米荠 ITS2 序列信息

扫码查看白花碎米荠
ITS2 基因序列

psbA-trnH序列特征 白花碎米荠 *C. leucantha* 共 3 条序列，均来自于神农架样本，序列比对后长度为 304 bp，其序列特征见图 480。

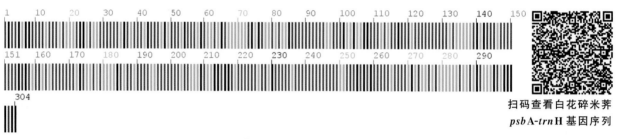

扫码查看白花碎米荠
*psb*A-*trn*H 基因序列

图 480　白花碎米荠 *psb*A-*trn*H 序列信息

资源现状与用途 白花碎米荠 *C. leucantha*，别名白花石芥菜、山芥菜、假芹菜等，主要分布于我国东北、华北、华中等地区。民间将其幼苗作为野菜食用，干茎叶代替茶饮用，根和根茎作为中草药。由于近年来被大量采集或采挖，其野生资源迅速减少。为保护其野生资源，已对白花碎米荠开展组织培养和快速繁殖研究，为人工栽培打下了基础。

播 娘 蒿

Descurainia sophia（L.）Webb. ex Prantl

播娘蒿 *Descurainia sophia*（L.）Webb. ex Prantl 为《中华人民共和国药典》（2020 年版）"葶苈子"药材的基原物种之一。其干燥成熟种子具有泻肺平喘、行水消肿的功效，用于痰涎壅肺、喘咳痰多、胸胁胀满、不得平卧、胸腹水肿、小便不利等。

植物形态 一年生草本，有毛或无毛，以下部茎生叶为多，向上渐少。茎直立，分枝多，常于下部呈淡紫色。叶为 3 回羽状深裂，末端裂片条形或长圆形。花序伞房状，果期伸长；花瓣黄色，长圆状倒卵形，或稍短于萼片，具爪。长角果圆筒状，无毛，稍内曲，与果梗不成 1 条直线，果瓣中脉明显；果梗长 1～2 cm。种子每室 1 行，种子形小，多数，长圆形，长约 1 mm，稍扁，淡红褐色，表面有细网纹。花期 4—5 月（图 481a）。

生境与分布 生于海拔 600～2 300 m 的山坡、田野及农田，分布于神农架阳日镇、红坪镇、木鱼镇等地（图 481b）。

a   b

图 481　播娘蒿形态与生境图

ITS2序列特征　播娘蒿 *D. sophia* 共 3 条序列，分别来自于神农架样本和 GenBank（DQ418727、HQ896613），序列比对后长度为 194 bp，在 186～194 位点存在碱基缺失。主导单倍型序列特征见图 482。

图 482　播娘蒿 ITS2 序列信息

扫码查看播娘蒿
ITS2 基因序列

*psb*A–*trn*H序列特征　播娘蒿 *D. sophia* 共 3 条序列，分别来自于神农架样本和 GenBank（KX244468），序列比对后长度为 188 bp，有 1 个变异位点，为 134 位点 C-A 变异。主导单倍型序列特征见图 483。

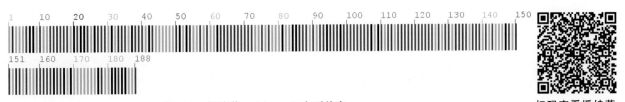

图 483　播娘蒿 *psb*A-*trn*H 序列信息

扫码查看播娘蒿
*psb*A-*trn*H 基因序列

资源现状与用途　播娘蒿 *D. sophia*，别名南葶苈子、甜葶苈，主要分布于除华南地区外的全国各地，资源非常丰富。民间常将其外用，治疗浅表创面及褥疮。此外，播娘蒿种子含油量高，为优良食用油和工业用油原料，在食品、化工等行业有很高的应用价值。

萝 卜
Raphanus sativus L.

萝卜 *Raphanus sativus* L. 为《中华人民共和国药典》（2020 年版）"莱菔子"药材的基原物种。其干燥成熟种子具有消食除胀、降气化痰的功效，用于饮食停滞、脘腹胀痛、大便秘结、积滞泻痢、痰壅喘咳等。

植物形态 一年或二年生草本。直根肉质，长圆形、球形或圆锥形；茎有分枝，无毛，稍具粉霜。基生叶和下部茎生叶大头羽状半裂，顶裂片卵形，侧裂片 4～6 对，长圆形，有钝齿，疏生粗毛，上部叶长圆形，有锯齿或近全缘。总状花序顶生及腋生；花白色或粉红色；花瓣倒卵形，紫纹，下部有长 5 mm 的爪。长角果圆柱形，在相当种子间处缢缩，并形成海绵质横隔。花期 4—5 月，果期 5—6 月（图 484a）。

生境与分布 神农架有栽培（图 484b）。

a　　　　　　　　　　b

图 484　萝卜形态与生境图

ITS2序列特征 萝卜 *R. sativus* 共 3 条序列，均来自于神农架样本，序列比对后长度为 193 bp，其序列特征见图 485。

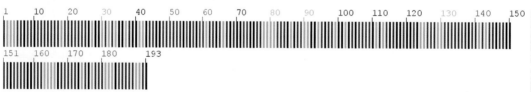

图 485　萝卜 ITS2 序列信息

扫码查看萝卜
ITS2 基因序列

psbA-trnH序列特征 萝卜 *R. sativus* 共 3 条序列，均来自于神农架样本，序列比对后长度为 318 bp，其序列特征见图 486。

图 486　萝卜 *psb*A-*trn*H 序列信息

扫码查看萝卜
*psb*A-*trn*H 基因序列

白　芥

Sinapis alba L.

白芥 *Sinapis alba* L. 为《中华人民共和国药典》（2020 年版）"芥子"药材的基原物种之一。其果实具有温肺豁痰利气、散结通络止痛的功效，用于寒痰咳嗽、胸胁胀痛、痰滞经络、关节麻木或疼痛、痰湿流注、阴疽肿毒等。

植物形态　一年生草本。茎直立，有分枝，具稍外折硬单毛。下部叶大头羽裂，边缘有不规则粗锯齿，两面粗糙；上部叶卵形或长圆卵形，边缘有缺刻状裂齿。总状花序有多数花，无苞片；花淡黄色；花梗开展或稍外折；萼片长圆形或长圆状卵形无毛或稍有毛，具白色膜质边缘；花瓣倒卵形，具短爪。长角果近圆柱形，直立或弯曲，具糙硬毛，果瓣有 3～7 平行脉。喙稍扁压，剑状，常弯曲，向顶端渐细。花果期 6—8 月（图 487a）。

生境与分布　神农架有栽培（图 487b）。

a   b

图 487　白芥形态与生境图

ITS2序列特征　白芥 *S. alba* 共 3 条序列，均来自于 GenBank（KT898230，FJ609733，AF128106）

227

序列比对后长度为 192 bp，其序列特征见图 488。

图 488　白芥 ITS2 序列信息

扫码查看白芥
ITS2 基因序列

psbA-trnH序列特征　白芥 *S. alba* 序列来自于 GenBank（AB669919），序列长度为 190 bp，其序列特征见图 489。

图 489　白芥 *psb*A-*trn*H 序列信息

扫码查看白芥
*psb*A-*trn*H 基因序列

资源现状与用途　白芥 *S. alba*，别名胡芥、蜀芥、辣菜、白辣菜，主要分布于我国华中、华南地区。白芥是药食两用植物，其种子也能作油料。此外，白芥对十字花科的多种病虫害有较高的抗性，也能抗高温及干旱胁迫，是十字花科植物育种的重要种质资源。

黄　杨　科 Buxaceae

顶花板凳果

Pachysandra terminalis Siebold & Zuccarini.

顶花板凳果 *Pachysandra terminalis* Siebold & Zuccarini. 为神农架民间"转筋草"药材的基原物种。其带根全草具有舒筋活络、散瘀止痛的功效，用于风湿疼痛、劳伤、肢体伸屈不利、小腿转筋等。

植物形态　低矮亚灌木，高约 30 cm。下部根茎状，横卧、屈曲或斜上；上部直立，生叶。叶薄革质，有 4～6 叶接近着生，似簇生状；叶片菱状倒卵形，长 2.5～5 cm，上部边缘有齿牙。花序顶生，直立，花白色；雄花超过 15；雌花 1～2，位于花序轴基部。果卵形，花柱宿存。花期 4—5 月，果期 7—10 月（图 490a）。

生境与分布　生于海拔 1 000 m 以上的林下及阴湿地，分布于神农架各地（图 490b）。

ITS2序列特征　顶花板凳果 *P. terminalis* 共 3 条序列，均来自于神农架样本，序列比对后长度为 235 bp，其序列特征见图 491。

a   b

图 490　顶花板凳果形态与生境图

图 491　顶花板凳果 ITS2 序列信息

扫码查看顶花板凳果
ITS2 基因序列

_psb_A–_trn_H 序列特征　顶花板凳果 _P. terminalis_ 共 6 条序列，均来自于神农架样本，序列比对后长度为 494 bp，其序列特征见图 492。

扫码查看顶花板
凳果 _psb_A-_trn_H
基因序列

图 492　顶花板凳果 _psb_A-_trn_H 序列信息

资源现状与用途　顶花板凳果 _P. terminalis_，别名粉蕊黄杨、顶蕊三角咪、富贵草等，主要分布于我国西北、西南、华中等部分地区。顶花板凳果为地被植物，亦可作盆栽种植。在野生状态下，顶花板凳果主要靠匍匐茎上的不定根扩大种群，依靠洪水迁徙建立新种群，有很强的繁殖生根能力，是一种具有良好发展前景的优良地被植物。

桔 梗 科 Campanulaceae

沙 参

Adenophora stricta Miq.

沙参 *Adenophora stricta* Miq. 为《中华人民共和国药典》（2020 年版）"南沙参"药材的基原物种之一。其干燥根具有养阴清肺、益胃生津、化痰、益气的功效，用于肺热燥咳、阴虚劳嗽、干咳痰黏、胃阴不足、食少呕吐、气阴不足、烦热口干等。

植物形态 多年生草本。茎高 40～80 cm，不分枝，常被短硬毛或长柔毛。基生叶心形，大而具长柄；茎生叶无柄，叶片椭圆形，狭卵形，基部楔形，边缘有不整齐的锯齿，两面疏生短毛或长硬毛。花序常不分枝而成假总状花序。花梗常极短；花萼常被短柔毛或粒状毛，筒部常倒卵状，裂片狭长，多为钻形；花冠宽钟状，蓝色或紫色；花盘短筒状，无毛；花柱常略长于花冠。蒴果椭圆状球形。花期 8—10 月（图 493a）。

生境与分布 生于海拔 600～1 500 m 的阳坡、半阳坡的草地或灌丛中，分布于神农架阳日镇、新华镇等地（图 493b）。

a   b

图 493 沙参形态与生境图

ITS2序列特征 沙参 *A. stricta* 共 4 条序列，均来自于神农架样本，序列比对后长度为 273 bp，有 10 个变异位点，在 149 位点存在碱基插入。主导单倍型序列特征见图 494。

图 494 沙参 ITS2 序列信息

扫码查看沙参
ITS2 基因序列

_psbA-trnH_序列特征 沙参 A. stricta 共 6 条序列，均来自于神农架样本，序列比对后长度为 291 bp，有 7 个变异位点，在 115、116 位点存在碱基插入。主导单倍型序列特征见图 495。

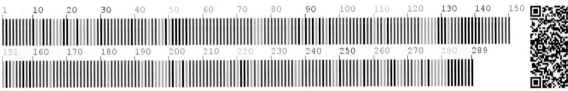

图 495 沙参 _psbA-trnH_ 序列信息

扫码查看沙参
psbA-trnH 基因序列

资源现状与用途 沙参 A. stricta，别名杏叶沙参、沙和尚、南沙参等，分布于我国的江苏、安徽、浙江、江西、湖南等地区。沙参还具有祛痰、抗真菌、强心和调节免疫平衡等作用。

党　参

Codonopsis pilosula (Franch.) Nannf.

党参 _Codonopsis pilosula_ (Franch.) Nannf. 为《中华人民共和国药典》(2020 年版)"党参"药材的基原物种之一。其干燥根具有健脾益肺、养血生津的功效，用于脾肺气虚、食少倦怠、咳嗽虚喘、气血不足、面色萎黄、心悸气短、津伤口渴、内热消渴等。

植物形态 草质藤本。根常肥大呈纺锤状或纺锤状圆柱形，肉质。茎基具多数瘤状茎痕，茎缠绕，有多数分枝，具叶，不育或先端着花，黄绿色或黄白色，无毛。叶在主茎及侧枝上的互生，在小枝上的近于对生。花单生于枝端，与叶柄互生或近于对生，有梗。花萼贴生至子房中部，筒部半球状，裂片宽披针形或狭矩圆形；花冠上位，阔钟状，黄绿色，内面有明显紫斑，浅裂，裂片正三角形，端尖，全缘。蒴果下部半球状。花果期 7—10 月（图 496a）。

生境与分布 生于海拔 1 500～3 000 m 的山地林缘及灌丛中，分布于神农架各地（图 496b）。

a　　　　　　　　　　　　　　　　　　b

图 496 党参形态与生境图

ITS2序列特征 党参 *C. pilosula* 共 3 条序列，均来自于神农架样本，序列比对后长度为 239 bp，其序列特征见图 497。

图 497 党参 ITS2 序列信息

扫码查看党参 ITS2 基因序列

psbA-trnH序列特征 党参 *C. pilosula* 共 3 条序列，均来自于神农架样本，序列比对后长度为 257 bp，其序列特征见图 498。

图 498 党参 *psb*A-*trn*H 序列信息

扫码查看党参 *psb*A-*trn*H 基因序列

资源现状与用途 党参 C. pilosula，别名东党、台党、潞党等，分布于我国的西藏东南部、四川西部、云南西北部、甘肃东部、陕西南部、宁夏、青海东部、河南、山西、河北、内蒙古及东北等地区。党参是药食同源植物，可入膳食，也可做茶制酒。

川 党 参

Codonopsis tangshen Oliv.

川党参 *Codonopsis tangshen* Oliv.［*Flora of China* 收录为 *Codonopsis pilosula* subsp. *tangshen* (Oliver) D. Y. Hong］为《中华人民共和国药典》（2020 年版）"党参"药材的基原植物之一。其干燥根具有健脾益肺、养血生津的功效，用于脾肺气虚、食少倦怠、咳嗽虚喘、气血不足、面色萎黄、心悸气短、伤津口渴、内热消渴等。

植物形态 草质藤本。茎基微膨大，具多数瘤状茎痕，根常肥大呈纺锤状或纺锤状圆柱形，肉质。茎缠绕，有多数分枝，不育或顶端着花，淡绿色，黄绿色或下部微带紫色，叶在主茎及侧枝上的互生，在小枝上的近于对生，顶端钝或急尖，基部楔形或较圆钝。花单生于枝端，与叶柄互生或近于对生；花冠上位，淡黄绿色而内有紫斑，浅裂，裂片近于正三角形。蒴果下部近于球状，上部短圆锥状。种子多数，椭圆状，无翼，细小，光滑，棕黄色。花果期 7—10 月（图 499a）。

生境与分布 生于海拔 2300 m 以下的林边灌丛中，分布于神农架木鱼镇、红坪镇、新华镇等地（图 499b）。

ITS2序列特征 川党参 *C. tangshen* 共 3 条序列，分别来自于神农架样本和 GenBank（GQ434465、GQ906566），序列比对后长度为 236 bp，其序列特征见图 500。

psbA-trnH序列特征 川党参 *C. tangshen* 共 3 条序列，分别来自于神农架样本和 GenBank

a　　　　　　　　　　　　　　b

图 499　川党参形态与生境图

图 500　川党参 ITS2 序列信息

扫码查看川党参
ITS2 基因序列

（GQ435064、KT365813），序列比对后长度为 237 bp，其序列特征见图 501。

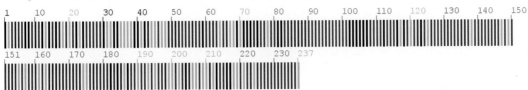

图 501　川党参 *psb*A-*trn*H 序列信息

扫码查看川党参
*psb*A-*trn*H 基因序列

资源现状与用途　川党参 *C. tangshen*，别名天宁党参、巫山党参、单枝党参等，主要分布于我国西南、华中等地区，资源丰富。川党参不仅大量用于临床配方和中成药原料，而且广泛用于保健饮料和绿色食品行业，市场需求量较大。

羊　乳
Codonopsis lanceolata（Sieb. et Zucc.）Trautv.

羊乳 *Codonopsis lanceolata*（Sieb. et Zucc.）Trautv. 为神农架民间药材"四叶参"的基原物种。其根具有清热解毒、补气通乳、养阴润肺、消肿排脓的功效，用于病后体虚、乳汁不足、肺痈咳嗽、头晕头痛、气阴不足等。

植物形态 多年生藤本，植株全体光滑无毛或茎叶偶疏生柔毛。茎表面有多数瘤状茎痕，根常肥大呈纺锤状而有少数细小侧根。茎缠绕，常有多数短细分枝。叶在主茎上的互生，披针形或菱状狭卵形；在小枝顶端通常2～4叶簇生，而近于对生或轮生状。花单生或对生于小枝顶端；花冠阔钟状，裂片三角状，反卷，黄绿色或乳白色内有紫色斑。蒴果下部半球状。种子多数，卵形，有翼。花果期7—8月（图502a）。

生境与分布 生于海拔500～900 m的山坡、灌木丛中、沟边、路旁，分布于神农架新华镇、宋洛乡、下谷乡等地（图502b）。

a   b

图502　羊乳形态与生境图

ITS2序列特征 羊乳 *C. lanceolata* 共5条序列，均来自于神农架样本，序列比对后长度为239 bp，有1个变异位点，为141位点G-C变异。主导单倍型序列特征见图503。

图503　羊乳 ITS2 序列信息

扫码查看羊乳
ITS2 基因序列

psbA-trnH序列特征 羊乳 *C. lanceolata* 共5条序列，均来自于神农架样本，序列比对后长度为268 bp，在90位点存在碱基插入。主导单倍型序列特征见图504。

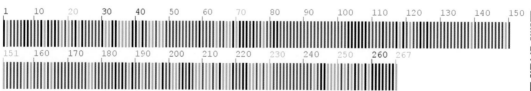

图504　羊乳 *psbA-trn*H 序列信息

扫码查看羊乳
*psbA-trn*H 基因序列

桔　梗

Platycodon grandiflorum (Jacq.) A. DC.

桔梗 *Platycodon grandiflorum* (Jacq.) A. DC. [*Flora of China* 收录为 *Platycodon grandiflorus* (Jacq.) A. DC.] 为《中华人民共和国药典》（2020 年版）"桔梗"药材的基原物种。其干燥根具有宣肺、利咽、祛痰、排脓的功效，用于咳嗽痰多、胸闷不畅、咽痛音哑、肺痈吐脓等。

植物形态　多年生直立草本，有白色乳汁。块根胡萝卜形；茎高 20～120 cm，无毛，通常不分枝或有时分枝。叶三枚轮生、对生或互生，无柄或有极短的柄，无毛；叶片卵形至披针形，先端锐尖，基部宽楔形，边缘有尖锯齿，背面被白粉。花 1 至数朵生茎或分枝顶端；花萼无毛，有白粉，裂片 5，三角形至狭三角形；花冠宽钟状，蓝紫色，无毛，5 浅裂；子房下位，5 室，胚珠多数，柱头 5 裂。蒴果倒卵圆形，于萼齿内 5 瓣裂。花期 7—9 月（图 505a，b）。

生境与分布　生于海拔 2 100 m 以下的阳处草丛、灌丛、林下，神农架有栽培（图 505c）。

图 505　桔梗形态与生境图

ITS2序列特征　桔梗 *P. grandiflorum* 共 3 条序列，均来自于神农架样本，序列比对后长度为 262 bp，在 13 位点存在碱基插入。主导单倍型序列特征见图 506。

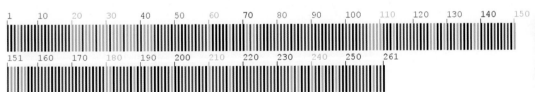

图 506　桔梗 ITS2 序列信息

扫码查看桔梗
ITS2 基因序列

psbA-trnH序列特征 桔梗 *P. grandiflorum* 共 2 条序列，分别来自于神农架样本和 GenBank（KM675899），序列比对后长度为 324 bp，有 4 个变异位点，分别为 3 位点 G-T 变异，4 位点 A-G 变异，284、317 位点 G-A 变异，在 8、179 位点存在碱基缺失。主导单倍型序列特征见图 507。

扫码查看桔梗
*psbA-trn*H 基因序列

图 507　桔梗 *psbA-trn*H 序列信息

资源现状与用途 桔梗 *P. grandiflorum*，别名铃铛花，是我国销量最大的传统中药材之一，在我国华北和东北地区被广泛种植，资源丰富。桔梗也是一种具有较高的食用和药用价值的植物资源，含有多种对人体有益的活性成分，具有抗菌、抗肿瘤、抗氧化等保健作用，有较好的临床应用价值和研发潜力。目前与桔梗相关的食品主要有桔梗菜丝、桔梗脯和桔梗面条等。

大　麻　科 Cannabaceae

大　麻
Cannabis sativa L.

大麻 *Cannabis sativa* L. 为《中华人民共和国药典》（2020 年版）"火麻仁"药材的基原物种。其干燥成熟果实具有润肠通便的功效，用于血虚津亏、肠燥便秘等。

植物形态 一年生直立草本。枝具纵沟槽，密生灰白色贴伏毛。叶掌状全裂，裂片披针形或线状披针形。雄花序长达 25 cm；花黄绿色，花被 5，膜质，外面被细伏贴毛，雄蕊 5，花丝极短，花药长圆形；雌花绿色；花被 1，紧包子房；子房近球形，外面包于苞片。瘦果为宿存黄褐色苞片所包，果皮坚脆，表面具细网纹。花期 5—6 月，果期为 7 月（图 508a）。

生境与分布 神农架有栽培（图 508b）。

ITS2序列特征 大麻 *C. sativa* 共 3 条序列，均来自于神农架样本，序列比对后长度为 221 bp，其序列特征见图 509。

psbA-trnH序列特征 大麻 *C. sativa* 共 3 条序列，分别来自于神农架样本和 GenBank（KC578822、KC578821），序列比对后长度为 328 bp，有 1 个变异位点，为 278 位点 T-C 变异，在 105 位点存在碱基插入，106 位点存在碱基缺失。主导单倍型序列特征见图 510。

a   b

图 508　大麻形态与生境图

图 509　大麻 ITS2 序列信息

扫码查看大麻
ITS2 基因序列

扫码查看大麻
*psb*A-*trn*H 基因序列

图 510　大麻 *psb*A-*trn*H 序列信息

资源现状与用途　大麻 *C. sativa*，别名山丝苗、线麻、胡麻，我国部分地区有栽培或野生。大麻适应性强，种植简便，是人类最早栽培的作物之一，也是我国传统的天然纤维作物。大麻纤维素有"天然纤维之王"的美誉，并可以防紫外线、耐高温、绝缘效果好，用于制作绳索、纸、服饰、防晒服装、太阳伞、电力工人和炼钢工人服装，并能够替代污染严重、能耗极高的玻璃纤维，制成各种复合建筑材料。大麻秆经剥制纤维后的麻骨被广泛应用到工业、农业、军工、建筑材料和日常生活等各个领域。大麻秆粉碎还可以被用作栽培食用菌的营养基质。

忍 冬 科 Caprifoliaceae

忍 冬
Lonicera japonica Thunb.

忍冬 *Lonicera japonica* Thunb. 为《中华人民共和国药典》(2020 年版)"金银花""忍冬藤"药材的基原物种。其干燥花蕾或带初开的花为"金银花",具有清热解毒、疏散风热的功效,用于痈肿疔疮、喉痹、丹毒、热毒血痢、风热感冒、温病发热等;其干燥茎枝为"忍冬藤",具有清热解毒、疏风通络的功效,用于温病发热、热毒血痢、痈肿疮疡、风湿热痹、关节红肿热痛等。

植物形态 半常绿木质藤本。幼枝被毛。叶纸质,卵形至矩圆状卵形,有时卵状披针形,长 3 ～5 cm,两面被短糙毛。苞片大,叶状;花成对腋生。花冠先白色,后变黄色,唇形。雄蕊 5,与花柱均高出花冠。果圆形,熟时蓝黑色。花期 4—6 月,果期 10—11 月 (图 511a)。

生境与分布 生于海拔 1 500 m 以下的山坡灌丛或树林中,分布于神农架松柏镇、宋洛乡、木鱼镇、红坪镇等地 (图 511b)。

a   b

图 511　忍冬形态与生境图

ITS2序列特征 忍冬 *L. japonica* 共 3 条序列,均来自于神农架样本,序列比对后长度为 228 bp,其序列特征见图 512。

图 512　忍冬 ITS2 序列信息

扫码查看忍冬
ITS2 基因序列

psbA–trnH序列特征 忍冬 *L. japonica* 共 3 条序列,均来自于神农架样本,序列比对后长度为

339 bp，其序列特征见图513。

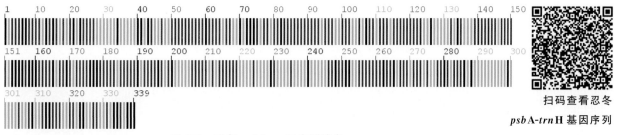

图 513　忍冬 *psb*A-*trn*H 序列信息

⚘ **资源现状与用途**　忍冬 L. japonica，别名老翁须、鸳鸯藤等，除黑龙江、内蒙古、宁夏、青海、新疆、海南和西藏等地无自然生长外，全国各省均有分布。忍冬具有抗菌、消炎、解痉等作用，同时有园林观赏价值，也可做凉茶和饮料饮用。

穿心莛子藨
Triosteum himalayanum Wall.

穿心莛子藨 *Triosteum himalayanum* Wall. 为神农架民间"七十二七"药材"猴子七"的基原物种。其根茎具有利尿消肿、活血调经的功效，用于水肿、小便不利、月经不调、跌打损伤等。

⚘ **植物形态**　多年生草木。茎高 40～60 cm，密生刺刚毛和腺毛。叶对生，基部连合，倒卵状椭圆形至倒卵状矩圆形，长 8～16 cm，两面被毛。聚伞花序 2～5 轮呈穗状；萼裂片叶状；花冠黄绿色，二唇，筒内紫褐色。果近圆形，直径 10～12 mm，具短喙，被刚毛和腺毛。花期 5—6 月，果期 8—9 月（图 514a）。

⚘ **生境与分布**　生于海拔 1 700～2 700 m 的山坡或林下，分布于神农架大九湖镇、红坪镇、木鱼镇等地（图 514b）。

a　　　　　　　　　　　　　　　　　　　b

图 514　穿心莛子藨形态与生境图

ITS2序列特征 穿心莲子藨 *T. himalayanum* 共 4 条序列，均来自于神农架样本，序列比对后长度为 224 bp，有 3 个变异位点，分别为 11 位点 C-A 变异，58 位点 C-G 变异，208 位点 G-A 变异，在 58 位点存在简并碱基 S，203、208 位点存在简并碱基 R，204 位点存在简并碱基 Y。主导单倍型序列特征见图 515。

图 515　穿心莲子藨 ITS2 序列信息

扫码查看穿心莲子藨
ITS2 基因序列

psbA-trnH序列特征 穿心莲子藨 *T. himalayanum* 共 6 条序列，均来自于神农架样本，序列比对后长度为 373 bp，有 1 个变异位点，为 248 位点 G-A 变异。主导单倍型序列特征见图 516。

图 516　穿心莲子藨 *psb*A-*trn*H 序列信息

扫码查看穿心莲子藨
*psb*A-*trn*H 基因序列

石 竹 科 Caryophyllaceae

瞿 麦

Dianthus superbus L.

瞿麦 *Dianthus superbus* L. 为《中华人民共和国药典》（2020 年版）"瞿麦"药材的基原物种之一。其干燥地上部分具有利尿通淋、活血通经的功效，用于热淋、血淋、石淋、小便不通、淋沥涩痛、经闭瘀阻等。

植物形态 多年生草本，高 50～60 cm，无毛。茎丛生，上部分枝。叶线状披针形，宽 3～5 mm，中脉显著，基部合生成鞘状。花 1～2 朵生枝端；苞片 2～3 对，约为花萼 1/4，顶端长尖；花萼圆筒形，常染紫红色晕，萼齿披针形；花瓣 5，粉紫色，先端丝裂；雄蕊 10；花柱 2。蒴果长筒形。花期 6—9 月，果期 8—10 月（图 517a）。

生境与分布 生于海拔 600～2 500 m 的山坡、草地、山顶草甸，分布于神农架各地（图 517b）。

a   b

图 517　瞿麦形态与生境图

ITS2序列特征　瞿麦 *D. superbus* 共 3 条序列，均来自于神农架样本，序列比对后长度为 217 bp，有 1 个变异位点，为 201 位点 T-A 变异。主导单倍型序列特征见图 518。

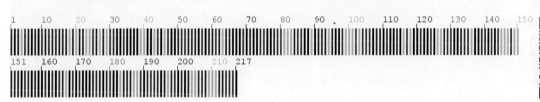

图 518　瞿麦 ITS2 序列信息

扫码查看瞿麦
ITS2 基因序列

psbA–trnH序列特征　瞿麦 *D. superbus* 共 2 条序列，分别来自于神农架样本和 GenBank（GQ435348），序列比对后长度为 241 bp，其序列特征见图 519。

图 519　瞿麦 *psb*A-*trn*H 序列信息

扫码查看瞿麦
*psb*A-*trn*H 基因序列

资源现状与用途　瞿麦 *D. superbus*，别名野麦、石竹花、巨句麦，主产于我国东北、华北、西北等地区。瞿麦花型美观，根系发达，抗旱节水的能力较强，非常适合在城市绿化中推广应用。

狗 筋 蔓

Silene baccifera（L.）Roth

狗筋蔓 *Silene baccifera*（L.）Roth 为神农架民间药材"舒筋草"的基原物种。其全草具有舒筋活络、续筋截骨的功效，用于跌打损伤、骨折、风湿关节痛等。

植物形态 草本。茎铺散，多分枝。叶卵形至卵状披针形，长 2～5 cm，基部渐狭成柄状，顶端急尖。圆锥花序疏松；花萼宽钟形，萼齿卵状三角形，果期反折；雌雄蕊柄长约 1.5 mm；花瓣白色，倒披针形，长约 15 mm，叉状浅 2 裂，喉部有 2 鳞片。蒴果圆球形，熟时黑色，具光泽。花期 6－8 月，果期 7－10 月（图 520a）。

生境与分布 生于海拔 800～2 200 m 的山坡林下或沟谷草丛中，分布于神农架各地（图 520b）。

a   b

图 520　狗筋蔓形态与生境图

ITS2序列特征 狗筋蔓 *S. baccifera* 共 6 条序列，均来自于神农架样本，序列比对后长度为 224 bp，有 6 个变异位点，分别为 59 位点 T-G 变异，70、102 位点 C-T 变异，135 位点 C-G 变异，164 位点 T-C 变异，206 位点 G-A 变异。主导单倍型序列特征见图 521。

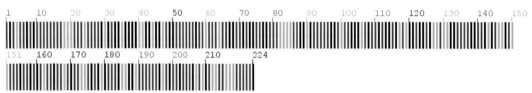

图 521　狗筋蔓 ITS2 序列信息

扫码查看狗筋蔓
ITS2 基因序列

psbA-trnH序列特征 狗筋蔓 *S. baccifera* 共 3 条序列，分别来自于神农架样本和 GenBank（JN047113、JN047116），序列比对后长度为 307 bp，有 3 个变异位点，分别为 144 位点 A-G 变异，

159 位点 T-A 变异，221 位点 T-C 变异，在 92、168～169、253 位点存在碱基插入，149 位点存在碱基缺失。主导单倍型序列特征见图 522。

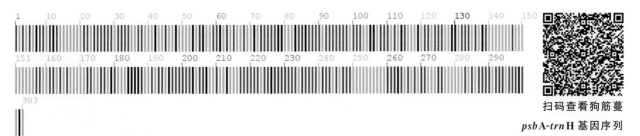

图 522　狗筋蔓 *psb*A-*trn*H 序列信息

石　竹
Dianthus chinensis L.

石竹 *Dianthus chinensis* L. 为《中华人民共和国药典》（2020 年版）"瞿麦"药材的基原物种之一。其干燥地上部分具有利尿通淋、活血通经的功效，用于热淋、血淋、石淋、小便不通、淋沥涩痛、经闭瘀阻等。

植物形态 多年生草本，全株无毛，带粉绿色。茎由根颈生出，疏丛生，直立，上部分枝。叶片线状披针形，顶端渐尖，基部稍狭，全缘或有细小齿，中脉较显。花单生枝端或数花集成聚伞花序；苞片 4，卵形，顶端长渐尖，长达花萼 1/2 以上，边缘膜质，有缘毛；花萼圆筒形，有纵条纹，萼齿披针形，直伸，顶端尖，有缘毛；花瓣瓣片倒卵状三角形，花色多样，顶缘不整齐齿裂，喉部有斑纹，疏生髯毛。花期 5—6 月，果期 7—9 月（图 523a）。

生境与分布 神农架有栽培（图 523b）。

a　　　　　　　　　　　　　　　　　b

图 523　石竹形态与生境图

ITS2序列特征 石竹 *D. chinensis* 共 3 条序列，均来自于神农架样本，序列比对后长度为 217 bp，其序列特征见图 524。

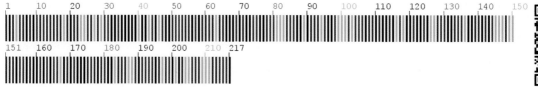

图 524 石竹 ITS2 序列信息

扫码查看石竹
ITS2 基因序列

psbA-trnH序列特征 石竹 *D. chinensis* 共 3 条序列，均来自于神农架样本，序列比对后长度为 212 bp，其序列特征见图 525。

图 525 石竹 *psb*A-*trn*H 序列信息

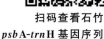
扫码查看石竹
*psb*A-*trn*H 基因序列

资源现状与用途 石竹 *D. chinensis*，别名钻叶石竹、丝叶石竹等，在我国广泛分布。石竹是很好的观赏花卉，园林中可用于花坛、花境、花台或盆栽，也可用于岩石园和草坪边缘点缀。

藜 科 Chenopodiaceae

地 肤
Kochia scoparia（L.）Schrad.

地肤 *Kochia scoparia*（L.）Schrad. 为《中华人民共和国药典》（2020 年版）"地肤子"药材的基原物种。其干燥成熟果实具有清热利湿、祛风止痒的功效，用于小便涩痛、阴痒带下、风疹、湿疹、皮肤瘙痒等。

植物形态 一年生草本。茎直立，圆柱状，淡绿色或带紫红色。叶为平面叶，披针形或条状披针形，通常有 3 条明显的主脉，边缘有疏生的锈色绢状缘毛；茎上部叶较小，无柄，1 脉。花两性或雌性，通常 1～3 个生于上部叶腋，构成疏穗状圆锥状花序；花被近球形，淡绿色，花被裂片近三角形。胞果扁球形，果皮膜质，与种子离生。花期 6—9 月，果期 7—10 月（图 526a）。

生境与分布 生于海拔 1 600 m 以下的路边、山坡荒地，分布于神农架松柏镇、阳日镇、新华镇、宋洛乡、木鱼镇等地（图 526b）。

ITS2序列特征 地肤 *K. scoparia* 共 3 条序列，均来自于神农架样本，序列比对后长度为 227 bp，其序列特征见图 527。

a   b

图 526　地肤形态与生境图

图 527　地肤 ITS2 序列信息

扫码查看地肤
ITS2 基因序列

psbA-trnH序列特征　地肤 *K. scoparia* 共 3 条序列，均来自于神农架样本，序列比对后长度为 315 bp，其序列特征见图 528。

扫码查看地肤
*psb*A-*trn*H 基因序列

图 528　地肤 *psb*A-*trn*H 序列信息

资源现状与用途　地肤 *K. scoparia*，别名扫帚菜、地葵等，在我国广泛分布。地肤饲用价值较高，茎叶是家禽、家畜喜食的青饲料，是一种优质的天然维生素补充料，喂牛可提高奶牛的产奶量和乳脂率。地肤具有较强的耐盐碱性能，是一种适应性较强的植物，在盐碱地上也能正常生长，是很好的绿化植物，有"草本柏松"之称。

金粟兰科 Chloranthaceae

宽叶金粟兰
Chloranthus henryi Hemsl.

宽叶金粟兰 *Chloranthus henryi* Hemsl. 为神农架民间"七十二七"药材"对叶七"的基原物种。其根和根茎具有祛风除湿、消肿解毒、活血的功效，用于治疗风湿疼痛、跌打损伤、毒蛇咬伤等。

植物形态 多年生草本，高 40～65 cm。叶对生，通常 4 片生于茎上部，纸质，宽椭圆形、卵状椭圆形或倒卵形，长 9～18 cm；叶柄长 0.5～1.2 cm；鳞状叶卵状三角形，膜质；托叶小，钻形。穗状花序顶生，通常两歧或总状分枝；花白色，无被；雄蕊 3；子房卵形。核果球形，长约 3 mm。花期 4－6 月，果期 7－8 月（图 529a）。

生境与分布 生于海拔 500～1 800 m 的沟边或林下阴湿处，分布于神农架木鱼镇、宋洛乡、下谷乡等地（图 529b）。

a　　　　　　　　　　　　　　　　　b

图 529　宽叶金粟兰形态与生境图

ITS2序列特征 宽叶金粟兰 *C. henryi* 共 4 条序列，均来自于神农架样本，序列比对后长度为 209 bp，其序列特征见图 530。

图 530　宽叶金粟兰 ITS2 序列信息

扫码查看宽叶金粟兰
ITS2 基因序列

psbA-trnH序列特征 宽叶金粟兰 *C. henryi* 共 2 条序列，均来自于神农架样本，序列比对后长度为 329 bp，有 14 个变异位点。主导单倍型序列特征见图 531。

扫码查看宽叶金粟兰
*psb*A-*trn*H 基因序列

图 531　宽叶金粟兰 *psb*A-*trn*H 序列信息

资源现状与用途　宽叶金粟兰 *C. henryi*，别名大叶及已、四块瓦、四大金刚等，主要分布于我国西北、华中地区。宽叶金粟兰含有挥发油、萜类、香豆素类、甾体及甾体皂苷类等化学物质，其地上部分以倍半萜类化合物为主，地下部分以单萜类化合物为主。药理实验表明，金粟兰属植物多具有抗菌、抗肿瘤、抗病毒、抗溃疡、镇痛、抗血小板聚集、收缩子宫等药理作用。

旋　花　科　Convolvulaceae

圆 叶 牵 牛
Pharbitis purpurea (L.) Voigt

　　圆叶牵牛 *Pharbitis purpurea* (L.) Voigt ［*Flora of China* 收录为 *Ipomoea purpurea* (Linn.) Roth］为《中华人民共和国药典》（2020 年版）"牵牛子"药材的基原物种之一。其干燥成熟种子具有泻水通便、消痰涤饮、杀虫攻积的功效，用于水肿胀满、二便不通、痰饮积聚、气逆喘咳、虫积腹痛等。

　　植物形态　一年生缠绕草本，茎上被倒向的短柔毛杂有倒向或开展的长硬毛。叶圆心形或宽卵状心形，基部圆，心形，顶端锐尖、骤尖或渐尖，通常全缘。花腋生，单一或2～5朵着生于花序梗顶端呈伞形聚伞花序，花序梗比叶柄短或近等长；苞片线形，被开展的长硬毛；花冠漏斗状紫红色、红色或白色，花冠管通常白色，瓣中带于内面色深，外面色淡。蒴果近球形，3瓣裂。花果期7—11月（图 532a）。

　　生境与分布　生于海拔 2 500 m 以下的田边、路边、宅旁或山谷林内，分布于神农架各地（图 532b）。

a　　　　　　　　　　　　　　　　　　　　b

图 532　圆叶牵牛形态与生境图

ITS2序列特征 圆叶牵牛 *P. purpurea* 共 3 条序列，均来自于神农架样本，序列比对后长度为 226 bp，其序列特征见图 533。

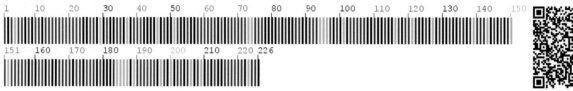

图 533　圆叶牵牛 ITS2 序列信息

扫码查看圆叶牵牛
ITS2 基因序列

***psb*A-*trn*H序列特征** 圆叶牵牛 *P. purpurea* 共 3 条序列，均来自于神农架样本，序列比对后长度为 420 bp，其序列特征见图 534。

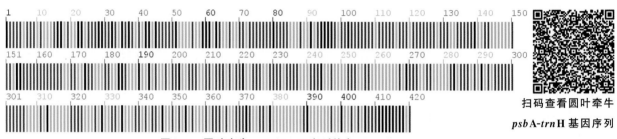

图 534　圆叶牵牛 *psb*A-*trn*H 序列信息

扫码查看圆叶牵牛
*psb*A-*trn*H 基因序列

资源现状与用途 圆叶牵牛 *P. purpurea*，别名黑丑、白丑等，我国大部分地区有栽培。其干燥成熟的种子除有药用价值外，还具有杀螨作用，可作为新型植物源杀螨农药的原料。同时，圆叶牵牛花大、色艳，适应性强，适合栽培于园林中篱笆或墙边观赏，也可用作家庭阳台绿化。

马 桑 科 Coriariaceae

马 桑

Coriaria nepalensis Wall.

马桑 *Coriaria nepalensis* Wall. 为神农架民间药材"红马桑"的基原物种。其叶、根、树皮具有清热解毒、祛风除湿、消肿止痛、生肌明目的功效，用于肿毒、风湿疼痛、烫伤、跌打损伤、牙痛等。

植物形态 灌木。分枝水平开展，小枝四棱形或呈四狭翅。叶对生，椭圆形或阔椭圆形，先端急尖，基部圆形，全缘，基出 3 脉。花序生于二年生的枝条上，雄花序先叶开放，多花密集，序轴被腺柔毛；苞片和小苞片卵圆形，膜质，半透明，内凹，上部边流苏状细齿；花瓣极小，卵形；雄蕊 10，花丝线形；不育雌蕊存在；花瓣肉质，较小，龙骨状。果球形，成熟时由红色变紫黑色。种子卵状长圆形。花期 3—4 月，果期 5—8 月（图 535a）。

生境与分布 生于海拔 500～1 500 m 的山坡沟边、灌丛中，分布于神农架各地（图 535b）。

a　　　　　　　　　　　　　　　　　　b

图 535　马桑形态与生境图

ITS2序列特征　马桑 *C. nepalensis* 共 3 条序列，均来自于神农架样本，序列比对后长度为 204 bp，其序列特征见图 536。

图 536　马桑 ITS2 序列信息

扫码查看马桑
ITS2 基因序列

psbA-trnH序列特征　马桑 *C. nepalensis* 共 3 条序列，均来自于神农架样本，序列比对后长度为 344 bp，有 2 个变异位点，分别是 2 位点 T-G 变异，3 位点 G-A 变异。主导单倍型序列特征见图 537。

扫码查看马桑
*psb*A-*trn*H 基因序列

图 537　马桑 *psb*A-*trn*H 序列信息

资源现状与用途　马桑 *C. nepalensis*，别名千年红、马鞍子，主要分布于我国西南部。马桑全株有毒，尤以嫩叶及未成熟的果实毒性最大。民间已有用于土农药的记载，马桑提取物对多种咀嚼式害虫具有明显的拒食和胃毒作用，可用作植物源农药。

山茱萸科 Cornaceae

山 茱 萸

***Cornus officinalis* Sieb. et Zucc.**

山茱萸 *Cornus officinalis* Sieb. et Zucc. 为《中华人民共和国药典》(2020 年版)"山茱萸"药材的基原物种。其干燥成熟果肉具有补益肝肾、收涩固脱的功效,用于眩晕耳鸣、腰膝酸痛、阳痿遗精、遗尿尿频、崩漏带下、大汗虚脱、内热消渴等。

植物形态 落叶乔木或灌木。叶对生,纸质,卵状披针形或卵状椭圆形,全缘,上面绿色,无毛,下面浅绿色,稀被白色贴生短柔毛,脉腋密生淡褐色丛毛,中脉在上面明显,侧脉6～7对,弓形内弯。伞形花序生于枝侧,有总苞片4,带紫色;花小,两性,先叶开放;花萼裂片4,阔三角形;花瓣4,舌状披针形,黄色,向外反卷。核果长椭圆形,红色至紫红色。花期3—4月,果期9—10月(图538a,b)。

生境与分布 生于海拔400～1500 m的山坡林中,分布于神农架松柏镇、宋洛乡等地。

a   b

图 538　山茱萸形态图

ITS2序列特征 山茱萸 *C. officinalis* 共 3 条序列,均来自于神农架样本,序列比对后长度为250 bp,其序列特征见图 539。

***psbA-trn*H序列特征** 山茱萸 *C. officinalis* 共 3 条序列,均来自于神农架样本,序列比对后长度为 368 bp,其序列特征见图 540。

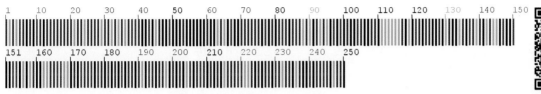

图 539　山茱萸 ITS2 序列信息

图 540　山茱萸 *psb*A-*trn*H 序列信息

资源现状与用途　山茱萸 *C. officinalis*，别名鼠矢、鸡足、山萸肉等，在我国大部分地区均有分布。山茱萸是药用两用植物，近年来开发了杜仲山茱萸酒等产品。同时该植物的花、果、树姿都具有独特的观赏性，在园林绿化中有着重要的作用。目前，我国部分地区有大面积人工栽培。

景　天　科 Crassulaceae

八　宝

Hylotelephium erythrostictum（Miq.）H. Ohba

八宝 *Hylotelephium erythrostictum*（Miq.）H. Ohba 为神农架民间"三十六还阳"药材"包菜还阳"的基原物种。其全草具有清热解毒、散瘀消肿、止血调经的功效，用于火眼、咽喉肿痛、月经不调、白带过多、水火烫伤、跌打损伤、皮肤瘙痒、血崩、漆疮、疮疡肿毒等。

植物形态　多年生草本。块根胡萝卜状。茎直立，高 30～70 cm，不分枝。叶对生，少有互生或 3 叶轮生，长圆形至卵状长圆形，无柄。伞房状花序顶生；花密生，直径约 1 cm，花梗稍短或同长；萼片 5，卵形；花瓣 5，白色或粉红色，宽披针形；雄蕊 10，与花瓣同长或稍短，花药紫色；鳞片 5，长圆状楔形；心皮 5，直立，基部几分离。花期 8—10 月（图 541a）。

生境与分布　生于海拔 900～1 800 m 的山坡草地、沟边，分布于神农架松柏镇、下谷乡等地（图 541b）。

ITS2序列特征　八宝 *H. erythrostictum* 共有 2 条序列，均来自于 GenBank（AB088556、AB480597），序列比对后长度为 229 bp，有 1 个变异位点，为 127 位点 G-A 变异，在 35 位点存在碱基缺失。主导单倍型序列特征见图 542。

a   b

图 541　八宝形态与生境图

图 542　八宝 ITS2 序列信息

扫码查看八宝
ITS2 基因序列

轮 叶 八 宝

Hylotelephium verticillatum（L.）H. Ohba

　　轮叶八宝 *Hylotelephium verticillatum*（L.）H. Ohba 为神农架民间"七十二七"药材"岩三七"的基原物种。其根茎具有消肿止痛、解毒的功效，用于跌打损伤、痨伤、疮痈肿毒、蛇虫咬伤、创伤出血等。

　　植物形态　多年生草本。须根细。茎直立，不分枝。4 叶抱生，少有 5 叶轮生，下部的常为 3 叶轮生或对生，叶比节间长，长圆状披针形至卵状披针形，叶下面常带苍白色，叶有柄。聚伞状伞房花序顶生；花密生，顶半圆球形；花瓣 5，淡绿色至黄白色，长圆状椭圆形，先端急尖，基部渐狭，分离。种子狭长圆形，淡褐色。花期 7—8 月，果期 9 月（图 543a）。

　　生境与分布　生于海拔 2 600 m 以下的山坡、草丛或沟边阴湿处，分布于神农架新华镇、大九湖镇、宋洛乡等地（图 543b）。

a   b

图 543　轮叶八宝形态与生境图

ITS2序列特征　轮叶八宝 *H. verticillatum* 共 3 条序列，均来自于神农架样本，序列比对后长度为 223 bp，其序列特征见图 544。

图 544　轮叶八宝 ITS2 序列信息

扫码查看轮叶八宝
ITS2 基因序列

psbA–trnH序列特征　轮叶八宝 *H. verticillatum* 序列来自于神农架样本，序列长度为 321 bp，其序列特征见图 545。

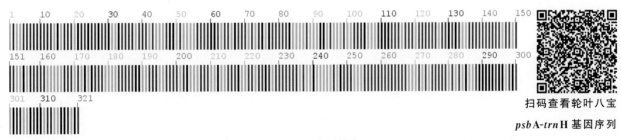

扫码查看轮叶八宝
*psb*A-*trn*H 基因序列

图 545　轮叶八宝 *psb*A-*trn*H 序列信息

费　菜

Phedimus aizoon（Linnaeus）'t Hart

　　费菜 *Phedimus aizoon*（Linnaeus）'t Hart 为神农架民间"三十六还阳"药材"六月还阳"的基原物种。其全草具有活血化瘀、止血、安神的功效，用于跌打损伤、劳伤、吐血、便血、外伤出血等。

　　🌿 **植物形态**　多年生草本，高 20～50 cm。茎直立，无毛。叶互生，近革质，狭披针形、椭圆状披针形至卵状倒披针形，长 3.5～8 cm，边缘有不整齐的锯齿。聚伞花序有多花，平展；萼片 5，肉质；花瓣 5，黄色，长 6～10 mm；雄蕊 10；心皮 5，基部合生。蓇葖果星芒状排列。花期 6—7 月，果期 8—9 月（图 546a）。

　　🌿 **生境与分布**　生于海拔 2 300 m 以下的山坡、阴地、草地、沟边，分布于神农架各地（图 546b）。

a　　　　　　　　　　　　　　　　　　　b

图 546　费菜形态与生境图

　　🌿 **ITS2序列特征**　费菜 *P. aizoon* 共 3 条序列，均来自于神农架样本，序列比对后长度为 219 bp，其序列特征见图 547。

图 547　费菜 ITS2 序列信息

扫码查看费菜
ITS2 基因序列

psbA–trnH序列特征 费菜 *P. aizoon* 共 3 条序列，均来自于神农架样本，序列比对后长度为 364 bp，其序列特征见图 548。

扫码查看费菜
*psb*A-*trn*H 基因序列

图 548 费菜 *psb*A-*trn*H 序列信息

齿 叶 费 菜
Phedimus odontophyllus (Froderstrom) 't Hart

齿叶费菜 *Phedimus odontophyllus* (Froderstrom) 't Hart 为神农架民间"三十六还阳"药材"打死还阳"的基原物种。其全草具有活血散瘀、止血、止痛的功效，用于跌打损伤、骨折扭伤、青肿疼痛、外伤出血等。

植物形态 多年生草本。不育枝斜升，叶对生或 3 叶轮生，常聚生枝顶。花茎在基部生根，弧状直立。聚伞状花序，分枝蝎尾状；萼片 5～6，三角状线形，无距；花瓣 5～6，黄色。蓇葖果横展，腹面囊状隆起；种子多数。花期 4—6 月，果期 6 月底（图 549a）。

生境与分布 生于海拔 900～1 800 m 的阴湿沟边，分布于神农架大九湖镇、下谷乡等地（图 549b）。

a   b

图 549 齿叶费菜形态与生境图

ITS2序列特征 齿叶费菜 *P. odontoplyllus* 共 2 条序列，均来自于神农架样本，序列比对后长度为 224 bp，其序列特征见图 550。

图 550 齿叶费菜 ITS2 序列信息

扫码查看齿叶费菜
ITS2 基因序列

psbA-trnH序列特征 齿叶费菜 *P. odontoplyllus* 共 3 条序列，均来自于神农架样本，序列比对后长度为 289 bp，其序列特征见图 551。

图 551 齿叶费菜 *psb*A-*trn*H 序列信息

扫码查看齿叶费菜
*psb*A-*trn*H 基因序列

云南红景天

Rhodiola yunnanensis (Franchet) S. H. Fu

云南红景天 *Rhodiola yunnanensis* (Franchet) S. H. Fu 为神农架民间"三十六还阳"药材"十步还阳"的基原物种。其全草具有活血、止痛的功效，用于跌打损伤、跌扑青肿、筋骨损伤、劳伤、创伤出血等。

植物形态 多年生草本。根状茎粗 7～10 mm；花茎直立，高 30～40 cm，不分枝。3 叶轮生，卵状菱形至椭圆状菱形，长 1～3 cm，先端急尖，边缘有疏锯齿 3～6 个，无柄。雌雄异株；聚伞圆锥花序，长 3～7 cm；萼片 4；花瓣 4，黄绿色；雄蕊 8；心皮 4。蓇葖果上部叉开，呈星芒状。花期 5—7月，果期 7—8 月（图 552a）。

生境与分布 生于海拔 1 500～2 800 m 的山地阴湿岩石上或林中岩石缝中，分布于神农架红坪镇、宋洛乡等地（图 552b）。

ITS2序列特征 云南红景天 *R. yunnanensis* 共 3 条序列，均来自于神农架样本，序列比对后长度为 223 bp，其序列特征见图 553。

a   b

图 552　云南红景天形态与生境图

图 553　云南红景天 ITS2 序列信息   扫码查看云南红景天
ITS2 基因序列

🌿 *psb*A–*trn*H序列特征　云南红景天 *R. yunnanensis* 共 3 条序列，均来自于神农架样本，序列比对后长度为 269 bp，其序列特征见图 554。

图 554　云南红景天 *psb*A-*trn*H 序列信息   扫码查看云南红景天
*psb*A-*trn*H 基因序列

🌿 资源现状与用途　云南红景天 *R. yunnanensis*，别名豌豆七、一代宗、白三七、三步接骨丹等，主要分布于我国华中、西南等地区。云南红景天在古代用作滋补强壮药，有"黄金植物"和"高原人参"的美誉。该植物具有抗疲劳、抗衰老、抗辐射等作用功效，但自然资源有限。目前，已初步建立了云南红景天的植株再生体系，为该资源的可持续性利用提供理论基础和技术支撑。

小丛红景天

Rhodiola dumulosa（Franch.）S. H. Fu

小丛红景天 *Rhodiola dumulosa*（Franch.）S. H. Fu 为神农架民间"七十二七"药材"凤尾七"的基原物种。其全草具有滋阴补肾、养心安神、止血消肿、明目的功效，用于治疗衄血、便血等。

植物形态 多年生草本。根颈粗壮，分枝，地上部分常被有残留的老枝。花茎聚生主轴顶端，直立或弯曲，不分枝。叶互生，线形至宽线形。花序聚伞状，有 4～7 花；萼片 5，线状披针形；花瓣 5，白或红色，披针状长圆形；雄蕊 10，较花瓣短，对花瓣的长 3 mm；鳞片 5，横长方形；心皮 5，卵状长圆形，直立；种子长圆形，长 1.2 mm，有微乳头状突起，有狭翅。花期 6—7 月，果期 8 月（图 555a）。

生境与分布 生于海拔 2 900 m 左右的山顶岩缝中，分布于神农架大九湖镇等地（图 555b）。

a   b

图 555　小丛红景天形态与生境图

ITS2序列特征 小丛红景天 *R. dumulosa* 共 3 条序列，均来自于 GenBank（KF113693、KP114723、KP114724），序列比对后长度为 225 bp，其序列特征见图 556。

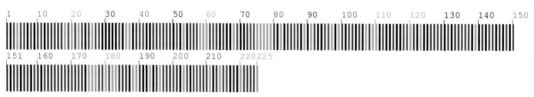

图 556　小丛红景天 ITS2 序列信息

扫码查看小丛红景天
ITS2 基因序列

psbA–trnH序列特征 小丛红景天 *R. dumulosa* 共 3 条序列，均来自于 GenBank（FJ794337、FJ794340、FJ794344），序列比对后长度为 287 bp，有 3 个变异位点，分别为 45 位点 A-T 变异，145 位点 A-C 变异，147 位点 C-A 变异，在 121～131 位点存在碱基缺失。主导单倍型序列特征见图 557。

扫码查看小丛红景天
*psb*A-*trn*H 基因序列

图 557　小丛红景天 *psb*A-*trn*H 序列信息

资源现状与用途　小丛红景天 *R. dumulosa*，别名凤尾七、凤尾草、凤凰草、香景天等，主要分布于我国西北至东北部。小丛红景天为渐危种，为天然珍贵药用植物，素有"高原人参"和"雪山仙草"之称，是民间珍贵的草药，具有很高的药用价值和开发价值。因其药用价值高，近年来其资源破坏严重。应加强保护，严禁采挖，同时应积极研究其人工繁殖方法，开展组织培养研究，以尽快增加资源数量。

火 焰 草

Sedum stellariifolium Franch.

火焰草 *Sedum stellariifolium* Franch. 为神农架民间"三十六还阳"药材"铺盖还阳"基原物种。其全草具有活血止血、清热解毒、镇痛安神的功效，用于烫伤、无名肿痛、痈疖等。

植物形态　一年生或二年生草本。植株被腺毛。茎直立，有多数斜上的分枝，基部呈木质，高10～15 cm，褐色，被腺毛。叶互生，正三角形或三角状宽卵形，先端急尖，基部宽楔形至截形，入于叶柄，柄长4～8 mm，全缘。总状聚伞花序；花顶生，花梗长5～10 mm，萼片5，披针形至长圆形，先端渐尖；花瓣5，黄色，披针状长圆形，先端渐尖；雄蕊10，较花瓣短；心皮5，近直立，长圆形，长约4毫米，花柱短。蓇葖下部合生，上部略叉开；种子长圆状卵形，长0.3 mm，有纵纹，褐色。花期6—7月，果期8—9月（图558a）。

生境与分布　生于海拔500～1 600 m的山岩石、沟边石缝，分布于神农架阳日镇、松柏镇、新华镇、宋洛乡等地（图558b）。

a　　　　　　　　　　　　　　　　b

图 558　火焰草形态与生境图

ITS2序列特征 火焰草 *S. stellariifolium* 共 2 条序列，均来自于神农架样本，序列比对后长度为 217 bp，其序列特征见图 559。

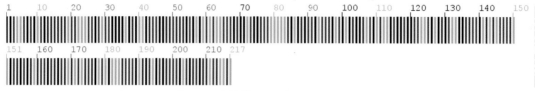

图 559　火焰草 ITS2 序列信息

扫码查看火焰草
ITS2 基因序列

***psb*A-*trn*H序列特征** 火焰草 *S. stellariifolium* 共 2 条序列，均来自于神农架样本，序列比对后长度为 243 bp，其序列特征见图 560。

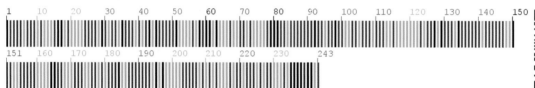

图 560　火焰草 *psb*A-*trn*H 序列信息

扫码查看火焰草
*psb*A-*trn*H 基因序列

资源现状与用途 火焰草 *S. stellariifolium*，别名繁缕景天、卧儿菜、繁缕叶景天等，主要分布于我国东北、华中和西南等部分地区。除具有药用价值外，火焰草生长茂盛，蔓生能力强，可盆栽或利用花架做成各种造型观赏。

垂　盆　草

Sedum sarmentosum Bunge

垂盆草 *Sedum sarmentosum* Bunge 为《中华人民共和国药典》（2020 年版）"垂盆草"药材的基原物种。其干燥全草具有利湿退黄、清热解毒的功效，用于湿热黄疸、小便不利、痈肿疮疡等。

植物形态 多年生草本。不育枝及花茎细，匍匐而节上生根。叶倒披针形至长圆形。聚伞花序，有 3～5 分枝，花少；花无梗；萼片 5，披针形至长圆形；花瓣 5，黄色，披针形至长圆形，先端有稍长的短尖；雄蕊 10，较花瓣短；鳞片 10，楔状四方形，先端稍有微缺；心皮 5，长圆形，有长花柱。种子卵形。花期 5—7 月，果期 8 月（图 561a）。

生境与分布 生于海拔 1 500 m 以下的沟边岩石上或石缝中，分布于神农架宋洛乡、红坪镇、木鱼镇等地（图 561b）。

ITS2序列特征 垂盆草 *S. sarmentosum* 共 3 条序列，均来自于神农架样本，序列比对后长度为 219 bp，有 2 个变异位点，分别为 22 位点 C-T 变异，25 位点 C-A 变异。主导单倍型序列特征见图 562。

a   b

图 561　垂盆草形态与生境图

图 562　垂盆草 ITS2 序列信息

扫码查看垂盆草
ITS2 基因序列

资源现状与用途　垂盆草 *S. sarmentosum*，别名狗牙半支、石指甲、半支莲、养鸡草、狗牙齿等，在我国分布广泛。垂盆草叶质肥厚，花色金黄鲜艳，可用于模纹花坛配置图案，或用于岩石园种植及吊盆观赏等。由于垂盆草对于铜污染土壤的修复能力强，可在一些重金属污染的工厂周围及城市中作为园林地被植物栽培。

大 苞 景 天

Sedum oligospermum Maire.

大苞景天 *Sedum oligospermum* Maire. 为神农架民间"七十二七"药材"鸡爪七"的基原物种。其带根全草具有活血散瘀、止痛的功效，用于跌打损伤、劳伤腰痛、月经不调、闭经等。

植物形态　一年生草本。叶互生，上部为 3 叶轮生，下部叶常脱落，叶菱状椭圆形两端渐狭，钝，常聚生在花序下，有叶柄。苞片圆形或稍长，与花略同长。聚伞花序常三歧分枝，每枝有 1～4 花；花瓣 5，黄色，长圆形，中脉不显；较花瓣稍短；心皮 5，略叉开，花柱长。蓇葖有种子 1～2；种子大，纺锤形，有微乳头状突起。花期 6—9 月，果期 8—11 月（图 563a）。

生境与分布　生于海拔 1 000 ～2 700 m 的山坡、林下或沟边，分布于神农架大九湖镇等地（图 563b）。

a   b

图 563　大苞景天形态与生境图

🌿 **ITS2序列特征**　大苞景天 *S. oligospermum* 共 3 条序列，均来自于神农架样本，序列比对后长度为 215 bp，其序列特征见图 564。

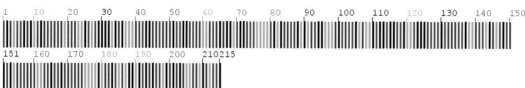

图 564　大苞景天 ITS2 序列信息

扫码查看大苞景天
ITS2 基因序列

🌿 ***psb*A-*trn*H序列特征**　大苞景天 *S. oligospermum* 共 3 条序列，均来自于神农架样本，序列比对后长度为 201 bp，其序列特征见图 565。

图 565　大苞景天 *psb*A-*trn*H 序列信息

扫码查看大苞景天
*psb*A-*trn*H 基因序列

🌿 **资源现状与用途**　大苞景天 *S. oligospermum*，别名鸡爪七、活血草、亮杆草，主要分布于华中地区，资源丰富。大苞景天既可作药用，亦可用于花境、园林栽培或点缀岩石。

凹叶景天

Sedum emarginatum Migo

凹叶景天 *Sedum emarginatum* Migo 为神农架民间"三十六还阳"药材"石雀还阳"的基原物种。其全草具有清热解毒、止血利湿的功效,用于痈疖、血崩、跌打损伤等。

植物形态 多年生草本。茎细弱,高 10～15 cm。叶对生,匙状倒卵形至宽卵形,先端圆,基部渐狭,有短距。花序聚伞状,顶生,有多花,常有 3 个分枝;花无梗;萼片 5,披针形至狭长圆形,先端钝,基部有短距;花瓣 5,黄色,线状披针形至披针形;鳞片 5,长圆形,钝圆。心皮 5,长圆形,基部合生。蓇葖果略叉开,腹面有浅囊状隆起;种子细小,褐色。花期 5—6 月,果期 6 月(图 566a)。

生境与分布 生于海拔 600～1 400 m 的山坡阴湿处,分布于神农架红坪镇、木鱼镇等地(图 566b)。

a   b

图 566 凹叶景天形态与生境图

ITS2序列特征 凹叶景天 *S. emarginatum* 共 3 条序列,均来自于神农架样本,序列比对后长度为 215 bp,其序列特征见图 567。

图 567 凹叶景天 ITS2 序列信息

扫码查看凹叶景天
ITS2 基因序列

psbA-trnH序列特征 凹叶景天 *S. emarginatum* 共 3 条序列,分别来自于神农架样本和 GenBank(GQ435058),序列比对后长度为 155 bp,其序列特征见图 568。

图 568　凹叶景天 *psb*A-*trn*H 序列信息

扫码查看凹叶景天 *psb*A-*trn*H 基因序列

资源现状与用途　凹叶景天 *S. emarginatum*，别名马牙半支、狗牙瓣、石马齿苋、豆瓣菜、六月雪等，主要分布于华中、华南、西南等部分地区。凹叶景天加以开发可以增加城市园林中的生物多样性和景观多样性，有较好的园林应用前景。

小 山 飘 风

Sedum filipes Hemsley

小山飘风 *Sedum filipes* Hemsley 为神农架民间"三十六还阳"药材"豆瓣还阳"的基原物种。其全草具有清热解毒、活血止痛的功效，用于衄血、血崩、跌打损伤、痈疖等。

植物形态　一年或二年生草本，高 10～30 cm，全株无毛。花茎常分枝。叶对生，或 3～4 叶轮生，宽卵形至近圆形，长 1.5～3 cm，先端圆，基部有距，全缘，有假叶柄长达 1.5 cm。伞房状花序顶生及上部腋生；萼片 5；花瓣 5，淡红紫色；雄蕊 10；心皮 5。蓇葖果有种子 3～4 粒。花期 8－10 月初，果期 10 月（图 569a）。

生境与分布　生于海拔 900～2 500 m 的山坡或林中岩石上，分布于神农架红坪镇、新华镇、木鱼镇、宋洛乡等地（图 569b）。

a　　　　　　　　　　　　　　　b

图 569　小山飘风形态与生境图

ITS2序列特征　小山飘风 *S. filipes* 共 3 条序列，均来自于神农架样本，序列比对后长度为

219 bp，有 2 个变异位点，分别为 115、118 位点 T-G 变异，在 219 位点存在碱基缺失，13 位点存在简并碱基。主导单倍型序列特征见图 570。

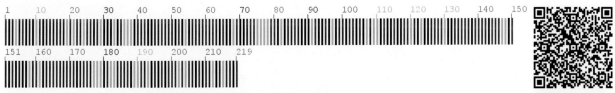

图 570　小山飘风 ITS2 序列信息

扫码查看小山飘风 ITS2 基因序列

psbA-trnH序列特征　小山飘风 *S. filipes* 共 3 条序列，均来自于神农架样本，序列比对后长度为 313 bp，其序列特征见图 571。

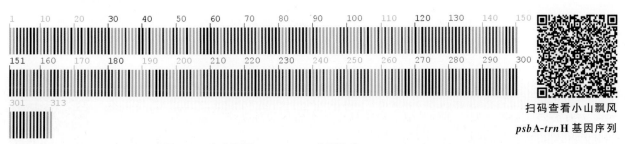

图 571　小山飘风 *psb*A-*trn*H 序列信息

扫码查看小山飘风 *psb*A-*trn*H 基因序列

山　飘　风
Sedum majus（Hemsley）Migo

　　山飘风 *Sedum majus*（Hemsley）Migo 为神农架民间"三十六还阳"药材"豆瓣还阳"的基原物种之一。其全草具有清热解毒、活血止痛的功效，用于月经不调、劳伤腰痛、鼻衄、烧伤、外伤出血、疔痈等。

　　植物形态　小草本，高 10 cm，基部分枝或不分枝。4 叶轮生，叶圆形至卵状圆形，先端圆或钝，基部急狭，入于假叶柄，全缘。伞房状花序，总梗长 1.5～3 cm；萼片 5，近正三角形，钝；花瓣 5，白色，长圆状披针形；雄蕊 10，心皮 5，椭圆状披针形，直立，基部 1 mm 合生。种子少数。花果期 7—10 月（图 572a）。

　　生境与分布　生于海拔 900～2 500 m 的山坡或林中岩石阴湿处，分布于神农架大九湖镇、下谷乡、红坪镇等地（图 572b）。

　　ITS2序列特征　山飘风 *S. majus* 共 3 条序列，均来自于神农架样本，序列比对后长度为 219 bp，其序列特征见图 573。

a b

图 572 山飘风形态与生境图

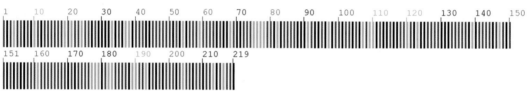

图 573 山飘风 ITS2 序列信息

扫码查看山飘风
ITS2 基因序列

psbA-trnH序列特征 山飘风 *S. majus* 共 2 条序列，均来自于神农架样本，序列比对后长度为 329 bp，其序列特征见图 574。

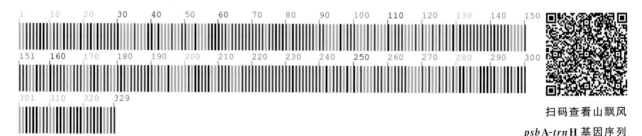

扫码查看山飘风
*psb*A-*trn*H 基因序列

图 574 山飘风 *psb*A-*trn*H 序列信息

石　莲

Sinocrassula indica（Decaisne.）A. Berger

石莲 *Sinocrassula indica*（Decaisne.）A. Berger 为神农架民间"三十六还阳"药材"蜡梅还阳"的基原物种。其全草具有清热解毒、止血止痢的功效，用于咽喉肿痛、痢疾、崩漏、便血、疮疡肿毒、水火烫伤等。

植物形态 二年生草本，无毛。根须状。基生叶莲座状，匙状长圆形；茎生叶互生，宽倒披针状线形至近倒卵形，上部的渐缩小，渐尖。花序圆锥状或近伞房状；苞片似叶而小；萼片5，宽三角形，先端稍急尖；花瓣5，红色，披针形至卵形，先端常反折。菁葖的喙反曲；种子平滑。花果期7—11月（图575a）。

生境与分布 生于海拔1 500 m以下的沟边岩石上，分布于神农架新华镇、红坪镇、阳日镇等地（图575b）。

a   b

图 575　石莲形态与生境图

ITS2序列特征 石莲 S. indica 共3条序列，均来自于神农架样本，序列比对后长度为228 bp，其序列特征见图576。

图 576　石莲 ITS2 序列信息

扫码查看石莲
ITS2 基因序列

psbA-trnH序列特征 石莲 S. indica 共3条序列，均来自于神农架样本，序列比对后长度为261 bp，其序列特征见图577。

图 577　石莲 psbA-trnH 序列信息

扫码查看石莲
psbA-trnH 基因序列

葫 芦 科 Cucurbitaceae

冬 瓜
Benincasa hispida (Thunb.) Cogn.

冬瓜 *Benincasa hispida* (Thunb.) Cogn. 为《中华人民共和国药典》（2020 年版）"冬瓜皮"药材的基原物种。其干燥外层果皮具有利尿消肿的功效，用于水肿胀满、小便不利、暑热口渴、小便短赤等。

植物形态 一年生蔓生或攀缘草本。茎被黄褐色硬毛及长柔毛，有棱沟。叶片肾状近圆形，5～7 浅裂或有时中裂。卷须 2～3 歧，被粗硬毛和长柔毛。雌雄同株；花单生。花冠黄色，辐状，裂片宽倒卵形。果实长圆柱状或近球状，大型，有硬毛和白霜。种子卵形，白色或淡黄色，压扁，有边缘。花期 6－7 月，果期 7－11 月（图 578a，b）。

生境与分布 神农架有栽培（图 578c）。

a   b   c

图 578 冬瓜形态与生境图

ITS2序列特征 冬瓜 *B. hispida* 共 3 条序列，均来自于神农架样本，序列比对后长度为 228 bp，其序列特征见图 579。

图 579 冬瓜 ITS2 序列信息

扫码查看冬瓜
ITS2 基因序列

资源现状与用途 冬瓜 *B. hispida*，别名白瓜、水芝、白冬瓜等。冬瓜是我国传统的菜药兼用型蔬菜品种，现广泛分布于亚洲的热带、亚热带和温带地区。我国各地均有栽培，目前冬瓜育种仍以系统选育法为主，杂交育种为辅。冬瓜性微寒，因此民间常将其作为清热降火的食物食用。

绞 股 蓝
Gynostemma pentaphyllum（Thunberg）Makino

绞股蓝 *Gynostemma pentaphyllum*（Thunberg）Makino 为神农架民间"七十二七"药材"七叶胆"的基原物种。其全草或根茎入药，具有清热解毒、止咳祛痰、抗衰老、抗疲劳、增强机体免疫力等功效，用于慢性支气管炎、癌症、肝炎、肾炎、肥胖症、偏头痛等。

植物形态 攀缘草质藤本。叶膜质或纸质，鸟足状；小叶常 5～7，卵状长圆形或披针形，两面均疏被短硬毛。雌雄异株；雄圆锥花序被毛；萼 5 裂；花冠淡绿色或白色，5 裂；雄蕊 5，花丝合生；雌花序较短小。果球形，肉质，直径 5～6 mm，熟后黑色。花期 3—11 月，果期 4—12 月（图 580a）。

生境与分布 生于海拔 2 000 m 以下的山坡林下或沟边草丛中，分布于神农架各地（图 580b）。

a   b

图 580 绞股蓝形态与生境图

ITS2序列特征 绞股蓝 *G. pentaphyllum* 共 3 条序列，均来自于神农架样本，序列比对后长度为 274 bp，其序列特征见图 581。

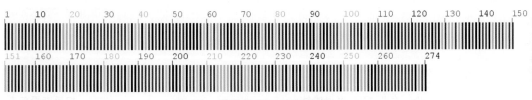

图 581 绞股蓝 ITS2 序列信息   扫码查看绞股蓝
ITS2 基因序列

psbA-trnH序列特征 绞股蓝 *G. pentaphyllum* 共 3 条序列，均来自于神农架样本，序列比对后长度为 447 bp，有 5 个变异位点，分别为 1 位点 T-G 变异，8 位点 A-C 变异，9 位点 T-（C，A）变异，10 位点 G-（T，A）变异，11 位点 A-T 变异。主导单倍型序列特征见图 582。

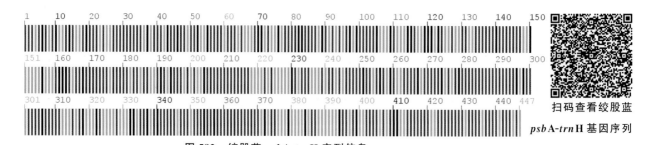

扫码查看绞股蓝
*psbA-trn*H 基因序列

图 582　绞股蓝 *psbA-trn*H 序列信息

资源现状与用途 绞股蓝 *G. pentaphyllum*，别名七叶胆、甘草蔓、五叶参等，主要分布于我国秦岭及长江以南地区。绞股蓝属保健食品原料，在民间常用于强身益寿，应用历史悠久，在医药、保健、日化等领域均有重要地位。目前，在其自然分布区域已有较大面积人工栽培。

雪　胆

Hemsleya chinensis Cogn. ex Forbes et Hemsl.

雪胆 *Hemsleya chinensis* Cogn. ex Forbes et Hemsl.［*Flora of China* 收录为马铜铃 *Hemsleya graciliflora*（Harms）Cogn.］为神农架民间"七十二七"药材"乌龟七"的基原物种。其块根具有清热解毒、消肿止痛的功效，用于上呼吸道感染、支气管炎、胃痛、溃疡病、肺炎、肠炎、泌尿系统感染、败血症及其他多种感染等。

植物形态 多年生攀缘草本。小枝纤细具棱槽，卷须纤细，疏被微柔毛，先端 2 歧。趾状复叶多为 7 小叶，长圆状披针形至倒卵状披针形。雌雄异株。雄花：腋生聚伞圆锥花序；花冠浅黄绿色，平展，裂片倒卵形，薄膜质，基部疏被细乳突。雌花：子房狭圆筒状，基部渐狭，花柱 3，柱头 2 裂。果实筒状倒圆锥形，底平截。种子轮廓长圆形，稍扁平，周生 1.5～2 mm 宽的木栓质翅，外有乳白色膜质边，上端宽 3～4 mm，顶端浑圆或微凹，两侧较狭，基部中央微缺。花期 6—9 月，果期 8—11 月（图 583a）。

生境与分布 生于海拔 800～2 000 m 以上的山坡、林下、草丛中，分布于神农架下谷乡、木鱼镇等地（图 583b）。

ITS2序列特征 雪胆 *H. chinensis* 共 3 条序列，分别来自于神农架样本和 GenBank（JF976542、JF976543），序列比对后长度为 242 bp，有 2 个变异位点，分别为 195 位点 A-C 变异、206 位点 G-T 变异。主导单倍型序列特征见图 584。

psbA-trnH序列特征 雪胆 *H. chinensis* 共 2 条序列，分别来自于神农架样本和 GenBank（EF424069），序列比对后长度为 380 bp，有 4 个变异位点，分别为 225 位点 T-A 变异、246 位点 A-C 变异、309 位点 T-G 变异、331 位点 C-T 变异，在 202 位点存在碱基缺失。主导单倍型序列特征见图 585。

a   b

图 583 　雪胆形态与生境图

图 584 　雪胆 ITS2 序列信息

扫码查看雪胆
ITS2 基因序列

图 585 　雪胆 *psb* A-*trn* H 序列信息

扫码查看雪胆
psb A-*trn* H 基因序列

丝　瓜

Luffa cylindrica (L.) Roem.

丝瓜 *Luffa cylindrica* (L.) Roem. (*Flora of China* 收录为 *Luffa aegyptiaca* Miller.) 为《中华人民共和国药典》(2020 年版) "丝瓜络" 药材的基原物种。其干燥成熟果实的维管束具有祛风、通络、活血、下乳的功效,用于痹痛拘挛、胸胁胀痛、乳汁不通、乳痈肿痛等。

植物形态 一年生攀缘藤本。茎、枝粗糙,有棱沟,被微柔毛。卷须稍粗壮,被短柔毛,通常 2~4 歧。叶柄粗糙,具不明显的沟;叶片三角形或近圆形,通常掌状 5~7 裂,裂片三角形。雌雄同株。雄花:通常 15~20 朵花,生于总状花序上部;花冠黄色,辐状,裂片长圆形,里面基部密被黄白色长柔毛。子房长圆柱状，有柔毛。果实圆柱状，直或稍弯。花果期夏、秋季（图586a）。

生境与分布 神农架有栽培（图586b）。

a   b

图586 丝瓜形态与生境图

ITS2序列特征 丝瓜 *L. cylindrica* 共3条序列，均来自于神农架样本，序列比对后长度为247 bp，其序列特征见图587。

图587 丝瓜ITS2序列信息

扫码查看丝瓜
ITS2基因序列

psbA-trnH序列特征 丝瓜 *L. cylindrica* 共3条序列，均来自于神农架样本，序列比对后长度为154 bp，其序列特征见图588。

图588 丝瓜 psbA-trnH序列信息

扫码查看丝瓜
psbA-trnH基因序列

资源现状与用途 丝瓜 *L. cylindrica*，别名天丝瓜、蛮瓜、水瓜等，分布于全国各地。丝瓜的营养价值极高，民间常用于清热化痰。因其果实含有丰富的皂苷、丝瓜苦味质、维生素等活性成分，在降血脂和抗氧化等方面具有较高的药理活性。

栝楼

Trichosanthes kirilowii Maxim.

栝楼 *Trichosanthes kirilowii* Maxim. 为《中华人民共和国药典》（2020 年版）"天花粉""瓜蒌""瓜蒌皮""瓜蒌子"药材的基原物种之一。其干燥根为"天花粉"，具有清热泻火、生津止渴、消肿排脓的功效，用于热病烦渴、肺热燥咳、内热消渴、疮疡肿毒等；其干燥成熟果实为"瓜蒌"，具有清热涤痰、宽胸散结、润燥滑肠的功效，用于肺热咳嗽、痰浊黄稠、胸痹心痛、结胸痞满、乳痈、肺痈、肠痈、大便秘结等；其干燥成熟果皮为"瓜蒌皮"，具有清热化痰、利气宽胸的功效，用于痰热咳嗽、胸闷胁痛等；其干燥成熟种子为"瓜蒌子"，具有润肺化痰、滑肠通便的功效，用于燥咳痰黏、肠燥便秘等。

植物形态 攀缘藤本。块根圆柱状，粗大肥厚，富含淀粉，淡黄褐色。茎较粗，多分枝，具纵棱及槽。叶片纸质，轮廓近圆形，常 3～7 浅裂至中裂，叶基心形。花雌雄异株。雄总状花序单生，总状花序长 10～20 cm，粗壮，具纵棱与槽，小苞片倒卵形或阔卵形，被短柔毛；被短柔毛，裂片披针形，全缘；花冠白色，裂片倒卵形。雌花单生，被短柔毛；果实椭圆形或圆形，成熟时黄褐色或橙黄色；种子卵状椭圆形，近边缘处具棱线。花期 5－8 月，果期 8－10 月（图 589a）。

生境与分布 生于海拔 400～1 800 m 的林下、灌丛、村旁田边，分布于神农架松柏镇、木鱼镇、宋洛乡等地（图 589b）。

a   b

图 589 栝楼形态与生境图

ITS2序列特征 栝楼 *T. kirilowii* 共 3 条序列，均来自于神农架样本，序列比对后长度为 251 bp，有 2 个变异位点，分别为 20 位点、62 位点 C-T 变异，在 11 位点存在碱基缺失。主导单倍型序列特征见图 590。

psbA-*trn*H序列特征 栝楼 *T. kirilowii* 共 3 条序列，均来自于神农架样本，序列比对后长度为247 bp，有 1 个变异位点，为 183 位点 T-C 变异，在 184 位点存在碱基缺失。主导单倍型序列特征见图 591。

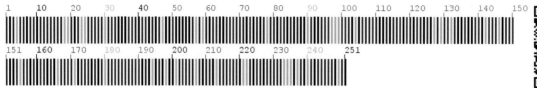

图 590　栝楼 ITS2 序列信息

扫码查看栝楼
ITS2 基因序列

图 591　栝楼 *psb* A-*trn* H 序列信息

扫码查看栝楼
psb A-*trn* H 基因序列

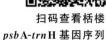

资源现状与用途　栝楼 *T. kirilowii*，别名瓜蒌、天瓜等，在我国主要分布于华东、华中地区。栝楼用途广泛，瓜蒌皮精油被用作薄荷香水的原料，有良好的提神醒脑效果。目前，已有较大面积的人工栽培。

双 边 栝 楼

Trichosanthes rosthornii Harms.

双边栝楼 *Trichosanthes rosthornii* Harms（*Flora of China* 收录为中华栝楼）为《中华人民共和国药典》（2020 年版）"天花粉""瓜蒌""瓜蒌皮""瓜蒌子"药材的基原物种之一。其干燥根为"天花粉"，具有清热泻火、生津止渴、消肿排脓的功效，用于热病烦渴、肺热燥咳、内热消渴、疮疡肿毒等；其干燥成熟果实为"瓜蒌"，具有清热涤痰、宽胸散结、润燥滑肠的功效，用于肺热咳嗽、痰浊黄稠、胸痹心痛、结胸痞满、乳痈、肺痈、大便秘结等；其干燥成熟果皮为"瓜蒌皮"，具有清热化痰、利气宽胸的功效，用于痰热咳嗽、胸闷胁痛等；其干燥成熟种子为"瓜蒌子"，具有润肺化痰、滑肠通便的功效，用于燥咳痰黏，肠燥便秘等。

植物形态　攀缘藤本。块根条状，肥厚，淡灰黄色，具横瘤状突起。茎具纵棱及槽，疏被短柔毛。叶片纸质，轮廓阔卵形至近圆形，3～7 深裂，通常 5 深裂，几达基部，叶基心形，掌状脉 5～7 条。卷须 2～3 歧。花雌雄异株。雄花或单生，或为总状花序，或两者并生；花冠白色，裂片倒卵形。果实球形或椭圆形，成熟时果皮及果瓤均橙黄色。种子卵状椭圆形，扁平。花期 6－8 月，果期 8－10 月（图 592a）。

生境与分布　生于海拔 500～1 000 m 的山谷、沟边、路旁，分布于神农架阳日镇、新华镇、木鱼镇等地（图 592b）。

ITS2序列特征　双边栝楼 *T. rosthornii* 共 3 条序列，均来自于神农架样本，序列比对后长度为 251 bp，其序列特征见图 593。

a   b

图 592　双边栝楼形态与生境图

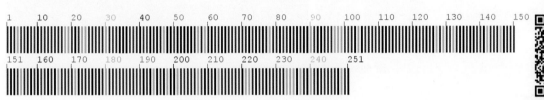

图 593　双边栝楼 ITS2 序列信息

扫码查看双边栝楼
ITS2 基因序列

psbA-trnH序列特征　双边栝楼 *T. rosthornii* 共 3 条序列，均来自于神农架样本，序列比对后长度为 166 bp，在 113 位点存在碱基插入，166 位点存在碱基缺失。主导单倍型序列特征见图 594。

图 594　双边栝楼 *psb*A-*trn*H 序列信息

扫码查看双边栝楼
*psb*A-*trn*H 基因序列

土 贝 母

Bolbostemma paniculatum（Maxim.）Franquet

土贝母 *Bolbostemma paniculatum*（Maxim.）Franquet（*Flora of China* 收录为假贝母）为《中华人民共和国药典》（2020 年版）"土贝母"药材的基原物种。其干燥块茎具有解毒、散结、消肿的功效，用于乳痈、瘰疬、痰核等。

植物形态　草本。鳞茎肥厚，肉质，乳白色。叶柄纤细，叶片卵状近圆形，掌状 5 深裂。花雌雄异株。雌、雄花序均为疏散的圆锥状，极稀花单生，花序轴丝状，花梗纤细；花黄绿色；花萼与花冠相似，裂片卵状披针形，顶端具长丝状尾；雄蕊 5，离生；药隔在花药背面不伸出于花药。子房近球形，疏散生不显著的疣状凸起。果实圆柱状，具 6 枚种子。种子卵状菱形，暗褐色，表面有雕纹状凸起，边缘有不规则的齿。花期 6—8 月，果期 8—9 月（图 595a）。

生境与分布 生于海拔 600～1 000 m 的河谷岸边或灌丛中，分布于神农架阳日镇、新华镇等地（图 595b）。

a   b

图 595　土贝母形态与生境图

ITS2 序列特征 土贝母 *B. paniculatum* 共 5 条序列，均来自于神农架样本，序列比对后长度为 236 bp，有 1 个变异位点，为 215 位点 G-A 变异。主导单倍型序列特征见图 596。

图 596　土贝母 ITS2 序列信息   扫码查看土贝母 **ITS2 基因序列**

川 续 断 科 Dipsacaceae

川 续 断

Dipsacus asper Wall. ex Henry

川续断 *Dipsacus asper* Wall. ex Henry 为《中华人民共和国药典》（2020 年版）"续断"药材的基原物种。其干燥根具有补肝肾、强筋骨、续折伤、止崩漏的功效，用于肝肾不足、腰膝酸软、风湿痹痛、跌扑损伤、筋伤骨折、崩漏、胎漏等。

植物形态 多年生草本，高达 2 m。茎中空，疏生硬刺毛。叶对生，中下部叶为羽状深裂，上部叶不裂或基部 3 裂，叶脉密被刺毛。头状花序球形，无刺毛；花萼四棱皿状；花冠淡黄色或白色，花冠管细管状，4 裂；雄蕊 4；子房下位。瘦果长倒卵柱状，包藏于小总苞内。花期 7—9 月，果期 9—11 月（图 597a）。

🌿 生境与分布　生于海拔 700～2 400 m 的山坡、草丛、林边，分布于神农架各地（图 597b）。

a　　　　　　　　　　　　　　　　　　b

图 597　川续断形态与生境图

🌿 ITS2序列特征　川续断 *D. asper* 共 3 条序列，均来自于神农架样本，序列比对后长度为 218 bp，其序列特征见图 598。

图 598　川续断 ITS2 序列信息

扫码查看川续断
ITS2 基因序列

🌿 *psb*A-*trn*H序列特征　川续断 *D. asper* 共 3 条序列，均来自于神农架样本，序列比对后长度为 250 bp，有 5 个变异位点，分别为 58、98、103 位点 A-T 变异，100 位点 A-C 变异，101 位点 G-T 变异。主导单倍型序列特征见图 599。

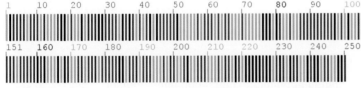

图 599　川续断 *psb*A-*trn*H 序列信息

扫码查看川续断
*psb*A-*trn*H 基因序列

🌿 资源现状与用途　川续断 D. asper，别名川断、接骨草，主产于湖北、四川、云南、贵州等省。有止血、镇痛作用，是骨伤科的常用药用植物资源。川续断人工栽培尚未规模化，临床用药主要来源于野生资源。

柿　科 Ebenaceae

柿

Diospyros kaki Thunb.

柿 *Diospyros kaki* Thunb. 为《中华人民共和国药典》（2020 年版）"柿蒂"药材的基原物种之一。其干燥宿萼具有降逆止呃的功效，用于呃逆等。

植物形态　落叶乔木，高达 10～14 m。树皮深灰色至灰黑色。叶互生，纸质，卵状椭圆形至倒卵形，长 5～18 cm，先端渐尖或钝。雌雄异株；雄花序常有花 3 朵，花冠 4 裂，钟状，黄白色。雌花单生叶腋，花冠 4 裂，壶形，黄白色；果直径 2.5～8 cm，橙红色，宿萼厚革质。花期 5—6 月，果期 9—10 月（图 600a）。

生境与分布　神农架有栽培（图 600b）。

a　　　　　　　　　　　　　　　　　　b

图 600　柿形态与生境图

ITS2序列特征　柿 *D. kaki* 共 3 条序列，均来自于神农架样本，序列比对后长度为 248bp，其序列特征见图 601。

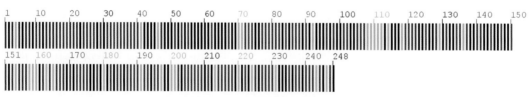

图 601　柿 ITS2 序列信息

扫码查看柿
ITS2 基因序列

psbA-trnH序列特征　柿 *D. kaki* 共 3 条序列，均来自于神农架样本，序列比对后长度为 431 bp，其序列特征见图602。

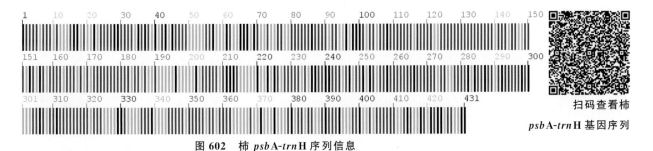

扫码查看柿
*psb*A-*trn*H 基因序列

图 602　柿 *psb*A-*trn*H 序列信息

资源现状与用途　柿 *D. kaki* 在我国大部分地区均有栽培，是我国常见的药用和食用植物。柿叶常以茶叶的形式应用于食疗中，具有抗菌消炎的功效。

杜 鹃 花 科 Ericaceae

鹿 蹄 草
Pyrola calliantha H. Andr.

鹿蹄草 *Pyrola calliantha* H. Andr. 为《中华人民共和国药典》（2020年版）"鹿衔草"药材的基原物种之一。其全草具有祛风湿、强筋骨、止血、止咳的功效，用于风湿痹痛、肾虚腰痛、腰膝无力、月经过多、久咳劳嗽等。

植物形态　常绿草本，高15～30 cm。叶4～7，基生，革质，椭圆形，长3～5 cm，上面绿色，下面常有白霜。花葶有1～2枚鳞片状叶。总状花序长12～16 cm，花萼5全裂，宿存；花瓣5，白色；雄蕊10；花柱较长，倾斜。蒴果扁球形。花期6—8月；果期8—9月（图603a）。

生境与分布　生于海拔800～1 500 m的山坡、路边草丛中，分布于神农架各地（图603b）。

a　　　　　　　　　　　　　　　　　　　b

图 603　鹿蹄草形态与生境图

ITS2序列特征 鹿蹄草 *P. calliantha* 共 3 条序列，均来自于神农架样本，序列比对后长度为 237 bp，其序列特征见图 604。

扫码查看鹿蹄草
ITS2 基因序列

图 604　鹿蹄草 ITS2 序列信息

psbA-trnH序列特征 鹿蹄草 *P. calliantha* 共 3 条序列，均来自于神农架样本，序列比对后长度为 357 bp，其序列特征见图 605。

扫码查看鹿蹄草
*psb*A-*trn*H 基因序列

图 605　鹿蹄草 *psb*A-*trn*H 序列信息

普通鹿蹄草

Pyrola decorata H. Andr.

普通鹿蹄草 *Pyrola decorata* H. Andr. 为《中华人民共和国药典》（2020 年版）"鹿衔草"药材的基原物种之一。其全草具有祛风湿、强筋骨、止血、止咳的功效，用于风湿痹痛、肾虚腰痛、腰膝无力、月经过多、久咳劳嗽等。

植物形态 常绿草本。根茎细长，横生，斜升，有分枝。叶 3～6，近基生，薄革质，长圆形或倒卵状长圆形或匙形。花葶细，常带紫色。总状花序有 4～10 花，花倾斜，半下垂，萼片卵状长圆形，先端急尖，边缘色较浅；花冠碗形，淡绿色或黄绿色或近白色；花瓣倒卵状椭圆形，先端圆形。蒴果扁球形，直径 7～10 mm。花期 6—7 月；果期 7—8 月（图 606a）。

生境与分布 生于海拔 800～1 500 m 的山坡、路边草丛中，分布于神农架红坪镇、大九湖镇、宋洛乡、新华镇等地（图 606b）。

ITS2序列特征 普通鹿蹄草 *P. decorata* 共 3 条序列，均来自于神农架样本，序列比对后长度为 234 bp，有 13 个变异位点。主导单倍型序列特征见图 607。

a   b

图 606　普通鹿蹄草形态与生境图

图 607　普通鹿蹄草 ITS2 序列信息

扫码查看普通鹿蹄草
ITS2 基因序列

杜 仲 科 Eucommiaceae

杜 仲

Eucommia ulmoides Oliv.

　　杜仲 *Eucommia ulmoides* Oliv. 为《中华人民共和国药典》（2020 年版）"杜仲""杜仲叶"药材的基原物种。其干燥树皮"杜仲"具有补肝肾、强筋骨、安胎的功效，用于肝肾不足、腰膝酸痛、筋骨无力、头晕目眩、妊娠漏血、胎动不安等；其干燥叶"杜仲叶"具有补肝肾、强筋骨的功效，用于肝肾不足、头晕目眩、腰膝酸痛、筋骨痿软等。

　　植物形态　落叶乔木，高达 20m。树皮灰色，折断有白色细丝。叶互生，椭圆形或椭圆状卵形，长 6～18 cm，渐尖，边缘有锯齿；叶柄长 1～2 cm。雌雄异株；花无被，具短梗，常先叶开放；花丝极短；子房狭长。翅果狭椭圆形，长约 3.5 cm。早春开花，秋后果实成熟（图 608a）。

　　生境与分布　神农架有栽培（图 608b）。

a   b

图 608　杜仲形态与生境图

ITS2序列特征　杜仲 *E. ulmoides* 共 3 条序列，均来自于神农架样本，序列比对后长度为 210 bp，有 1 个变异位点，为 82 位点 T-G 变异。主导单倍型序列特征见图 609。

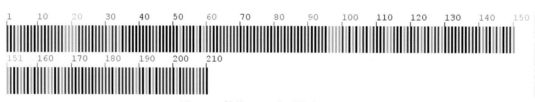

图 609　杜仲 ITS2 序列信息

扫码查看杜仲
ITS2 基因序列

psbA-trnH序列特征　杜仲 *E. ulmoides* 共 3 条序列，均来自于神农架样本，序列比对后长度为 201 bp，其序列特征见图 610。

图 610　杜仲 *psb*A-*trn*H 序列信息

扫码查看杜仲
*psb*A-*trn*H 基因序列

资源现状与用途　杜仲 *E. ulmoides*，别名扯丝皮、思仲、丝棉皮等，主要分布于我国西北、西南、华南、华中地区。杜仲是地质史上第三纪冰川运动残留下来的古生物树种，为中国特有，是国家二级保护植物。杜仲叶、花、果皆具有药用和食用价值，因此被誉为"植物黄金"。杜仲叶能经过细加工产出杜仲精粉，也能粗加工制成饲料。雄花可炒制成杜仲花茶，还可从雌果中提炼出杜仲籽油。杜仲树还能提炼出橡胶，其叶、果核和果皮含胶量高。此外，还研发了杜仲籽油、杜仲胶囊、杜仲橡胶等产品。

大 戟 科 Euphorbiaceae

大 戟

Euphorbia pekinensis Rupr.

大戟 *Euphorbia pekinensis* Rupr. 为《中华人民共和国药典》（2020 年版）"京大戟"药材的基原物种。其干燥根具有泻水逐饮、消肿散结的功效，用于水肿胀满、胸腹积水、痰饮积聚、气逆咳喘、二便不利、痈肿疮毒、瘰疬痰核等。

植物形态 多年生草本。根圆柱状，茎单生或自基部多分枝。叶互生，常为椭圆形，基部渐狭，呈楔形、近圆形或近平截，边缘全缘；叶两面无毛。花序单生于二歧分枝顶端，无柄；腺体 4，半圆形或肾状圆形，淡褐色；雄花多数，伸出总苞之外；雌花 1 枚，具较长的子房柄，子房幼时被较密的瘤状突起；花柱 3，分离。蒴果球状，被稀疏的瘤状突起，成熟时分裂为 3 个分果爿。种子长球状。花期5—8 月，果期 6—9 月（图 611a，b）。

生境与分布 生于海拔 1 000 m 以下的山坡林缘，分布于神农架松柏镇等地（图 611c）。

a   b   c

图 611 大戟形态与生境图

ITS2序列特征 大戟 *E. pekinensis* 共 3 条序列，均来自于神农架样本，序列比对后长度为220 bp，有 1 个变异位点，为 47 位点 A-G 变异。主导单倍型序列特征见图 612。

图 612 大戟 ITS2 序列信息

扫码查看大戟
ITS2 基因序列

psbA-trnH序列特征 大戟 *E. pekinensis* 共 2 条序列，均来自于神农架样本，序列比对后长度为 451 bp，其序列特征见图 613。

扫码查看大戟 *psbA-trn*H 基因序列

图 613 大戟 *psbA-trn*H 序列信息

续 随 子
Euphorbia lathylris L.

续随子 *Euphorbia lathylris* L.（*Flora of China* 收载收录为 *Euphorbia lathyris* L.）为《中华人民共和国药典》（2020 年版）"千金子"药材的基原物种。其干燥成熟种子具有泻下逐水、破血消癥的功效，用于二便不通、水肿、痰饮、积滞胀满、血瘀经闭等；外治顽癣、赘疣等。

植物形态 二年生草本，全株无毛。根柱状，侧根多而细。茎直立，基部单一，顶部二歧分枝。叶交互对生，线状披针形。花序单生，裂片三角状长圆形；腺体 4，新月形，两端具短角，暗褐色；雌花 1 枚，子房光滑无毛，花柱细长，3 枚，分离，柱头 2 裂。蒴果三棱状球形，光滑无毛，花柱早落，成熟时不开裂。种子柱状至卵球状，褐色或灰褐色，具黑褐色斑点；种阜无柄，极易脱落。花期 4—7 月，果期 6—9 月（图 614a）。

生境与分布 神农架有栽培（图 614b）。

a   b

图 614 续随子形态与生境图

 续随子 *E. lathylris* 共 3 条序列，均来自于神农架样本，序列比对后长度为 221 bp，有 2 个变异位点，分别为 83 位点 C-T 变异，187 位点 G-A 变异。主导单倍型序列特征见图 615。

图 615　续随子 ITS2 序列信息

 续随子 *E. lathylris* 序列来自于神农架样本，序列长度为 474 bp，其序列特征见图 616。

扫码查看续随子 *psb*A-*trn*H 基因序列

图 616　续随子 *psb*A-*trn*H 序列信息

资源现状与用途　续随子 *E. lathylris*，别名金钱子、小巴豆、菩萨豆等，在我国各地广泛分布。续随子油中主要脂肪酸成分为 C_{16} 脂肪酸、C_{18} 脂肪酸，与理想柴油替代品的分子组成类似，是发展生物柴油的潜在原料。此外，由于油中含有多种有毒物质，故不可食用，但工业上可用于制作肥皂、软皂及润滑油等。续随子的种子浸提液可作土农药，用以防治螟虫、蚜虫等。

斑　地　锦

Euphorbia maculata L.

斑地锦 *Euphorbia maculata* L. 为《中华人民共和国药典》（2020 年版）"地锦草"药材的基原物种之一。其干燥全草具有清热解毒、凉血止血、利湿退黄的功效，用于痢疾、泄泻、咯血、尿血、便血、崩漏、疮疖痈肿、湿热黄疸等。

植物形态　一年生草本。茎匍匐，被白色疏柔毛。叶对生，长椭圆形至肾状长圆形，长 6～12 mm，先端钝，基部偏斜，上面绿色，中部常有一紫色斑点。花序单生于叶腋，基部具短柄；总苞狭杯状；腺体 4，黄绿色，边缘具白色附属物。蒴果三角状卵形。花果期 4—9 月（图 617a）。

生境与分布　生于海拔 1 100 m 以下的山坡草地，分布于神农架各地（图 617b）。

a b

图 617 斑地锦形态与生境图

ITS2序列特征 斑地锦 *E. maculata* 共 3 条序列，均来自于神农架样本，序列比对后长度为 210 bp，其序列特征见图 618。

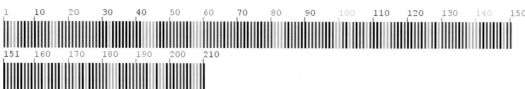

图 618 斑地锦 ITS2 序列信息

扫码查看斑地锦
ITS2 基因序列

psbA-trnH序列特征 斑地锦 *E. maculata* 共 3 条序列，均来自于神农架样本，序列比对后长度为 620 bp，在 57 位点存在碱基插入。主导单倍型序列特征见图 619。

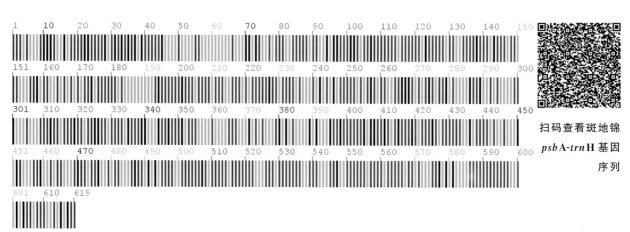

扫码查看斑地锦
*psb*A-*trn*H 基因
序列

图 619 斑地锦 *psb*A-*trn*H 序列信息

资源现状与用途 斑地锦 *E. maculata*，别名血筋草、铺地锦、血见愁，分布于我国华北、华东、华中等地区，具有较强的环境适应性。

西南大戟

Euphorbia hylonoma Handel-Mazzetti.

西南大戟 *Euphorbia hylonoma* Handel-Mazzetti.（*Flora of China* 收录为湖北大戟）为神农架民间"七十二七"药材"冷水七"的基原物种。其根具有利尿通便、消积破瘀、止痛的功效，用于二便不通、积聚腹胀、胸膈不利、肝硬化腹水、劳伤、跌打损伤等。

植物形态 多年生草本，高 50～100 cm，全株无毛。茎直立，上部多分枝。叶互生，长圆形至椭圆形，长 4～10 cm；总苞叶 3～5 枚，同茎生叶；伞幅 3～5；苞叶 2～3 枚，常为卵形；无柄花序单生于二歧分枝顶端，总苞钟状，边缘 4 裂，裂片三角状卵形。蒴果球形，直径约 4 mm。花期 4—7 月，果期 6—9 月（图 620a）。

生境与分布 生于海拔 1 800 m 以下的山坡林下或疏林下湿地草丛中，分布于神农架新华镇、宋洛乡、下谷乡、木鱼镇、红坪镇等地（图 620b）。

a   b

图 620　西南大戟形态与生境图

ITS2序列特征 西南大戟 *E. hylonoma* 共 3 条序列，均来自于神农架样本，序列比对后长度为 220 bp，有 1 个变异位点，为 108 位点 T-C 变异，在 111 位点存在简并碱基 Y。主导单倍型序列特征见图 621。

图 621　西南大戟 ITS2 序列信息

扫码查看西南大戟
ITS2 基因序列

psbA-*trn*H序列特征 西南大戟 *E. hylonoma* 共 3 条序列，均来自于神农架样本，序列比对后长度为 447 bp，其序列特征见图 622。

扫码查看西南大戟
*psb*A-*trn*H 基因序列

图 622　西南大戟 *psb*A-*trn*H 序列信息

蓖　麻
Ricinus communis L.

　　蓖麻 *Ricinus communis* L. 为《中华人民共和国药典》（2020 年版）"蓖麻子"药材的基原物种。其干燥成熟种子具有泻下通滞、消肿拔毒的功效，用于大便燥结、痈疽肿毒、喉痹、瘰疬等。

　　植物形态　一年生粗壮草本或草质灌木；小枝、叶和花序通常被白霜，茎多液汁。叶轮廓近圆形，掌状 7～11 裂，裂缺几达中部；掌状脉 7～11 条。总状花序或圆锥花序，苞片阔三角形，膜质，早落；雄花：花萼裂片卵状三角形；雄蕊束众多；子房卵状，密生软刺或无刺，花柱红色，顶部 2 裂，密生乳头状突起。蒴果卵球形或近球形，果皮具软刺或平滑；种子椭圆形，微扁平，斑纹淡褐色或灰白色；种阜大。花期几全年或 6－9 月（图 623a, b）。

　　生境与分布　神农架有栽培（图 623c）。

a　　　　　　　　　　　　b　　　　　　　　　　　　c

图 623　蓖麻形态与生境图

　　ITS2序列特征　蓖麻 *R. communis* 共 3 条序列，均来自于神农架样本，序列比对后长度为

219bp，有 3 个变异位点，分别为 7 位点 T-C 变异，117 位点 G-A 变异，198 位点 C-T 变异。主导单倍型序列特征见图 624。

图 624 蓖麻 ITS2 序列信息

扫码查看蓖麻 ITS2 基因序列

_psb_A-_trn_H序列特征 蓖麻 _R. communis_ 共 4 条序列，均来自 GenBank（GU135325、GU135374、HG963764、JQ279716），序列比对后长度为 460 bp，在 421 位点存在碱基插入。主导单倍型序列特征见图 625。

图 625 蓖麻 _psb_A-_trn_H 序列信息

扫码查看蓖麻 _psb_A-_trn_H 基因序列

资源现状与用途 蓖麻 _R. communis_，别名大麻子、老麻子、草麻等，在我国栽培范围较广。蓖麻籽可以榨油，被广泛应用于国防、航空、航天、化工医药和机械制造等方面；蓖麻叶可以养蚕；蓖麻秆可以制板和造纸；蓖麻根可入药；蓖麻毒是抗癌物质；蓖麻粕富含蛋白质，脱毒后是一种优质绿色植物蛋白饲料。

豆　　科 Fabaceae

合　　欢

Albizia julibrissin Durazz.

合欢 _Albizia julibrissin_ Durazz. 为《中华人民共和国药典》（2020 年版）"合欢皮""合欢花"药材的基原物种。其干燥树皮"合欢皮"具有解郁安神、活血消肿的功效，用于心神不安、忧郁失眠、肺痈、疮肿、跌扑伤痛等；其干燥花序或花蕾"合欢花"具有解郁安神的功效，用于心神不安、忧郁失眠等。

植物形态 落叶乔木。嫩枝、花序和叶轴被绒毛或短柔毛。托叶线状披针形，早落。二回羽状复叶，羽片 4～12 对；小叶 10～30 对，线形至长圆形，长 6～12 mm。头状花序于枝顶排成圆锥花序；

花粉红色；花萼管状；花冠具5裂片；花丝长约2.5 cm。荚果带状，长9～15 cm。花期6—7月；果期8—10月（图626a）。

🌿 **生境与分布** 生于海拔1 500 m以下的山坡沟边疏林中，分布于神农架新华镇、宋洛乡、红坪镇、松柏镇等地（图626b）。

图626 合欢形态与生境图

🌿 **ITS2序列特征** 合欢*A. julibrissin*共3条序列，均来自于神农架样本，序列长度为207 bp，其序列特征见图627。

图627 合欢ITS2序列信息

扫码查看合欢
ITS2基因序列

🌿 **资源现状与用途** 合欢*A. julibrissin*，别名红粉朴花、朱樱花、红绒球、绒花树、夜合欢、马缨花等，我国东北至华南及西南部各省区均有分布和栽培。合欢生长迅速，能耐沙质土及干燥气候，开花如绒簇，具有较高的观赏性，常植为城市行道树。心材黄灰褐色，边材黄白色，耐久，多用于制家具；树皮供药用，有驱虫之效。民间常与其他安神药配伍用于安神解郁、治忧郁不舒、虚烦不眠、健忘多梦等。

薄叶羊蹄甲

Bauhinia glauca subsp. *tenuiflora* (Watt ex C. B. Clarke) K. et S. S. Lar.

薄叶羊蹄甲*Bauhinia glauca* subsp. *tenuiflora* (Watt ex C. B. Clarke) K. et S. S. Lar. 为神农架民间药材"猪腰藤"的基原物种。其根具有活血止血、理气止痛的功效，用于风湿痹痛、咳血吐血、跌打损伤等。

植物形态 木质藤本；卷须略扁，旋卷。叶纸质，近圆形，2裂达中部或更深裂，罅口狭窄，裂片卵形。伞房花序式的总状花序顶生或与叶对生，具密集的花；总花梗被疏柔毛，渐变无毛；花瓣白色，倒卵形，各瓣近相等，具长柄，边缘皱波状。荚果带状，薄，无毛，不开裂，荚缝稍厚。种子10～20颗，在荚果中央排成一纵列，卵形，极扁平。花期4—6月；果期7—9月（图628a）。

生境与分布 生于海拔1 400 m以下的山坡沟边、路旁、灌木丛中，分布于神农架新华镇、木鱼镇、下谷乡等（图628b）。

a   b

图 628   薄叶羊蹄甲形态与生境图

ITS2序列特征 薄叶羊蹄甲 *B. glauca* subsp. *tenuiflora* 共4条序列，均来自于神农架样本，序列比对后长度为218 bp，其序列特征见图629。

图 629   薄叶羊蹄甲 ITS2 序列信息

扫码查看薄叶羊蹄甲
ITS2 基因序列

psbA-trnH序列特征 薄叶羊蹄甲 *B. glauca* subsp. *tenuiflora* 共3条序列，均来自于神农架样本，序列比对后长度为450 bp，其序列特征见图630。

图 630   薄叶羊蹄甲 *psb*A-*trn*H 序列信息

扫码查看薄叶羊
蹄甲 *psb*A-*trn*H
基因序列

资源现状与用途 薄叶羊蹄甲 *B. glauca* subsp. *tenuiflora*，别名鄂羊蹄甲、羊脚藤、双肾藤，主要分布于华中、华南及西南地区。民间主要用于治疗风湿骨痛、跌扑损伤、接骨等。薄叶羊蹄甲种子可提取淀粉；树皮、果实富含单宁，可提取用于制鞣革和染渔网等；其根可入药。此外，它还是非常优良的木质观花藤本植物。

香花鸡血藤

Callerya dielsiana (Harms) P. K. Loc ex Z. Wei & Pedley

香花鸡血藤 *Callerya dielsiana* (Harms) P. K. Loc ex Z. Wei & Pedley 为神农架民间"七十二七"药材"山鸡血藤"的基原物种。其藤茎具有祛风活络、活血止痛的功效，用于风湿关节痛、腰痛、痨伤、月经不调、赤白带下及跌打损伤等。

植物形态 攀缘灌木。茎皮灰褐色，剥裂，枝无毛或被微毛。羽状复叶长 15～30 cm。圆锥花序顶生，宽大，生花枝伸展，花序轴多少被黄褐色柔毛；花单生，近接；苞片线形，锥尖。花冠紫红色，旗瓣阔卵形至倒阔卵形，密被锈色或银色绢毛，基部稍呈心形。荚果线形至长圆形，扁平，密被灰色绒毛，果瓣薄；种子长圆状凸镜形。花期 5—9 月，果期 6—11 月（图 631a）。

生境与分布 生于海拔 400～1 400 m 的山坡沟边或灌木丛中，分布于神农架阳日镇、新华镇、木鱼镇、下谷乡等地（图 631b）。

a   b

图 631　香花鸡血藤形态与生境图

ITS2序列特征 香花鸡血藤 *C. dielsiana* 共 3 条序列，均来自于神农架样本，序列比对后长度为 221 bp，其序列特征见图 632。

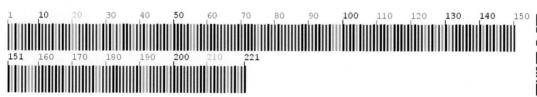

图 632　香花鸡血藤 ITS2 序列信息

扫码查看香花鸡血藤
ITS2 基因序列

茳芒香豌豆

Lathyrus davidii Hance

茳芒香豌豆 *Lathyrus davidii* Hance（*Flora of China* 收录为大山黧豆）为神农架民间"七十二七"药材"土黄七"的基原物种。其全草及种子具有清热解毒、利湿镇痛的功效，用于痈肿疮毒、痛经等。

🌿 **植物形态** 多年生草本，具块根。茎粗壮，通常直径 5 mm，圆柱状，直立或上升，无毛。托叶大，半箭形，全缘或下面稍有锯齿；叶轴末端具分枝的卷须；小叶 2～5 对，通常为卵形，具细尖，基部宽楔形或楔形，全缘，两面无毛，上面绿色，下面苍白色，具羽状脉。总状花序腋生，有花 10 余朵。萼钟状，无毛，萼齿短小；花深黄色，长 1.5～2 cm；子房线形，无毛。荚果线形，具长网纹。种子紫褐色，宽长圆形，光滑。花期 5—7 月，果期 8—9 月（图 642a）。

🌿 **生境与分布** 生于海拔 1 800 m 以下的山坡草地上，分布于神农架松柏镇、新华镇、宋洛乡等地（图 642b）。

a   b

图 642 茳芒香豌豆形态与生境图

🌿 **ITS2序列特征** 茳芒香豌豆 *L. davidii* 共 3 条序列，均来自于 GenBank（AY839350、GQ434370、HM026373），序列比对后长度为 212 bp，有 4 个变异位点，分别为 46 位点 C-T 变异，102 位点 T-A 变异，112、158 位点 G-A 变异。主导单倍型序列特征见图 643。

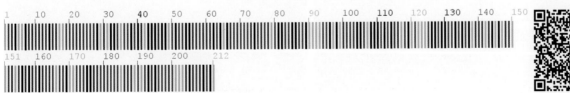

图 643 茳芒香豌豆 ITS2 序列信息

扫码查看茳芒香豌豆
ITS2 基因序列

psbA–trnH序列特征 茳芒香豌豆 *L. davidii* 序列来自于 GenBank（GU396758），序列长度为 318 bp，其序列特征见图 644。

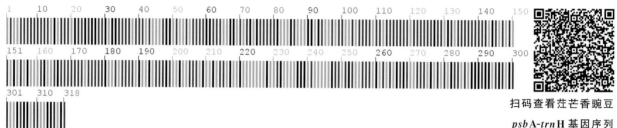

扫码查看茳芒香豌豆
*psb*A-*trn*H 基因序列

图 644　茳芒香豌豆 *psb*A-*trn*H 序列信息

决　明
Cassia tora Linn

决明 *Cassia tora* Linn.［*Flora of China* 收录为 *Senna tora*（L.）Roxb.］为《中华人民共和国药典》（2020 年版）"决明"药材的基原物种。其干燥成熟果实具有清热明目、润肠通便、祛风散热的功效，用于目赤涩痛、羞明多泪、头晕目眩、目暗不明、大便秘结等。

植物形态 一年生亚灌木状草本。叶长 4～8 cm；叶轴上每对小叶间有棒状的腺体 1 枚；小叶 3 对，膜质，倒卵形或倒卵状长椭圆形；托叶线状，被柔毛，早落。花腋生，通常 2 朵聚生；花瓣黄色，下面二片略长。荚果纤细，近四棱形，两端渐尖；种子约 25 颗，菱形，光亮。花果期 8—11 月（图 645a）。

生境与分布 神农架有栽培（图 645b）。

a　　　　　　　　　　　　　　　　　b

图 645　决明形态与生境图

ITS2序列特征 决明 *C. tora* 共 3 条序列，均来自于神农架样本，序列比对后长度为 233 bp，其序列特征见图 646。

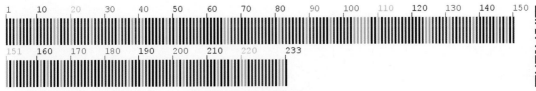

扫码查看决明
ITS2 基因序列

图 646　决明 ITS2 序列信息

psbA-trnH序列特征 决明 *C. tora* 共 3 条序列，均来自于神农架样本，序列比对后长度为 337 bp，其序列特征见图 647。

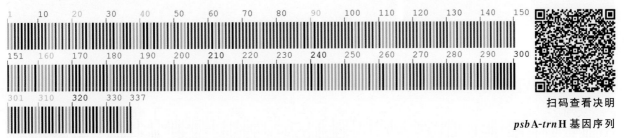

扫码查看决明
psbA-trnH 基因序列

图 647　决明 psbA-trnH 序列信息

资源现状与用途 决明 *C. tora*，别名夜关门、羊触足、假羊角菜等，在我国长江以南各省区普遍分布。民间用其叶泡茶，有降压、通便的功效。随着需求量的大幅增长，其栽培技术粗放、良种选育滞后、进口决明子冲击市场等问题日渐凸显，需加强研究，推动决明子产业可持续发展。

苦　参

Sophora flavescens Ait.

苦参 *Sophora flavescens* Ait. 为《中华人民共和国药典》（2020 年版）"苦参"药材的基原物种。其干燥根具有清热燥湿、杀虫、利尿的功效，用于热痢、便血、黄疸尿闭、赤白带下、阴肿阴痒、湿疹、湿疮、皮肤瘙痒、疥癣麻风，外治滴虫性阴道炎等。

植物形态 草本或亚灌木，通常高约 1～2 m。茎具纹棱。羽状复叶长达 25 cm；小叶 6～12 对，互生或近对生，椭圆形、卵形或披针形，先端钝或急尖，总状花序顶生，长 15～25 cm；花冠比花萼长 1 倍，白色或淡黄白色。荚果长 5～10 cm，呈不明显串珠状。花期 6—8 月，果期 7—10 月（图 648a）。

生境与分布 神农架有栽培（图 648b）。

ITS2序列特征 苦参 *S. flavescens* 共 4 条序列，均来自于神农架样本，序列比对后长度为 222 bp，其序列特征见图 649。

a   b

图 648　苦参形态与生境图

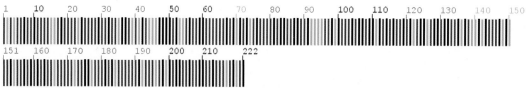

图 649　苦参 ITS2 序列信息

扫码查看苦参
ITS2 基因序列

psbA–trnH序列特征　苦参 S. *flavescens* 共 3 条序列，均来自于神农架样本，序列比对后长度为 313 bp，其序列特征见图 650。

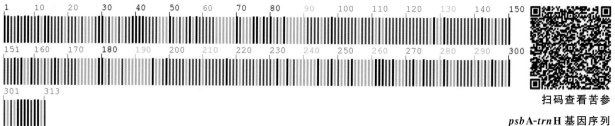

扫码查看苦参
psbA-trnH 基因序列

图 650　苦参 psbA-trnH 序列信息

资源现状与用途　苦参 S. *flavescens*，别名水槐、地槐、白茎等，主要分布于长江以及黄河流域。始载于《神农本草经》，列为中品，是我国常用传统中药。但是由于长期采挖导致野生资源逐年减少，南方地区尤为明显。目前，以苦参为原料的产品主要为中药注射剂、农药杀虫剂、消毒剂等。

槐

Sophora japonica L.

槐 *Sophora japonica* L. 为《中华人民共和国药典》（2020 年版）"槐花""槐角"药材的基原物种。其干燥花及花蕾为"槐花"，具有凉血止血、清肝泻火的功效，用于便血、痔血、血痢、崩漏、吐血、衄血、肝热目赤、头痛眩晕等；其干燥成熟果实为"槐角"，具有清热泻火、凉血止血的功效，用于肠热便血、痔肿出血、肝热头痛、眩晕目赤等。

植物形态 乔木。当年生枝绿色，无毛。羽状复叶长达 25 cm；叶轴初被疏柔毛，后无毛；叶柄基部膨大，包裹着芽；小叶 4～7 对，对生或近互生，纸质。圆锥花序顶生，常呈金字塔形；花萼浅钟状，萼齿 5，圆形或钝三角形；花冠白色或淡黄色。荚果串珠状，种子间缢缩不明显，种子排列较紧密，具肉质果皮，成熟后不开裂，具种子 1～6 粒。花期 7—8 月，果期 8—10 月（图 651a, b）。

生境与分布 生于海拔 1 200 m 以下的山坡边或住宅旁，分布于神农架阳日镇、新华镇、宋洛乡、松柏镇等地（图 651c）。

a   b   c

图 651　槐形态与生境图

ITS2序列特征 槐 *S. japonica* 共 3 条序列，均来自于神农架样本，序列比对后长度为 223 bp，有 2 个变异位点，分别为 89 位点 A-T 变异，167 位点 T-C 变异，在 213 位点存在碱基插入。主导单倍型序列特征见图 652。

图 652　槐 ITS2 序列信息

扫码查看槐
ITS2 基因序列

资源现状与用途 槐 S. japonica，别名豆槐、白槐、细叶槐等，在我国各省广泛栽培。槐喜光而稍耐阴，能适应较冷气候，根深而发达，对土壤要求不严，在酸性至石灰性及轻度盐碱土，甚至高含盐量的条件下都能正常生长，华北和黄土高原地区尤为多见。槐属植物在我国有着悠久的栽培和利用历史。

赤 豆
Vigna angularis（**Willd.**）**Ohwi et Ohashi**

赤豆 *Vigna angularis*（Willd.）Ohwi et Ohashi 为《中华人民共和国药典》（2020 年版）"赤小豆"药材的基原物种之一。其干燥成熟种子具有利水消肿、解毒排脓的功效，用于水肿胀满、脚气浮肿、黄疸尿赤、风湿热痹、痈肿疮毒、肠痈腹痛等。

植物形态 一年生、直立或缠绕草本，植株被疏长毛。羽状复叶具 3 小叶；托叶盾状着生，箭头形；小叶卵形至菱状卵形，先端宽三角形或近圆形，侧生的偏斜，全缘或浅三裂，两面均稍被疏长毛。花黄色，旗瓣扁圆形或近肾形，常稍歪斜，顶端凹，翼瓣比龙骨瓣宽，具短瓣柄及耳，龙骨瓣顶端弯曲近半圈。荚果圆柱状，平展或下弯，无毛。花期夏季，果期 9—10 月（图 653a）。

生境与分布 神农架有栽培（图 653b）。

a   b

图 653　赤豆形态与生境图

ITS2序列特征 赤豆 V. angularis 共 3 条序列，均来自于神农架样本，序列比对后长度为 210 bp，其序列特征见图 654。

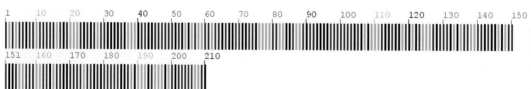

图 654　赤豆 ITS2 序列信息

扫码查看赤豆
ITS2 基因序列

*psb*A–*trn*H序列特征 赤豆 *V. angularis* 共 3 条序列，均来自于神农架样本，序列比对后长度为 350 bp，其序列特征见图 655。

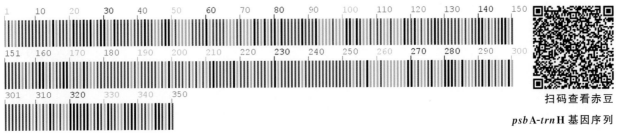

扫码查看赤豆
*psb*A-*trn*H 基因序列

图 655　赤豆 *psb*A-*trn*H 序列信息

赤　小　豆
Vigna umbellata (Thunb.) Ohwi et Ohashi

赤小豆 *Vigna umbellata* (Thunb.) Ohwi et Ohashi 为《中华人民共和国药典》（2020 年版）"赤小豆"药材的基原物种之一。其干燥成熟种子具有利水消肿、解毒排脓的功效，用于水肿胀满、脚气浮肿、黄疸尿赤、风湿热痹、痈肿疮毒、肠痈腹痛等。

植物形态　一年生草本。茎纤细，羽状复叶具 3 小叶；托叶盾状着生，披针形或卵状披针形，两端渐尖；小托叶钻形，小叶纸质，卵形或披针形，全缘或微 3 裂，沿两面脉上薄被疏毛，有基出脉 3 条。总状花序腋生，短，有花 2～3 朵；苞片披针形；花梗短，着生处有腺体；花黄色；龙骨瓣右侧具长角状附属体。荚果线状圆柱形，下垂，种子 6～10 颗，长椭圆形，通常暗红色，种脐凹陷。花期 5—8 月（图 656a）。

生境与分布　神农架有栽培（图 656b）。

a　　　　　　　　　　　　　　　　b

图 656　赤小豆形态与生境图

ITS2序列特征 赤小豆 *V. umbellata* 共 3 条序列，均来自于神农架样本，序列比对后长度为 210 bp，其序列特征见图 657。

图 657 赤小豆 ITS2 序列信息

扫码查看赤小豆
ITS2 基因序列

psbA-trnH序列特征 赤小豆 *V. umbellata* 共 3 条序列，均来自于神农架样本，序列比对后长度为 267 bp，其序列特征见图 658。

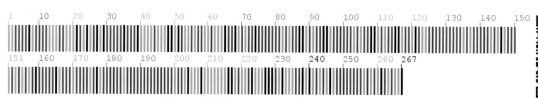

图 658 赤小豆 *psb*A-*trn*H 序列信息

扫码查看赤小豆
*psb*A-*trn*H 基因序列

资源现状与用途 赤小豆 *V. umbellata*，别名红豆、红小豆、赤豆，主要分布于华东、华南等地区。民间赤小豆亦称为"饭豆"，为药食两用植物，其营养价值高。赤小豆在食品加工业和饮食业中应用广泛，如被加工成八宝粥、红豆沙、豆粉等。

龙 胆 科 Gentianaceae

条 叶 龙 胆

Gentiana manshurica Kitag.

条叶龙胆 *Gentiana manshurica* Kitag. 为《中华人民共和国药典》（2020 年版）"龙胆"药材的基原物种之一。其干燥根和根茎具有清热燥湿、泻肝胆火的功效，用于湿热黄疸、阴肿阴痒、带下、湿疹瘙痒、肝火目赤、耳鸣耳聋、肋痛口苦、强中、惊风抽搐等。

植物形态 多年生草本。根茎平卧或直立，具多数粗壮、略肉质的须根。花枝单生，直立，黄绿色或带紫红色，中空，近圆形，具条棱，光滑。茎下部叶膜质；淡紫红色，鳞片形，上部分离，中部以下连合成鞘状抱茎；中、上部叶近革质，无柄，线状披针形至线形。花 1～2 朵，顶生或腋生；花萼筒钟状，裂片稍不整齐，线形或线状披针形；花冠蓝紫色或紫色，筒状钟形。花果期 8－11 月（图659a）。

🌿 **生境与分布** 生于海拔 1 100 m 以下的山坡草地、湿草地、路旁，分布于神农架新华镇、阳日镇、松柏镇等地（图 659b）。

a   b

图 659　条叶龙胆形态与生境图

🌿 **ITS2序列特征** 条叶龙胆 *G. manshurica* 共 3 条序列，均来自于神农架样本，序列比对后长度为 233 bp，其序列特征见图 660。

图 660　条叶龙胆 ITS2 序列信息

扫码查看条叶龙胆
ITS2 基因序列

🌿 ***psb*A-*trn*H序列特征** 条叶龙胆 *G. manshurica* 共 3 条序列，均来自于神农架样本，序列比对后长度为 400 bp，其序列特征见图 661。

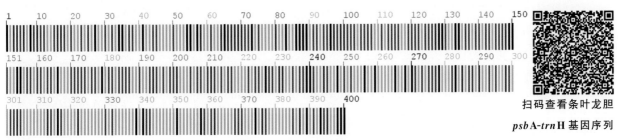

扫码查看条叶龙胆
***psb*A-*trn*H 基因序列

图 661　条叶龙胆 *psb*A-*trn*H 序列信息

红 花 龙 胆

Gentiana rhodantha Franch.

红花龙胆 *Gentiana rhodantha* Franch. 为神农架民间"七十二七"药材"穿山七"的基原物种。其全草具有清热利湿、凉血解毒、消炎止咳的功效，用于肝炎、肺炎、支气管炎、小便不利、烧烫伤及痈肿疔毒等。

植物形态 多年生草本，具短缩根茎。根细条形，黄色。茎直立，单生或数个丛生，常带紫色，上部多分枝。基生叶呈莲座状，椭圆形、倒卵形或卵形；茎生叶宽卵形或卵状三角形。花单生茎顶，无花梗；花萼膜质；花冠淡红色。蒴果内藏或仅先端外露，果皮薄；种子淡褐色，具翅。花果期 10 月至翌年 2 月（图 662a）。

生境与分布 生于海拔 600～1 700 m 的山坡草丛、灌木丛中，分布于神农架新华镇、宋洛乡、松柏镇、红坪镇等地（图 662b）。

a   b

图 662 红花龙胆形态与生境图

ITS2序列特征 红花龙胆 *G. rhodantha* 共 3 条序列，均来自于神农架样本，序列比对后长度为 231 bp，有 1 个变异位点，为 187 位点 A-C 变异。主导单倍型序列特征见图 663。

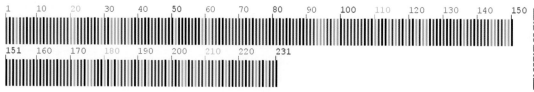

图 663 红花龙胆 ITS2 序列信息

扫码查看红花龙胆
ITS2 基因序列

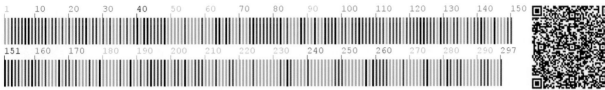

psbA–trnH序列特征 红花龙胆 *G. rhodantha* 共 3 条序列，均来自于神农架样本，序列比对后长度为 297 bp，其序列特征见图 664。

图 664 红花龙胆 *psb*A-*trn*H 序列信息

扫码查看红花龙胆
*psb*A-*trn*H 基因序列

深 红 龙 胆

Gentiana rubicunda Franch.

深红龙胆 *Gentiana rubicunda* Franch. 为神农架民间药材"二郎箭"的基原物种。其全草具有清热解毒、健胃的功效，用于消化不良、跌打损伤等。

植物形态 一年生草本，高 8～15 cm。基生叶数枚或缺；茎生叶卵状椭圆形、矩圆形或倒卵形，长 4～22 mm。花生于枝顶；花冠紫红色，有时冠筒上具黑紫色短而细的条纹和斑点，裂片卵形；雄蕊生于冠筒中部；子房椭圆形。蒴果矩圆形，具宽翅。花果期 3—10 月（图 665a）。

生境与分布 生于海拔 1 200～2 100 m 的山坡草丛中，分布于神农架红坪镇、宋洛乡等地（图 665b）。

a   b

图 665 深红龙胆形态与生境图

🐾 **ITS2序列特征** 深红龙胆 *G. rubicunda* 共3条序列，均来自于神农架样本，序列比对后长度为232 bp，其序列特征见图666。

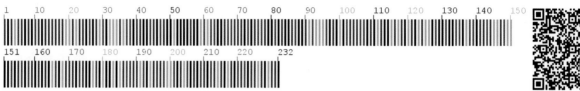

图 666 深红龙胆 ITS2 序列信息

扫码查看深红龙胆
ITS2 基因序列

🐾 ***psb*A−*trn*H序列特征** 深红龙胆 *G. rubicunda* 共3条序列，均来自于神农架样本，序列比对后长度为195 bp，其序列特征见图667。

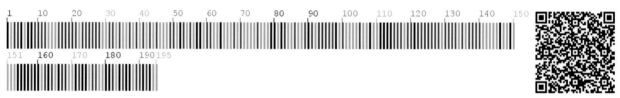

图 667 深红龙胆 *psb*A-*trn*H 序列信息

扫码查看深红龙胆
***psb*A-*trn*H 基因序列**

獐 牙 菜

Swertia bimaculata (Sieb. et Zucc.) J. D. Hooker & Thomson ex C. B. Clarke

獐牙菜 *Swertia bimaculata* (Sieb. et Zucc.) J. D. Hooker & Thomson ex C. B. Clarke. 为神农架民间草药"紫龙胆"的基原物种。其全草具有清热利湿、解表、止痢的功效，用于感冒、牙龈肿痛、黄疸肝炎、肾炎、痢疾等。

🐾 **植物形态** 一年生草本，高 0.3～1.4 m。茎中空，中部以上分枝。茎生叶无柄或具短柄，椭圆形至卵状披针形，长 3.5～9 cm，叶脉弧形 3～5 条。大型圆锥状复聚伞花序；花5数，花冠黄白色，上部具紫色小斑点。蒴果无柄，狭卵形，长 2～3 cm。花果期 6—11 月（图668a）。

🐾 **生境与分布** 生于海拔 1 800 m 以下的山坡草地、林下，分布于神农架木鱼镇、红坪镇、宋洛乡等地（图668b）。

🐾 **ITS2序列特征** 獐牙菜 *S. bimaculata* 共3条序列，分别来自于神农架样本和 GenBank （JF978819），序列比对后长度为 233 bp，在 13 位点存在碱基缺失，14 位点存在碱基插入。主导单倍型序列特征见图669。

🐾 ***psb*A−*trn*H序列特征** 獐牙菜 *S. bimaculata* 共3条序列，均来自于神农架样本，序列比对后长度为379 bp，其序列特征见图670。

a   b

图 668　獐牙菜形态与生境图

图 669　獐牙菜 ITS2 序列信息

扫码查看獐牙菜
ITS2 基因序列

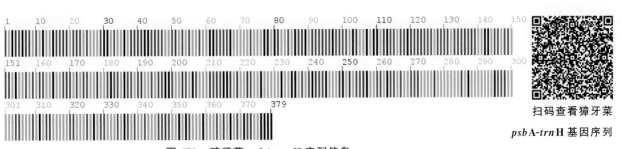

图 670　獐牙菜 *psb*A-*trn*H 序列信息

扫码查看獐牙菜
*psb*A-*trn*H 基因序列

双 蝴 蝶

Tripterospermum chinense (Migo) H. Smith

　　双蝴蝶 *Tripterospermum chinense* (Migo) H. Smith 为神农架民间"七十二七"药材"肺痨七"的基原物种。其全草具有清肺止咳、利尿解毒、止血、散结的功效，用于肺热咳嗽、肺痨咯血、肺脓疡、肾炎、疮痈疔肿、外伤出血等。

植物形态 多年生缠绕草本。茎上部螺旋扭转。基生叶常 2 对，呈双蝴蝶状卵形、倒卵形或椭圆形；茎生叶常卵状披针形，长 5～12 cm，先端渐尖或呈尾状，基部心形或近圆形，叶脉 3 条。花冠蓝紫色或淡紫色，褶色较淡或呈乳白色，钟形。蒴果椭圆形。花果期 10—12 月（图 671a）。

生境与分布 生于海拔 2 200 m 以下的山坡草丛中或疏林下，分布于神农架松柏镇、新华镇、宋洛乡、红坪镇、下谷乡等地（图 671b）。

a   b

图 671　双蝴蝶形态与生境图

ITS2序列特征 双蝴蝶 *T. chinense* 共 3 条序列，均来自于神农架样本，序列比对后长度为 232 bp，其序列特征见图 672。

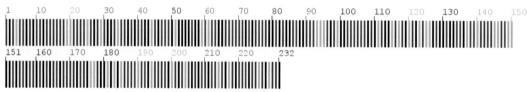

图 672　双蝴蝶 ITS2 序列信息

扫码查看双蝴蝶
ITS2 基因序列

psbA–trnH序列特征 双蝴蝶 *T. chinense* 共 3 条序列，均来自于神农架样本，序列比对后长度为 299 bp，其序列特征见图 673。

图 673　双蝴蝶 *psb*A-*trn*H 序列信息

扫码查看双蝴蝶
*psb*A-*trn*H 基因序列

牻牛儿苗科 Geraniaceae

野老鹳草
Geranium carolinianum L.

野老鹳草 *Geranium carolinianum* L. 为《中华人民共和国药典》（2020 年版）"老鹳草"药材的基原物种之一。其干燥地上部分具有祛风湿、通经络、止泻痢的功效，用于风湿痹痛、麻木拘挛、筋骨酸痛、泄泻痢疾等。

植物形态 一年生草本，高 20～60 cm。茎直立或仰卧，单一或多数，具棱角，密被倒向短柔毛。基生叶早枯，茎生叶互生或最上部对生；茎下部叶具长柄；叶片圆肾形，基部心形，掌状 5～7 裂近基部，全缘，上部羽状深裂。花序腋生和顶生，长于叶，每总花梗具 2 花，顶生总花梗常数个集生，花序呈伞形状；花瓣淡紫红色，倒卵形，先端圆形，基部宽楔形。蒴果长被短糙毛，果瓣由喙上部先裂向下卷曲。花期 4－7 月，果期 5－9 月（图 674a）。

生境与分布 生于 700 m 以下的低山荒坡杂草丛中，分布于神农架各地（图 674b）。

a   b

图 674 野老鹳草形态与生境图

ITS2序列特征 野老鹳草 *G. carolinianum* 共 4 条序列，均来自于神农架样本，序列比对后长度为 235 bp，有 1 个变异位点，为 36 位点 C-T 变异。主导单倍型序列特征见图 675。

图 675 野老鹳草 ITS2 序列信息

扫码查看野老鹳草
ITS2 基因序列

psbA-trnH序列特征 野老鹳草 *G. carolinianum* 共 4 条序列，分别来自于神农架样本和 GenBank（JN044734、JN044735），序列比对后长度为 448 bp，有 1 个变异位点，为 344 位点 T-A 变异，在 39～74、314～343 位点存在碱基插入。主导单倍型序列特征见图 676。

图 676 野老鹳草 *psbA-trnH* 序列信息

扫码查看野老鹳草
psbA-trnH 基因序列

湖北老鹳草

Geranium henryi R. Knuth.

湖北老鹳草 *Geranium henryi* R. Knuth. 为神农架民间"七十二七"药材"破血七"的基原物种。其干燥全草具有祛风除湿、止血、止泻、清热解毒的功效，用于风湿性关节炎、跌打损伤、痢疾、咽喉肿痛等。

植物形态 多年生草本，茎高 30～40 cm。根状茎粗壮，肉质；叶肾状五角形，长 5 cm，宽 6～7 cm，基部狭心形，被毛，掌状 5 深裂，裂片菱状短楔形，上部有粗齿，密被毛，叶柄长达 10 cm；花总梗长达 10 cm，被反折的毛，花梗长 2～3 cm，萼片披针形，长 7～8 mm，花瓣紫红色，长 1.5 cm，宽 8 mm；果被毛。花期 6—7 月，果期 8—9 月（图 677a）。

生境与分布 生于海拔 900～2 800 m 的山坡草丛中，分布于神农架红坪镇、大九湖镇等地（图 677b）。

a

b

图 677 湖北老鹳草形态与生境图

ITS2序列特征 湖北老鹳草 *G. henryi* 共 3 条序列，均来自于神农架样本，序列比对后长度为 235 bp，其序列特征见图 678。

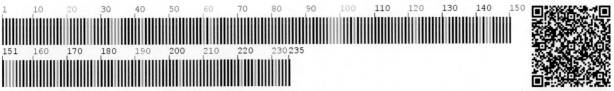

图 678　湖北老鹳草 ITS2 序列信息

扫码查看湖北老鹳草
ITS2 基因序列

***psb*A–*trn*H序列特征** 湖北老鹳草 *G. henryi* 共 3 条序列，均来自于神农架样本，序列比对后长度为 412 bp，其序列特征见图 679。

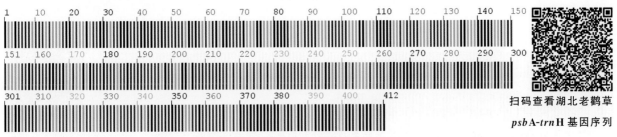

图 679　湖北老鹳草 *psb*A-*trn*H 序列信息

扫码查看湖北老鹳草
*psb*A-*trn*H 基因序列

苦苣苔科 Gesneriaceae

大花旋蒴苣苔
Boea clarkeana Hemsley

大花旋蒴苣苔 *Boea clarkeana* Hemsley 为神农架民间"三十六还阳"药材"岩板还阳"的基原物种。其全草具有消肿、散瘀、止血的功效，用于跌打损伤、创伤出血等。

植物形态 多年生无茎草本。叶全部基生，具柄；叶片宽卵形。聚伞花序伞状，每花序具 1～5 花；苞片 2，卵形或卵状披针形。花较大，淡紫色；檐部稍二唇形。蒴果长圆形，外面被短柔毛，螺旋状卷曲，干时变黑色。种子卵圆形。花期 8 月，果期 9—10 月（图 680a）。

生境与分布 生于海拔 500～900 m 的阴湿岩石上，分布于神农架松柏镇、阳日镇、宋洛乡、新华镇等地（图 680b）。

ITS2序列特征 大花旋蒴苣苔 *B. clarkeana* 共 4 条序列，分别来自于神农架样本和 GenBank （KJ475430），序列对比后长度为 232 bp，有 3 个变异位点，为 62 位点 G-A 变异，90 位点 C-T 变异，223 位点 A-G 变异，181 位点存在碱基缺失。主导单倍型序列特征见图 681。

a　　　　　　　　　　　　　　　　　　b

图 680　大花旋蒴苣苔形态与生境图

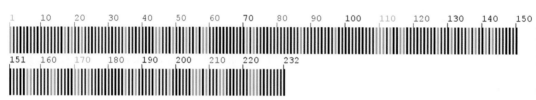

图 681　大花旋蒴苣苔 ITS2 序列信息

扫码查看大花旋蒴
苣苔 ITS2 基因序列

psbA-trnH序列特征　大花旋蒴苣苔 *B. clarkeana* 共 3 条序列，均来自于神农架样本，序列比对后长度为 271 bp，有 1 个变异位点，为 185 位点 C-A 变异，在 191～195 位点存在碱基缺失。主导单倍型序列特征见图 682。

图 682　大花旋蒴苣苔 *psb*A-*trn*H 序列信息

扫码查看大花旋蒴
苣苔 *psb*A-*trn*H 基因序列

资源现状与用途　大花旋蒴苣苔 *B. clarkeana*，别名散血草、葫芦还阳、紫花岩青菜等，主要分布于我国南方地区。大花旋蒴苣苔作为多年生耐阴草本植物，花形独特，有一定的园艺开发价值。

旋 蒴 苣 苔

Boea hygrometrica（Bunge）R. Brown

旋蒴苣苔 *Boea hygrometrica*（Bunge）R. Brown 为神农架民间"三十六还阳"药材"猫耳还阳"的基原物种。其全草具有活血、散瘀、止血的功效，用于跌打损伤、劳伤腰痛、瘀血阻滞、外伤出血、中耳炎等。

植物形态 多年生草本。叶全部基生，莲座状，无柄，近圆形边缘具牙齿或波状浅齿，叶脉不明显。聚伞花序伞状，每花序具2～5花。花萼钟状，5裂至近基部，上唇2枚略小，线伏披针形，外面被短柔毛，顶端钝，全缘。花冠淡蓝紫色，外面近无毛，无花盘；雌蕊不伸出花冠外，子房卵状长圆形，被短柔毛。种子卵圆形。花期7－8月，果期9月（图683a）。

生境与分布 生于海拔1 000 m以下的山坡、山沟边或林下岩石上，分布于神农架阳日镇、松柏镇等地（图683b）。

a   b

图683 旋蒴苣苔形态与生境图

psbA-trnH序列特征 旋蒴苣苔*B. hygrometrica*共5条序列，均来自神农架样本，序列比对后长度为218 bp，有1个变异位点，为168位点A-C变异。主导单倍型序列特征见图684。

图684 旋蒴苣苔*psb*A-*trn*H序列信息

扫码查看旋蒴苣苔
*psb*A-*trn*H基因序列

资源现状与用途 旋蒴苣苔*B. hygrometrica*，别名猫耳朵、中耳草、八宝茶等，主要分布于西南、华中以及部分黄河流域省份。民间以全草入药，治疗小儿疳积、食积、老年性支气管炎、中耳炎、跌打损伤等。猫耳朵除药用价值外，还可作观赏植物。

牛 耳 朵

Chirita eburnea Hance

牛耳朵 *Chirita eburnea* Hance 为神农架民间"三十六还阳"药材"青菜（枇杷）还阳"的基原物种。其带根全草具有补虚、止血、止咳的功效，用于阴虚咳嗽、肺痨咳血、血崩、白带等，外治外伤出血、痈肿疮毒等。

植物形态 多年生草本，具粗根状茎。叶均基生，肉质；叶片卵形或狭卵形，全缘；叶柄扁，密被短柔毛。聚伞花序 2～10 条，每花序有 1～17 花；苞片 2，对生，卵形、宽卵形或圆卵形，密被短柔毛；花梗长达 2.3 cm，密被短柔毛及短腺毛。花萼长 0.9～1 cm，5 裂达基部，裂片狭披针形。花冠紫色或淡紫色，有时白色，喉部黄色。子房及花柱下部密被短柔毛，柱头二裂。蒴果被短柔毛。花期 4—7 月（图 685a）。

生境与分布 生于海拔 1 500 m 以下的山坡岩石上，分布于神农架各地（图 685b）。

a   b

图 685　牛耳朵形态与生境图

ITS2序列特征 牛耳朵 *C. eburnea* 共 3 条序列，均来自于神农架样本，序列比对后长度为 246 bp，其序列特征见图 686。

图 686　牛耳朵 ITS2 序列信息

扫码查看牛耳朵
ITS2 基因序列

psbA-trnH序列特征 牛耳朵 *C. eburnea* 共 4 条序列，均来自于神农架样本，序列比对后长度为 358 bp，其序列特征见图 687。

图 687　牛耳朵 *psb*A-*trn*H 序列信息

资源现状与用途　牛耳朵 *C. eburnea*，别名石三七、石虎耳等，主要分布于我国华中和南方部分地区。民间广泛用来治疗肺结核、高血压等疾病。牛耳朵具有较强的适应弱光能力，观赏价值高，可作室内观赏盆栽。

西藏珊瑚苣苔

Corallodiscus lanuginosus（Wallich ex R. Brown）B. L. Burtt

西藏珊瑚苣苔 *Corallodiscus lanuginosus*（Wallich ex R. Brown）B. L. Burtt 为神农架民间"三十六还阳"药材"马耳还阳"的基原物种。其全草具有活血化瘀的功效，用于跌打损伤、劳伤、刀伤、瘀血阻滞等。

植物形态　多年生草本。叶全部基生，莲座状；叶片革质，卵形，侧脉上面明显，下面隆起，密被锈色绵毛。聚伞花序 2～3 次分枝。花冠筒状，淡紫色、紫蓝色；上唇 2 裂，裂片半圆形，下唇 3 裂，裂片宽卵形至卵形。雄蕊 4，花盘高约 0.5 mm。雌蕊无毛，子房长圆形，花柱与子房等长或稍短于子房，柱头头状，微凹。蒴果线形，长约 2 cm。花期 6 月，果期 8 月（图 688a）。

生境与分布　生于海拔 1 500 m 以下的向阳岩壁上，分布于神农架阳日镇、新华镇、宋洛乡、木鱼镇等地（图 688b）。

a　　　　　　　　　　　　　　　　b

图 688　西藏珊瑚苣苔形态与生境图

ITS2序列特征 西藏珊瑚苣苔 *C. lanuginosus* 共 3 条序列，分别来自于神农架样本和 GenBank（HQ327465），序列比对后长度为 247 bp，有 1 个变异位点，为 211 位点 T-C 变异，在 76 位点存在碱基缺失。主导单倍型序列特征见图 689。

图 689　西藏珊瑚苣苔 ITS2 序列信息

扫码查看西藏珊瑚
苣苔 ITS2 基因序列

psbA-trnH序列特征 西藏珊瑚苣苔 *C. lanuginosus* 共 2 条序列，均来自于神农架样本，序列比对后长度为 493 bp，有 20 个变异位点，在 296～298、316～318 位点存在碱基插入，336、383～388、483 位点存在碱基缺失。主导单倍型序列特征见图 690。

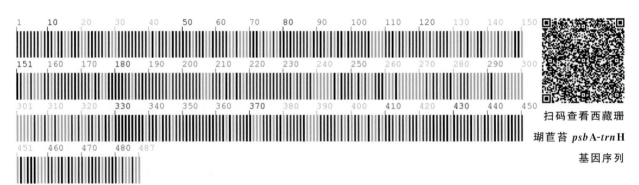

扫码查看西藏珊
瑚苣苔 *psbA-trn*H
基因序列

图 690　西藏珊瑚苣苔 *psb*A-*trn*H 序列信息

吊 石 苣 苔

Lysionotus pauciflorus Maximowicz

吊石苣苔 *Lysionotus pauciflorus* Maximowicz 为神农架民间"三十六还阳"药材"豆板还阳"的基原物种。其全草具有清热利湿、祛痰止咳、活血调经、止痛的功效，用于咳嗽、支气管炎、风湿关节痛、痢疾、崩带、月经不调、跌打损伤、水火烫伤等。

植物形态 矮小灌木。茎长 7～30 cm。叶常 3 枚轮生，有时对生，革质，线形、狭长圆形或倒卵状长圆形，宽 0.4～1.5 cm，边缘有少数牙齿或近全缘。花序有 1～2 花；花冠白色带淡紫色条纹或淡紫色，长 3.5～4.8 cm，筒细漏斗状。蒴果线形。花期 7—10 月（图 691a）。

生境与分布 生于海拔 800～1 800 m 的山坡沟边、林下岩石上，分布于神农架新华镇、宋洛乡、木鱼镇、红坪镇等地（图 691b）。

ITS2序列特征 吊石苣苔 *L. pauciflorus* 共 3 条序列，均来自于神农架样本，序列比对后长度为 252 bp，其序列特征见图 692。

a   b

图 691 吊石苣苔形态与生境图

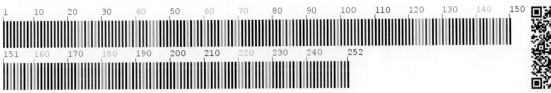

图 692 吊石苣苔 ITS2 序列信息

扫码查看吊石苣苔
ITS2 基因序列

psbA-trnH序列特征 吊石苣苔 *L. pauciflorus* 共 3 条序列，均来自于神农架样本，序列比对后长度为 348 bp，其序列特征见图 693。

扫码查看吊石苣苔
*psb*A-*trn*H 基因序列

图 693 吊石苣苔 *psb*A-*trn*H 序列信息

资源现状与用途 吊石苣苔 *L. pauciflorus*，别名石吊兰、石豇豆、接骨生等，主要分布于我国南方地区。吊石苣苔是苗族民间习用药材，主要用于抗结核和消炎。植株花色淡紫，唇形花冠优美，是一种可开发的观赏植物。

金缕梅科 Hamamelidaceae

枫香树
Liquidambar formosana Hance

枫香树 *Liquidambar formosana* Hance 为《中华人民共和国药典》（2020 年版）"路路通"药材的基原物种。其干燥成熟果序具有祛风活络、利水、通经的功效，用于关节痹痛、麻木拘挛、水肿胀满、乳少、经闭等。

植物形态 落叶乔木。树皮灰褐色，方块状剥落。叶薄革质，阔卵形，掌状 3 裂，中央裂片较长；基部心形；掌状脉 3～5 条，边缘有锯齿，齿尖有腺状突起。雄性短穗状花序常多个排成总状，雄蕊多数。雌性头状花序有花 24～43 朵，花序柄长 3～6 cm。头状果序圆球形，木质；蒴果下半部藏于花序轴内，有宿存花柱及针刺状萼齿。种子多数，褐色，多角形或有窄翅。花期 3—4 月，果期 5—10 月（图 694a）。

生境与分布 生于海拔 1 500 m 以下的山坡林缘，分布于神农架阳日镇、松柏镇等地，多栽培（图 694b）。

a   b

图 694　枫香树形态与生境图

ITS2序列特征 枫香树 *L. formosana* 共 3 条序列，均来自于神农架样本，序列比对后长度为 248 bp，有 3 个变异位点，分别为 28 位点 T-C 变异，36 位点 C-T 变异，220 位点 G-A 变异，在 240 位点存在碱基缺失。主导单倍型序列特征见图 695。

图 695　枫香树 ITS2 序列信息

扫码查看枫香树
ITS2 基因序列

_psb_A-_trn_H序列特征 枫香树 _L. formosana_ 共 3 条序列，均来自于神农架样本，序列比对后长度为 392 bp，在 116 位点存在碱基缺失。主导单倍型序列特征见图 696。

扫码查看枫香树
_psb_A-_trn_H 基因序列

图 696 枫香树 _psb_A-_trn_H 序列信息

资源现状与用途 枫香树 _L. formosana_，别名湾香胶树、枫子树、白胶香、鸡枫树等，主要分布于我国华北、华中、西南等地区。民间用于治疗急性胃肠炎、痢疾、产后风等疾病。枫香树的适应性强，生长迅速，抗风、抗大气污染强，对土壤要求不严，耐干旱瘠薄，是人工林结构调整的树种之一。

青 荚 叶 科 Helwingiaceae

青 荚 叶
Helwingia japonica (Thunb.) Dietr.

青荚叶 _Helwingia japonica_ (Thunb.) Dietr. 为《中华人民共和国药典》（2020 年版）"小通草"药材的基原物种之一。其干燥茎髓具有清热、利尿、下乳的功效，用于小便不利、淋证、乳汁不下等。

植物形态 落叶灌木，高 1～2 m。幼枝绿色，无毛。叶纸质，卵形、卵圆形，长 3.5～9 cm，渐尖，具刺状细锯齿；叶柄长 1～6 cm；托叶线状分裂。花淡绿色，3～5 数；雄花 4～12，雌花 1～3，分别着生于叶上面中脉的 1/2～1/3 处。浆果卵球形，成熟后黑色。花期 4—5 月，果期 8—9 月（图 697a，b）。

生境与分布 生于海拔 2 500 m 以下的山坡、沟边或灌丛中，分布于神农架各地。

a   b

图 697 青荚叶形态图

ITS2序列特征 青荚叶 *H. japonica* 共 3 条序列，均来自于神农架样本，序列比对后长度为 225 bp，其序列特征见图 698。

扫码查看青荚叶
ITS2 基因序列

图 698　青荚叶 ITS2 序列信息

psbA-trnH序列特征 青荚叶 *H. japonica* 共 5 条序列，均来自于神农架样本，序列比对后长度为 317 bp，其序列特征见图 699。

扫码查看青荚叶
*psbA-trn*H 基因序列

图 699　青荚叶 *psb*A-*trn*H 序列信息

资源现状与用途 青荚叶 *H. japonica*，别名小通草、叶上花、叶上果等，广泛分布于我国黄河流域以南各省区。苗族民间常以青荚叶治疗月经不调、年久咳喘和葡萄胎等症。其果实因富含人体必需的氨基酸、不饱和脂肪酸、多糖等活性成分，是兼具营养和保健的功能性食品。

七叶树科 Hippocastanaceae

天 师 栗

Aesculus wilsonii Rehd.

天师栗 *Aesculus wilsonii* Rehd.〔*Flora of China* 收录为 *Aesculus chinensis* var. *wilsonii* (Rehder) Turland et N. H. Xia〕为《中华人民共和国药典》（2020 年版）"娑罗子"药材的基原物种之一。其干燥成熟种子具有疏肝理气、和胃止痛的功效，用于肝胃气滞、胸腹胀闷、胃脘疼痛等。

植物形态 落叶乔木，树皮常成薄片脱落。冬芽腋生于小枝的顶端，卵圆形，有树脂。掌状复叶对生，有长 10～15 cm 的叶柄；小叶 5～7 枚。花序顶生，直立，圆筒形。花有很浓的香味，杂性；花瓣 4，倒卵形，前面的 2 枚花瓣匙状长圆形，有黄色斑块，基部狭窄呈爪状，旁边的 2 枚花瓣长圆倒卵形，花柱除顶端无毛外。蒴果黄褐色。种子常仅 1 枚（稀 2 枚）发育良好，近于球形，栗褐色，种脐淡白色。花期 4—5 月，果期 9—10 月（图 700a，b）。

生境与分布 生于海拔 1 800 m 以下的湿润阔叶林中，分布于神农架各地，常栽培。

a

b

图 700　天师栗形态图

ITS2序列特征 天师栗 *A. wilsonii* 共 3 条序列，均来自于神农架样本，序列比对后长度为 221 bp，在 28 位点存在 C-T 变异。主导单倍型序列特征见图 701。

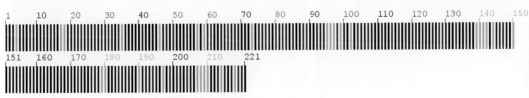

图 701　天师栗 ITS2 序列信息

扫码查看天师栗
ITS2 基因序列

psbA-trnH序列特征 天师栗 *A. wilsonii* 共 3 条序列，均来自于神农架样本，序列比对后长度为 413 bp，有 1 个变异位点，为 146 位点 A-C 变异，在 82 位点存在碱基缺失，392 位点存在碱基插入。主导单倍型序列特征见图 702。

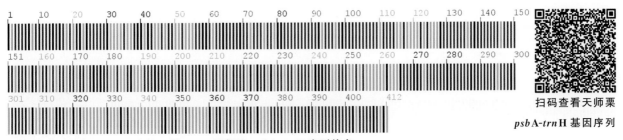

扫码查看天师栗
*psbA-trn*H 基因序列

图 702　天师栗 *psb*A-*trn*H 序列信息

资源现状与用途 天师栗 *A. wilsonii*，别名娑罗果等，主要分布于我国中南、西南地区。除药用外，天师栗因其树冠圆形而宽大，可以用作行道树和庭院树，木材坚硬细密可制造器具。

胡 桃 科 Juglandaceae

胡 桃

***Juglans regia* L.**

胡桃 *Juglans regia* L. 为《中华人民共和国药典》（2020 年版）"核桃仁"药材的基原物种。其干燥成熟种子具有补肾、温肺、润肠的功效，用于肾阳不足、腰膝酸软、阳痿遗精、虚寒喘嗽、肠燥便秘等。

植物形态 落叶大乔木。树皮灰白色，纵向浅裂。奇数羽状复叶长 25～30 cm；小叶常 5～9，椭圆状卵形至长椭圆形，长 6～15 cm。雄性葇荑花序下垂，长 5～10 cm；雌花序穗状，常具 1～3 花。果序短，具 1～3 个果实；果实近球状，直径 4～6 cm；果核稍具皱曲。花期 5 月，果期 10 月（图 703a）。

生境与分布 神农架有栽培（图 703b）。

a   b

图 703 胡桃形态与生境图

ITS2序列特征 胡桃 *J. regia* 共 3 条序列，均来自于神农架样本，序列比对后长度为 223 bp，其序列特征见图 704。

图 704 胡桃 ITS2 序列信息

扫码查看胡桃
ITS2 基因序列

***psb*A-*trn*H序列特征** 胡桃 *J. regia* 共 3 条序列，均来自于神农架样本，序列比对后长度为 186 bp，其序列特征见图 705。

图 705 胡桃 *psb*A-*trn*H 序列信息

扫码查看胡桃
*psb*A-*trn*H 基因序列

🌿 **资源现状与用途** 胡桃 *J. regia*，别名核桃、羌桃、合桃等，全国广泛栽培。核桃不仅具有较高的营养价值和经济效益，其树种的生态效益也较高。核桃油可作为高级食用油，同时可应用于油漆和绘画颜料的生产和造影检查。核桃仁营养丰富，有强身健脑、驻颜延年之用，被称作"长寿果"。

唇 形 科 Lamiaceae

风 轮 菜

Clinopodium chinense（Benth.）O. Kuntz.

风轮菜 *Clinopodium chinense*（Benth.）O. Kuntz. 为《中华人民共和国药典》（2020 年版）"断血流"药材的基原物种之一。其地上部分具有收敛止血的功效，用于崩漏、尿血、鼻衄、牙龈出血、创伤出血等。

🌿 **植物形态** 多年生草本。茎匍匐，四棱形，上部上升。叶对生，卵圆形，长 2～4 cm，先端急尖或钝，边缘具圆齿。轮伞花序多花密集，花小；花萼狭管状；花冠紫红色，二唇，下唇喉部具二列毛茸；雄蕊 4，前对稍长。小坚果倒卵形。花期 5—8 月，果期 8—10 月（图 706a，b）。

🌿 **生境与分布** 生于海拔 1 000 m 以下的山坡、草丛、路边、沟边、灌丛、林下等，分布于神农架各地（图 706c）。

a　　　　　　　　　　b　　　　　　　　　　c

图 706 风轮菜形态与生境图

🌿 **ITS2序列特征** 风轮菜 *C. chinense* 共 3 条序列，均来自于神农架样本，序列比对后长度为 243 bp，有 1 个变异位点，为 216 位点 G-A 变异。主导单倍型序列特征见图 707。

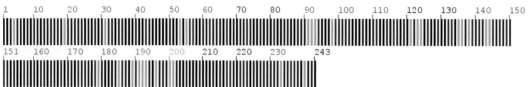

扫码查看风轮菜
ITS2 基因序列

图 707 风轮菜 ITS2 序列信息

psbA-trnH序列特征 风轮菜 *C. chinense* 共 3 条序列，均来自于神农架样本，序列比对后长度为 345 bp，其序列特征见图 708。

扫码查看风轮菜
psbA-trnH 基因序列

图 708 风轮菜 *psbA-trnH* 序列信息

资源现状与用途 风轮菜 *C. chinense*，别名落地梅花、九塔草、红九塔花等，主要分布于华中、华南、华东等地区。风轮菜是临床常用的止血良药，近年来开发出含有风轮菜提取液的牙膏，具有良好的止血、抗炎效果。

灯 笼 草

Clinopodium polycephalum（Vaniot）C. Y. Wu et Hsuan

灯笼草 *Clinopodium polycephalum*（Vaniot）C. Y. Wu et Hsuan 为《中华人民共和国药典》（2020年版）"断血流"药材的基原物种之一。其干燥地上部分具有收敛止血的功效，用于崩漏、尿血、鼻衄、牙龈出血、创伤出血等。

植物形态 直立多年生草本。多分枝，基部有时匍匐生根。茎四棱形，具槽，被平展糙硬毛及腺毛。叶卵形，先端钝或急尖，基部阔楔形至几圆形，边缘具疏圆齿状牙齿。轮伞花序多花，圆球状；苞片针状，被具节长柔毛及腺柔毛。花萼圆筒形，萼内喉部具疏刚毛，果时基部一边膨胀；花冠紫红色，冠筒伸出于花萼，外面被微柔毛，冠檐二唇形，上唇直伸，先端微缺，下唇 3 裂。小坚果卵形，褐色，光滑。花期 7-8 月，果期 9 月（图 709a）。

生境与分布 生于海拔 700~2 500 m 以下的山坡、路边、林下、灌丛中，分布于神农架各地（图 709b）。

a   b

图 709　灯笼草形态与生境图

ITS2序列特征　灯笼草 *C. polycephalum* 共 3 条序列，均来自于神农架样本，序列比对后长度为 243 bp，其序列特征见图 710。

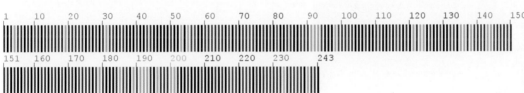

图 710　灯笼草 ITS2 序列信息

扫码查看灯笼草
ITS2 基因序列

psbA-trnH序列特征　灯笼草 *C. polycephalum* 共 3 条序列，均来自于神农架样本，序列比对后长度为 402 bp，其序列特征见图 711。

图 711　灯笼草 *psb*A-*trn*H 序列信息

扫码查看灯笼草
*psb*A-*trn*H 基因序列

益母草

Leonurus japonicus Houtt.

益母草 *Leonurus japonicus* Houtt. 为《中华人民共和国药典》（2020 年版）"益母草""茺蔚子"药材的基原物种。其新鲜或干燥地上部分为"益母草"，具有活血调经、利尿消肿、清热解毒的功效，用于月经不调、痛经、经闭、恶露不尽、水肿尿少、疮疡肿毒等；其干燥成熟果实为"茺蔚子"，具有活血调经、清肝明目的功效，用于月经不调、经闭、痛经、目赤翳障、头晕胀痛等。

植物形态 一年或二年生草本。茎直立，高 30～120 cm，钝四棱形，有倒向糙伏毛。下部叶卵形，掌状 3 裂；中部叶菱形，分裂为 3 个或多个长圆状线形的裂片。轮伞花序腋生；小苞片刺状；花萼管状钟形；花冠粉红至淡紫红色，冠筒长约 6 mm。小坚果长圆状三棱形。花期通常在 6－9 月，果期 9－10 月（图 712a）。

生境与分布 生于海拔 300～1 500 m 的河边、林缘，分布于神农架各地（图 712b）。

a   b

图 712　益母草形态与生境图

ITS2序列特征 益母草 *L. japonicus* 共 3 条序列，均来自于神农架样本，序列比对后长度为 216 bp，其序列特征见图 713。

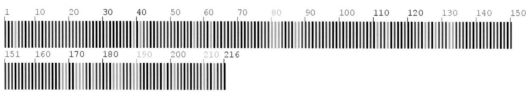

图 713　益母草 ITS2 序列信息

扫码查看益母草
ITS2 基因序列

psbA–trnH序列特征 益母草 *L. japonicus* 共 3 条序列，均来自于神农架样本，序列比对后长度为 311 bp，其序列特征见图 714。

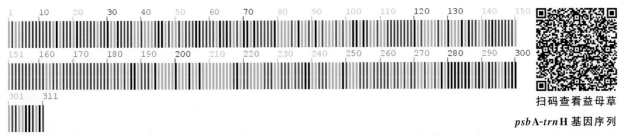

扫码查看益母草

***psb*A-*trn*H 基因序列**

图 714　益母草 *psb*A-*trn*H 序列信息

🌿 资源现状与用途　益母草 *L. japonicus*，别名茺蔚、益母蒿、坤草等，资源分布广泛。益母草是临床常用的妇科良药，已开发有益母草膏、益母草片、益母草胶囊等多种制剂。鲜嫩的益母草可做汤或炒食，是较好的野生保健蔬菜。同时，益母草也是常见的蜜源植物。近年来益母草作为饲料添加剂应用于畜牧行业，有助于提高母畜生产质量和家禽产蛋率。

毛叶地瓜儿苗

Lycopus lucidus Turcz. var. *hirtus* Regel

　　毛叶地瓜儿苗 *Lycopus lucidus* Turcz. var. *hirtus* Regel（*Flora of China* 收录为硬毛地笋）为《中华人民共和国药典》（2020 年版）"泽兰"药材的基原物种。其干燥地上部分具有活血调经、祛瘀消痈、利水消肿的功效，用于月经不调、经闭、痛经、产后瘀血腹痛、痈肿疮毒、水肿腹水等。

🌿 植物形态　多年生草本。根茎横走，具节，节上密生须根，先端肥大呈圆柱形。茎直立，通常不分枝，四棱形。叶具极短柄或近无柄，长圆状披针形，先端渐尖，基部渐狭，边缘具锐尖粗牙齿状锯齿。轮伞花序无梗，多花密集，其下承以小苞片。花萼钟形，两面无毛，外面具腺点，萼齿 5，披针状三角形。花冠白色，外面在冠檐上具腺点，内面在喉部具白色短柔毛。小坚果倒卵圆状四边形，基部略狭。花期 6—9 月，果期 8—11 月（图 715a）。

🌿 生境与分布　生于海拔 2 100 m 左右的沼泽地、水边等潮湿处，神农架有栽培（图 715b）。

a　　　　　　　　　　　　　　　　b

图 715　毛叶地瓜儿苗形态与生境图

ITS2序列特征 毛叶地瓜儿苗 *L. lucidus* var. *hirtus* 共 3 条序列，均来自于神农架样本，序列比对后长度为 235 bp，其序列特征见图 716。

图 716 毛叶地瓜儿苗 ITS2 序列信息

扫码查看毛叶地瓜儿苗 ITS2 基因序列

psbA–trnH序列特征 毛叶地瓜儿苗 *L. lucidus* var. *hirtus* 序列来自于 GenBank（JF708237），序列长度为 403 bp，其序列特征见图 717。

图 717 毛叶地瓜儿苗 *psbA-trn*H 序列信息

扫码查看毛叶地瓜儿苗 *psbA-trn*H 基因序列

薄 荷

***Mentha haplocalyx* Briq.**

薄荷 *Mentha haplocalyx* Briq.（*Flora of China* 收录为 *Mentha canadensis* Linnaeus）为《中华人民共和国药典》（2020 年版）"薄荷"药材的基原物种。其干燥地上部分具有疏散风热、清利头目、利咽、透疹、疏肝行气的功效，用于风热感冒、风温初起、头痛、目赤、喉痹、口疮、风疹、麻疹、胸胁胀闷等。

植物形态 多年生草本，高 30～60 cm，下部具水平匍匐根状茎。叶长圆状披针形、椭圆形或卵状披针形，长 3～5 cm，先端锐尖，边缘疏生锯齿。轮伞花序腋生，轮廓球形；花萼管状钟形；花冠淡紫色，冠檐 4 裂。小坚果卵珠形。花期 7－9 月，果期 10 月（图 718a）。

生境与分布 生于海拔 1 800 m 以下水旁潮湿地，分布于神农架各地（图 718b）。

ITS2序列特征 薄荷 *M. haplocalyx* 共 6 条序列，均来自于神农架样本，序列比对后长度为 236 bp，其序列特征见图 719。

psbA–trnH序列特征 薄荷 *M. haplocalyx* 共 3 条序列，均来自于神农架样本，序列比对后长度为 405 bp，其序列特征见图 720。

a　　　　　　　　　　　　　　　　b

图 718　薄荷形态与生境图

图 719　薄荷 ITS2 序列信息

扫码查看薄荷
ITS2 基因序列

图 720　薄荷 *psb*A-*trn*H 序列信息

扫码查看薄荷
*psb*A-*trn*H 基因序列

资源现状与用途　薄荷 *M. haplocalyx*，别名野薄荷、夜息香等，我国大部分地区均有分布。薄荷是民间常用的传统清热药，新鲜薄荷常作为蔬菜食用，也可将薄荷叶晒干后泡茶饮用。薄荷提取物还可用于食品、化妆品、香料、烟草工业等行业。薄荷芳香药草还可作为中药香囊等手工艺品的原料。

石　香　薷

Mosla chinensis Maxim.

　　石香薷 *Mosla chinensis* Maxim. 为《中华人民共和国药典》（2020 年版）"香薷"药材的基原物种之一。其干燥地上部分具有发汗解表、化湿和中的功效，用于暑湿感冒、恶寒发热、头痛无汗、腹痛吐泻、水肿、小便不利等。

植物形态 直立草本。茎高9～40 mm，纤细，自基部多分枝。叶线状长圆形至线状披针形。总状花序头状；苞片覆瓦状排列，偶见稀疏排列，圆倒卵形；花萼钟形，萼齿5，钻形，长为花萼的2/3，果时花萼增大；花冠紫红、淡红至白色；雄蕊及雌蕊内藏；花盘前方呈指状膨大。小坚果球形，灰褐色，具深雕纹，无毛。花期6—9月，果期7—11月（图721a，b）。

生境与分布 生于海拔900～1 600 m的山坡、林下、草丛中，分布于神农架红坪镇、大九湖镇、松柏镇等地。

a b

图721 石香薷形态图

ITS2序列特征 石香薷 *M. chinensis* 共3条序列，均来自于神农架样本，序列长度为232 bp，其序列特征见图722。

图722 石香薷ITS2序列信息

扫码查看石香薷
ITS2基因序列

psbA-trnH序列特征 石香薷 *M. chinensis* 共2条序列，均来自于神农架样本，序列长度为378 bp，有33个变异位点，在315、335、347～348位点存在碱基缺失，360～367位点存在碱基插入。主导单倍型序列特征见图723。

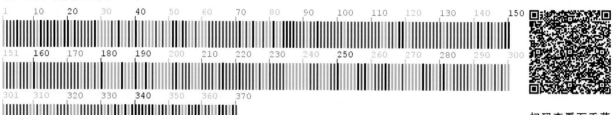

图723 石香薷*psbA-trn*H序列信息

扫码查看石香薷
*psbA-trn*H基因序列

荆芥

Schizonepeta tenuifolia Briq.

荆芥 *Schizonepeta tenuifolia* Briq.（*Flora of China* 收录为裂叶荆芥 *Nepeta tenuifolia* Benth.）为《中华人民共和国药典》（2020 年版）"荆芥""荆芥穗"药材的基原物种。其干燥地上部分为"荆芥"，具有解表散风、透疹、消疮的功效，用于感冒、头痛、麻疹、风疹、疮疡初起等；其干燥花穗为"荆芥穗"，具有解表散风、透疹、消疮的功效，用于感冒、头痛、麻疹、风疹、疮疡初起等。

🌿 **植物形态** 一年生草本。茎四棱形，多分枝，被灰白色疏短柔毛。叶通常为指状三裂，大小不等，先端锐尖，基部楔状渐狭并下延至叶柄。花序为多数轮伞花序组成的顶生穗状花序，通常生于主茎上的较长大而多花，生于侧枝上的较小而疏花，但均为间断的；花冠青紫色，外被疏柔毛，内面无毛；花柱先端近相等 2 裂。小坚果长圆状三棱形。花期 7—9 月，果期 8—10 月（图 724a）。

🌿 **生境与分布** 神农架有栽培（图 724b）。

a   b

图 724　荆芥形态与生境图

🌿 **ITS2序列特征** 荆芥 *S. tenuifolia* 共 3 条序列，均来自于神农架样本，序列比对后长度为 232 bp，其序列特征见图 725。

图 725　荆芥 ITS2 序列信息   **扫码查看荆芥**
ITS2 基因序列

🌿 **资源现状与用途** 荆芥 *S. tenuifolia*，别名香荆芥、线荠、四棱杆蒿等，主要分布于我国华北和西北地区。民间将其细嫩枝叶作为凉菜食用，清香气浓。荆芥也常配伍作为防治家禽家畜春季流感的常用药。

紫 苏

Perilla frutescens (L.) Britt.

紫苏 *Perilla frutescens* (L.) Britt. 为《中华人民共和国药典》（2020 年版）"紫苏子""紫苏叶""紫苏梗"药材的基原植物。其干燥成熟果实为"紫苏子"，具有降气化痰、止咳平喘、润肠通便的功效，用于痰壅气逆、咳嗽气喘、肠燥便秘等；其干燥叶或带嫩枝为"紫苏叶"，具有解表散寒、行气和胃的功效，用于风寒感冒、咳嗽呕恶、妊娠呕吐、鱼蟹中毒等；其干燥茎为"紫苏梗"，具有理气宽中、止痛、安胎的功效，用于胸膈痞闷、胃脘疼痛、嗳气呕吐、胎动不安等。

植物形态 一年生直立草本。茎绿色或紫色，钝四棱形，具四槽，密被长柔毛。叶阔卵形或圆形，两面绿色或紫色。轮伞花序 2 花，组成密被长柔毛、偏向一侧的顶生及腋生总状花序。花萼钟形，10 脉，直伸，下部被长柔毛，夹有黄色腺点，内面喉部有疏柔毛环，结果时增大，萼檐二唇形，上唇宽大，3 齿，中齿较小，下唇比上唇稍长，2 齿，齿披针形；花冠白色至紫红色。小坚果近球形，具网纹。花期 8—11 月，果期 8—12 月（图 726a）。

生境与分布 生于海拔 1 500 m 以下的山地路旁、村边荒地，分布于神农架宋洛乡、新华镇、阳日镇、松柏镇、木鱼镇等地（图 726b）。

a   b

图 726　紫苏形态与生境图

ITS2序列特征 紫苏 *P. frutescens* 序列来自于神农架样本，序列长度为 233 bp，其序列特征见图 727。

图 727　紫苏 ITS2 序列信息

扫码查看紫苏
ITS2 基因序列

psbA-trnH序列特征 紫苏 *P. frutescens* 共 4 条序列，分别来自于神农架样本和 GenBank（KC011258，KC011259），序列比对后长度为 421 bp，在 400 位点存在碱基缺失。主导单倍型序列特征见图 728。

扫码查看紫苏
psbA-trnH 基因序列

图 728　紫苏 *psbA-trnH* 序列信息

资源现状与用途 紫苏 *P. frutescens*，别名赤苏、红苏、红紫苏等，主要分布于我国长江以南各省区。紫苏是药食两用植物，食用方法多样，以供油用为主，新鲜紫苏叶可作凉菜。紫苏含有多种挥发性成分，可作特殊香料的提取原料。同时它还是天然色素的重要来源，可用于食品、纺织等轻工业产品的染色。

夏　枯　草

Prunella vulgaris L.

夏枯草 *Prunella vulgaris* L. 为《中华人民共和国药典》（2020 年版）"夏枯草"药材的基原物种。其干燥果穗具有清肝泻火、明目、散结消肿的功效，用于目赤肿痛、目珠夜痛、头痛眩晕、瘰疬、瘿瘤、乳痈、乳癖、乳房胀痛等。

植物形态 多年生草本，高 20～30 cm。茎下部伏地，自基部多分枝。叶卵状长圆形或卵圆形，长 1.5～6 cm，先端钝，基部下延，边缘具不明显波状齿；叶柄长 0.7～2.5 cm。轮伞花序密集组成顶生穗状花序，成熟后干枯；花冠紫、蓝紫或红紫色。小坚果卵珠形。花期 4—6 月，果期 7—10 月（图 729a）。

生境与分布 生于海拔 500～2 700 m 的荒坡、草地、溪边及路旁等湿润处，分布于神农架各地（图 729b）。

a　　　　　　　　　　　　　　　　　　b

图 729　夏枯草形态与生境图

335

ITS2序列特征 夏枯草 *P. vulgaris* 共 3 条序列，均来自于神农架样本，序列比对后长度为 234 bp，在 228～234 位点存在碱基缺失。主导单倍型序列特征见图 730。

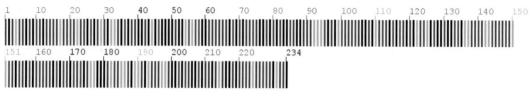

图 730　夏枯草 ITS2 序列信息

扫码查看夏枯草
ITS2 基因序列

psbA-trnH序列特征 夏枯草 *P. vulgaris* 共 3 条序列，分别来自于神农架样本和 GenBank（KP643610），序列比对后长度为 356 bp，有 2 个变异位点，分别为 208 位点 G-A 变异，295 位点 C-A 变异。主导单倍型序列特征见图 731。

301　310　320　330　340　350 356

扫码查看夏枯草
psbA-trnH 基因序列

图 731　夏枯草 *psbA-trnH* 序列信息

资源现状与用途 夏枯草 *P. vulgaris*，别名麦穗夏枯草、铁线夏枯草、乃东等，主要分布于我国南方地区。在民间部分地区，暑夏常以夏枯草入汤药，或直接将其幼苗及嫩茎叶作蔬菜食用。夏枯草也是去火凉茶等食品或保健品的原料。

丹　参

Salvia miltiorrhiza Bge.

丹参 *Salvia miltiorrhiza* Bge. 为《中华人民共和国药典》（2020 年版）"丹参"药材的基原物种。其干燥根和根茎具有活血祛瘀、痛经止痛、清心除烦、凉血消痈的功效，用于胸痹心痛、脘腹胁痛、热痹疼痛、心烦不眠、月经不调、疮疡肿痛等。

植物形态 多年生直立草本。根肥厚，肉质，外面朱红色，内面白色，疏生支根。茎直立，四棱形，具槽，多分枝。叶常为奇数羽状复叶，密被向下长柔毛；小叶 3～7，卵圆形或椭圆状卵圆形或宽披针形，先端锐尖或渐尖，基部圆形或偏斜，边缘具圆齿，草质。轮伞花序 6 花或多花，顶生或腋生总状花序；花冠紫蓝色，外被具腺短柔毛。小坚果黑色，椭圆形。花期 4—8 月（图 732a，b）。

生境与分布 生于海拔 400～1 300 m 的山坡、林下草丛或溪谷旁，神农架有栽培（图 732c）。

a   b   c

图 732　丹参形态与生境图

ITS2序列特征　丹参 *S. miltiorrhiza* 共 3 条序列，均来自于神农架样本，序列比对后长度为 228 bp，有 1 个变异位点，为 179 位点 T-C 变异。主导单倍型序列特征见图 733。

图 733　丹参 ITS2 序列信息

扫码查看丹参 ITS2 基因序列

资源现状与用途　丹参 *S. miltiorrhiza*，别名郄蝉草、赤参、奔马草、山参等，分布于我国大部分地区，药用资源丰富。民间常将丹参粉碎泡酒，用于治疗手脚冰冷，痛经等症，也可以作为冠心病、心绞痛患者的保健药酒。丹参茶也是一种益于心血管健康的天然饮品。

木　通　科　Lardizabalaceae

木　通

Akebia quinata（Thunb.）Decne.

木通 *Akebia quinata*（Thunb.）Decne. 为《中华人民共和国药典》（2020 年版）"预知子""木通"药材的基原物种之一。其干燥近成熟果实为"预知子"，具有疏肝理气、活血止痛、散结、利尿的功效，用于脘胁胀痛、痛经、经闭、痰核痞块、小便不利等；其干燥藤茎为"木通"，具有利尿通淋、清心除烦、通经下乳的功效，用于淋证、水肿、心烦尿赤、口舌生疮、经闭乳少、湿热痹痛等。

植物形态　落叶木质藤本。茎纤细，圆柱形，缠绕，有圆形、小而凸起的皮孔。掌状复叶互生或在短枝上的簇生，通常有小叶 5 片；小叶纸质，倒卵形或倒卵状椭圆形。伞房花序式的总状花序腋生，疏花，基部有雌花 1～2 朵，以上 4～10 朵为雄花；花略芳香。萼片暗紫色，阔椭圆形至近圆形。果孪生或单生，成熟时紫色，腹缝开裂。花期 4—5 月，果期 6—8 月（图 734a）。

🌿**生境与分布** 生于海拔 1 200 m 以下的山坡灌木中，分布于神农架红坪镇、阳日镇、木鱼镇等地（图 734b）。

a　　　　　　　　　　　　　　　　b

图 734　木通形态与生境图

🌿**ITS2序列特征** 木通 *A. quinata* 共 3 条序列，均来自于神农架样本，序列比对后长度为 216 bp，有 1 个变异位点，为 170 位点 G-A 变异。主导单倍型序列特征见图 735。

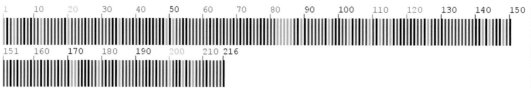

图 735　木通 ITS2 序列信息

扫码查看木通
ITS2 基因序列

🌿***psb*A-*trn*H序列特征** 木通 *A. quinata* 共 3 条序列，均来自于神农架样本，序列比对后长度为 480 bp，有 5 个变异位点，分别为 116 位点 G-A 变异，169 位点 A-G 变异，213 位点 A-T 变异，302 位点 G-A 变异，416 位点 G-T 变异，在 127 位点存在碱基插入，439 位点存在碱基缺失，185、379 和 414 位点存在简并碱基 R。主导单倍型序列特征见图 736。

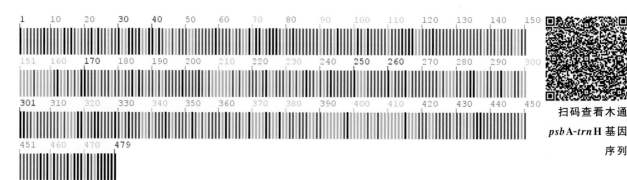

扫码查看木通
*psb*A-*trn*H 基因
序列

图 736　木通 *psb*A-*trn*H 序列信息

木通 *A. quinata*，别名通草、附支等，主要分布于华北、华南北部、东南沿海及长江流域等各省市。木通籽油具有一般食用油的理化性质，还可用作化工原料制造肥皂。木通根可作兽用药，对牛软脚症有一定疗效。木通茎、叶的水煮液可防治棉花蚜虫。

三 叶 木 通

Akebia trifoliata (Thunb.) Koidz.

三叶木通 *Akebia trifoliata* (Thunb.) Koidz. 为《中华人民共和国药典》（2020 年版）"预知子""木通"药材的基原物种之一。其干燥近成熟果实为"预知子"，具有疏肝理气、活血止痛、散结、利尿的功效，用于脘胁胀痛、痛经、经闭、痰核痞块、小便不利等；其干燥藤茎为"木通"，具有利尿通淋、清心除烦、通经下乳的功效，用于淋证、水肿、心烦尿赤、口舌生疮、经闭乳少、湿热痹痛等。

植物形态 落叶木质藤本。三出复叶，小叶卵形至阔卵形，长 4～7.5 cm，顶端钝圆、微凹或具短尖，边缘浅裂或波状；叶柄瘦硬，长 6～8 cm。总状花序腋生；花单性，雄花生于上部，雄蕊 6；雌花花被片紫红色，心皮 3～12，退化雄蕊 6。果实肉质，长卵形，熟后沿腹缝线开裂。花期 4－5 月，果期 7－8 月（图 737a）。

生境与分布 生于海拔 1 200 m 以下的沟谷边疏林或灌木丛中，分布于神农架各地（图 737b）。

a   b

图 737　三叶木通形态与生境图

ITS2序列特征 三叶木通 *A. trifoliata* 共 3 条序列，均来自于神农架样本，序列比对后长度为 216 bp，其序列特征见图 738。

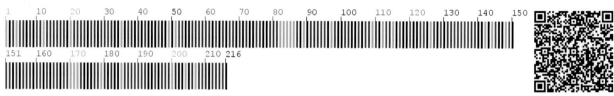

图 738　三叶木通 ITS2 序列信息

扫码查看三叶木通
ITS2 基因序列

psbA-trnH序列特征　三叶木通 A. trifoliata 共 3 条序列，均来自于神农架样本，序列比对后长度为 480 bp，有 2 个变异位点，分别为 169 位点 A-G 变异，416 位点 G-T 变异，在 439 位点存在碱基缺失。主导单倍型序列特征见图 739。

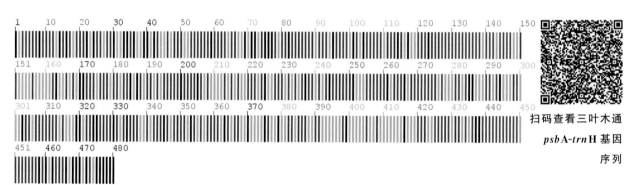

扫码查看三叶木通
psbA-trnH 基因
序列

图 739　三叶木通 psbA-trnH 序列信息

资源现状与用途　三叶木通 A. trifoliata，别名金肾果、八月炸、八月扎、炸瓜等，广泛分布于华中及黄河流域，在秦岭沿线分布较多。三叶木通果实的蛋白质、脂肪、淀粉及各种可溶性糖含量高，具有很好的保健作用。果皮除加工入药，还可以用来提取天然胶和酒精。果肉可加工成果汁、果冻、果酱饮料等食品。种子含油量高，籽油是一种具有开发价值的营养保健油。

白 木 通

Akebia trifoliata（Thunb.）Koidz. var. *australis*（Diels）Rehd.

白木通 *Akebia trifoliata*（Thunb.）Koidz. var. *australis*（Diels）Rehd.［*Flora of China* 收录为 *Akebia trifoliata*（Thunb.）Koidz. subsp. *australis*（Diels）T. Shimizu］为《中华人民共和国药典》（2020 年版）"预知子"和"木通"药材的基原物种之一。其干燥近成熟果实为"预知子"，具有疏肝理气、活血止痛、散结、利尿的功效，用于脘胁胀痛、痛经、经闭、痰核痞块、小便不利等；其干燥藤茎为"木通"，具有利尿通淋、清心除烦、通经下乳的功效，用于淋证、水肿、心烦尿赤、口舌生疮、经闭乳少、湿热痹痛等。

植物形态　落叶木质藤本。小叶革质，卵状长圆形或卵形，先端狭圆，顶微凹入而具小凸尖，基部圆、阔楔形、截平或心形，边通常全缘。总状花序腋生或生于短枝上。雄花萼片紫色；雄蕊 6，离生，红色或紫红色，干后褐色或淡褐色。雌花萼片暗紫色。果长圆形，熟时黄褐色。种子卵形，黑褐色。花期 4—5 月，果期 6—9 月（图 740a）。

生境与分布 生于海拔 400～1 300 m 的山坡灌丛或沟谷疏林中，分布于神农架木鱼镇、松柏镇、新华镇、阳日镇等地（图 740b）。

a   b

图 740 白木通形态与生境图

ITS2序列特征 白木通 *A. trifoliata* var. *australis* 共 3 条序列，均来自于神农架样本，序列比对后长度为 216 bp，其序列特征见图 741。

图 741 白木通 ITS2 序列信息

扫码查看白木通
ITS2 基因序列

psbA-trnH序列特征 白木通 *A. trifoliata* var. *australis* 共 3 条序列，均来自于神农架样本，序列比对后长度为 482 bp，在 127～128 位点存在碱基插入，440 位点存在碱基缺失。主导单倍型序列特征见图 742。

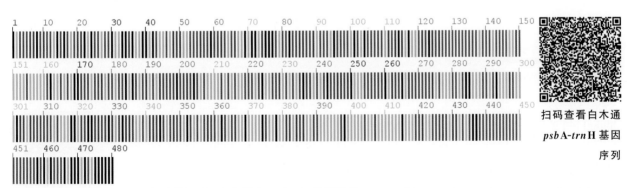

扫码查看白木通
*psb*A-*trn*H 基因
序列

图 742 白木通 *psb*A-*trn*H 序列信息

资源现状与用途 白木通 *A. trifoliata* var. *australis*，别名八月瓜藤、地海参等，主要分布在长江流域各省份。白木通种子含油率高，能够制备生物柴油，具有广泛的应用前景。白术通还可作为园林观赏植物。

鹰 爪 枫

Holboellia coriacea Diels

鹰爪枫 *Holboellia coriacea* Diels 为神农架民间"七十二七"药材"破骨风"的基原物种。其根及茎皮具有祛风胜湿、止痛的功效，用于风湿关节痛等。

植物形态 常绿木质藤本。茎皮褐色。掌状复叶有小叶 3 片；小叶厚革质，椭圆形或卵状椭圆形，先端渐尖或微凹而有小尖头，基部圆或楔形，边缘略背卷。花雌雄同株，白绿色或紫色，组成短的伞房式总状花序；总花梗短或近于无梗，数至多个簇生于叶腋；雄花花瓣极小，近圆形，药隔突出于药室之上呈极短的凸头；雌花萼片紫色，与雄花的近似但稍大，心皮卵状棒形。果长圆状柱形。种子椭圆形，略扁平，种皮黑色，有光泽。花期 4—5 月，果期 6—8 月（图 743a）。

生境与分布 生于海拔 800～1 500 m 的山坡或沟谷林下，分布于神农架新华镇、宋洛乡、木鱼镇、红坪镇（图 743b）。

a   b

图 743 鹰爪枫形态与生境图

ITS2序列特征 鹰爪枫 *H. coriacea* 共 4 条序列，均来自于神农架样本，序列比对后长度为 231 bp，其序列特征见图 744。

图 744 鹰爪枫 ITS2 序列信息

扫码查看鹰爪枫
ITS2 基因序列

资源现状与用途 鹰爪枫 *H. coriacea*，别名三月藤、牵藤、破骨风、八月栌等，主要分布于华中、华南地区。除药用外，其果可开发成多种保健食品。

大 血 藤

***Sargentodoxa cuneata*（Oliv.）Rehd. et Wils.**

大血藤 *Sargentodoxa cuneata*（Oliv.）Rehd. et Wils. 为《中华人民共和国药典》（2020 年版）"大血藤"药材的基原物种。其干燥藤茎具有清热解毒、活血、祛风止痛的功效，用于肠痈腹痛、热毒疮疡、经闭、痛经、跌打肿痛、风湿痹痛等。

植物形态 落叶木质藤本。三出复叶；顶生小叶近棱状倒卵圆形，长 4～12.5 cm，全缘，具短柄；侧生小叶斜卵形，无小叶柄；叶柄长 3～12 cm。总状花序下垂；花单性异株；萼片、花瓣均 6 片，黄色；雄蕊 6，对瓣；心皮多数，螺旋排列。浆果肉质，聚于一球形花托上。花期 4－5 月，果期 6－9 月（图 745a）。

生境与分布 生于海拔 1 200 m 以下的林溪沟边或灌丛中，分布于神农架松柏镇、新华镇、宋洛乡、红坪镇等地（图 745b）。

a　　　　　　　　　　　　　　　b

图 745　大血藤形态与生境图

ITS2序列特征 大血藤 *S. cuneata* 共 3 条序列，均来自于神农架样本，序列比对后长度为 235 bp，有 1 个变异位点，为 217 位点 A-T 变异，在 51 位点存在碱基插入，116 位点存在简并碱基 S。主导单倍型序列特征见图 746。

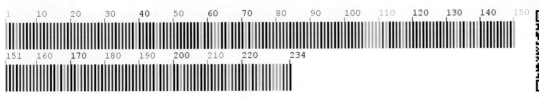

图 746　大血藤 ITS2 序列信息

扫码查看大血藤
ITS2 基因序列

psbA-trnH序列特征 大血藤 *S. cuneata* 共 3 条序列，均来自于神农架样本，序列比对后长度为 240 bp，其序列特征见图 747。

图 747 大血藤 *psbA-trnH* 序列信息

扫码查看大血藤
psbA-trnH 基因序列

资源现状与用途 大血藤 *S. cuneata*，别名血藤、红皮藤、千年健、大活血等，主要分布于华中、华南、西南地区。大血藤野生资源丰富，其茎皮富含纤维，可制绳索；枝条可为藤条代用品，用以编织日常生活用具。

串 果 藤

Sinofranchetia chinensis（Franch.）Hemsl.

串果藤 *Sinofranchetia chinensis*（Franch.）Hemsl. 为神农架民间药材"三叶淮通"的基原物种。其根茎具有舒筋活络、祛风活血的功效，用于腰肢麻木、风湿、跌打损伤等。

植物形态 落叶木质藤本。三出复叶；顶生小叶菱状倒卵圆形，长 7～14 cm，渐尖；侧生小叶较小。总状花序腋生，下垂；花单性，雌雄同株或异株；萼片 6，白色，有紫色条纹；蜜腺 6；雄蕊 6，分离；心皮 3，胚珠多数。浆果矩圆形，成串悬垂。花期 5～6 月，果期 9—10 月（图 748a）。

生境与分布 生于海拔 800～2 000 m 的山坡、林下、沟谷边，分布于神农架新华镇、宋洛乡、红坪镇、大九湖镇、木鱼镇等地（图 748b）。

a   b

图 748 串果藤形态与生境图

ITS2序列特征 串果藤 *S. chinensis* 共 3 条序列，均来自于神农架样本，序列比对后长度为 226 bp，有 3 个变异位点，分别为 16、63、164 位点 C-T 变异。主导单倍型序列特征见图 749。

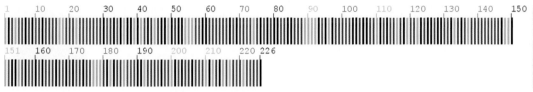

图 749 串果藤 ITS2 序列信息

扫码查看串果藤 ITS2 基因序列

樟　科 Lauraceae

樟
Cinnamomum camphora（L.）Presl

樟 *Cinnamomum camphora*（L.）Presl 为《中华人民共和国药典》（2020 年版）"冰片"药材的基原物种。其新鲜枝、叶经提取加工制成的药材"冰片"具有开窍醒神、清热止痛的功效，用于热病神昏、惊厥、中风痰厥、气郁暴厥、中恶昏迷、胸痹心痛、目赤、口疮、咽喉肿痛、耳道流脓等。

植物形态 常绿大乔木。枝、叶及木材均有樟脑气味。叶互生，卵状椭圆形，先端急尖，基部宽楔形至近圆形，边缘全缘，具离基三出脉，有时过渡到基部具不显的 5 脉，中脉两面明显。圆锥花序腋生，具梗。花绿白或带黄色，花被外面无毛或被微柔毛，内面密被短柔毛。果卵球形或近球形，紫黑色；果托杯状，顶端截平，具纵向沟纹。花期 4—5 月，果期 8—11 月（图 750a）。

生境与分布 神农架有栽培（图 750b）。

a　　　　　　　　　　　　　　　　　　b

图 750 樟形态与生境图

ITS2序列特征 樟 *C. camphora* 共 3 条序列，均来自于神农架样本，序列比对后长度为 240 bp，其序列特征见图751。

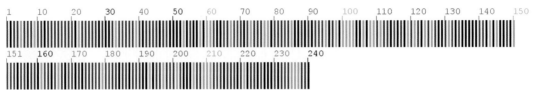

图 751　樟 ITS2 序列信息

*psb*A-*trn*H序列特征　樟 *C. camphora* 共 3 条序列，均来自于神农架样本，序列比对后长度为 379 bp，其序列特征见图752。

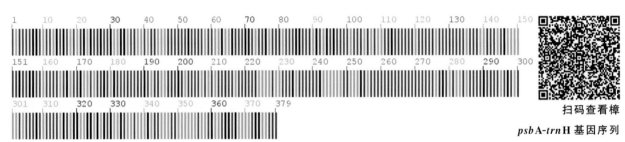

图 752　樟 *psb*A-*trn*H 序列信息

资源现状与用途　樟 *C. camphora*，别名芳樟、香樟、油樟等，主要分布于西南地区。樟树木材、根、枝、叶可提取樟脑和樟脑油，用于医药和香料工业。果核提取的油可供工业用。木材可用于造船、厨箱、建筑等。全株具有樟脑香气，对二氧化硫、氯气、氟气及臭氧具有一定的抗性，是优良的园林绿化树种，可作行道树、庭荫树和孤赏树等。天然林木已经濒临灭绝，樟树的栽培种植技术较为成熟，人工栽培的樟树随处可见，现有的资源贮藏量很丰富。

山　鸡　椒

Litsea cubeba（Lour.）Pers.

山鸡椒 *Litsea cubeba*（Lour.）Pers. 为《中华人民共和国药典》（2020 年版）"荜澄茄"药材的基原物种。其干燥成熟果实具有温中散寒、行气止痛的功效，用于胃寒呕逆、脘腹冷痛、寒疝腹痛、寒湿郁滞、小便浑浊等。

植物形态　落叶灌木或小乔木，高 8～10 m。小枝细长，绿色。叶披针形或长圆形，长 4～11 cm，渐尖，具羽状脉，下面粉绿色；叶柄长 6～20 mm，纤细。伞形花序单生或簇生，总梗细长；花先叶开放或与叶同时开放；花黄色。果近球形，直径约 5 mm，熟时黑色；花期 2—3 月，果期 7—8 月（图 753a，b）。

生境与分布　生于海拔 2 800 m 以下的向阳山地、灌丛或疏林中，分布于神农架下谷乡、木鱼镇等地。

a   b

图 753　山鸡椒形态图

ITS2序列特征　山鸡椒 *L. cubeba* 共 3 条序列，均来自于神农架样本，序列比对后长度为238 bp，有 2 个变异位点，分别为 209 位点 A-G 变异，222 位点 A-G 变异。主导单倍型序列特征见图 754。

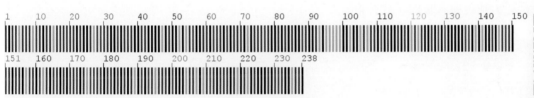

图 754　山鸡椒 ITS2 序列信息

扫码查看山鸡椒
ITS2 基因序列

***psb*A–*trn*H序列特征**　山鸡椒 *L. cubeba* 共 4 条序列，分别来自于神农架样本和 GenBank（HQ427105、KX546183），序列比对后长度为 376 bp，有 13 个变异位点，在 263 位点存在碱基缺失。主导单倍型序列特征见图 755。

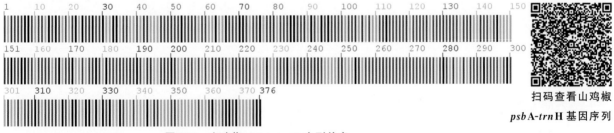

图 755　山鸡椒 *psb*A-*trn*H 序列信息

扫码查看山鸡椒
*psb*A-*trn*H 基因序列

资源现状与用途　山鸡椒 *L. cubeba*，别名山苍树、木姜子、豆豉姜等，主要分布于华南、华东、华中、西南等地区。山鸡椒根、茎、叶、果及树皮均可入药，也是我国重要的外销精油资源植物，其花、叶、果皮等可以蒸馏提取芳香油，提制柠檬醛供医药制品和配制香精等，果实可先蒸馏提取芳香油，然后去皮榨油工业用。果实用于食品香料，添加在各种腌渍食品内，风味特殊又能抑制好氧菌的生长。枝叶提取芳香油后可作燃料。

亚 麻 科 Linaceae

亚 麻

Linum usitatissimum L.

亚麻 *Linum usitatissimum* L. 为《中华人民共和国药典》（2020 年版）"亚麻子"的基原物种。其干燥成熟种子具有润燥通便，养血祛风的功效，用于肠燥便秘，皮肤干燥，瘙痒，脱发等。

植物形态 一年生草本。茎直立，多在上部分枝，无毛，韧皮部纤维强韧弹性。叶互生；叶片线形，线状披针形或披针形，先端锐尖，基部渐狭，无柄。花单生于枝顶或枝的上部叶腋，组成疏散的聚伞花序；花瓣 5，倒卵形，蓝色或紫蓝色，稀白色或红色，先端啮蚀状；雄蕊 5 枚，花丝基部合生；退化雄蕊 5 枚，钻状。蒴果球形，干后棕黄色，直径 6～9 mm，顶端微尖，室间开裂成 5 瓣。种子 10 粒，长圆形，扁平，长 3.5～4 mm，棕褐色。花期 6－8 月，果期 7－10 月（图 756a）。

生境与分布 神农架有栽培（图 756b）。

a   b

图 756 亚麻形态与生境图

ITS2序列特征 亚麻 *L. usitatissimum* 序列来自于 GenBank（JN115032），序列长度为 222 bp，其序列特征见图 757。

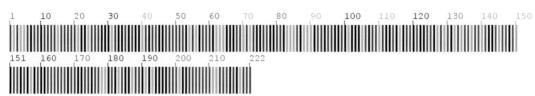

图 757 亚麻 ITS2 序列信息

扫码查看亚麻
ITS2 基因序列

psbA-trnH序列特征 亚麻 *L. usitatissimum* 共 5 条序列，均来自于 GenBank（GQ845295、GQ845297、GQ845299、GQ845301、GQ845303），序列比对后长度为 443 bp，其序列特征见图 758。

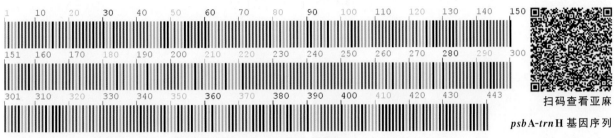

扫码查看亚麻

psbA-trnH 基因序列

图 758　亚麻 *psbA-trnH* 序列信息

资源现状与用途 亚麻 *L. usitatissimum*，别名鸦麻、壁虱胡麻、山西胡麻等，在我国各省皆有栽培，以北方及西南地区普遍，为重要的纤维、油料和药用植物。亚麻纤维细长而有光泽，为优良纺织原料，可用来纺织夏布、网系绳索和麻袋等及造纸。全草及种子可入药。亚麻种子富含 α-亚麻酸、亚油酸、亚麻籽胶、蛋白粉、木酚素及矿物元素等。亚麻还可被用作印刷墨、润滑剂。

马　钱　科 Loganiaceae

密　蒙　花

Buddleja officinalis Maxim.

密蒙花 *Buddleja officinalis* Maxim. 为《中华人民共和国药典》（2020 年版）"密蒙花"药材的基原植物。其干燥花蕾和花序具有清热泻火、养肝明目、退翳的功效，用于目赤肿痛、多泪羞明、目生翳膜、肝虚目暗、视物昏花等。

植物形态 灌木，高 1～4 m。叶对生，叶片纸质，狭椭圆形，顶端渐尖、急尖或钝，基部楔形或宽楔形，通常全缘，叶上面深绿色，被星状毛。花多而密集，组成顶生聚伞圆锥花序，花冠紫堇色，后变白色或淡黄白色，喉部橘黄色，雄蕊着生于花冠管内壁中部，花丝极短；子房卵珠状，柱头棍棒状。蒴果椭圆状，2 瓣裂，外果皮被星状毛，基部有宿存花被。花期 3—4 月，果期 5—8 月（图 759a）。

生境与分布 生于海拔 700 m 以下的向阳山坡、河边或林缘，分布于新华镇、阳日镇等地（图 759b）。

ITS2序列特征 密蒙花 *B. officinalis* 共 3 条序列，均来自于神农架样本，序列比对后长度为 228 bp，有 10 个变异位点，在 13、221 位点存在碱基插入，45 位点存在碱基缺失。主导单倍型序列特征见图 760。

a   b

图 759　密蒙花形态与生境图

| 1 | 10 | 20 | 30 | 40 | 50 | 60 | 70 | 80 | 90 | 100 | 110 | 120 | 130 | 140 | 150 |

| 151 | 160 | 170 | 180 | 190 | 200 | 210 | 220 | 226 |

图 760　密蒙花 ITS2 序列信息

扫码查看密蒙花
ITS2 基因序列

资源现状与用途　密蒙花 *B. officinalis*，别名米汤花、染饭花、羊耳朵尖等，资源分布较广。除药用外，该植物还是常见的染色剂，被广泛应用于印染和纺织等行业。

千屈菜科 Lythraceae

石　榴

Punica granatum L.

石榴 *Punica granatum* L. 为《中华人民共和国药典》（2020 年版）"石榴皮"药材的基原物种。其干燥果皮具有涩肠止泻、止血、驱虫的功效，用于久泻、久痢、便血、脱肛、崩漏、带下、虫积腹痛等。

植物形态　落叶灌木或乔木，高通常 3～5 m。枝顶常成尖锐长刺。叶通常对生，纸质，矩圆状披针形，上面光亮，侧脉稍细密；叶柄短。花大，1～5 朵生枝顶；萼筒长 2～3 cm，通常红色或淡黄色，裂片略外展，卵状三角形；花瓣通常大，红色、黄色或白色。浆果近球形，通常为淡黄褐色或淡黄绿色，有时白色，稀暗紫色。种子多数，钝角形，红色至乳白色，肉质的外种皮供食用。花期 5 —
7 月，果期 7 — 10 月（图 761a）。

生境与分布 神农架有栽培（图 761b）。

a   b

图 761　石榴形态与生境图

ITS2 序列特征 石榴 *P. granatum* 共 9 条序列，均来自于神农架样本，序列比对后长度为 244 bp，
其序列特征见图 762。

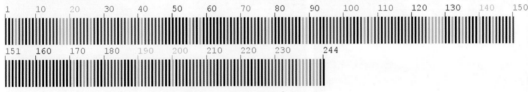

图 762　石榴 ITS2 序列信息

扫码查看石榴
ITS2 基因序列

psbA-trnH 序列特征 石榴 *P. granatum* 共 6 条序列，均来自于神农架样本，序列比对后长度为
349 bp，其序列特征见图 763。

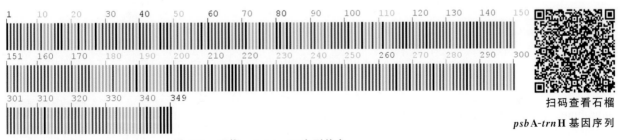

301　310　320　330　340　349

扫码查看石榴
*psb*A-*trn*H 基因序列

图 763　石榴 *psb*A-*trn*H 序列信息

木 兰 科 Magnoliaceae

厚 朴

Magnolia officinalis Rehd. et Wils

厚朴 *Magnolia officinalis* Rehd. et Wils［*Flora of China* 收录为 *Houpoea officinalis*（Rehder et E. H. Wilson）N. H. Xia et C. Y. Wu］为《中华人民共和国药典》（2020 年版）"厚朴""厚朴花"药材的基原物种之一。其干燥干皮、根皮及枝皮为"厚朴"，具有燥湿消痰、下气除满的功效，用于湿滞伤中、脘痞吐泻、食积气滞、腹胀便秘、痰饮喘咳等；其干燥花蕾为"厚朴花"，具有芳香化湿、理气宽中的功效，用于脾胃湿阻气滞、胸脘痞闷胀满、纳谷不香等。

植物形态 落叶乔木，高达 20 m。叶大，近革质，7～9 片聚生于枝端，长圆状倒卵形，先端具短急尖或圆钝。花白色或粉红色，芳香；花梗粗短，被长柔毛，离花被片下 1 cm 处具包片脱落痕，花被片 9～17，厚肉质，外轮 3 片淡绿色，长圆状倒卵形，盛开时常向外反卷，花盛开时中内轮直立。聚合果长圆状卵圆形；蓇葖果具长 3～4 mm 的喙。种子三角状倒卵形。花期 5－6 月，果期 8－10 月（图 764a）。

生境与分布 神农架有栽培（图 764b）。

a   b

图 764　厚朴形态与生境图

ITS2序列特征 厚朴 *M. officinalis* 共 2 条序列，均来自于 GenBank（JF755930、MH703403），序列比对后长度为 247 bp，有 2 个变异位点，分别为 87 位点 C-T 变异，128 位点 C-A 变异。主导单倍型序列特征见图 765。

图 765　厚朴 ITS2 序列信息

扫码查看厚朴
ITS2 基因序列

psbA-trnH序列特征 厚朴 *M. officinalis* 共 3 条序列，均来自于神农架样本，序列比对后长度为 373 bp，有 2 个变异位点，分别为 14 位点 A-G 变异，122 位点 G-C 变异，在 255 位点存在碱基缺失。主导单倍型序列特征见图 766。

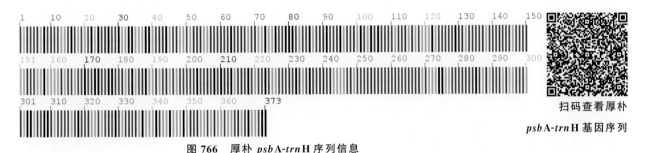

扫码查看厚朴
*psbA-trn*H 基因序列

图 766 厚朴 *psbA-trn*H 序列信息

资源现状与用途 厚朴 *M. officinalis*，别名紫朴、紫油朴、温朴等，主要分布于我国华中、西南、西北等地区。厚朴为国家二级重点保护野生植物，厚朴皮、花蕾、种子均可入药，树皮可作为化妆品原料，干材可用于雕刻、漆器、乐器等，种子可榨油制作肥皂。厚朴树也是风景绿化的优良树种。在全国制药业中，采用厚朴配方的中成药多达 200 余种，常用的制剂有藿香正气水、麻仁丸、香砂养胃丸等。目前，厚朴的栽培面积大，资源分布较丰富。

凹 叶 厚 朴

Magnolia officinalis Rehd. et Wils. var. *biloba* Rehd. et Wils.

凹叶厚朴 *Magnolia officinalis* Rehd. et Wils. var. *biloba* Rehd. et Wils. ［*Flora of China* 收录为 *Houpoea officinalis* (Rehder et E. H. Wilson) N. H. Xia et C. Y. Wu］为《中华人民共和国药典》（2020 年版）"厚朴""厚朴花"药材的基原物种之一。其干燥干皮、根皮及枝皮为"厚朴"，具有燥湿消痰、下气除满的功效，用于湿滞伤中、脘痞吐泻、食积气滞、腹胀便秘、痰饮喘咳等；其干燥花蕾为"厚朴花"，具有芳香化湿、理气宽中的功效，用于脾胃湿阻气滞、胸脘痞闷胀满、纳谷不香等。

植物形态 厚朴与凹叶厚朴不同之处在于凹叶厚朴叶先端凹缺，呈 2 钝圆的浅裂片，但幼苗之叶先端钝圆，并不凹缺；聚合果基部较窄。花期 4—5 月，果期 10 月（图 767a，b）。

生境与分布 神农架有栽培（图 767c）。

ITS2序列特征 凹叶厚朴 *M. officinalis* var. *biloba* 序列来自于 GenBank（EU593549），序列长度为 256 bp，其序列特征见图 768。

psbA-trnH序列特征 凹叶厚朴 *M. officinalis* var. *biloba* 共 3 条序列，均来自于 GenBank（HM236894、KX675146、KX675156），序列比对后长度为 391bp，有 7 个变异位点，在 255～257 位点存在碱基缺失。主导单倍型序列特征见图 769。

a   b   c

图 767　凹叶厚朴形态与生境图

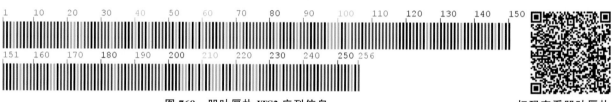

图 768　凹叶厚朴 ITS2 序列信息

扫码查看凹叶厚朴
ITS2 基因序列

图 769　凹叶厚朴 *psb*A-*trn*H 序列信息

扫码查看凹叶厚朴
*psb*A-*trn*H 基因序列

资源现状与用途　凹叶厚朴 *M. officinalis* var. *biloba* 主要分布于华东、华中、华南等地区。凹叶厚朴是集药用、材用和观赏等功能为一体的珍贵树种，同时也是国家二级重点保护野生植物。应加强对凹叶厚朴资源的保护并加快构建凹叶厚朴快速繁殖体系，以保障资源的可持续利用。

望　春　花

Magnolia biondii Pamp.

望春花 *Magnolia biondii* Pamp.［*Flora of China* 收录为望春玉兰 *Yulania biondii*（Pamp.）D. L. Fu］为《中华人民共和国药典》（2020 年版）"辛夷"的基原物种之一。其干燥花蕾具有散风寒、通鼻腔的功效，用于风寒头痛、鼻塞流涕、鼻鼽、鼻渊等。

植物形态 落叶乔木。叶椭圆状披针形，基部阔楔形，边缘干膜质，下延至叶柄，上面暗绿色，下面浅绿色，初被平伏绵毛，后无毛。花先叶开放，芳香；花被9，外轮3片紫红色，近狭倒卵状条形，中内两轮近匙形，白色，外面基部常紫红色，内轮的较狭小。聚合果圆柱形，常因部分不育而扭曲；蓇葖果浅褐色，近圆形，侧扁，具凸起瘤点。种子心形，外种皮鲜红色，内种皮深黑色。花期3月，果期9月（图770a）。

生境与分布 生于海拔1 500 m以下山林中，分布于神农架松柏镇、下谷乡等地（图770b）。

a   b

图770 望春花形态与生境图

ITS2序列特征 望春花 *M. biondii* 序列来自于GenBank（EU593543），序列长度为240 bp，其序列特征见图771。

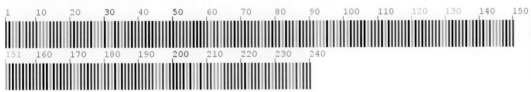

图771 望春花ITS2序列信息   扫码查看望春花
ITS2基因序列

_psb_A-_trn_H序列特征 望春花 *M. biondii* 共4条序列，均来自于GenBank（AY009017、KX675149、KX675165、KU853594），序列比对后长度为243 bp，有3个变异位点，分别为5、53位点G-A变异，89位点C-A变异。主导单倍型序列特征见图772。

图772 望春花 _psb_A-_trn_H序列信息   扫码查看望春花
_psb_A-_trn_H基因序列

资源现状与用途 望春花 *M. biondii*，别名望春玉兰、迎春树、姜剥树等，主要分布于西北、西南、华中等地区。望春花是珍贵的多功能经济树种，具有药用、香料、观赏和材用等功能，作为典型的早春开花树种，被视为植物界入春的"信使"。望春花叶芽和花瓣均有药用价值，其花蕾为辛夷药材的主流品种，约占80%。干燥花蕾提取的木兰脂素具有抗敏、消炎和止痒作用，是优良的天然抗敏剂。望春花还可用作化妆行业的原料。

玉　兰

Magnolia denudata Desr.

玉兰 *Magnolia denudata* Desr.［*Flora of China* 收录为 *Yulania denudata*（Desr.）D. L. Fu］为《中华人民共和国药典》（2020年版）"辛夷"药材的基原物种之一。其干燥花蕾具有散风寒、通鼻窍的功效，用于风寒头痛、鼻塞流涕、鼻鼽、鼻渊等。

植物形态 落叶乔木。树皮深灰色，粗糙开裂。叶片纸质，倒卵形、宽倒卵形或倒卵状椭圆形，基部徒长枝上的叶椭圆形，中部以下渐狭成楔形。花蕾卵圆形；花直立，芳香；花被片9片，白色，基部常带粉红色，长圆状倒卵形；花药侧向开裂；雌蕊群淡绿色，无毛，圆柱形；雌蕊狭卵形。聚合果圆柱形，常因部分心皮不育而弯曲；蓇葖果厚木质，褐色，具白色皮孔；种子心形，侧扁，外种皮红色，内种皮黑色。花期2—3月，果期8—9月（图773a）。

生境与分布 神农架有栽培（图773b）。

a　　　　　　　　　　　　　　　b

图773　玉兰形态与生境图

ITS2序列特征 玉兰 *M. denudata* 序列来自于 GenBank（EU593545），序列长度为256 bp，其序列特征见图774。

图 774　玉兰 ITS2 序列信息

扫码查看玉兰
ITS2 基因序列

❋ *psb*A-*trn*H序列特征　玉兰 *M. denudata* 共 4 条序列，分别来自于神农架样本和 GenBank（KX675166、KX675167、KX675168），序列比对后长度为 382 bp，其序列特征见图 775。

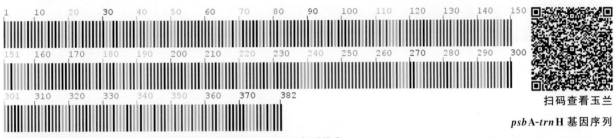

图 775　玉兰 *psb*A-*trn*H 序列信息

扫码查看玉兰
*psb*A-*trn* H 基因序列

❋ 资源现状与用途　玉兰 *M. denudata*，别名白玉兰、玉堂春、白兰花等，主要分布于华东、华中、西南等地区。玉兰作为观赏植物常用于庭院、公园及行道绿化等，有"木花树""玉香海"等美称。

武当玉兰

Magnolia sprengeri Pamp.

武当玉兰 *Magnolia sprengeri* Pamp. ［*Flora of China* 收录为武当玉兰 *Yulania sprengeri* (Pamp.) D. L. Fu］为《中华人民共和国药典》（2020 年版）"辛夷"药材的基原物种之一。其干燥花蕾具有散风寒、通鼻窍的功效，用于风寒头痛、鼻塞流涕、鼻鼽、鼻渊等。

❋ 植物形态　落叶乔木。树皮淡灰褐色或黑褐色，老干皮具纵裂沟呈小块片状脱落。叶倒卵形，先端急尖或急短渐尖，基部楔形，上面仅沿中脉及侧脉疏被平伏柔毛，下面初被平伏细柔毛。花蕾直立，被淡灰黄色绢毛，花先叶开放，杯状，有芳香，花被片12，外面玫瑰红色，雌蕊群圆柱形，长 2～3 cm，淡绿色，花柱玫瑰红色。聚合果圆柱形，长 6～18 cm；蓇葖果扁圆，成熟时褐色。花期 3—4 月，果期 8—9 月（图 776a）。

❋ 生境与分布　生于海拔 1 300～2 400 m 的山林间或灌丛中，零星分布于神农架各地（图 776b）。

❋ *psb*A-*trn*H序列特征　武当玉兰 *M. sprengeri* 共 4 条序列，分别来自于神农架样本和 GenBank（KX675150、KX675169），序列比对后长度为 378 bp，有 4 个变异位点，分别为 76、329、375 位点 A-G 变异，80 位点 T-C 变异。主导单倍型序列特征见图 777。

a   b

图 776　武当玉兰形态与生境图

扫码查看武当玉兰

*psb*A-*trn*H 基因序列

图 777　武当玉兰 *psb*A-*trn*H 序列信息

资源现状与用途　武当玉兰 *M. sprengeri*，别名湖北木兰、迎春树等，主要分布于西南、西北、华中等地区。其花大且美丽，为优良庭园树种。

锦 葵 科 Malvaceae

苘 麻

Abutilon theophrasti Medic.

苘麻 *Abutilon theophrasti* Medic. 为《中华人民共和国药典》（2020 年版）"苘麻子"药材的基原物种之一。其干燥成熟种子具有清热解毒、利湿、退翳的功效，用于赤白痢疾、淋证涩痛、痈肿疮毒、目生翳膜等。

植物形态　一年生亚灌木状草本。茎枝被柔毛。叶互生，圆心形，先端长渐尖，基部心形，边缘具细圆锯齿，两面均密被星状柔毛；托叶早落。花单生于叶腋，被柔毛，近顶端具节；花萼杯状，密被短绒毛，裂片 5，卵形；花黄色，花瓣倒卵形；心皮 15～20，顶端平截，具扩展、被毛的长芒 2。蒴果半球形，分果爿 15～20，顶端具长芒 2。花期 7－8 月，果期 8－11 月（图 778a）。

生境与分布 神农架低海拔地区常见（图 778b）。

a   b

图 778　苘麻形态与生境图

ITS2序列特征 苘麻 *A. theophrasti* 共 3 条序列，均来自于神农架样本，序列比对后长度为 231 bp，其序列特征见图 779。

图 779　苘麻 ITS2 序列信息

扫码查看苘麻
ITS2 基因序列

psbA-trnH序列特征 苘麻 *A. theophrasti* 共 2 条序列，分别来自于神农架样本和 GenBank（DQ006200），序列比对后长度为 637 bp，其序列特征见图 780。

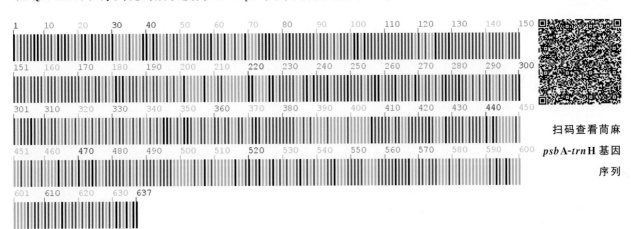

扫码查看苘麻
*psb*A-*trn*H 基因
序列

图 780　苘麻 *psb*A-*trn*H 序列信息

资源现状与用途 苘麻 *A. theophrasti*，别名塘麻、孔麻、青麻、磨盘草等，在我国，除青藏高原外，其他各地均有分布，野生资源丰富。苘麻在民间应用广泛，除药用外，还可用于编织麻袋、搓绳索、编麻鞋等。苘麻种子含油量 15％～16％，可用于制皂、油漆和工业用润滑油的生产。

冬 葵

Malva verticillata L.

冬葵 *Malva verticillata* L.（*Flora of China* 收录为野葵）为《中华人民共和国药典》（2020 年版）"冬葵果"药材的基原物种。其干燥成熟果实具有清热利尿、消肿的功效，用于尿闭、水肿、口渴、尿路感染等。

植物形态 二年生草本。茎疏生星状毛茸毛。叶片肾形或圆形，浅裂 5～7，裂片圆形或锐尖，边缘具锯齿；叶柄被微柔毛。花多数簇生或腋生，花梗 2～40 mm；花萼杯状，裂片宽三角形，疏生星状毛；花瓣先端微凹。果背面平滑，网状。种子紫褐色，肾形，无毛。花期 3—11 月（图 781a）。

生境与分布 神农架有栽培（图 781b）。

a

b

图 781 冬葵形态与生境图

ITS2序列特征 冬葵 *M. verticillata* 共 3 条序列，均来自于神农架样本，序列比对后长度为 232 bp，其序列特征见图 782。

图 782 冬葵 ITS2 序列信息

扫码查看冬葵
ITS2 基因序列

psbA-trnH序列特征 冬葵 *M. verticillata* 共 3 条序列，均来自于神农架样本，序列比对后长度为 462 bp，其序列特征见图 783。

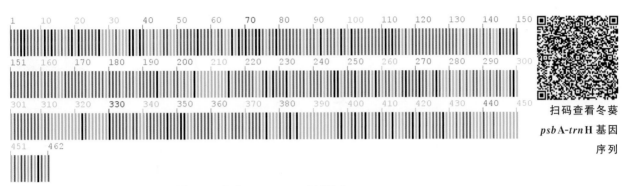

扫码查看冬葵
psbA-trnH 基因
序列

图 783 冬葵 *psbA-trnH* 序列信息

楝 科 Meliaceae

楝

Melia azedarach L.

楝 *Melia azedarach* L. 为《中华人民共和国药典》（2020 年版）"苦楝皮"药材的基原物种。其干燥树皮和根皮具有驱虫、疗癣的功效，用于蛔虫病、蛲虫病、虫积腹痛、外治疥癣瘙痒等。

植物形态 落叶乔木。树皮灰褐色，纵裂。分枝广展，小枝有叶痕。叶为 2～3 回奇数羽状复叶；小叶对生，卵形、椭圆形至披针形，顶生一片通常略大，先端短渐尖，基部楔形或宽楔形，多少偏斜，边缘有钝锯齿。花芳香；花萼 5 深裂，裂片卵形或长圆状卵形；花瓣淡紫色，倒卵状匙形；雄蕊管紫色，无毛或近无毛。核果球形至椭圆形，每室有种子 1 颗。种子椭圆形。花期 4－5 月，果期 10－12 月（图 784a）。

生境与分布 生于海拔 1 400 m 以下的旷野、路旁或疏林中，分布于神农架各地（图 784b）。

a   b

图 784 楝形态与生境图

361

ITS2序列特征　楝 *M. azedarach* 共 3 条序列，均来自于神农架样本，序列比对后长度为 233 bp，有 1 个变异位点，为 175 位点 C-T 变异。主导单倍型序列特征见图 785。

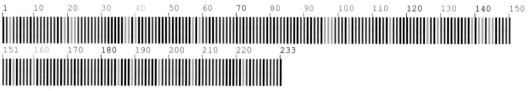

图 785　楝 ITS2 序列信息

扫码查看楝
ITS2 基因序列

_psb_A-_trn_H序列特征　楝 *M. azedarach* 共 3 条序列，均来自于神农架样本，序列比对后长度为 406 bp，其序列特征见图 786。

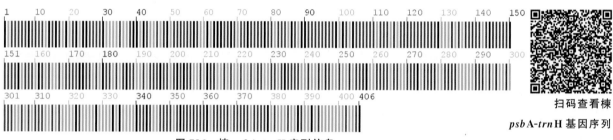

图 786　楝 *psb* A-*trn* H 序列信息

扫码查看楝
psb A-*trn* H 基因序列

资源现状与用途　楝 *M. azedarach*，别名翠树、紫花树、森树等，主要分布于我国黄河以南各省区。民间主要用苦楝皮来驱除蛔虫，可开发成广谱植物源农药。苦楝生长对土壤要求不高，耐干旱、瘠薄，是优良的农林间作和盐碱土植被恢复树种，同时也是优良的建筑用材和家具用材。

防 己 科 Menispermaceae

青 藤

Sinomenium acutum（Thunb.）Rehd. et Wils.

青藤 *Sinomenium acutum*（Thunb.）Rehd. et Wils.（*Flora of China* 收录为风龙）为《中华人民共和国药典》（2020 年版）"青风藤"药材的基原物种之一。其干燥藤茎具有祛风湿、通经络、利小便的功效，用于风湿痹痛、关节肿胀、麻痹瘙痒等。

植物形态　木质藤本。老茎灰色，藤皮有不规则纵裂纹，枝圆柱状，有规则的条纹，被柔毛至近无毛。叶革质至纸质，心状圆形至阔卵形，顶端渐尖或短尖，基部常心形；掌状脉 5 条。圆锥花序长可达 30 cm，花序轴和开展。核果红色至暗紫色，径 5～6 mm 或稍过之。花期夏季，果期秋末（图 787a）。

生境与分布 生于海拔1 200 m以下的山坡灌木丛中，分布于神农架木鱼镇等地（图787b）。

a   b

图787 青藤形态与生境图

ITS2序列特征 青藤 *S. acutum* 共3条序列，均来自于神农架样本，序列比对后长度为203 bp，其序列特征见图788。

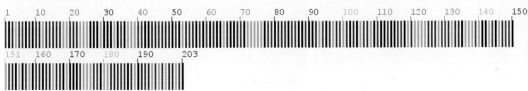

图788 青藤ITS2序列信息

扫码查看青藤
ITS2基因序列

psbA-trnH序列特征 青藤 *S. acutum* 共3条序列，均来自于神农架样本，序列比对后长度为584 bp，有3个变异位点，分别为384、388位点A-T变异，386位点T-A变异，其序列特征见图789。

扫码查看青藤
*psb*A-*trn*H基因
序列

图789 青藤 *psb*A-*trn*H序列信息

草质千金藤

Stephania herbacea Gagnep.

草质千金藤 *Stephania herbacea* Gagnep. 为神农架民间"七十二七"药材"铜锣七"的基原物种之一。其块茎具有清热解毒、凉血止血、散瘀消肿的功效，用于治疗劳伤、腰痛、跌打红肿等。

植物形态 草质藤本。根状茎纤细，匍匐，节上生纤维状根，小枝细瘦，无毛。叶近膜质，阔三角形，基部近截平，边全缘或有角，两面无毛；叶柄比叶片长，明显盾状着生。单伞形聚伞花序腋生，总花梗丝状；雄花：萼片 6，排成 2 轮，膜质，倒卵形，基部渐狭或骤狭，1 脉；花瓣 3，菱状圆形，聚药雄蕊比花瓣短；雌花：萼片和花瓣通常 4，与雄花的近等大。核果近圆形，成熟时红色。花期夏季（图 790a）。

生境与分布 生于海拔 600～1 000 m 的林缘沟边、灌木丛中，分布于神农架新华镇、宋洛乡等地（图 790b）。

a b

图 790 草质千金藤形态与生境图

ITS2序列特征 草质千金藤 *S. herbacea* 序列来自于 GenBank（KJ566139），序列长度为 194 bp，其序列特征见图 791。

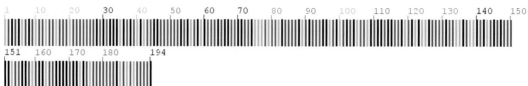

图 791 草质千金藤 ITS2 序列信息 扫码查看草质千金藤
ITS2 基因序列

青 牛 胆

Tinospora sagittata (Oliv.) Gagnep.

青牛胆 _Tinospora sagittata_ (_Oliv._) Gagnep. 为《中华人民共和国药典》（2020 年版）"金果榄"药材的基原物种之一。其干燥块根具有清热解毒、利咽、止痛的功效，用于咽喉肿痛、痈疽疔毒、泄泻、痢疾、脘腹疼痛等。

植物形态 草质藤本，具连珠状块根，膨大部分常为不规则球形，黄色。叶纸质至薄革质，披针状箭形或有时披针状戟形，掌状脉 5 条，连同网脉均在下面凸起。花序腋生，常数个或多个簇生，聚伞花序或分枝成疏花的圆锥状花序，总梗、分枝和花梗均丝状；萼片 6，最外面的小，常卵形或披针形。核果红色，近球形；果核近半球形。花期 4 月，果期秋季（图 792a）。

生境与分布 生于海拔 500～2 200 m 的林下或林缘，分布于神农架阳日镇、大九湖镇、红坪镇等地（图 792b）。

a   b

图 792 青牛胆形态与生境图

ITS2序列特征 青牛胆 _T. sagittata_ 共 3 条序列，均来自于神农架样本，序列比对后长度为197 bp，其序列特征见图 793。

图 793 青牛胆 ITS2 序列信息

扫码查看青牛胆
ITS2 基因序列

_psbA-trn_H序列特征 青牛胆 _T. sagittata_ 共 2 条序列，均来自于神农架样本，序列比对后长度为 658 bp，其序列特征见图 794。

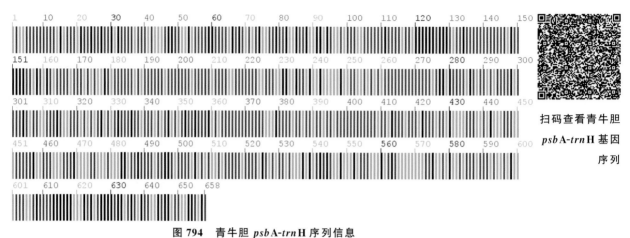

扫码查看青牛胆
*psb*A-*trn*H 基因
序列

图 794　青牛胆 *psb*A-*trn*H 序列信息

桑　　科 Moraceae

构　　树

Broussonetia papyrifera (L.) Vent.

构树 *Broussonetia papyrifera* (L.) Vent 为《中华人民共和国药典》（2020 年版）"楮实子"药材的基原物种。其干燥成熟果实具有补肾清肝、明目、利尿的功效，用于肝肾不足、腰膝酸软、虚劳骨蒸、头晕目昏、目生翳膜、水肿胀满等。

植物形态　落叶乔木，高 10～20 m，有乳汁。小枝密生柔毛。叶广卵形至长椭圆状卵形，长 6～18 cm，先端渐尖，基部心形，边缘具粗锯齿，幼树之叶常有明显分裂，上面粗糙，下面密被绒毛；托叶大，卵形。雄柔荑花序长 3～8 cm；雌花序球形。聚花果直径 1.5～3 cm，熟时橙红色。花期 4—5 月，果期 6—7 月（图 795a）。

生境与分布　生于海拔 1 400 m 以下的山坡、路边、沟边或林中，分布于神农架各地（图 795b）。

a　　　　　　　　　　　　　　　　　　　b

图 795　构树形态与生境图

ITS2序列特征 构树 *B. papyrifera* 共 3 条序列，均来自于神农架样本，序列比对后长度为258 bp，其序列特征见图 796。

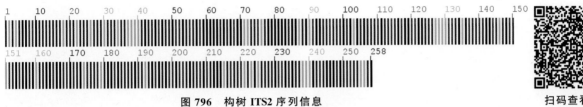

图 796 构树 ITS2 序列信息

扫码查看构树
ITS2 基因序列

***psb*A-*trn*H序列特征** 构树 *B. papyrifera* 共 3 条序列，均来自于神农架样本，序列比对后长度为 355 bp，有 3 个变异位点，分别为 61、62 位点 T-A 变异，352 位点 G-C 变异。主导单倍型序列特征见图 797。

图 797 构树 *psb*A-*trn*H 序列信息

扫码查看构树
*psb*A-*trn*H 基因序列

资源现状与用途 构树 *B. papyrifera*，别名褚桃、谷桑、谷树等，在我国分布广泛。构树主要在饲料、造纸和保健食品开发等方面具有广阔的研究应用前景。

桑

Morus alba L.

桑 *Morus alba* L. 为《中华人民共和国药典》（2020 年版）"桑白皮""桑椹""桑叶""桑枝"药材的基原物种。其干燥根皮为"桑白皮"，具有泻肺平喘、利水消肿的功效，用于肺热喘咳、水肿胀满尿少、面目肌肤浮肿等；其干燥果穗为"桑椹"，具有滋阴补血、生津润燥的功效，用于肝肾阴虚、眩晕耳鸣、心悸失眠、须发早白、津伤口渴、内热消渴、肠燥便秘等；其干燥叶为"桑叶"，具有疏散风热、清肺润燥、清肝明目的功效，用于风热感冒、肺热燥咳、头晕头痛、目赤昏花等；其干燥嫩枝为"桑枝"，具有祛风湿、利关节的功效，用于风湿痹病，肩臂、关节酸痛麻木等。

植物形态 乔木或灌木。树皮厚，灰色，具不规则浅纵裂。叶卵形或广卵形，先端急尖、渐尖或圆钝，基部圆形至浅心形，边缘锯齿粗钝，有时叶为各种分裂，表面鲜绿色。雄花序下垂，密被白色柔毛。花被片宽椭圆形，淡绿色。花丝在芽时内折，花药 2 室；雌花序长 1～2 cm，被毛。聚花果卵状椭圆形，成熟时红色或暗紫色。花期 4—5 月，果期 5—8 月（图 798a）。

生境与分布 神农架有栽培（图 798b）。

a   b

图 798　桑形态与生境图

ITS2序列特征　桑 *M. alba* 共 3 条序列，均来自于神农架样本，序列比对后长度为 236 bp，其序列特征见图 799。

图 799　桑 ITS2 序列信息

扫码查看桑
ITS2 基因序列

psbA-trnH序列特征　桑 *M. alba* 共 3 条序列，均来自于神农架样本，序列比对后长度为 493 bp，有 4 个变异位点，分别为 28 位点 C-A 变异，459、487 位点 G-T 变异，484 位点 C-G 变异，在 3 位点存在碱基缺失。主导单倍型序列特征见图 800。

扫码查看桑
*psb*A-*trn*H 基因
序列

图 800　桑 *psb*A-*trn*H 序列信息

桑 *M. alba*，别名家桑、桑树等，在我国广泛分布。桑枝可用于生产纤维板、人造棉、造纸、提取果胶等，桑叶可制作桑茶、桑叶复合饮料、调味料、护肤剂、保健食品等，桑茶在日本被誉为"长寿茶"，桑椹亦为美味可口的水果。

紫金牛科 Myrsinaceae

朱 砂 根

Ardisia crenata Sims

朱砂根 *Ardisia crenata* Sims（*Flora of China* 收录为硃砂根）为《中华人民共和国药典》（2020年版）"朱砂根"药材的基原物种，亦为神农架民间药材"八爪龙"的基原物种。其干燥根具有解毒消肿、活血止痛、祛风除湿的功效，用于咽喉肿痛、风湿痹痛、跌打损伤等。

植物形态 矮小灌木，高 0.3～1 m。茎粗壮，无毛。叶片革质或坚纸质，椭圆形，边缘具皱波状或波状齿。伞形花序或聚伞花序，着生于侧生特殊花枝顶端；花瓣白色，稀略带粉红色，盛开时反卷，卵形，里面有时近基部具乳头状突起；花药三角状披针形。果球形，具腺点。花期 5—6 月，果期 10—12 月（图 801a）。

生境与分布 生于海拔 2 500 m 以下的阴湿林下或灌丛中，分布于神农架阳日镇、新华镇、木鱼镇、宋洛乡等地（图 801b）。

a   b

图 801　朱砂根形态与生境图

ITS2序列特征 朱砂根 *A. crenata* 共 3 条序列，均来自于神农架样本，序列比对后长度为 217 bp，有 2 个变异位点，分别为 72 位点 C-T 变异，162 位点 G-T 变异。主导单倍型序列特征见图 802。

图 802　朱砂根 ITS2 序列信息

扫码查看朱砂根
ITS2 基因序列

☘ _psb_A–_trn_H序列特征　朱砂根 _A. crenata_ 共 6 条序列，均来自于神农架样本，序列比对后长度为
503 bp，有 1 个变异位点，为 193 位点 G-T 变异，在 321 位点存在碱基缺失。主导单倍型序列特征见
图 803。

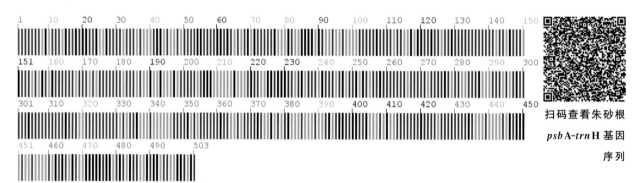

扫码查看朱砂根
_psb_A-_trn_H 基因
序列

图 803　朱砂根 _psb_A-_trn_H 序列信息

☘ 资源现状与用途　朱砂根 _A. crenata_，别名八爪金龙、百两金、开喉箭等，在我国分布广泛。
苗族民间以全株入药，被封为咽喉良药，开发有咽喉清喉片、养阴口香合剂等产品。该植物因果实多，
颜色红艳，且果期在春节，因此也常被作为年宵花卉。

紫 金 牛

Ardisia japonica (Thunb.) Blume

紫金牛 _Ardisia japonica_ (Thunb.) Blume 为《中华人民共和国药典》（2020 年版）"矮地茶"药材
的基原物种。其干燥全草具有化痰止咳、清利湿热、活血化瘀的功效，用于新久咳嗽、喘满痰多、湿
热黄疸、经闭瘀阻、风湿痹痛、跌打损伤等。

☘ 植物形态　小灌木或亚灌木，近蔓生。茎直立高长达 30 cm。叶对生或近轮生，近革质，椭圆
形至椭圆状倒卵形，长 4～7 cm，急尖，具细锯齿。亚伞形花序腋生；花梗下弯；花瓣粉红色或白色，
具密腺点。果球形，鲜红色转黑色，具腺点。花期 5—6 月，果期 11—12 月（图 804a）。

☘ 生境与分布　生于海拔 400～1 500 m 的灌丛或林下，分布于神农架大九湖镇、木鱼镇、宋洛乡、
阳日镇等地（图 804b）。

☘ ITS2序列特征　紫金牛 _A. japonica_ 共 3 条序列，均来自于神农架样本，序列比对后长度为 217 bp，
其序列特征见图 805。

a

b

图 804　紫金牛形态与生境图

图 805　紫金牛 ITS2 序列信息

扫码查看紫金牛
ITS2 基因序列

psbA–trnH序列特征　紫金牛 *A. japonica* 共 4 条序列，均来自于 GenBank（JN253095、JN253096、JN253097、JQ684801），序列比对后长度为 377 bp，有 1 个变异位点，为 81 位点 T-A 变异。主导单倍型序列特征见图 806。

扫码查看紫金牛
*psb*A-*trn*H 基因序列

图 806　紫金牛 *psb*A-*trn*H 序列信息

资源现状与用途　紫金牛 *A. japonica*，别名小青、短茶等，主要分布于我国长江流域以南各省区。除作为药用植物外，因四季常青，常作盆栽观赏。因能在郁密的林下生长，也是一种优良的地被植物。

百　两　金

Ardisia crispa (Thunb.) A. DC.

百两金 *Ardisia crispa* (Thunb.) A. DC. 为神农架民间"七十二七"药材"祖司箭"的基原物种。其根与根茎具有清热解毒、活血消肿、祛痰利湿的功效，用于咽喉肿痛、咳嗽咳痰不畅、湿热黄疸、关节疼痛、痛经、跌打损伤、无名肿毒痈疽、蛇虫咬伤等。

植物形态 小灌木，高 60～100 cm，具匍匐生根的根茎，花枝多。叶片膜质或近坚纸质，椭圆状披针形或狭长圆状披针形。亚伞形花序，着生于侧生特殊花枝顶端；花瓣白色或粉红色，卵形，雄蕊较花瓣略短，背部无腺点或有；雌蕊与花瓣等长或略长。花期 5—6 月，果期 10—12 月（图 807a）。

生境与分布 生于海拔 2 500 m 以下的林下，分布于神农架木鱼镇、松柏镇、新华镇、宋洛乡等地（图 807b）。

a　　　　　　　　　　　　　　　　b

图 807　百两金形态与生境图

ITS2序列特征 百两金 *A. crispa* 共 3 条序列，均来自于神农架样本，序列比对后长度为 217 bp，其序列特征见图 808。

图 808　百两金 ITS2 序列信息

扫码查看百两金
ITS2 基因序列

psbA-trnH序列特征 百两金 *A. crispa* 共 3 条序列，均来自于神农架样本，序列比对后长度为 335 bp，其序列特征见图 809。

扫码查看百两金
*psb*A-*trn*H 基因序列

图 809　百两金 *psb*A-*trn*H 序列信息

🎋 资源现状与用途　百两金 *A. crispa*，别名山豆根、地杨梅、开喉箭等，主要分布于我国中南、西南等部分地区。民间常用于治疗慢性扁桃体炎，将百两金炖鸡用于治疗肾炎水肿。

莲　科 Nelumbonaceae

莲

Nelumbo nucifera Gaertn.

莲 *Nelumbo nucifera* Gaertn. 为《中华人民共和国药典》（2020 年版）"莲子""莲子心""莲房""莲须""荷叶"药材的基原物种。其干燥成熟种子为"莲子"，具有补脾止泻、止带、益肾涩精、养心安神的功效，用于脾虚泄泻、带下、遗精、心悸失眠等；其成熟种子中的干燥幼叶及胚根为"莲子心"，具有清心安神、交通心肾、涩精止血的功效，用于热入心包、神昏谵语、心肾不交、失眠遗精、血热吐血等；其干燥花托为"莲房"，具有化瘀止血的功效，用于崩漏、尿血、痔疮出血、产后瘀阻、恶露不尽等；其干燥雄蕊为"莲须"，具有固肾涩精的功效，用于遗精滑精、带下、尿频等；其干燥叶为"荷叶"，具有清暑化湿、升发清阳、凉血止血的功效，用于暑热烦渴、暑湿泄泻、脾虚泄泻、血热吐衄、便血崩漏等。

🎋 植物形态　多年生水生草本。根状茎横生，肥厚，节间膨大，内有多数纵行通气孔道，节部缢缩，上生黑色鳞叶，下生须状不定根。叶圆形，盾状，直径 25～90 cm，全缘稍呈波状，上面光滑，具白粉，下面叶脉从中央射出，有 1～2 次叉状分枝；花芳香；花瓣红色、粉红色或白色，矩圆状椭圆形至倒卵形。坚果椭圆形或卵形，熟时黑褐色；种子卵形或椭圆形，种皮红色或白色。花期 6—8 月，果期 8—10 月（图 810a）。

🎋 生境与分布　神农架低海拔地区有栽培（图 810b）。

🎋 ITS2序列特征　莲 *N. nucifera* 共 3 条序列，均来自于神农架样本，序列比对后长度为 238 bp，在 236～238 位点存在碱基缺失。主导单倍型序列特征见图 811。

🎋 *psb*A-*trn*H序列特征　莲 *N. nucifera* 共 3 条序列，均来自于神农架样本，序列比对后长度为 316 bp，其序列特征见图 812。

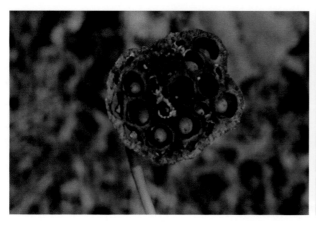

a   b

图 810　莲形态与生境图

图 811　莲 ITS2 序列信息

扫码查看莲
ITS2 基因序列

图 812　莲 *psb* A-*trn* H 序列信息

扫码查看莲
psb A-*trn* H 基因序列

资源现状与用途　莲 *N. nucifera*，别名荷、芙渠、芙蓉等，在我国广泛分布。莲在我国栽培约有三千年历史，莲藕含有丰富的碳水化合物、蛋白质、维生素、矿物质、鞣质等，集营养和药用于一体，具有良好的保健功能，堪称果、蔬、药三者俱佳，是一种药食同源植物。莲藕制品的加工形式有多种，主要包括盐水浸渍藕、速冻藕、水煮藕、保鲜藕和脱水藕等产品；莲子主要加工产品为干莲子、莲心茶、莲子银耳桂圆汤、莲蓉制品、八宝粥及莲子粉。我国台湾地区在莲子加工方面除上述产品外，还开发了莲子酥、莲子蜜饯、莲子果脯、莲花茶、莲花洗浴等产品。莲叶可开发成茶的代用品，也可作包装材料。此外，从红莲在磨皮加工中产生的红衣粉中提取的莲子红衣蛋白可应用于肉丸加工，促进了莲资源的综合利用。

木 犀 科 Oleaceae

连 翘
Forsythia suspensa（Thunb.）Vahl

连翘 *Forsythia suspensa*（Thunb.）Vahl 为《中华人民共和国药典》（2020 年版）"连翘"药材的基原物种。其干燥果实具有清热解毒、消肿散结、疏散风热的功效，用于痈疽、乳痈、丹毒、风热感冒、湿温病初起、温热入营、高热烦渴、神昏发斑、热淋涩痛等。

植物形态 落叶灌木。小枝中空。单叶，或 3 裂至三出复叶，对生；叶片卵形、椭圆状卵形至椭圆形，长 2～10 cm，先端锐尖，叶缘有锯齿；叶柄长 0.8～1.5 cm。花常单生于叶腋，先叶开放；花萼绿色；花冠黄色，深 4 裂。果卵球形至长椭圆形。花期 3—4 月，果期 7—9 月（图 813a）。

生境与分布 生于海拔 900～1 600 m 的山坡或阔叶林下，分布于神农架宋洛乡、下谷乡等地（图 813b）。

a　　　　　　　　　　　　　　　　　　b

图 813　连翘形态与生境图

ITS2序列特征 连翘 *F. suspensa* 共 3 条序列，均来自于神农架样本，序列比对后长度为 223 bp，有 1 个变异位点，为 24 位点的 T-C 变异。主导单倍型序列特征见图 814。

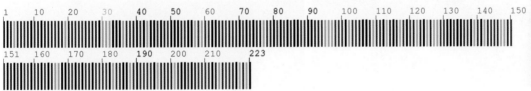

图 814　连翘 ITS2 序列信息

扫码查看连翘
ITS2 基因序列

***psb*A-*trn*H序列特征** 连翘 *F. suspensa* 共 3 条序列，均来自于神农架样本，序列比对后长度为

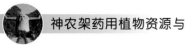
396 bp，有 2 个变异位点，分别为 287、368 位点 A-C 变异。主导单倍型序列特征见图 815。

扫码查看连翘
*psb*A-*trn*H 基因序列

图 815　连翘 *psb*A-*trn*H 序列信息

资源现状与用途　连翘 F. suspensa，别名连壳、黄花条、黄奇丹、毛连翘等，分布于河北、山西、陕西、山东、安徽、河南、湖北、四川等地区。连翘是很多中药制剂的主要原料，目前资源丰富，市场开发前景广阔。

女　贞

Ligustrum lucidum Ait.

女贞 *Ligustrum lucidum* Ait. 为《中华人民共和国药典》（2020 年版）"女贞子"药材的基原物种。其干燥成熟果实具有滋补肝肾、明目乌发的功效，用于肝肾阴虚、眩晕耳鸣、腰膝酸软、须发早白、目暗不明、内热消渴、骨蒸潮热等。

植物形态　乔木。枝黄褐色、灰色或紫红色，圆柱形，疏生圆形或长圆形皮孔。叶片常绿，革质、卵形、长卵形或椭圆形至宽椭圆形。圆锥花序顶生；花冠长 4～5 mm，花冠管长 1.5～3 mm，裂片长 2～2.5 mm，反折核果椭球形，深蓝色，成熟时呈红黑色，被白粉。花期 5—7 月，果期 7 月至翌年 5 月（图 816a）。

生境与分布　生于海拔 1 200 m 以下的山坡或沟边，分布于神农架阳日镇、新华镇、木鱼镇、红坪镇、松柏镇等地，常见栽培（图 816b）。

a　　　　　　　　　　　　　　　　　　b

图 816　女贞形态与生境图

ITS2序列特征 女贞 *L. lucidum* 共6条序列，均来自于神农架样本，序列比对后长度为 223 bp，有2个变异位点，分别为 74、172 位点 A-G 变异。主导单倍型序列特征见图 817。

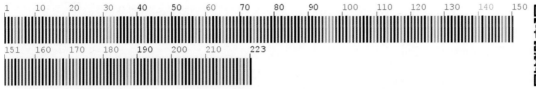

图 817 女贞 ITS2 序列信息

扫码查看女贞 ITS2 基因序列

psbA–trnH序列特征 女贞 *L. lucidum* 共3条序列，分别来自于神农架样本和 GenBank（JN045225、KP095517），序列比对后长度为 439 bp，其序列特征见图 818。

图 818 女贞 *psb*A-*trn*H 序列信息

扫码查看女贞 *psb*A-*trn*H 基因序列

资源现状与用途 女贞 *L. lucidum*，别名白蜡树、冬青、蜡树、女桢等，广泛分布于长江流域及以南地区，华北、西北地区也有栽培。女贞子属于补益类中药中的上品，而且是重要的中药添加剂，用于畜药中减少了畜牧行业中抗生素、驱虫剂等合成添加剂的使用。

柳 叶 菜 科 Onagraceae

柳 兰

Chamerion angustifolium （Linnaeus）

柳兰 *Chamerion angustifolium*（Linnaeus）为神农架民间"三十六还阳"药材"十步还阳"的基原物种。其带根全草具有活血散瘀、止痛消肿、止血的功效，用于跌打损伤、跌打青肿、筋骨损伤、劳伤、创伤出血、刀伤等。

植物形态 多年生粗壮草本；茎不分枝或上部分枝，圆柱状，无毛。叶螺旋状互生，无柄，中上部的叶近革质，线状披针形或狭披针形，先端渐狭，基部钝圆或有时宽楔形，两面无毛。花序总状直立，无毛；苞片下部的叶状，长 2～4 cm，上部的很小，三角状披针形，长不及 1 cm；花在芽时下垂，子房淡红色或紫红色。蒴果长密被贴生的白灰色柔毛。种子狭倒卵状，先端短渐尖，具短喙。种缨丰富，灰白色，不易脱落。花期 6—9 月，果期 8—10 月（图 819a）。

生境与分布 生于海拔 1 800～2 600 m 的高山草丛中，分布于神农架下谷乡、木鱼镇、大九湖镇等（图 819b）。

a   b

图 819　柳兰形态与生境图

ITS2序列特征　柳兰 *C. angustifolium* 共 3 条序列，分别来自于神农架样本和 GenBank（JN999110），序列比对后长度为 216 bp，有 3 个变异位点，分别为 150 位点 A-T 变异，195 位点 C-T 变异，212 位点 T-C 变异，在 16 位点存在碱基缺失。主导单倍型序列特征见图 820。

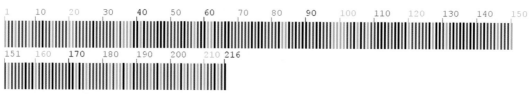

图 820　柳兰 ITS2 序列信息

扫码查看柳兰
ITS2 基因序列

psbA-trnH序列特征　柳兰 *C. angustifolium* 共 2 条序列，均来自于 GenBank（JN044476、JN044477），序列比对后长度为 483 bp，有 1 个变异位点，为 267 位点 T-G 变异。主导单倍型序列特征见图 821。

扫码查看柳兰
psbA-trnH 基因
序列

图 821　柳兰 *psbA-trnH* 序列信息

资源现状与用途　柳兰 *C. angustifolium*，别名红筷子、土秦艽、大救驾等，主要分布于华北、东北、西北及西南地区。藏族民间常用其全草治疗月经不调、赤巴病、骨折等。具有较高的观赏价值，可用作园林绿化植物。

长籽柳叶菜

***Epilobium pyrricholophum* Franchet & Savatier**

长籽柳叶菜 *Epilobium pyrricholophum* Franchet & Savatier 为神农架民间"七十二七"药材"毛菜子七"的基原物种。其全草具有活血调经、止痢的功效，用于月经不调、月经过多、闭经、便血、痢疾等；其种子的种缨具有止血的功效，用于刀伤、创伤出血等。

植物形态 多年生草本，高 25～80 cm，分枝。叶对生至互生，卵形，至卵状披针形，长 2～5 cm，边缘锐锯齿。花序直立，密被腺毛与曲柔毛；花瓣粉红色至紫红色，先端凹缺深 1～1.4 mm；花柱直立，无毛。蒴果长 3.5～7 cm，被腺毛。种子狭倒卵状。花期 7－9 月，果期 8－11 月（图 822a）。

生境与分布 生长于海拔 700～1 300 m 的沟边阴湿处，分布于神农架松柏镇、新华镇、木鱼镇等地（图 822b）。

a   b

图 822　长籽柳叶菜形态与生境图

ITS2序列特征 长籽柳叶菜 *E. pyrricholophum* 共 3 条序列，均来自于神农架样本，序列比对后长度为 218 bp，有 3 个变异位点，分别为 25 位点 T-C 变异，154 位点 T-A 变异，189 位点 G-A 变异，在 106～108 位点存在碱基插入。主导单倍型序列特征见图 823。

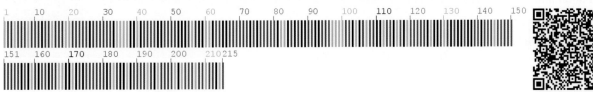

图 823　长籽柳叶菜 ITS2 序列信息

扫码查看长籽柳叶菜
ITS2 基因序列

酢浆草科 Oxalidaceae

山酢浆草

Oxalis griffithii Edgeworth & J. D. Hooker

山酢浆草 _Oxalis griffithii_ Edgeworth & J. D. Hooker 为神农架民间"七十二七"药材"麦吊七"的基原物种。其带根全草具有清热解毒、消肿止痛的功效，用于风湿头痛、黄疸、赤白痢疾、食积不化、月经不调、跌打损伤等。

植物形态 多年生草本。根状茎横生，茎短缩不明显。叶基生；小叶 3，倒三角形或宽倒三角形，长 5～20 mm，先端凹陷。总花梗基生，与叶柄近等长或更长，具单花；花瓣 5，白色或稀粉红色，倒心形。蒴果椭圆形或近球形。花期 7－8 月，果期 8－9 月（图 824a）。

生境与分布 生于海拔 1 000～2 100 m 的山坡林下，分布于神农架各地（图 824b）。

a   b

图 824 山酢浆草形态与生境图

ITS2 序列特征 山酢浆草 _O. griffithii_ 共 5 条序列，均来自于神农架样本，序列比对后长度为 227 bp，其序列特征见图 825。

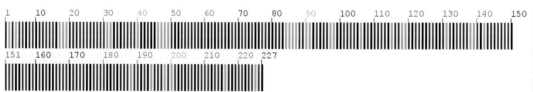

图 825 山酢浆草 ITS2 序列信息

扫码查看山酢浆草
ITS2 基因序列

_psbA-trn_H 序列特征 山酢浆草 _O. griffithii_ 共 4 条序列，均来自于神农架样本，序列比对后长度为 476 bp，在 112、133、392 位点存在碱基缺失，182 位点存在碱基插入。主导单倍型序列特征见图 826。

扫码查看山酢浆草
*psb*A-*trn*H 基因
序列

图 826 山酢浆草 *psb*A-*trn*H 序列信息

资源现状与用途 山酢浆草 *O. griffithii*，别名麦穗七、上天梯等，主要分布于华东、华中、西南等地区。近年来，部分地区的养鸡农民大量使用山酢浆草干粉作为蛋鸡的饲料添加剂使用。

红花酢浆草

Oxalis corymbosa DC.

红花酢浆草 *Oxalis corymbosa* DC. 为神农架民间"三十六还阳"药材"百合还阳"的基原物种。其全草具有散瘀消肿、清热解毒的功效，用于跌打损伤、劳伤腰痛、咽喉肿痛、痈疮、烫伤、创伤出血等。

植物形态 多年生直立草本。无地上茎，地下部分有球状鳞茎。叶基生；小叶 3，扁圆状倒心形，顶端凹入。总花梗基生，二歧聚伞花序，通常排列成伞形花序式；萼片 5，披针形；花瓣 5，倒心形，为萼长的 2～4 倍，淡紫色至紫红色。花果期 3—12 月（图 827a）。

生境与分布 生于低海拔的山地、路旁或荒地中，神农架有栽培（图 827b）。

a   b

图 827 红花酢浆草形态与生境图

ITS2序列特征 红花酢浆草 *O. corymbosa* 共 3 条序列，均来自于神农架样本，序列比对后长度为 221 bp，有 3 个变异位点，分别为 19 位点 G-A 变异，20 位点 C-A 变异，205 位点 C-T 变异，在 189 位点存在碱基插入。主导单倍型序列特征见图 828。

图 828　红花酢浆草 ITS2 序列信息

扫码查看红花酢浆草
ITS2 基因序列

psbA-trnH序列特征 红花酢浆草 *O. corymbosa* 共 3 条序列，均来自于神农架样本，序列比对后长度为 346 bp，其序列特征见图 829。

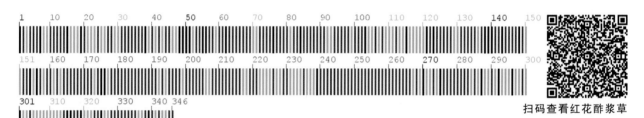

图 829　红花酢浆草 *psb*A-*trn*H 序列信息

扫码查看红花酢浆草
*psb*A-*trn*H 基因序列

资源现状与用途 红花酢浆草 *O. corymbosa*，别名酸味草、铜锤草、南天七等，原产美洲热带地区，是我国引进栽培种。在花坛、疏林地及林缘可大片种植，又可盆栽，是庭院绿化的好材料。因其具有快速占据生境的特点，在一些地方已发展成为园林杂草。

芍 药 科 Paeoniaceae

芍 药

Paeonia lactiflora Pall.

芍药 *Paeonia lactiflora* Pall. 为《中华人民共和国药典》（2020 年版）"白芍"药材的基原物种和"赤芍"药材的基原物种之一。其干燥根的加工品为"赤芍"和"白芍"。赤芍具有清热凉血、散瘀止痛的功效，用于热入营血、温毒发斑、吐血衄血、目赤肿痛、肝郁胁痛、经闭痛经、癥瘕腹痛、跌扑损伤、痈肿疮疡等；白芍具有养血调经、敛阴止汗、柔肝止痛、平抑肝阳的功效，用于血虚萎黄、月经不调，自汗、盗汗、胁痛、腹痛、四肢挛痛、头痛眩晕等。

植物形态 多年生草本。根粗壮，分枝黑褐色。茎高 40～70 cm，无毛。下部茎生叶为二回三出复叶，上部茎生叶为三出复叶；小叶狭卵形，椭圆形或披针形，顶端渐尖，基部楔形或偏斜，边缘具白色骨质细齿，两面无毛，背面沿叶脉疏生短柔毛。花数朵，生茎顶和叶腋，有时仅顶端一朵开放，而近顶端叶腋处有发育不好的花芽，白色，有时基部具深紫色斑块。花期5—6月，果期8月（图830a）。

生境与分布 神农架有栽培（图830b）。

a
b

图830 芍药形态与生境图

ITS2序列特征 芍药 *P. lactiflora* 共3条序列，均来自于神农架样本，序列比对后长度为227 bp，有2个变异位点，分别为29位点 C-A 变异，94位点 T-C 变异。主导单倍型序列特征见图831。

图831 芍药 ITS2 序列信息

扫码查看芍药
ITS2 基因序列

psbA–trnH序列特征 芍药 *P. lactiflora* 共3条序列，均来自于神农架样本，序列比对后长度为204 bp，其序列特征见图832。

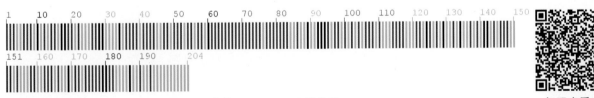

图832 芍药 *psbA-trn*H 序列信息

扫码查看芍药
***psbA-trn*H 基因序列**

资源现状与用途 芍药 *P. lactiflora*，别名将离、离草没骨花等，主要分布于东北、华东、华北、西北等地区。芍药是我国十大名花之一，被誉为"花相"，与"花王"牡丹相媲美，花色繁多、花香馥郁、花姿窈窕。除观赏价值外，芍药开发出的产品还有花茶、花蜜、精油、保健品、化妆品等。

牡 丹

Paeonia suffruticosa Andr.

牡丹 *Paeonia suffruticosa* Andr. 为《中华人民共和国药典》（2020 年版）"牡丹皮"药材的基原物种。其干燥根皮具有清热凉血、活血化瘀的功效，用于热入营血、温毒发斑、夜热早凉、无汗骨蒸、经闭痛经、跌扑伤痛、痈肿疮毒等。

植物形态 落叶灌木。茎高达 2 m；分枝短而粗。叶通常为二回三出复叶；顶生小叶宽卵形，3 裂至中部，裂片不裂或 2~3 浅裂，表面绿色，无毛，背面淡绿色；侧生小叶狭卵形或长圆状卵形，不等 2 裂至 3 浅裂或不裂，近无柄。花单生枝顶，苞片 5，长椭圆形，大小不等；萼片 5，绿色，宽卵形，大小不等；花瓣 5，或为重瓣，玫瑰色、红紫色、粉红色及白色。蓇葖长圆形，密生黄褐色硬毛。花期 5 月；果期 6 月（图 833a）。

生境与分布 神农架有栽培（图 833b）。

a   b

图 833 牡丹形态与生境图

ITS2序列特征 牡丹 *P. suffruticosa* 共 3 条序列，均来自于神农架样本，序列比对后长度为 227 bp，有 1 个变异位点，为 214 位点 T-C 变异。主导单倍型序列特征见图 834。

图 834 牡丹 ITS2 序列信息

扫码查看牡丹
ITS2 基因序列

psbA–trnH序列特征 牡丹 *P. suffruticosa* 共 3 条序列，均来自于神农架样本，序列比对后长度为 330 bp，其序列特征见图 835。

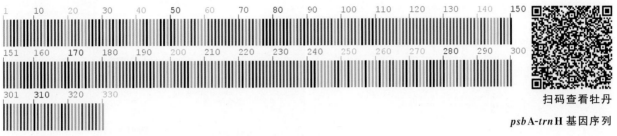

扫码查看牡丹

*psbA-trn*H 基因序列

图 835 牡丹 *psbA-trn*H 序列信息

资源现状与用途 牡丹 *P. suffruticosa*，别名白茸、木芍药、富贵花、洛阳花等，在我国广泛种植。牡丹花是一种天然营养保健资源，可直接食用，以其为原料开发的产品如牡丹花茶、牡丹酒、护肤品逐渐融入人们的生活，并有牡丹饼、牡丹糕等特色产品，提取的天然色素可用于食品行业。牡丹花粉已被开发成口服液，以及作为保健面条、酸奶等的辅料。牡丹籽经压榨而得的牡丹油被称为"液体黄金"，用于医疗、营养保健、化妆品等行业。牡丹专类园是栽培观赏的主要造景形式。长期以来，人们对牡丹无节制地滥采乱挖，导致野生牡丹资源濒临灭绝。

罂　粟　科 Papaveraceae

白　屈　菜

Chelidonium majus L.

白屈菜 *Chelidonium majus* L. 为《中华人民共和国药典》（2020 年版）"白屈菜"药材的基原物种。其干燥全草具有解痉、止痛、止咳、平喘的功效，用于胃脘挛痛、咳嗽气喘、百日咳等。

植物形态 多年生草本。主根粗壮，圆锥形。茎聚伞状多分枝，分枝常被短柔毛。基生叶少，早凋落，叶片倒卵状长圆形或宽倒卵形，羽状全裂；茎生叶叶片长 2～8 cm。伞形花序多花；萼片卵圆形，舟状；花瓣倒卵形，全缘，黄色。蒴果狭圆柱形，长具通常比果短的柄。种子卵形，暗褐色，具光泽及蜂窝状小格。花果期 4—9 月（图 836a，b）。

生境与分布 生于海拔 2 700 m 以下的山坡、山谷、林缘或路旁、石缝中，分布于神农架各地。

ITS2序列特征 白屈菜 *C. majus* 共 3 条序列，均来自于神农架样本，序列比对后长度为 209 bp，其序列特征见图 837。

a   b

图 836　白屈菜花及果实图

图 837　白屈菜 ITS2 序列信息

扫码查看白屈菜
ITS2 基因序列

psbA-trnH序列特征 白屈菜 *C. majus* 共 3 条序列，均来自于神农架样本，序列比对后长度为 401 bp，其序列特征见图 838。

扫码查看白屈菜
*psb*A-*trn*H 基因序列

图 838　白屈菜 *psb*A-*trn*H 序列信息

毛 黄 堇

Corydalis tomentella Franch.

　　毛黄堇 *Corydalis tomentella* Franch. 为神农架民间药材"岩黄连"的基原物种。其全草具有清热解毒、止泻的功效，用于跌打咽喉肿痛、火眼、牙龈肿痛、腹泻、疮毒等。

　　植物形态 草本，具白色而卷曲的短绒毛。主根顶端常具少数叶残基。茎花葶状，无叶或下部具少数叶。基生叶二回羽状全裂。总状花序约具 10 花，先密集，后疏离；苞片披针形，具短绒毛。花黄色，近平展；萼片卵圆形，全缘或下部多少具齿；外花瓣顶端多少微凹，上花瓣长约 1.5～1.7 cm，距圆钝，约占花瓣全长的 1/4；下花瓣具高而伸出顶端的鸡冠状突起；柱头 2 叉状分裂，各枝顶端具 2～3 并生乳突。蒴果线形，被毛。种子黑亮，平滑。花期 4—5 月，果期 6—8 月（图 839a，b）。

生境与分布 生于海拔 500～1 200 m 的岩石缝中或岩石边，分布于神农架阳日镇、新华镇、下谷乡、木鱼镇、红坪镇等地（图 839c）。

a   b   c

图 839 毛黄堇形态与生境图

ITS2序列特征 毛黄堇 *C. tomentella* 序列来自于 GenBank（HQ735404），序列长度为 228 bp，其序列特征见图 840。

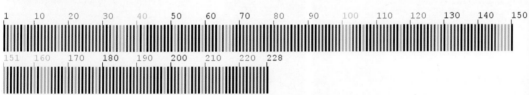

图 840 毛黄堇 ITS2 序列信息

扫码查看毛黄堇
ITS2 基因序列

psbA-trnH序列特征 毛黄堇 *C. tomentella* 共 5 条序列，均来自于 GenBank（HQ735402、KT337541、KT337542、KT337543、KX272408），序列比对后长度为 372 bp，有 5 个变异位点，分别为 265 位点 C-G 变异，278、280 位点 A-T 变异，316 位点 G-A 变异，319 位点 T-C 变异，在 251、252 位点存在碱基缺失。主导单倍型序列特征见图 841。

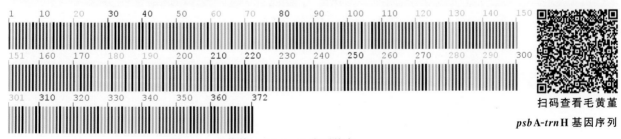

扫码查看毛黄堇
*psb*A-*trn*H 基因序列

图 841 毛黄堇 *psb*A-*trn*H 序列信息

资源现状与用途 毛黄堇 *C. tomentella*，别名干岩矸等，主要分布于华中、西南部分地区。为民间常用中草药，生长局限于石灰岩石壁。由于毛黄堇用途广泛，疗效显著，导致人们过度采挖，加上生长环境特殊，自然繁殖率很低，种群扩繁困难，导致野生资源濒临枯竭。

荷 青 花

Hylomecon japonica (Thunb.) Prantl et Kundig

荷青花 *Hylomecon japonica* (Thunb.) Prantl et Kundig 为神农架民间"七十二七"药材"小菜子七"的基原物种。其根茎具有散瘀消肿、舒筋活络、行血止痛的功效，用于跌打损伤、痨伤腰痛、风湿疼痛等。

植物形态 多年生草本，具黄色液汁，疏生柔毛，老时无毛。根茎斜生，果时橙黄色，肉质。茎直立，不分枝，具条纹，无毛，草质，绿色转红色至紫色。基生叶少数，叶片长 10～20 cm，羽状全裂，裂片 2～3 对，宽披针状菱形、倒卵状菱形或近椭圆形；茎生叶通常 2 枚，叶片同基生叶，具短柄。花 1～3 朵排列成伞房状，顶生；花瓣倒卵圆形或近圆形，芽时覆瓦状排列，花期突然增大，基部具短爪。种子卵形。花期 4—7 月，果期 5—8 月（图 842a）。

生境与分布 生于海拔 2 500 m 以下的林下、林缘或沟边，分布于神农架新华镇、松柏镇、红坪镇、木鱼镇等地（图 842b）。

a   b

图 842 荷青花形态与生境图

ITS2序列特征 荷青花 *H. japonica* 共 3 条序列，均来自于神农架样本，序列比对后长度为 208 bp，其序列特征见图 843。

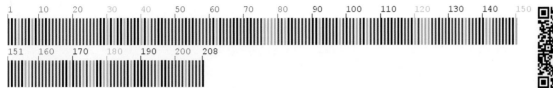

图 843　荷青花 ITS2 序列信息

扫码查看荷青花
ITS2 基因序列

psbA-trnH序列特征　荷青花 *H. japonica* 共 3 条序列，均来自于神农架样本，序列比对后长度为 426 bp，在 11 位点存在碱基缺失。主导单倍型序列特征见图 844。

扫码查看荷青花
psbA-trnH 基因序列

图 844　荷青花 *psbA-trnH* 序列信息

资源现状与用途　荷青花 *H. japonica*，别名鸡蛋黄花、刀豆三七、水菖兰七、拐枣七、小菜子七等，主要分布于我国东北、华中、华东地区。荷青花因花期早，花冠大，色彩艳丽，是具备开发潜力的野生花卉物种。

金罂粟
Stylophorum lasiocarpum (Oliv.) Fedde

金罂粟 *Stylophorum lasiocarpum*（Oliv.）Fedde 为神农架民间"七十二七"药材"豆叶七"的基原物种。其干燥全草具有活血调经、行气散淤、止血止痛的功效，用于跌打损伤、外伤出血、月经不调等。

植物形态　草本，高 30～100 cm，具血红色液汁。茎直立，通常不分枝，无毛。基生叶数枚，叶片轮廓倒长卵形，大头羽状深裂，表面绿色，背面具白粉；茎生叶 2～3 枚，叶片同基生叶，叶柄较短。花 4～7 朵，于茎先端排列成伞形花序；花瓣黄色，倒卵状圆形；花丝丝状，花药长圆形；子房圆柱形，被短毛，柱头 2 裂，裂片大，近平展。蒴果狭圆柱形，长 5～8 cm，被短柔毛。种子多数，卵圆形，具网纹，有鸡冠状的种阜。花期 4—8 月，果期 6—9 月（图 845a）。

生境与分布　生于海拔 800～1 800 m 的山坡沟谷、林下草丛中，分布于神农架木鱼镇、红坪镇、新华镇、松柏镇等地（图 845b）。

ITS2序列特征　金罂粟 *S. lasiocarpum* 共 3 条序列，均来自于神农架样本，序列比对后长度为 209 bp，有 1 个变异位点，为 28 位点 T-G 变异。主导单倍型序列特征见图 846。

a   b

图 845　金罂粟形态与生境图

图 846　金罂粟 ITS2 序列信息

扫码查看金罂粟
ITS2 基因序列

　　psbA-trnH序列特征　金罂粟 *S. lasiocarpum* 共 3 条序列，均来自于神农架样本，序列比对后长度为 508 bp，有 1 个变异位点，为 12 位点 C-T 变异，在 508 位点存在碱基缺失。主导单倍型序列特征见图 847。

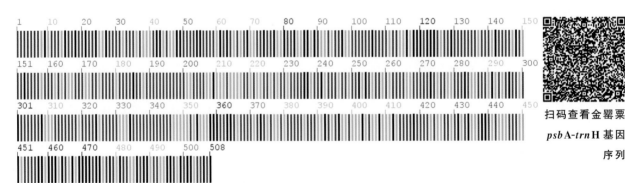

扫码查看金罂粟
*psb*A-*trn*H 基因
序列

图 847　金罂粟 *psb*A-*trn*H 序列信息

芝 麻 科 Pedaliaceae

脂 麻

Sesamum indicum L.

脂麻 *Sesamum indicum* L.（*Flora of China* 收录为芝麻）为《中华人民共和国药典》（2020 年版）"黑芝麻"药材的基原物种。其成熟种子具有补肝肾、益精血、润肠燥的功效，用于精血亏虚、头晕眼花、耳鸣耳聋、须发早白、病后脱发、肠燥便秘等。

植物形态 一年生直立草本，分枝或不分枝，中空或具有白色髓部。叶矩圆形或卵形，下部叶常掌状 3 裂，中部叶有齿缺，上部叶近全缘。花单生或 2～3 朵同生于叶腋内；花萼裂片披针形；花冠白色而常有紫红色或黄色的彩晕。蒴果矩圆形，有纵棱，直立，被毛，分裂至中部或至基部。种子有黑白之分。花期夏末秋初（图 848a）。

生境与分布 神农架有栽培（图 848b）。

a   b

图 848　脂麻形态与生境图

ITS2序列特征 脂麻 *S. indicum* 共 3 条序列，均来自于神农架样本，序列比对后长度为 209 bp，其序列特征见图 849。

图 849　脂麻 ITS2 序列信息

扫码查看脂麻
ITS2 基因序列

psbA-trnH序列特征 脂麻 *S. indicum* 共3条序列，分别来自于神农架样本和 GenBank（KT717164），序列比对后长度为 372 bp，其序列特征见图 850。

扫码查看脂麻
psbA-trnH 基因序列

图 850 脂麻 *psbA-trnH* 序列信息

资源现状与用途 脂麻 *S. indicum*，别名胡麻、油麻等，原产于印度，后被引入我国，资源分布广泛。其种子有黑白两种之分，黑芝麻为滋养强壮的常见药物，在民间也常用于高血压的辅助治疗；芝麻种子含油量高，除供直接食用外，又可榨油。

商 陆 科 Phytolaccaceae

商 陆

Phytolacca acinosa Roxb.

商陆 *Phytolacca acinosa* Roxb. 为《中华人民共和国药典》（2020 年版）"商陆"药材的基原物种之一。其干燥根具有逐水消肿、通利二便、外用解毒散结的功效，用于水肿胀满、二便不通、外治痈肿疮毒等。

植物形态 多年生草本，全株无毛。根肥大，肉质，倒圆锥形。茎直立，圆柱形，肉质，多分枝。叶片薄纸质，椭圆形。总状花序顶生或与叶对生，圆柱状，直立，密生多花；花两性，花被片 5，白色、黄绿色，椭圆形、卵形或长圆形，顶端圆钝，花后常反折；雄蕊 8～10，与花被片近等长；心皮通常为 8 枚，分离。果序直立；浆果扁球形，直径约 7 mm，熟时黑色。种子肾形，黑色，具 3 棱。花期 5—8 月，果期 6—10 月（图 851a）。

生境与分布 生于海拔 2 000 m 以下的路边、溪边林下，分布于神农架新华镇、阳日镇等地（图 851b）。

ITS2序列特征 商陆 *P. acinosa* 共3条序列，分别来自于神农架样本和 GenBank（EU239681），序列比对后长度为 226 bp，有 6 个变异位点，分别为 27 位点 T-G 变异，37 位点 A-G 变异，39 位点 C-A 变异，138 位点 C-T 变异，141 位点 T-C 变异，191 位点 T-A 变异，在 38 位点存在碱基缺失。主导单倍型序列特征见图 852。

a   b

图 851　商陆形态与生境图

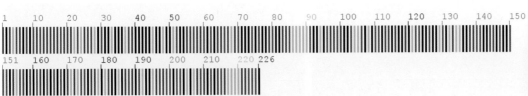

图 852　商陆 ITS2 序列信息

扫码查看商陆
ITS2 基因序列

🌸 **psbA-trnH序列特征**　商陆 *P. acinosa* 共 3 条序列，均来自于神农架样本，序列比对后长度为 507 bp，有 2 个变异位点，分别为 417 位点 T-C 变异，419 位点 T-A 变异，在 252～267、416 位点存在碱基插入，426～454 位点存在碱基缺失。主导单倍型序列特征见图 853。

扫码查看商陆
*psb*A-*trn*H 基因
序列

图 853　商陆 *psb*A-*trn*H 序列信息

🌸 **资源现状与用途**　商陆 *P. acinosa*，别名章柳、山萝卜、见肿消等，在我国广泛分布。商陆果实色素可用于蚕丝纤维染色；商陆叶子富含氮、磷、钾等元素，可作为绿色肥料，被称为红壤荒地的先锋绿肥；商陆抗病毒的功效为生物农药制作提供了丰富的自然资源。

垂 序 商 陆

Phytolacca americana L.

垂序商陆 _Phytolacca americana_ L. 为《中华人民共和国药典》（2020 年版）"商陆"药材的基原物种之一。其干燥根具有逐水消肿、通利二便、外用解毒散结的功效，用于水肿胀满、二便不通、外治痈肿疮毒等。

植物形态 多年生草本，高 1～2 m。根肥大；茎有时带紫红色。叶椭圆状卵形或卵状披针形，长 9～18 cm；叶柄长 1～4 cm。总状花序顶生或侧生；花白色，微带红晕，直径约 6 mm；花被片 5；雄蕊、心皮通常均为 10 枚，心皮合生。果序下垂；浆果扁球形，熟时紫黑色。花期 6—8 月，果期 8—10 月（图 854a）。

生境与分布 逸生于海拔 850～1 900 m 的田园、路边、荒地中，神农架广布（图 854b）。

a   b

图 854 垂序商陆形态与生境图

ITS2序列特征 垂序商陆 _P. americana_ 共 6 条序列，均来自于神农架样本，序列比对后长度为 225 bp，其序列特征见图 855。

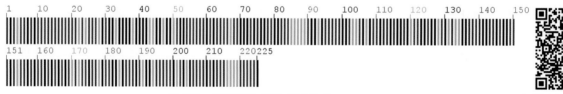

图 855 垂序商陆 ITS2 序列信息

扫码查看垂序商陆
ITS2 基因序列

psbA–trnH序列特征 垂序商陆 _P. americana_ 共 3 条序列，均来自于神农架样本，序列比对后长度为 465 bp，其序列特征见图 856。

图 856　垂序商陆 *psb*A-*trn*H 序列信息

资源现状与用途　垂序商陆 *P. americana*，别名洋商陆、美洲商陆、美商陆等，在我国广泛分布。垂序商陆适应性好、繁殖力强、生长速度快，同时具锰富集能力，是开展锰污染土壤生物修复治理的理想植物。垂序商陆浆果及根有较好的灭螺作用。

车　前　科 Plantaginaceae

车　前
Plantago asiatica L.

车前 *Plantago asiatica* L. 为《中华人民共和国药典》（2020 年版）"车前子"和"车前草"药材的基原物种之一。其干燥成熟种子为"车前子"，具有清热利尿通淋、渗湿止泻、明目、祛痰的功效，用于热淋涩痛、水肿胀满、暑湿泄泻、目赤肿痛、痰热咳嗽等；其干燥全草为"车前草"，具有清热利尿通淋、祛痰、凉血、解毒的功效，用于热淋涩痛、水肿尿少、暑湿泄泻、痰热咳嗽、吐血衄血、痈肿疮毒等。

植物形态　二年生或多年生草本。须根多数。叶基生，呈莲座状，宽卵形至宽椭圆形，长 4～12 cm，先端钝圆至急尖，边缘波状、全缘或有锯齿。穗状花序 3～10 个；苞片狭卵状三角形或三角状披针形，花具短梗；花冠白色。雄蕊生于冠筒内近基部。蒴果纺锤状卵形，周裂。花期 4－8 月，果期 6－9 月（图 857a）。

生境与分布　生于海拔 2 500 m 以下的山坡、荒地、路旁草丛中，分布于神农架各地（图 857b）。

ITS2序列特征　车前 *P. asiatica* 共 3 条序列，均来自于神农架样本，序列比对后长度为 199 bp，其序列特征见图 858。

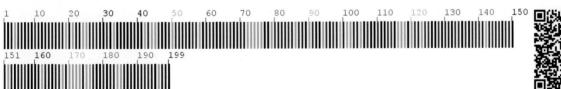

图 858　车前 ITS2 序列信息

扫码查看车前
ITS2 基因序列

a   b

图 857 车前形态与生境图

*psb*A–*trn*H序列特征 车前 *P. asiatica* 共 3 条序列，均来自于神农架样本，序列比对后长度为 242 bp，其序列特征见图 859。

图 859 车前 *psb*A-*trn*H 序列信息

扫码查看车前
*psb*A-*trn*H 基因序列

资源现状与用途 车前 *P. asiatica*，别名车前草、五根草、车轮菜等，野生资源分布广泛。除药用价值外，车前子和车前草可作为保健食品原料。车前子和车前草均为临床常用药物，野生资源较丰富。

平 车 前

Plantago depressa Willd.

平车前 *Plantago depressa* Willd. 为《中华人民共和国药典》（2020 年版）"车前子"和"车前草"药材的基原物种之一。其干燥成熟种子为"车前子"，具有清热利尿通淋、渗湿止泻、明目、祛痰的功效，用于热淋涩痛、水肿胀满、暑湿泄泻、目赤肿痛、痰热咳嗽等；其干燥全草为"车前草"，具有清热利尿通淋、祛痰、凉血、解毒的功效，用于热淋涩痛、水肿尿少、暑湿泄泻、痰热咳嗽、吐血衄血、痈肿疮毒等。

植物形态 一年生或二年生草本。直根长，具多数侧根。叶基生呈莲座状；叶片纸质，椭圆形、椭圆状披针形或卵状披针形；叶柄长 2～6 cm，基部扩大成鞘状。花序梗长 5～18 cm，疏生白色短柔毛；穗状花序细圆柱状，上部密集，基部常间断；苞片三角状卵形，无毛。花萼龙骨突宽厚，不延至顶端。花冠白色，无毛，裂片极小，于花后反折。蒴果卵状椭圆形至圆锥状卵形。花期5—7月，果期7—9月（图860a，b）。

生境与分布 生于海拔2 500 m以下的山坡、荒地、路旁草丛中，分布于神农架松柏镇、新华镇等地（图860c）。

a   b   c

图860 平车前形态与生境图

ITS2序列特征 平车前 *P. depressa* 共3条序列，均来自于神农架样本，序列比对后长度为200 bp，有1个变异位点，为34位点A-G变异。主导单倍型序列特征见图861。

图861 平车前 ITS2 序列信息

扫码查看平车前 ITS2 基因序列

*psb*A-*trn*H序列特征 平车前 *P. depressa* 共3条序列，均来自于神农架样本，序列比对后长度为241 bp，其序列特征见图862。

图862 平车前 *psb*A-*trn*H 序列信息

扫码查看平车前 *psb*A-*trn*H 基因序列

远 志 科 Polygalaceae

瓜 子 金
Polygala japonica Houtt.

瓜子金 *Polygala japonica* Houtt. 为《中华人民共和国药典》（2020年版）"瓜子金"药材的基原物种。其干燥全草具有祛痰止咳、活血消肿、解毒止痛的功效，用于咳嗽痰多、咽喉肿痛、跌打损伤、疔疮疖肿、蛇虫咬伤等。

植物形态 多年生草本，高15～20 cm；茎、枝直立或外倾，绿褐色或绿色，具纵棱，被卷曲短柔毛。单叶互生，叶片厚纸质或亚革质。总状花序与叶对生，最上1个花序低于茎顶。萼片5，宿存，外面3枚披针形，外面被短柔毛，里面2枚花瓣状；花瓣3，白色至紫色，基部合生，龙骨瓣舟状，具流苏状鸡冠状附属物。蒴果圆形，短于内萼片，顶端凹陷，具喙状突尖，边缘具有横脉的阔翅，无缘毛。花期4－5月，果期5－8月（图863a）。

生境与分布 生于海拔400～2000 m的山坡草丛中，分布于神农架新华镇、松柏镇、阳日镇等地（图863b）。

a   b

图 863　瓜子金形态与生境图

ITS2序列特征 瓜子金 *P. japonica* 共3条序列，均来自于神农架样本，序列比对后长度为223 bp，其序列特征见图864。

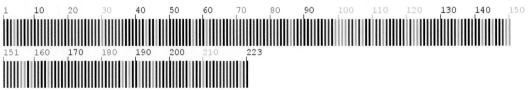

图 864　瓜子金 ITS2 序列信息

扫码查看瓜子金
ITS2 基因序列

🐾 *psbA-trn*H序列特征　瓜子金 *P. japonica* 共 3 条序列，均来自于神农架样本，序列比对后长度为 348 bp，其序列特征见图 865。

扫码查看瓜子金

***psbA-trn*H 基因序列**

图 865　瓜子金 *psbA-trn*H 序列信息

🐾 资源现状与用途　瓜子金 *P. japonica*，别名辰砂草、金锁匙、瓜子草、挂米草等，主要分布于我国东北、华北、西南及长江流域。瓜子金民间应用十分普遍，临床单用可治疗骨髓炎、关节炎、失眠症等，由其组成的复方主要用于治疗上呼吸道感染。

蓼　科 Polygonaceae

金　线　草

Antenoron filiforme (Thunberg) Roberty & Vautier

金线草 *Antenoron filiforme* (Thunberg) Roberty & Vautier 为神农架民间"七十二七"药材"朱砂七"的基原物种。其全草具有祛风除湿、理气止痛、止血、散瘀的功效，用于风湿骨痛、咳血、吐血、便血、血崩、经期腹痛、产后血瘀痛、跌打损伤等。

🐾 植物形态　多年生草本，高 50～80 cm。茎直立，节膨大。叶椭圆形或长椭圆形，长 6～15 cm，顶端长渐尖，全缘，两面疏生糙伏毛；叶柄长 1～1.5 cm；托叶鞘筒状，膜质，具短缘毛。总状花序呈穗状，花排列稀疏；花被红色。瘦果卵形，双凸镜状，包于宿存花被内。花期 7—8 月，果期 9—10 月（图 866a）。

🐾 生境与分布　生于海拔 600～1 800 m 的山坡林下草丛中，分布于神农架阳日镇、红坪镇等地（图 866b）。

🐾 ITS2序列特征　金线草 *A. filiforme* 共 3 条序列，均来自于神农架样本，序列比对后长度为 247 bp，有 2 个变异位点，分别为 26 位点 A-G 变异，224 位点 C-T 变异。主导单倍型序列特征见图 867。

🐾 *psbA-trn*H序列特征　金线草 *A. filiforme* 共 3 条序列，均来自于神农架样本，序列比对后长度为 369 bp，有 1 个变异位点，为 292 位点 C-A 变异，在 176～177 位点存在碱基插入。主导单倍型序列特征见图 868。

a b

图 866 金线草形态与生境图

图 867 金线草 ITS2 序列信息

扫码查看金线草
ITS2 基因序列

图 868 金线草 psbA-trnH 序列信息

扫码查看金线草
psbA-trnH 基因序列

短毛金线草

***Antenoron filiforme* var. *neofiliforme*（Nakai）A. J. Li**

短毛金线草 *Antenoron filiforme* var. *neofiliforme*（Nakai）A. J. Li 为神农架民间"七十二七"药材"红三七"的基原物种。其根茎具有舒筋接骨、凉血止血、止痛的功效，用于跌打损伤、骨伤、劳伤、胃痛、咯血、崩漏、痛经、痢疾等。

🌿 **植物形态** 多年生草本，高 50～80 cm。茎直立，节膨大。叶椭圆形或长椭圆形，长 6～15 cm，顶端长渐尖，全缘，两面疏生糙伏毛；叶柄长 1～1.5 cm；托叶鞘筒状，膜质，具短缘毛。总状花序呈穗状，花排列稀疏；花被红色。瘦果卵形，双凸镜状，包于宿存花被内。花期 7—8 月，果期 9—10 月（图 869a，b）。

✿ **生境与分布** 生于海拔 900~1 900 m 的沟谷林下草丛中，分布于神农架新华镇、红坪镇、宋洛乡、下谷乡等地（图 869c）。

a　　　　　　　　　b　　　　　　　　　c

图 869　短毛金线草形态与生境图

✿ **ITS2序列特征** 短毛金线草 *Antenoron filiforme* var. *neofiliforme* 共 3 条序列，均来自于神农架样本，比对后序列长度为 247 bp，其序列特征见图 870。

图 870　短毛金线草 ITS2 序列信息

扫码查看短毛金线草 **ITS2 基因序列**

✿ ***psb*A-*trn*H序列特征** 短毛金线草 *Antenoron filiforme* var. *neofiliforme* 共 3 条序列，均来自于神农架样本，比对后序列长度为 461 bp，有 5 个变异位点，分别为 12 位点 T-C 变异，410 位点 T-A 变异，455 位点 G-A 变异，458 位点 A-C-G 变异，460 位点 G-T 变异。在 33 位点处存在碱基插入，169~177、438 位点存在碱基缺失，442 位点存在简并碱基 R。主导单倍型序列特征见图 871。

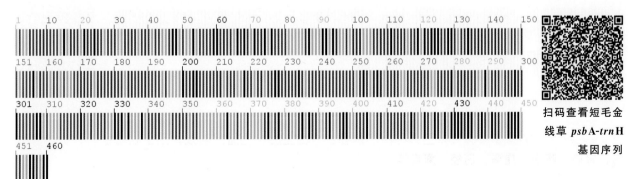

扫码查看短毛金线草 ***psb*A-*trn*H 基因序列**

图 871　短毛金线草 *psb*A-*trn*H 序列信息

金 荞 麦

Fagopyrum dibotrys（D. Don）Hara

金荞麦 *Fagopyrum dibotrys*（D. Don）Hara 为《中华人民共和国药典》（2020 年版）"荞麦七"药材的基原物种。其干燥根茎具有清热解毒、排脓祛瘀的功效，用于肺痈吐脓、肺热喘咳、乳蛾肿痛等。

植物形态 多年生草本。根状茎木质化，黑褐色。茎直立，分枝，具纵棱，无毛。有叶三角形，顶端渐尖，基部近戟形，边缘全缘；托叶鞘筒状，偏斜，顶端截形，无缘毛。花序伞房状，顶生或腋生；苞片卵状披针形，顶端尖，边缘膜质；花梗中部具关节，与苞片近等长；花被 5 深裂，白色，花被片长椭圆形。瘦果宽卵形，具 3 锐棱，黑褐色，无光泽，超出宿存花被 2～3 倍。花期 7—9 月，果期 8—10 月（图 872a）。

生境与分布 生于海拔 1 700 m 以下的沟边，分布于神农架木鱼镇、红坪镇等地（图 872b）。

a   b

图 872　金荞麦形态与生境图

ITS2序列特征 金荞麦 *F. dibotrys* 共 3 条序列，均来自于神农架样本，序列比对后长度为 229 bp，有 1 个变异位点，为 195 位点处 A-G 变异。主导单倍型序列特征见图 873。

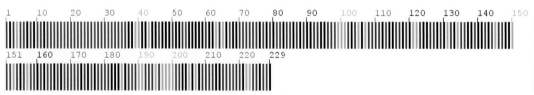

图 873　金荞麦 ITS2 序列信息

扫码查看金荞麦
ITS2 基因序列

psbA–trnH序列特征 金荞麦 *F. dibotrys* 共 3 条序列，均来自于神农架样本，序列比对后长度为 413 bp，其序列特征见图 874。

图 874　金荞麦 *psb*A-*trn*H 序列信息

资源现状与用途　金荞麦 *F. dibotrys*，别名天荞麦、透骨消、苦荞头等，主要分布于华东、华南、西南等地区。由于人为、自然等多种因素影响，金荞麦野生资源遭受了较大破坏，国家林业和草原局、农村农业部联合将金荞麦列入首批《国家重点保护野生植物名录》，为二级保护植物。金荞麦是一种药用与饲料兼备的作物，是中成药威麦宁胶囊、急支糖浆、金荞麦胶囊、金荞麦片的重要原料来源。

何 首 乌

Fallopia multiflora（Thunb.）Harald.

何首乌 *Fallopia multiflora*（Thunb.）Harald. 为《中华人民共和国药典》（2020 年版）"何首乌"药材的基原物种。其干燥块根具有养血安神、润肠通便、解毒消痈的功效，用于疮痈、风疹瘙痒、久疟体虚、肠燥便秘等。

植物形态　多年生草本。块根肥厚；茎缠绕。叶卵形或长卵形，长 3～7 cm，顶端渐尖，基部心形或近心形，全缘，两面粗糙；叶柄长 1.5～3 cm；托叶鞘膜质，偏斜。花序圆锥状，分枝开展；苞片三角状卵形；花被 5 深裂，白色或淡绿色。瘦果卵形，具 3 棱。花期 8—9 月，果期 9—10 月（图 875a）。

生境与分布　生于海拔 2 000 m 以下的山坡、林缘、路边、沟边等处，分布于神农架各地（图 875b）。

a　　　　　　　　　　　　　　　　　　b

图 875　何首乌形态与生境图

ITS2序列特征 何首乌 *F. multiflora* 共 3 条序列，均来自于神农架样本，序列比对后长度为 193 bp，有 2 个变异位点，分别为 180 位点处 T-C 变异，185 位点处 A-G 变异。主导单倍型序列特征见图 876。

图 876　何首乌 ITS2 序列信息

扫码查看何首乌
ITS2 基因序列

psbA–trnH序列特征 何首乌 *F. multiflora* 共 3 条序列，均来自于神农架样本，序列比对后长度为 345 bp，其序列特征见图 877。

图 877　何首乌 *psb*A-*trn*H 序列信息

扫码查看何首乌
*psb*A-*trn*H 基因序列

资源现状与用途 何首乌 P. multiflora，别名首乌、赤首乌、铁秤砣等，主要分布于河南、湖北、广东、广西、贵州等地区。何首乌具有提高造血功能、增强免疫力、降低血脂、抗动脉粥样硬化等药理作用。

杠 板 归

Polygonum perfoliatum L.

杠板归 *Polygonum perfoliatum* L. 为《中华人民共和国药典》（2020 年版）"杠板归"药材的基原物种。其根茎具有清热解毒、利水消肿、止咳的功效，用于咽喉肿痛、肺热咳嗽、小儿顿咳、水肿尿少、湿热泻痢、湿疹、疖肿、蛇虫咬伤等。

植物形态 一年生草本。茎攀缘，沿棱疏生倒生皮刺。叶三角形，长 3～7 cm，薄纸质，下面沿叶脉疏生皮刺；叶柄盾状着生，具倒生皮刺；托叶鞘叶状，圆形或近圆形，直径 1.5～3 cm。总状花序呈短穗状；花被 5 深裂，白色或淡红色，果时增大，呈肉质，深蓝色。瘦果球形，黑色。花期 6—8 月，果期 7—10 月（图 878a）。

生境与分布 生于海拔 2 300 m 以下的田边、路旁，分布于神农架各地（图 878b）。

ITS2序列特征 杠板归 *P. perfoliatum* 共 3 条序列，均来自于神农架样本，序列比对后长度为 245 bp，其序列特征见图 879。

a   b

图 878　杠板归形态与生境图

图 879　杠板归 ITS2 序列信息

扫码查看杠板归
ITS2 基因序列

💮 *psbA–trn*H序列特征　杠板归 *P. perfoliatum* 共 3 条序列，均来自于神农架样本，序列比对后长度为 339 bp，其序列特征见图 880。

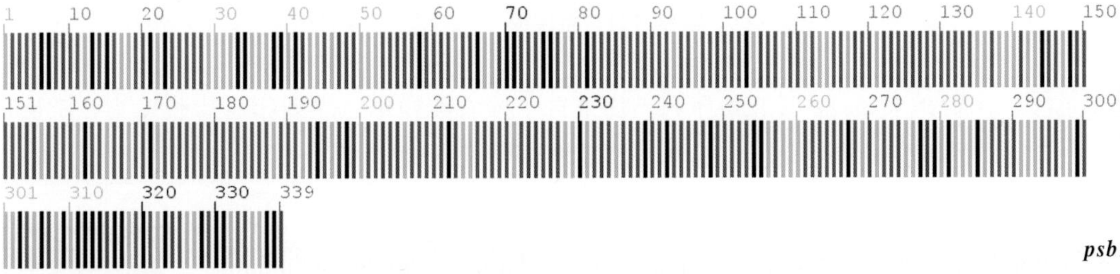

扫码查看杠板归
*psb*A-*trn*H 基因序列

图 880　杠板归 *psb*A-*trn*H 序列信息

💮 资源现状与用途　杠板归 *P. perfoliatum*，别名蛇倒退、刺犁头、刺蓼等，主要分布于华中、华南等地区。杠板归集食、饲、药用于一身，嫩叶可食用，也是优质畜禽饲用植物。

拳 参

Polygonum bistorta L.

拳参 *Polygonum bistorta* L. 为《中华人民共和国药典》（2020 年版）"拳参"药材的基原物种。其干燥根茎具有清热解毒、消肿、止血的功效，用于赤痢热泻、肺热咳嗽、痈肿瘰疬、口舌生疮、血热吐衄、痔疮出血、蛇虫咬伤等。

植物形态 多年生草本。根状茎肥厚，弯曲，黑褐色。茎直立，不分枝，无毛，通常 2～3 条自根状茎发出。基生叶宽披针形或狭卵形，纸质；茎生叶披针形或线形。总状花序呈穗状，顶生，紧密；苞片卵形，淡褐色，每苞片内含 3～4 朵花；花梗细弱，开展，比苞片长；花被 5 深裂，白色或淡红色，花被片椭圆形。瘦果椭圆形，两端尖，褐色，有光泽。花期 6—7 月，果期 8—9 月（图 881a）。

生境与分布 生于海拔 1 800～3 000 m 的山坡草地、高山草甸，分布于神农架各地（图 881b）。

a   b

图 881 拳参形态与生境图

ITS2序列特征 拳参 *P. bistorta* 共 3 条序列，均来自于神农架样本，序列比对后长度为 237 bp，有 1 个变异位点，为 230 位点处 A-C 变异。主导单倍型其序列特征见图 882。

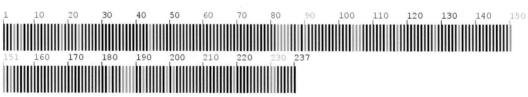

图 882 拳参 ITS2 序列信息

扫码查看拳参
ITS2 基因序列

psbA-trnH序列特征 拳参 *P. bistorta* 共 2 条序列，分别来自于神农架样本和 GenBank（EU554046），序列比对后长度为 473 bp，有 4 个变异位点，分别为 179 位点 T-A 变异，224、324 位点 G-T 变异，299 位点 T-G 变异，在 246～291 位点存在碱基插入。主导单倍型序列特征见图 883。

扫码查看拳参
psb A-*trn* H 基因序列

图 883　拳参 *psb* A-*trn* H 序列信息

资源现状与用途　拳参 B. bistorta，别名拳蓼、牡蒙、众戎等，主要分布于我国的湖北、湖南、江苏、安徽、浙江、河南等地区。拳参可用于治疗赤痢热泻，肺热咳嗽，痈肿瘰疬等，可内服或外用。

萹　蓄

Polygonum aviculare L.

萹蓄 *Polygonum aviculare* L. 为《中华人民共和国药典》（2020 年版）"萹蓄"药材的基原物种。其干燥地上部分具有利尿通淋、杀虫、止痒的功效，用于热淋涩痛、小便短赤、虫积腹痛、皮肤湿疹、阴痒带下等。

植物形态　一年生草本，高 10～40 cm。茎平卧、上升或直立，具纵棱。叶椭圆形，狭椭圆形或披针形，长 1～4 cm，顶端钝圆或急尖，全缘，两面无毛；叶柄短或近无柄；托叶鞘膜质。花单生或数朵簇生于叶腋；苞片薄膜质；花被 5 深裂，绿色，边缘白色或淡红色；瘦果卵形，具 3 棱。花期 5—7 月，果期 6—8 月（图 884a）。

生境与分布　生于海拔 1 500 m 以下的路边、田坎、荒地中，分布于神农架各地（图 884b）。

a　　　　　　　　　　　　　　　　　　b

图 884　萹蓄形态与生境图

ITS2序列特征　萹蓄 *P. aviculare* 共 3 条序列，均来自于神农架样本，序列比对后长度为 201 bp，其序列特征见图 885。

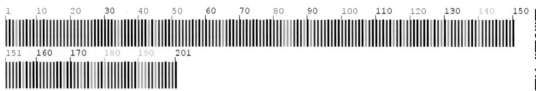

图 885　萹蓄 ITS2 序列信息

扫码查看萹蓄
ITS2 基因序列

🌿 *psbA-trn*H序列特征　萹蓄 *P. aviculare* 共 3 条序列，均来自于神农架样本，序列比对后长度为 335 bp，其序列特征见图 886。

图 886　萹蓄 *psb*A-*trn*H 序列信息

扫码查看萹蓄
*psb*A-*trn*H 基因序列

🌿 资源现状与用途　萹蓄 *P. aviculare*，别名萹竹、道生草、乌蓼等，主要分布于华中、华东、西南等地区。除作药用外，其鲜品和干品可用作牛、羊、猪、兔等牲畜的饲料。

中华抱茎蓼

Polygonum amplexicaule **D. Don var.** *sinense* **Forbes & Hemsley ex Steward**

中华抱茎蓼 *Polygonum amplexicaule* D. Don var. *sinense* Forbes & Hemsley ex Steward 为神农架民间"七十二七"药材"血三七"的基原物种。其根茎具有活血止痛、止血生肌、收敛止泻的功效，用于跌打损伤、劳伤腰痛、风湿疼痛、外伤出血等。

🌿 植物形态　多年生草本。根状茎粗壮，横走，紫褐色。茎直立，粗壮，分枝。基生叶卵形或卵形，叶柄比叶片长或近等长；茎生叶长卵形，较小具短柄，上部叶近无柄或抱茎；托叶鞘筒状，膜质。总状花序呈穗状，稀疏；苞片卵圆形，膜质，褐色，具 2～3 花；花被深红色，5 深裂，花被片狭椭圆形；雄蕊 8；花柱 3，离生，柱头头状。瘦果椭圆形，两端尖，黑褐色，有光泽。花期 8－9 月，果期 9－10 月（图 887a）。

🌿 生境与分布　生于海拔 1 000～2 500 m 的沟边或林下，分布于神农架宋洛乡、新华镇、红坪镇、松柏镇、大九湖镇等地（图 887b）。

a   b

图 887   中华抱茎蓼形态与生境图

ITS2序列特征   中华抱茎蓼 *P. amplexicaule* var. *sinense* 共 3 条序列，均来自于神农架样本，序列比对后长度为 233 bp，其序列特征见图 888。

图 888   中华抱茎蓼 ITS2 序列信息

扫码查看中华抱茎蓼
ITS2 基因序列

psbA-trnH序列特征   中华抱茎蓼 *P. amplexicaule* var. *sinense* 共 3 条序列，均来自于神农架样本，序列比对后长度为 356 bp，其序列特征见图 889。

扫码查看中华抱
茎蓼 *psb*A-*trn*H 基因序列

图 889   中华抱茎蓼 *psb*A-*trn*H 序列信息

资源现状与用途   中华抱茎蓼 *P. amplexicaule* var. *sinense*，别名为血伤七、鸡血七、蜈蚣七等，主要分布于西南、华中等地区。中华抱茎蓼为渐危种，可采取保护其生长环境及扩大人工种植面积等措施以保持该草药资源的可持续利用。人工栽培时，可采用种子繁殖或分株繁殖。

火 炭 母

Polygonum chinense Linn.

火炭母 *Polygonum chinense* Linn. 为神农架民间"七十二七"药材"鸡骨七"的基原物种。其全草具有清热解毒、利湿止痢、活血消肿的功效，用于治疗痢疾、风湿骨痛、泄泻、乳痈、咽喉肿痛、跌打损伤等。

植物形态 多年生草本，基部近木质。根状茎粗壮。茎直立，高70～100 cm，通常无毛，多分枝，斜上。叶卵形或长卵形，两面无毛，有时下面沿叶脉疏生短柔毛；托叶鞘膜质，无毛。花序头状，通常数个排成圆锥状，花序梗被腺毛；苞片宽卵形；花被5深裂，白色或淡红色，果时增大，呈肉质，蓝黑色。瘦果宽卵形，具3棱，黑色，无光泽，包于宿存的花被。花期7－9月，果期8－10月（图890a）。

生境与分布 生于海拔1 500 m以下的山坡草丛中、沟溪边或房前屋后，分布于神农架红坪镇、下谷乡等地（图890b）。

a   b

图890　火炭母形态与生境图

ITS2序列特征 火炭母 *P. chinense* 共5条序列，均来自于GenBank（JN407512、JN407515、KJ939183、KJ939185、FJ648806），序列比对后长度为264 bp，有2个变异位点，分别为218位点G-A变异，224位点T-C变异，在184位点存在碱基插入。主导单倍型序列特征见图891。

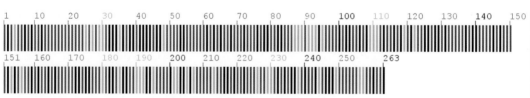

图891　火炭母ITS2序列信息

扫码查看火炭母
ITS2基因序列

psbA-trnH序列特征 火炭母 *P. chinense* 共4条序列，均来自于GenBank（EU554053、GQ435161、KJ939207、KJ939208），序列比对后长度为327 bp，有6个变异位点，分别为96位点T-G变异，240、244位点G-T变异，243、246位点A-T变异，245位点A-C位点变异，在125～148位点存在碱基缺

失。主导单倍型序列特征见图 892。

扫码查看火炭母
*psb*A-*trn*H 基因序列

图 892　火炭母 *psb*A-*trn*H 序列信息

🌸 **资源现状与用途**　火炭母 *P. chinense*，别名火炭毛、乌炭子、山荞毒草等，主要分布于华东、华中、华南、西南等地区。火炭母是广东地区常用的中草药之一，亦是广东凉茶、王老吉等中药保健品主要原料之一。

赤 胫 散

Polygonum runcinatum Buch. -Ham. ex D. Don var. *sinense* Hemsl.

赤胫散 *Polygonum runcinatum* Buch. -Ham. ex D. Don var. *sinense* Hemsl. 为神农架民间"七十二七"药材"飞蛾七"的基原物种。其全草具有清热解毒、活血舒筋的功效，用于治疗痢疾、跌打损伤、吐血咯血、毒蛇咬伤、疮疖肿痛、乳腺炎等。

🌸 **植物形态**　多年生草本，高 30～60 cm。茎具纵棱。叶羽裂，长 4～8 cm，顶生裂片较大，三角状卵形，渐尖，侧生裂片 1 对，两面无毛或疏生短糙伏毛；托叶鞘松散，具缘毛。头状花序较小，直径 5～7 mm，数个再集成圆锥状；花被 5 深裂，淡红色或白色。瘦果卵形，具 3 棱。花期 4—8 月，果期 6—10 月（图 893a）。

🌸 **生境与分布**　生于海拔 2 000 m 以下的山坡或沟边，分布于神农架新华镇、红坪镇、下谷乡、松柏镇、木鱼镇等地（图 893b）。

a　　　　　　　　　　　　　　　b

图 893　赤胫散形态与生境图

ITS2序列特征 赤胫散 *P. runcinatum* var. *sinense* 共 3 条序列，均来自于神农架样本，序列比对后长度为 261 bp，其序列特征见图 894。

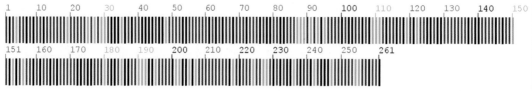

图 894　赤胫散 ITS2 序列信息

扫码查看赤胫散
ITS2 基因序列

psbA-trnH序列特征 赤胫散 *P. runcinatum* var. *sinense* 共 3 条序列，均来自于神农架样本，序列比对后长度为 332 bp，有 3 个变异位点，分别为 222 位点 C-A 变异，272 位点 A-C 变异，308 位点 A-G 变异，在 153 位点存在碱基插入。其主导单倍型序列特征见图 895。

图 895　赤胫散 *psb*A-*trn*H 序列信息

扫码查看赤胫散
*psb*A-*trn*H 基因序列

资源现状与用途 赤胫散 *P. runcinatum* var. *sinense*，别名花蝴蝶、蛇头蓼、散血丹等，主要分布于华中、华南、西南等地区。赤胫散具有一定的观赏价值，还可种植于被重金属镉、锌、铅、铜污染的土壤中，可将土壤中的重金属转运到地上部分，通过定期处理地上部分可以达到修复土壤重金属污染的目的。

圆　穗　蓼

Polygonum macrophyllum D. Don

圆穗蓼 *Polygonum macrophyllum* D. Don 为神农架民间"七十二七"药材"蜂王七"的基原物种。其根茎具有散瘀止血、理气止痛的功效，用于胃痛、崩漏、闭经、痛经、跌打损伤、腰痛、外伤出血等。

植物形态 多年生草本，高 8～30 cm。茎直立，2～3 条自根状茎发出。基生叶长圆形或披针形，长 3～11 cm，顶端急尖，基部近心形；叶柄长 3～8 cm；茎生叶较小，狭披针形或线形；托叶鞘筒状，顶端偏斜。总状花序呈短穗状，长 1.5～2.5 cm；花被淡红色或白色。瘦果卵形，具 3 棱。花期 7－8 月，果期 9－10 月（图 896a）。

生境与分布 生于海拔 2 600 m 左右的山坡草丛、高山草甸中，分布于神农架大九湖镇等地（图 896b）。

a   b

图 896　圆穗蓼形态与生境图

ITS2序列特征　圆穗蓼 *P . macrophyllum* 共 3 条序列，均来自于神农架样本，序列比对后长度为 236 bp，有 8 个变异位点，分别为 23、44、117 位点 T-A 变异，33 位点 C-G 变异，100 位点 T-G 变异，141 位点 A-T 变异，157 位点 G-A 变异，210 位点 C-T 变异。主导单倍型序列特征见图 897。

图 897　圆穗蓼 ITS2 序列信息

扫码查看圆穗蓼
ITS2 基因序列

***psb*A–*trn*H序列特征**　圆穗蓼 *P . macrophyllum* 共 3 条序列，均来自于神农架样本，序列比对后长度为 358 bp，有 1 个变异位点，为 305 位点 A-C 变异，在 317～351 位点存在碱基缺失。主导单倍型序列特征见图 898。

301　310　320　330　340　350　358

扫码查看圆穗蓼
*psb*A-*trn*H 基因序列

图 898　圆穗蓼 *psb*A-*trn*H 序列信息

资源现状与用途　圆穗蓼 *P . macrophyllum*，别名榜然木，主要分布于我国西北、西南等地区。其幼嫩根芽是冬虫夏草寄主虫草蝙蝠蛾幼虫的饲料之一，具适口性好、蛋白质含量较高的特点。但由于圆穗蓼多生于高原或高山，生物量积累速度缓慢，大量的采挖导致野生资源稀缺。

支 柱 蓼

Polygonum suffultum Maxim.

支柱蓼 _Polygonum suffultum_ Maxim. 为神农架民间"七十二七"药材"算盘七"的基原物种。其根茎具有活血化瘀、理气止痛的功效，用于胃痛、崩漏、经闭、痛经、跌打损伤、腰痛、外伤出血等。

植物形态 多年生草本。根状茎粗壮，通常呈念珠状，黑褐色。茎直立或斜上，细弱，上部分枝或不分枝，通常数条自根状茎发。基生叶卵形或长卵形，全缘；茎生叶卵形，抱茎；托叶鞘膜质，筒状，无缘毛。总状花序呈穗状，紧密，顶生或腋生；花被 5 深裂，白色或淡红色，花被片倒卵形或椭圆形；花柱 3 基部合生，柱头头状。瘦果宽椭圆形，具 3 锐棱，黄褐色，有光泽，稍长于宿存花被。花期 6－7 月，果期 7－10 月（图 899a）。

生境与分布 生于海拔 900～2 300 m 的山坡林下、沟边或路旁，分布于神农架新华镇、红坪镇、木鱼镇、宋洛乡等地（图 899b）。

a

b

图 899　支柱蓼形态与生境图

ITS2序列特征 支柱蓼 _P. suffultum_ 共 3 条序列，分别来自于神农架样本和 GenBank（JN235091），序列比对后长度为 235 bp，有 1 个变异位点，为 131 位点 A-G 变异。主导单倍型序列特征见图 900。

图 900　支柱蓼 ITS2 序列信息

扫码查看支柱蓼
ITS2 基因序列

_psb_A-_trn_H序列特征 支柱蓼 _P. suffultum_ 共 2 条序列，均来自于神农架样本，序列比对后长度为 331 bp，其序列特征见图 901。

扫码查看支柱蓼
*psb*A-*trn*H 基因序列

图 901 支柱蓼 *psb*A-*trn*H 序列信息

红 蓼

Polygonum orientale L.

红蓼 *Polygonum orientale* L. 为《中华人民共和国药典》（2020 年版）"水红花子"药材的基原物种。其干燥成熟果实具有散血消癥、消积止痛、利水消肿的功效，用于癥瘕痞块、瘿瘤、食积不消、胃脘胀痛、水肿腹水等。

植物形态 一年生草本。茎直立，粗壮，上部多分枝，密被开展的长柔毛。叶宽卵形、宽椭圆形或卵状披针形，密生缘毛，两面密生短柔毛，叶脉上密生长柔毛；托叶鞘筒状，具长缘毛，通常沿顶端具草质、绿色的翅。总状花序呈穗状，通常数个再组成圆锥状；苞片宽漏斗状，每苞内具 3～5 花；花被 5 深裂，淡红色或白色；雄蕊 7；花柱 2，中下部合生，柱头头状。瘦果近圆形，双凹，黑褐色，包于宿存花被内。花期 6—9 月，果期 8—10 月（图 902a）。

生境与分布 生于海拔 800 m 以下的山坡、沟边、路旁或草地，分布于神农架阳日镇、新华镇等地（图 902b）。

a   b

图 902 红蓼形态与生境图

ITS2序列特征 红蓼 *P. orientale* 共 3 条序列，均来自于神农架样本，序列比对后长度为245 bp，有 2 个变异位点，分别为 73 位点 A-G 变异，225 位点 G-A 变异。主导单倍型序列特征见图 903。

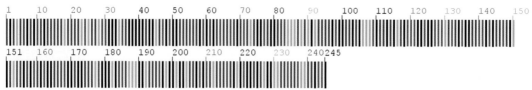

图 903　红蓼 ITS2 序列信息

扫码查看红蓼
ITS2 基因序列

psbA-trnH序列特征　红蓼 *P. orientale* 共 3 条序列，分别来自于神农架样本和 GenBank（FJ503035、EU196994），序列比对后长度为 362 bp，有 1 个变异位点，为 334 位点 T-G 变异。主导单倍型序列特征见图 904。

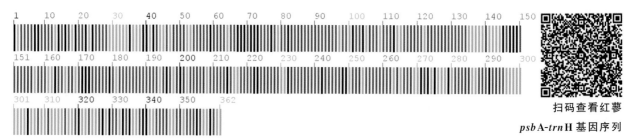

扫码查看红蓼
*psb*A-*trn*H 基因序列

图 904　红蓼 *psb*A-*trn*H 序列信息

资源现状与用途　红蓼 *P. orientale*，别名荭草、东方蓼、狗尾巴花等，在我国分布广泛。红蓼花色红艳，是一种药用价值很高的植物，其全草、果实、花、根都可用作药材。因生长力旺盛，红蓼也是很好的园艺植物。除供观赏外，红蓼还是许多香料及药品的原料来源。

虎　杖

Polygonum cuspidatum Sieb. et Zucc

虎杖 *Polygonum cuspidatum* Sieb. et Zucc（*Flora of China* 收录为 *Reynoutria japonica* Houttuyn）为《中华人民共和国药典》（2020 年版）"虎杖"药材的基原物种。其干燥根茎和根具有利湿退黄、清热解毒、散瘀止痛、止咳化痰的功效，用于湿热黄疸、淋浊、带下、风湿痹痛、痈肿疮毒、水火烫伤、经闭、癥瘕、跌打损伤、肺热咳嗽等。

植物形态　多年生草本，高 1～2 m。茎直立，粗壮，散生红色或紫红斑点。叶宽卵形或卵状椭圆形，长 5～12 cm，近革质，渐尖，全缘，两面无毛；托叶鞘膜质，偏斜，常破裂。雌雄异株；花序圆锥状，腋生；花被 5 深裂，淡绿色瘦果卵形，具 3 棱。花期 8—9 月，果期 9—10 月（图 905a）。

生境与分布　生于海拔 2 500 m 以下的山坡灌丛、山谷、路旁、田边湿地，分布于神农架阳日镇、松柏镇、木鱼镇、宋洛乡等地（图 905b）。

ITS2序列特征　虎杖 *P. cuspidatum* 共 2 条序列，分别来自于神农架样本和 GenBank（FJ514494），序列比对后长度为 193 bp，有 1 个变异位点，为 79 位点 C-T 变异，在 33 位点存在简并碱基 Y。主导单倍型序列特征见图 906。

a   b

图 905　虎杖形态与生境图

图 906　虎杖 ITS2 序列信息

扫码查看虎杖
ITS2 基因序列

🌿 *psb*A–*trn*H序列特征　虎杖 *P. cuspidatum* 共 3 条序列，均来自于神农架样本，序列比对后长度为 421 bp，其序列特征见图 907。

扫码查看虎杖
*psb*A-*trn*H 基因序列

图 907　虎杖 *psb*A-*trn*H 序列信息

🌿 资源现状与用途　虎杖 *P. cuspidatum*，别名花斑竹、酸筒秆、酸汤梗等，主要分布于西北、华中、华东等地区。入药始见于《雷公炮炙论》。虎杖药源丰富，含白藜芦醇、虎杖苷等多种化学成分，具有广泛的药理活性。目前，在全国很多地区有大面积栽培，主要用作白藜芦醇的提取原料。

药 用 大 黄

Rheum officinale Baill.

药用大黄 *Rheum officinale* Baill. 为《中华人民共和国药典》（2020 年版）"大黄"药材的基原物种之一。其根具有泻下攻积、清热泻火、凉血解毒、逐瘀通经、利湿退黄的功效，用于实热、积滞便秘、目赤咽肿、痈肿疔疮、肠痈腹痛、瘀血经闭、产后瘀阻、跌打损伤、湿热痢疾、黄疸尿赤、淋征、水肿等。

植物形态 高大多年生草本。根及根状茎内部黄色；茎粗壮。基生叶片近圆形，直径 30～50 cm，掌状浅裂，裂片大齿状三角形；茎生叶向上渐小；托叶鞘宽大，初时抱茎。大型圆锥花序；花绿色色到黄白色。果长圆状椭圆形，长 8～10 cm，棱缘具翅。花期 5—6 月，果期 8—9 月（图 908a）。

生境与分布 生于海拔 800～2 800 m 的山坡林下或草地中，分布于神农架红坪镇、大九湖镇等地（图 908b）。

a   b

图 908 药用大黄形态与生境图

ITS2序列特征 药用大黄 *R. officinale* 共 3 条序列，均来自于神农架样本，序列比对后长度为 206 bp，其序列特征见图 909。

图 909 药用大黄 ITS2 序列信息

扫码查看药用大黄
ITS2 基因序列

psbA-trnH序列特征 药用大黄 *R. officinale* 共 3 条序列，均来自于神农架样本，序列比对后长度为 422 bp，其序列特征见图 910。

图 910　药用大黄 *psb*A-*trn*H 序列信息

扫码查看药用大黄
*psb*A-*trn*H 基因序列

资源现状与用途　药用大黄 *R. officinale*，别名黄良、火参等，主要分布于西南、西北、华中等地区。其优良品系主产于四川省甘孜州等地，商品名称"马蹄黄"。《晶珠本草》中记录有将大黄叶柄用于治疗培根病；藏医典《四部医典》以及《妙音本草》也记载，我国藏区群众有以大黄地下部分的根及根茎作为药材并且使用大黄地上部分的叶柄和幼嫩的茎叶解渴、除翳的生活习惯。药用大黄分布区域狭窄，由于过度采挖，其野生资源面临枯竭。

酸　模

Rumex acetosa L.

酸模 *Rumex acetosa* L. 为神农架民间"七十二七"药材"九牛子"的基原物种。其根具有清热解毒、泄热通便、利尿杀虫的功效，用于吐血、便血、小便不通、月经过多、热痢、目赤、便秘、疥癣等，叶外治烫伤等。

植物形态　多年生草本。根为须根。茎直立，具深沟槽，通常不分枝。基生叶和茎下部叶箭形，顶端急尖或圆钝，基部裂片急尖，全缘或微波状；托叶鞘膜质，易破裂。花序狭圆锥状，顶生，分枝稀疏；花单性，雌雄异株；花被片6，成2轮，雄花内花被片椭圆形，雄蕊6；雌花内花被片果时增大，近圆形，全缘，基部心形，网脉明显，基部具极小的小瘤，外花被片椭圆形，反折，瘦果椭圆形，具3锐棱，黑褐色，有光泽。花期5—7月，果期6—8月（图911a）。

生境与分布　生于海拔 1 200 ～ 2 800 m 的山坡林下、沟边、路旁，分布于神农架大九湖镇、红坪镇等地（图911b）。

a　　　　　　　　　　　　　　　b

图 911　酸模形态与生境图

ITS2序列特征 酸模 *R. acetosa* 共 3 条序列，分别来自于神农架样本和 GenBank（KX064219），序列比对后长度为 203 bp，有 2 个变异位点，分别为 56、180 位点 T-C 变异，在 122、201 位点存在碱基缺失。主导单倍型序列特征见图 912。

图 912 酸模 ITS2 序列信息

扫码查看酸模
ITS2 基因序列

psbA-trnH序列特征 酸模 *R. acetosa* 共 2 条序列，均来自于神农架样本，序列比对后长度为 219 bp，其序列特征见图 913。

图 913 酸模 *psbA-trnH* 序列信息

扫码查看酸模
psbA-trnH 基因序列

资源现状与用途 酸模 *R. acetosa*，别名山大黄、遏蓝菜、酸溜溜等，主要分布于我国西南、华中等地区。酸模对土壤要求不高，林下、盐碱地均可种植，是一种高蛋白牧草，可以取代部分大豆等蛋白质饲料，也可以加工成肥料、保健品、叶蛋白等多种产品。此外，酸模也可以用作盐碱地生态修复，是实现林草立体种植的生态先锋植物。

马 齿 苋 科 Portulacaceae

马 齿 苋

Portulaca oleracea L.

马齿苋 *Portulaca oleracea* L. 为《中华人民共和国药典》（2020 年版）"马齿苋"药材的基原物种。其全草具有清热解毒、凉血止血、止痢的功效，用于热毒血痢、痈肿疔疮、湿疹、丹毒、蛇虫咬伤、便血、痔血、崩漏下血等。

植物形态 一年生草本，通常匍匐，肉质，无毛。茎带紫色。叶互生，肥厚，倒卵形，长 10～25 mm，全缘；叶柄粗短。花 3～5 朵簇生枝端；苞片 2～6，膜质；萼片 2，绿色；花瓣 5，黄色，倒卵形；雄蕊通常 8；子房半下位，柱头 4～6 裂。蒴果卵球形，盖裂；种子细小。花期 5—8 月，果期 6—9月（图 914a）。

生境与分布 生于海拔 700 m 以下的沟边、山坡，分布于神农架松柏镇、新华镇、阳日镇等地（图 914b）。

a   b

图 914 马齿苋形态与生境图

ITS2序列特征 马齿苋 *P. oleracea* 共 3 条序列，均来自于神农架样本，序列比对后长度为 221 bp，其序列特征见图 915。

图 915 马齿苋 ITS2 序列信息   扫码查看马齿苋
ITS2 基因序列

***psb*A-*trn*H序列特征** 马齿苋 *P. oleracea* 共 3 条序列，均来自于 GenBank（LN871162、HE966754、KF954535），序列比对后长度为 193 bp，其序列特征见图 916。

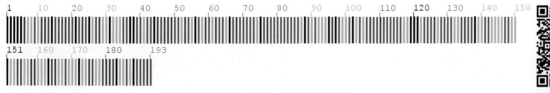

图 916 马齿苋 *psb*A-*trn*H 序列信息   扫码查看马齿苋
*psb*A-*trn*H 基因序列

资源现状与用途 马齿苋 P. oleracea，别名马齿菜、安乐草、五行草、酱瓣豆草等，我国南北各地均有分布。马齿苋是药食同源植物，有抗炎、解热、降血糖、降血脂等作用，内服外用皆可。

报春花科 Primulaceae

莲叶点地梅
Androsace henryi Oliver

莲叶点地梅 *Androsace henryi* Oliver 为神农架民间药材"云雾草"的基原物种。其全草具有清热解毒、止痛的功效，用于治疗头痛、眼睛疼痛等。

植物形态 多年生草本。叶基生，圆形至圆肾形，直径 3～7 cm，基部心形，边缘具浅裂状圆齿或重牙齿，两面被短糙伏毛，具 3 基出脉。花葶常 2～4 枚，高 15～30 cm；伞形花序，苞片线形；花冠白色，筒部与花萼近等长，裂片倒卵状心形。蒴果近陀螺形（图 917a）。

生境与分布 生于海拔 1 000～2 800 m 的山坡林下、路边上，分布于神农架红坪镇、宋洛乡、木鱼镇等地（图 917b）。

a   b

图 917 莲叶点地梅形态与生境图

ITS2序列特征 莲叶点地梅 *A. henryi* 共 3 条序列，均来自于神农架样本，序列比对后长度为 219 bp，其序列特征见图 918。

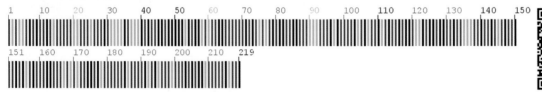

图 918 莲叶点地梅 ITS2 序列信息

扫码查看莲叶点地梅
ITS2 基因序列

psbA-trnH序列特征 莲叶点地梅 *A. henryi* 共 3 条序列，均来自于神农架样本，序列比对后长度为 271 bp，在 230 位点存在碱基缺失。主导单倍型序列特征见图 919。

图 919 莲叶点地梅 *psb*A-*trn*H 序列信息

扫码查看莲叶点地梅 *psb*A-*trn*H 基因序列

过 路 黄

Lysimachia christinae Hance

过路黄 *Lysimachia christinae* Hance 为《中华人民共和国药典》（2020 年版）"金钱草"药材的基原物种。其干燥全草具有利湿退黄、利尿通淋、解毒消肿的功效，用于湿热黄疸、胆胀胁痛、石淋、热淋、小便涩痛、痈肿疔疮、蛇虫咬伤等。

植物形态 草质藤本。茎柔弱，平卧延伸，常发出不定根。叶对生，先端锐尖或圆钝以至圆形，基部截形至浅心形，透光可见密布的透明腺条，干时腺条变黑色。花单生叶腋；花梗长 1～5 cm，通常不超过叶长，毛被如茎；花萼无毛、被柔毛或仅边缘具缘毛；花冠黄色，先端锐尖或钝，质地稍厚，具黑色长腺条；花丝长 6～8 mm，下半部合生成筒。蒴果球形，有稀疏黑色腺条。花期 5－7 月，果期 7－10 月（图 920a）。

生境与分布 生于路旁阴湿处和山坡林下，分布于神农架各地（图 920b）。

a   b

图 920 过路黄形态与生境图

ITS2序列特征 过路黄 *L. christinae* 共 3 条序列，均来自于神农架样本，序列比对后长度为 218 bp，有 3 个变异位点，分别为 81 位点 C-T 变异，145 位点 T-A 变异，160 位点 T-C 变异，在 176 位点存在碱基插入。主导单倍型序列特征见图 921。

图 921　过路黄 ITS2 序列信息

psbA-trnH序列特征　过路黄 *L. christinae* 共 3 条序列，均来自于神农架样本，序列比对后长度为 408 bp，其序列特征见图 922。

图 922　过路黄 *psb*A-*trn*H 序列信息

资源现状与用途　过路黄 *L. christinae*，别名大金钱草、对座草、路边黄等，主要分布于我国华中、华南、华东等地区。外用可用于治疗化脓性炎症、烧烫伤等。

毛 茛 科 Ranunculaceae

乌　头

Aconitum carmichaelii Debx.

乌头 *Aconitum carmichaelii* Debx. 为《中华人民共和国药典》（2020 年版）"附子"和"川乌"药材的基原物种。其子根的加工品为"附子"，具有回阳救逆、补火助阳、散寒止痛的功效，用于亡阳虚脱、肢冷脉微、心阳不足、胸痹心痛、虚寒吐泻、脘腹冷痛、肾阳虚衰、阳痿宫冷、阴寒水肿、阳虚外感、寒湿痹痛等；其干燥母根为"川乌"，具有祛风除湿、温经止痛的功效，用于风寒湿痹、关节疼痛、心腹冷痛、寒疝作痛等。

植物形态　直立草本，块根倒圆锥形。茎高 60～200 cm，中部之上疏被反曲的短柔毛，等距离生叶，分枝。茎下部叶在开花时枯萎。茎中部叶有长柄；叶片薄革质或纸质，五角形，基部浅心形三裂达或近基部。顶生总状花序长 6～25 cm；萼片蓝紫色，外面被短柔毛，上萼片高盔形，下缘稍凹，喙不明显；花瓣无毛，微凹，距长 1～2.5 mm，通常拳卷。花果期 9—10 月（图 923a）。

生境与分布　生于海拔 800～2 100 m 的山坡林下，分布于神农架大九湖镇、新华镇、宋洛乡、红坪镇等地（图 923b）。

a   b

图 923　乌头形态与生境图

ITS2序列特征 乌头 *A. carmichaelii* 共 6 条序列，均来自于神农架样本，序列比对后长度为 220 bp，在 27 位点存在简并碱基 M。主导单倍型序列特征见图 924。

图 924　乌头 ITS2 序列信息

扫码查看乌头
ITS2 基因序列

psbA-trnH序列特征 乌头 *A. carmichaelii* 共 3 条序列，均来自于神农架样本，序列比对后长度为 234 bp，有 14 个变异位点。主导单倍型序列特征见图 925。

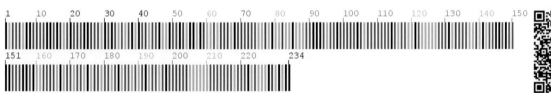

图 925　乌头 *psb*A-*trn*H 序列信息

扫码查看乌头
*psb*A-*trn*H 基因序列

资源现状与用途 乌头 *A. carmichaelii*，别名草乌、乌药、铁花等，主要分布于华东、华中、华南、西南等地区。乌头有毒，可用作农药，用于防治农业病虫鼠害等。误服少量即可中毒，可用中药蜂蜜冲服或饮绿豆汤解毒。乌头的花具有很高的观赏价值。

花莛乌头

Aconitum scaposum Franch.

花莛乌头 _Aconitum scaposum_ Franch. 为神农架 "七十二七" 药材 "麻布七" 的基原物种之一。其根具有祛风除湿、活血止痛的功效，用于跌打损伤、劳伤、风湿疼痛、关节疼痛、肢体麻木等。

植物形态 多年生草本。茎不分枝或分枝，稍密被反曲的淡黄色短毛。根近圆柱形。基生叶 3～4，具长柄；叶片肾状五角形，基部心形，三裂稍超过中部，中裂片倒梯状菱形，不明显三浅裂，边缘有粗齿。茎生叶小，集中在近茎基部处，叶柄鞘状。总状花序有 15～40 花；萼片蓝紫色，上萼片圆筒形，与向下斜展的下缘形成尖喙（图926a）。

生境与分布 生于海拔 1 100～2 000 m 的山坡林下或沟边阴湿处，分布于神农架木鱼镇、红坪镇、宋洛乡等地（图926b）。

a　　　　　　　　　　　　　　　　　　b

图 926　花莛乌头形态与生境图

ITS2序列特征 花莛乌头 _A. scaposum_ 共 3 条序列，均来自于神农架样本，序列比对后长度为 221 bp，有 1 个变异位点，为 97 位点 G-A 变异。主导单倍型序列特征见图927。

图 927　花莛乌头 ITS2 序列信息

扫码查看花莛乌头
ITS2 基因序列

_psbA-trn_H序列特征 花莛乌头 _A. scaposum_ 共 3 条序列，均来自于神农架样本，序列比对后长度为 240 bp，其序列特征见图928。

图 928　花莲乌头 *psb*A-*trn*H 序列信息

扫码查看花莲乌头
*psb*A-*trn*H 基因序列

瓜 叶 乌 头
Aconitum hemsleyanum Pritz.

瓜叶乌头 *Aconitum hemsleyanum* Pritz. 为神农架民间"七十二七"药材"羊角七"的基原物种。其块根具有祛风除湿、散寒止痛的功效，用于风湿痹痛、半身不遂、手足拘挛、肢体麻木、坐骨神经痛、胃腹冷痛、牙痛、淋巴结核、神经性皮炎、扭伤、跌打损伤等。

植物形态　藤本，块根圆锥形。茎缠绕，稀疏地生叶，分枝。茎中部叶的叶片五角形或卵状五角形，基部心形，三深裂中央深裂片梯状菱形或卵状菱形，不明显三浅裂，侧深裂片斜扇形，不等二浅裂。总状花序生茎或分枝顶端；花梗常下垂，弧状弯曲；萼片深蓝色，上萼片高盔形或圆筒状盔形，几无爪，喙不明显。8—10月开花（图929a）。

生境与分布　生于海拔 800～2 500 m 的山坡林下，分布于神农架大九湖镇、下谷乡、松柏镇、红坪镇等地（图929b）。

a　　　　　　　　　　　　　　　　　　　b

图 929　瓜叶乌头形态与生境图

ITS2序列特征　瓜叶乌头 *A. hemsleyanum* 共 3 条序列，均来自于神农架样本，序列比对后长度为 220 bp，有 2 个变异位点，分别为 27 位点 C-A 变异，58 位点 A-G 变异。主导单倍型序列特征见图 930。

图 930　瓜叶乌头 ITS2 序列信息

扫码查看瓜叶乌头
ITS2 基因序列

psbA-trnH序列特征　瓜叶乌头 *A. hemsleyanum* 共 3 条序列，均来自于神农架样本，序列比对后长度为 235 bp，其序列特征见图 931。

图 931　瓜叶乌头 *psb*A-*trn*H 序列信息

扫码查看瓜叶乌头
*psb*A-*trn*H 基因序列

大麻叶乌头

Aconitum cannabifolium Franch. ex Finet et Gagnep.

大麻叶乌头 *Aconitum cannabifolium* Franch. ex Finet et Gagnep. 为神农架"七十二七"药材"岩羊角七"的基原物种。其块根具有散寒祛湿、舒筋活络的功效，用于治疗风湿关节痛、跌打损伤等。

植物形态　藤本。茎被反曲的短柔毛或变无毛，上部分枝。茎中部以上的叶有稍长柄；叶片草质，五角形，三全裂，全裂片具细长柄，中央全裂片披针形或长圆状披针形，边缘密生三角形锐齿。总状花序有 3～6 花；萼片淡绿带紫色，上萼片高盔形，下缘稍凹，外缘近直或在中部稍缢缩，与下缘形成短喙；花瓣无毛。花果期 8—10 月（图 932a）。

生境与分布　生于海拔 900～1 900 m 的山坡林下、岩石缝或沟边，分布于神农架红坪镇、木鱼镇等地（图 932b）。

a

b

图 932　大麻叶乌头形态与生境图

ITS2序列特征 大麻叶乌头 *A. cannabifolium* 共 3 条序列，均来自于神农架样本，序列比对后长度为 220 bp，有 1 个变异位点，为 155 位点 T-C 变异，在 211 位点存在碱基插入。主导单倍型序列特征见图 933。

图 933　大麻叶乌头 ITS2 序列信息

扫码查看大麻叶乌头
ITS2 基因序列

psbA-trnH序列特征 大麻叶乌头 *A. cannabifolium* 共 4 条序列，均来自于神农架样本，序列比对后长度为 350 bp，有 1 个变异位点，为 284 位点 T-A 变异，在 206～210、237～244 位点存在碱基缺失。主导单倍型序列特征见图 934。

图 934　大麻叶乌头 *psb*A-*trn*H 序列信息

扫码查看大麻叶乌头
*psb*A-*trn*H 基因序列

高 乌 头

***Aconitum sinomontanum* Nakai.**

高乌头 *Aconitum sinomontanum* Nakai. 为神农架民间"三十六还阳"药材"碎骨还阳"的基原物种。其根具有祛风除湿、活血止痛的功效，用于跌打损伤、劳伤、风湿疼痛、肢体麻木等。

植物形态 高大草本。根圆柱形，粗达 2 cm。茎高 95～150 cm，生 4～6 枚叶，不分枝或分枝。基生叶 1 枚，与茎下部叶具长柄；叶片肾形或圆肾形，基部宽心形，三深裂约至本身长度的 6/7 处，中深裂片较小，楔状狭菱形，渐尖，三裂边缘有不整齐的三角形锐齿，侧深裂片斜扇形，不等三裂稍超过中部。总状花序长，具密集的花。花果期 6—10 月（图 935a，b）。

生境与分布 生于海拔 1 400～2 800 m 的山谷、山坡林荫下，分布于神农架松柏镇、阳日镇、木鱼镇、红坪镇、新华镇等地（图 935c）。

ITS2序列特征 高乌头 *A. sinomontanum* 共 3 条序列，均来自于 GenBank（AY150232、JF97582、KF022322），序列比对后长度为 217 bp，其序列特征见图 936。

a   b   c

图 935   高乌头形态与生境图

图 936   高乌头 ITS2 序列信息   扫码查看高乌头

ITS2 基因序列

psbA-trnH序列特征   高乌头 A. sinomontanum 共 3 条序列，均来自于 GenBank（JN043773、JN043774、JN043775），序列比对后长度为 290 bp，有 1 个变异位点，为 284 位点 A-G 变异，在 259 位点存在碱基缺失。主导单倍型序列特征见图 937。

图 937   高乌头 psbA-trnH 序列信息   扫码查看高乌头

psbA-trnH 基因序列

资源现状与用途   高乌头 A. sinomontanum，别名九连环、麻布七、统天袋等，主要分布于西南、华中、华北等地区。高乌头生长期间地上部分可作园艺欣赏，叶枯黄后根部用于药用。高乌头对黏虫也具有较好的杀虫活性。

西南银莲花

Anemone davidii Franch.

西南银莲花 *Anemone davidii* Franch. 为神农架民间"七十二七"药材"铜骨七"的基原物种。其根茎具有活血止痛、清热消肿的功效，用于跌打损伤等。

植物形态 草本，植株高 10～55 cm。根状茎横走，节间缩短。基生叶 0～3，有长柄；叶片心状五角形，三全裂，全裂片有短柄或无柄，两面疏被短毛；叶柄无毛或上部有疏毛。花葶直立；苞片 3，有柄，叶片似基生叶；萼片 5，白色，倒卵形，背面有疏柔毛；花丝丝形；心皮柱头小，近球形。瘦果卵球形，稍扁，顶端有不明显的短宿存花柱。花果期 5—7 月（图 938a）。

生境与分布 生于海拔 800～1 500 m 的沟边、草丛中，分布于神农架木鱼镇、宋洛乡、红坪镇等地（图 938b）。

a　　　　　　　　　　　　　　　b

图 938　西南银莲花形态与生境图

ITS2序列特征 西南银莲花 *A. davidii* 共 2 条序列，均来自于神农架样本，序列比对后长度为 215 bp，其序列特征见图 939。

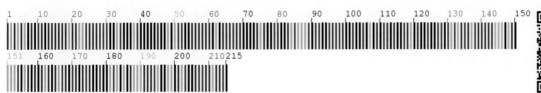

图 939　西南银莲花 ITS2 序列信息

扫码查看西南银莲花
ITS2 基因序列

小花草玉梅

Anemone rivularis Buch. -Ham. var. *flore-minore* Maxim.

小花草玉梅 Anemone rivularis Buch. -Ham. var. *flore-minore* Maxim. 为神农架民间"七十二七"药材"虎掌七"的基原物种。其带根全草具有活血散寒、止痛的功效，用于跌打损伤、风湿痹痛等。

植物形态 草本。根状茎木质，垂直或稍斜。基生叶 3～5，有长柄；叶片肾状五角形，三全裂。花葶 1～3，直立；聚伞花序 1～3 回分枝；苞片 3～4，有柄，似基生叶；花直径 2～3 cm；萼片白色，倒卵形或椭圆状倒卵形，外面有疏柔毛，顶端密被短柔毛；雄蕊长约为萼片之半，花药椭圆形，花丝丝形；心皮无毛，子房狭长圆形，有拳卷的花柱。瘦果狭卵球形，稍扁，宿存花柱钩状弯曲。花期 5－8 月（图 940a）。

生境与分布 生于海拔 1 200～2 600 m 的山坡、沟边或路边草丛中，分布于神农架宋洛乡、木鱼镇、红坪镇、大九湖镇等地（图 940b）。

a   b

图 940　小花草玉梅形态与生境图

ITS2序列特征 小花草玉梅 A. rivularis var. *flore-minore* 共 3 条序列，分别来自于神农架样本和 GenBank（KU927505、KU927506），序列比对后长度为 211 bp，其序列特征见图 941。

图 941　小花草玉梅 ITS2 序列信息

扫码查看小花草玉梅
ITS2 基因序列

资源现状与用途 小花草玉梅 A. rivularis var. *flore-minore*，别名白花舌头草、汉虎掌、见风青等，主要分布于西南、西北、华中等地区。小花草玉梅可作观赏植物，全草可作农药原料。

星 果 草

Asteropyrum peltatum (Franchet) J. R. Drummond et Hutchinson

星果草 *Asteropyrum peltatum* (Franchet) J. R. Drummond et Hutchinson 为神农架民间"七十二七"药材"土黄连"的基原物种。其带根全草具有清热解毒、泻火的功效,用于咽喉肿痛、火眼等。

植物形态 多年生小草本。根状茎短,生多条细根。叶 2～6 枚;叶片圆形或近五角形。花葶 1～3 条,疏被倒向的长柔毛;苞片生于花下 3～8 mm 处,卵形至宽卵形,对生或轮生;花直径 1.2～1.5 cm;花瓣金黄色,长约为萼片之半,瓣片倒卵形或近圆形,下部具细爪。蓇葖果卵形,顶端有一尖喙;种子多数,宽椭圆形,棕黄色,具很不明显的条纹,边缘近龙骨状。花期 5—6 月,果期 6—7 月(图 942a)。

生境与分布 生于海拔 2 500 m 左右的林下,分布于神农架大九湖镇等地(图 942b)。

a   b

图 942 星果草形态与生境图

ITS2序列特征 星果草 *A. peltatum* 共 2 条序列,均来自于神农架样本,序列比对后长度为 211 bp,其序列特征见图 943。

图 943 星果草 ITS2 序列信息

扫码查看星果草
ITS2 基因序列

psbA-trnH序列特征 星果草 *A. peltatum* 共 2 条序列,均来自于神农架样本,序列比对后长度为 437 bp,有 3 个变异位点,分别为 10 位点 G-T 变异,427 位点 A-T 变异,428 位点 C-T 变异。主导单倍型序列特征见图 944。

扫码查看星果草
*psb*A-*trn*H 基因序列

图 944　星果草 *psb*A-*trn*H 序列信息

铁　破　锣

Beesia calthifolia（Maxim.）Ulbr.

　　铁破锣 *Beesia calthifolia*（Maxim.）Ulbr. 为神农架民间"三十六还阳"药材"金耳还阳"的基原植物。其带根全草具有清热泻火、祛风除湿、止痛的功效，用于风火牙痛、痈肿、跌打损伤、风湿疼痛、肩背疼痛等。

　　植物形态　草本，根状茎斜。花葶高 14～58 cm，下部无毛，上部花序处密被开展的短柔毛。叶 2～4，肾形、心形或心状卵形，边缘密生圆锯齿；苞片通常钻形，有时披针形，间或匙形；萼片白色或带粉红色，狭卵形或椭圆形；雄蕊比萼片稍短；心皮长 2.5～3.5 mm，基部疏被短柔毛。蓇葖果披针状线形，约有 8 条斜横脉，喙长 1～2 mm；种子长约 2.5 mm，种皮具斜的纵皱褶。花果期 5—8月（图 945a）。

　　生境与分布　生于海拔 1 200～2 200 m 的山坡林下阴湿处或沟谷边，分布于神农架木鱼镇、红坪镇等地（图 945b）。

a　　　　　　　　　　　　　　　　　　　b

图 945　铁破锣形态与生境图

　　ITS2序列特征　铁破锣 *B. calthifolia* 共 5 条序列，分别来自于神农架样本和 GenBank（AJ496613、

AH006942、AF055045），序列比对后长度为 214 bp，在 96 位点存在碱基缺失，194 位点存在碱基插入。主导单倍型序列特征见图 946。

图 946　铁破锣 ITS2 序列信息

扫码查看铁破锣
ITS2 基因序列

*psb*A-*trn*H序列特征　铁破锣 *B. calthifolia* 共 2 条序列，均来自于 GenBank（MF785944、KT598523），序列比对后长度为 307 bp，有 5 个变异位点，分别为 92 位点 A-C 变异，170、171 位点 C-T 变异，172 位点 C-G 变异，294 位点 T-A 变异，在 133～139、202、273～290 位点存在碱基缺失。主导单倍型序列特征见图 947。

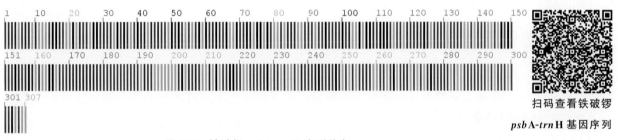

扫码查看铁破锣
*psb*A-*trn*H 基因序列

图 947　铁破锣 *psb*A-*trn*H 序列信息

升　麻

Cimicifuga foetida L.

升麻 *Cimicifuga foetida* L. 为《中华人民共和国药典》（2020 年版）"升麻"药材的基原物种之一。其干燥根茎具有发表透疹、清热解毒、升举阳气的功效，用于风热头痛、齿痛、口疮、咽喉肿痛、麻疹不透、阳毒发斑、脱肛、子宫脱垂等。

植物形态　多年生草本。根状茎粗壮，坚实，表面黑色。茎微具槽，分枝，被短柔毛。叶为二至三回三出状羽状复叶；茎下部叶的叶片三角形，顶生小叶具长柄，菱形。花序具分枝 3～20 条；花两性；萼片倒卵状圆形，白色或绿白色；退化雄蕊宽椭圆形。蓇葖果长圆形，有伏毛，顶端有短喙；种子椭圆形，褐色，有横向的膜质鳞翅，四周有鳞翅。花期 7—9 月，果期 8—10 月（图 948a）。

生境与分布　生于海拔 1 000～2 000 m 的山坡林下，分布于神农架各地（图 948b）。

ITS2序列特征　升麻 *C. foetida* 共 3 条序列，均来自于神农架样本，序列比对后长度为 219 bp，在 105 位点存在简并碱基 Y。主导单倍型序列特征见图 949。

a   b

图 948 　升麻形态与生境图

图 949　升麻 ITS2 序列信息

扫码查看升麻
ITS2 基因序列

psbA-trnH序列特征 　升麻 C. foetida 共 3 条序列，均来自于神农架样本，序列比对后长度为 363 bp，其序列特征见图 950。

扫码查看升麻
psbA-trnH 基因序列

图 950 　升麻 psbA-trnH 序列信息

资源现状与用途 　升麻 C. foetida，别名绿升麻、龙眼根、窟窿牙根等，主要分布于我国的西藏、云南、四川、甘肃、陕西、河南西部和山西等地区。现代研究发现升麻有解热、抗菌、镇静、降压、减慢心率等作用。

小　升　麻

Cimicifuga japonica (Thunberg) Sprengel

小升麻 *Cimicifuga japonica* (Thunberg) Sprengel 为神农架民间"七十二七"药材"小升麻"的基原物种。其根茎具有祛风解毒、活血止痛的功效，用于咽喉肿痛、风湿痹痛、痨伤、腰痛、跌打损伤等。

植物形态 草本。根状茎横走，近黑色，生多数细根。茎直立，上部密被灰色的柔毛。叶1或2枚，近基生，为三出复叶；顶生小叶卵状心形，七至九掌状浅裂，浅裂片三角形或斜梯形，边缘有锯齿，侧生小叶比顶生小叶略小并稍斜，表面只在近叶缘处被短糙伏毛。花序顶生，单一或有1～3分枝；花小，近无梗；萼片白色，椭圆形至倒卵状椭圆形。花期8—9月，果期10—11月（图951a）。

生境与分布 生于海拔800～2600 m的林下或林缘，分布于神农架各地（图951b）。

a   b

图 951　小升麻形态与生境图

ITS2序列特征 小升麻 *C. japonica* 共3条序列，分别来自神农架样本和 GenBank（FJ525888、AF055041）序列比对后长度为219 bp，有8个变异位点。主导单倍型序列特征见图952。

图 952　小升麻 ITS2 序列信息

扫码查看小升麻
ITS2 基因序列

威 灵 仙

Clematis chinensis Osbeck

威灵仙 *Clematis chinensis* Osbeck 为《中华人民共和国药典》（2020年版）"威灵仙"药材的基原物种之一。其干燥根和根茎具有祛风湿、通经络的功效，用于风湿痹痛、肢体麻木、筋脉拘挛、屈伸不利等。

植物形态 木质藤本，干后变黑色。茎、小枝近无毛或疏生短柔毛。一回羽状复叶有5小叶；小叶片纸质，卵形至卵状披针形，或为线状披针形、卵圆形，全缘，两面近无毛。常为圆锥状聚伞花序，多花，腋生或顶生；花直径 1～2 cm；萼片开展，白色，顶端常凸尖，外面边缘密生绒毛或中间有短柔毛，雄蕊无毛。瘦果扁，3～7 个，卵形至宽椭圆形，有柔毛，宿存花柱长 2～5 cm。花期 6—9 月，果期 8—11 月（图 953a）。

【生境与分布】生于海拔 1 000 m 以下的山坡、山谷灌丛中或沟边、路旁草丛中，分布于神农架阳日镇、新华镇等地（图 953b）。

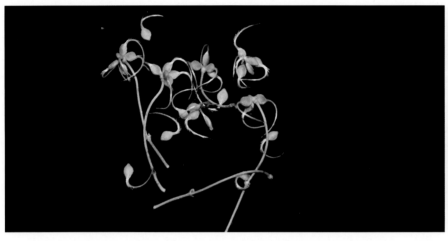

a   b

图 953 威灵仙形态与生境图

【ITS2序列特征】威灵仙 C. chinensis 共 3 条序列，均来自于神农架样本，序列比对后长度为 219 bp，其序列特征见图 954。

图 954 威灵仙 ITS2 序列信息

扫码查看威灵仙
ITS2 基因序列

【psbA-trnH序列特征】威灵仙 C. chinensis 共 3 条序列，均来自于神农架样本，序列比对后长度为 318 bp，在 312 位点存在碱基插入。主导单倍型序列特征见图 955。

图 955 威灵仙 psbA-trnH 序列信息

扫码查看威灵仙
psbA-trnH 基因序列

资源现状与用途 威灵仙 *C. chinensis*，别名青风藤、白钱草、九里火等，主要分布于华南、华中、西南、西北等地区。威灵仙根可作农药，可以防治菜青虫、地老虎、孑孓等。提取物为生产各种化妆品、药品等的重要原料，并用于治疗家畜疾病。

绣 球 藤
Clematis montana Buch.-Ham. ex DC.

绣球藤 *Clematis montana* Buch.-Ham. ex DC. 为《中华人民共和国药典》（2020 年版）"川木通"药材的基原物种之一。其干燥藤茎具有利尿通淋、清心除烦、通经下乳的功效，用于淋证水肿、心烦尿赤、口舌生疮、经闭乳少、湿热痹痛等。

植物形态 木质藤本。茎有纵条纹，外皮剥落。三出复叶；小叶卵形、宽卵形至椭圆形，长2～7 cm，边缘具缺刻状锯齿，顶端 3 裂或不明显。花 1～6 朵与叶簇生，直径 3～5 cm；萼片 4，开展，白色或外面带淡红色。瘦果扁，卵形或卵圆形，羽状花柱长达 2.2 cm。花期 4－6 月，果期 7－9 月（图 956a）。

生境与分布 生于海拔 800～2 300 m 的山坡路边，分布于神农架木鱼镇、大九湖镇、宋洛乡、松柏镇、红坪镇等地（图 956b）。

a b

图 956 绣球藤形态与生境图

ITS2序列特征 绣球藤 *C. montana* 共 3 条序列，均来自于神农架样本，序列比对后长度为218 bp，其序列特征见图 957。

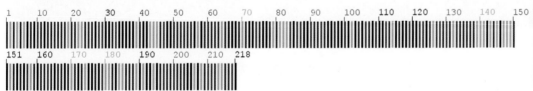

图 957 绣球藤 ITS2 序列信息

扫码查看绣球藤
ITS2 基因序列

psbA-trnH序列特征 绣球藤 *C. montana* 共 3 条序列，均来自于神农架样本，序列比对后长度为 282 bp，在 154 位点存在碱基缺失，10 位点存在简并碱基 Y。主导单倍型序列特征见图 958。

图 958　绣球藤 *psbA-trnH* 序列信息

扫码查看绣球藤
psbA-trnH 基因序列

白 头 翁

Pulsatilla chinensis（Bge.）Regel

白头翁 *Pulsatilla chinensis*（Bge.）Regel 为《中华人民共和国药典》（2020 年版）"白头翁"药材的基原物种。其干燥根具有清热解毒、凉血止痢的功效，用于热毒血痢、阴痒带下等。

植物形态 多年生草本。根状茎粗 0.8～1.5 cm。基生叶 4～5，通常在开花时刚刚生出，有长柄；叶片宽卵形，三全裂，中全裂片有柄或近无柄，宽卵形，三深裂，中深裂片楔状倒卵形，全缘或有齿，背面有长柔毛。花葶 1～2，有柔毛；花直立；萼片蓝紫色，长圆状卵形，背面有密柔毛；雄蕊长约为萼片之半。聚合果直径 9～12 cm；瘦果纺锤形，有长柔毛，宿存花柱长 3.5～6.5 cm，有向上斜展的长柔毛。花期 3—4 月，果期 5—6 月（图 959a）。

生境与分布 生于海拔 1 000 m 以下平原和低山山坡草丛中、林边或干旱多石的坡地，分布于神农架新华镇、阳日镇、松柏镇等地（图 959b）。

a　　　　　　　　　　　　　　　　　　b

图 959　白头翁形态与生境图

ITS2序列特征 白头翁 *P. chinensis* 共 4 条序列，分别来自于神农架样本和 GenBank（KR611742、

KY230209），序列比对后长度为 218 bp，有 2 个变异位点，分别为 63 位点 T-C 变异，169 位点 A-G 变异。主导单倍型序列特征见图 960。

图 960　白头翁 ITS2 序列信息

扫码查看白头翁
ITS2 基因序列

🌸 **psbA-trnH序列特征**　白头翁 *P. chinensis* 序列来自于神农架样本，序列长度为 304 bp，其序列特征见图 961。

图 961　白头翁 *psbA-trn*H 序列信息

扫码查看白头翁
*psb*A-*trn* H 基因序列

🌸 **资源现状与用途**　白头翁 *P. chinensis*，别名老冠花、将军草、毛姑朵花等，在我国分布广泛。白头翁根状茎水浸液可作农药，能防治地老虎、蚜虫、蝇蛆、孑孓以及小麦锈病、马铃薯晚疫病等病虫害。

天　葵

Semiaquilegia adoxoides（DC.）Makino

天葵 *Semiaquilegia adoxoides*（DC.）Makino 为《中华人民共和国药典》（2020 年版）"天葵子"药材的基原物种。其干燥块根具有清热解毒、消肿散结的功效，用于痈肿疔疮、乳痈、瘰疬、蛇虫咬伤等。

🌸 **植物形态**　草本，块根外皮棕黑色。茎 1～5 条，被稀疏的白色柔毛，分歧。基生叶多数，为掌状三出复叶；叶片轮廓卵圆形至肾形；小叶扇状菱形或倒卵状菱形，三深裂，深裂片又有 2～3 个小裂片。花小，苞片小，不裂或三深裂；萼片白色，常带淡紫色，狭椭圆形；花瓣匙形。蓇葖果卵状长椭圆形，表面具凸起的横向脉纹。花期 3—4 月，果期 4—5 月（图 962a）。

🌸 **生境与分布**　生于海拔 1 000 m 以下的疏林下或路旁，分布于神农架各地（图 962b）。

🌸 **ITS2序列特征**　天葵 *S. adoxoides* 共 3 条序列，均来自于神农架样本，序列比对后长度为 219 bp，有 1 个变异位点，为 217 位点 C-T 变异。主导单倍型序列特征见图 963。

a   b

图 962　天葵形态与生境图

图 963　天葵 ITS2 序列信息

扫码查看天葵
ITS2 基因序列

_psb_A-_trn_H序列特征　天葵 *S. adoxoides* 共 3 条序列，分别来自于神农架样本和 GenBank（KY235741），序列比对后长度为 463 bp，有 1 个变异位点，为 409 位点 G-T 变异，在 126、127、342～348位点存在碱基缺失。主导单倍型序列特征见图 964。

扫码查看天葵
_psb_A-_trn_H 基因序列

图 964　天葵 *psb*A-*trn*H 序列信息

资源现状与用途　天葵 *S. adoxoides*，别名紫背天葵、雷丸草、麦无踪等，主要分布于西南、华中、华南、华东等地区。天葵具有抗菌、抗炎、抗肿瘤等作用，块根亦可作农药，能防治蚜虫、红蜘蛛、稻螟等虫害。

盾叶唐松草

Thalictrum ichangense Lecoy. ex Oliv.

盾叶唐松草 *Thalictrum ichangense* Lecoy. ex Oliv. 为神农架民间"三十六还阳"药材"石蒜还阳"的基原物种。其带根全草具有清热解毒、除湿的功效，用于黄疸、小儿惊风抽搐、跌打损伤、骨折肿痛、风湿痛等。

植物形态 多年生草本，高 14～40 cm，无毛。基生叶有长柄，为一至三回三出复叶，小叶卵形、宽椭圆形或近圆形，长 2～4 cm，三浅裂，小叶柄盾状着生；茎生叶渐小。花序稀疏分枝；萼片白色，长约 3 mm，早落；无瓣；花丝上部比花药宽；心皮 5～16，有细子房柄。瘦果近镰刀形。花果期 5—8 月（图 965a）。

生境与分布 生于海拔 800～1 800 m 的林缘沟边、沟谷岩石上，分布于神农架松柏镇、宋洛乡、木鱼镇、下谷乡等地（图 965b）。

a   b

图 965　盾叶唐松草形态与生境图

ITS2序列特征 盾叶唐松草 *T. ichangense* 共 3 条序列，均来自于神农架样本，序列比对后长度为 218 bp，有 1 个变异位点，为 167 位点 T-C 变异。主导单倍型序列特征见图 966。

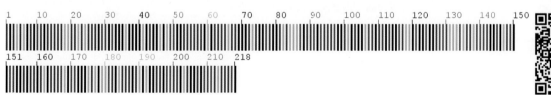

图 966　盾叶唐松草 ITS2 序列信息

扫码查看盾叶唐松草
ITS2 基因序列

psbA-trnH序列特征 盾叶唐松草 *T. ichangense* 共 3 条序列，均来自于神农架样本，序列比对后长度为 181 bp，有 1 个变异位点，为 107 位点 T-G 变异。主导单倍型序列特征见图 967。

图 967　盾叶唐松草 _psb_ A-_trn_ H 序列信息

扫码查看盾叶唐松草
psb A-_trn_ H 基因序列

小果唐松草

Thalictrum microgynum Lecoy. ex Oliv.

　　小果唐松草 _Thalictrum microgynum_ Lecoy. ex Oliv. 为神农架民间"三十六还阳"药材"石笋还阳"的基原物种。其全草具有的驱寒、清热利湿、退黄的功效，用于黄疸、跌打损伤等。

　　植物形态　多年生草本，高 20～42 cm，无毛。基生叶 1，为二至三回三出复叶，顶生小叶倒卵形、菱形或卵形，长 2～6.4 cm，三浅裂，有粗圆齿；茎生叶较小。花序复伞形花序状；花梗丝状；萼片白色，早落；花丝上部比花药宽，心皮 6～15。瘦果下垂。花果期 4—7 月（图 968a）。

　　生境与分布　生于海拔 800～2 300 m 的山谷林下、沟边的岩石上，分布于神农架新华镇、木鱼镇、红坪镇等地（图 968b）。

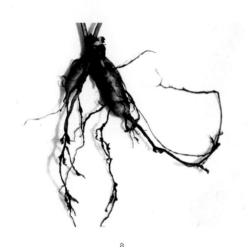

a　　　　　　　　　　　　　　　　　　　b

图 968　小果唐松草形态与生境图

　　ITS2序列特征　小果唐松草 _T. microgynum_ 共 3 条序列，均来自于神农架样本，序列比对后长度为 216 bp，有 1 个变异位点，为 171 位点 T-C 变异。主导单倍型序列特征见图 969。

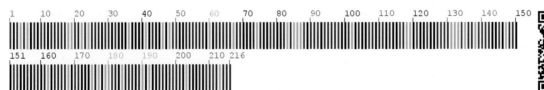

图 969　小果唐松草 ITS2 序列信息

扫码查看小果唐松草
ITS2 基因序列

psbA-trnH序列特征 小果唐松草 *T. microgynum* 共 3 条序列，均来自于神农架样本，序列比对后长度为 136 bp，其序列特征见图 970。

图 970 小果唐松草 *psbA-trnH* 序列信息

扫码查看小果唐松草
psbA-trnH 基因序列

鼠 李 科 Rhamnaceae

枣

Ziziphus jujuba Mill.

枣 *Ziziphus jujuba* Mill. 为《中华人民共和国药典》（2020 年版）"大枣"药材的基原植物。其干燥成熟果实具有补中益气、养血安神的功效，用于脾虚少食、乏力便溏、妇人脏躁等。

植物形态 落叶小乔木，高达 10 m。枝具托叶刺。叶卵形或卵状椭圆形，长 3～7 cm，顶端钝圆，边缘具圆齿，基生三出脉。花两性，黄绿色，5 基数，单生或成腋生聚伞花序。核果矩圆形或长卵圆形，通常长 2～3.5 cm，熟后红紫色；核顶端锐尖。花期 5—7 月，果期 8—9 月（图 971a）。

生境与分布 生于海拔 1 700 m 以下的山区、丘陵或平原，分布于神农架松柏镇等地（图 971b）。

a   b

图 971 枣形态与生境图

ITS2序列特征 枣 *Z. jujuba* 共 3 条序列，均来自于神农架样本，序列比对后长度为 221 bp，有 1 个变异位点，为 94 位点 G-A 变异。主导单倍型序列特征见图 972。

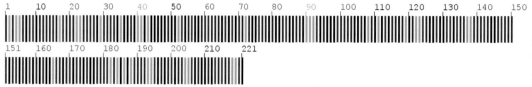

图 972　枣 ITS2 序列信息

扫码查看枣
ITS2 基因序列

psbA-trnH序列特征　枣 *Z. jujuba* 共 3 条序列，均来自于 GenBank（GQ435353、EU075109、KU236008），序列比对后长度为 305 bp，有 1 个变异位点，为 229 位点 G-A 变异，在 272～286 位点存在碱基缺失。主导单倍型序列特征见图 973。

扫码查看枣
*psbA-trn*H 基因序列

图 973　枣 *psb*A-*trn*H 序列信息

资源现状与用途　枣 Z. jujuba，别名大枣、贯枣、枣子等，全国大部分地区有种植，主产于河北、河南、山东、四川、贵州等地区。枣是药食同源植物，枣仁和根均可入药，产量近年来持续增长。

酸　枣
Ziziphus jujuba var. *spinosa*（Bunge）Hu ex H. F. Chou

酸枣 *Ziziphus jujuba* var. *spinosa*（Bunge）Hu ex H. F. Chou 为《中华人民共和国药典》（2020年版）"酸枣仁"药材的基原物种。其干燥成熟种子具有养心补肝、宁心安神、敛汗、生津的功效，用于虚烦不眠、惊悸多梦、体虚多汗、津伤口渴等。

植物形态　灌木，叶较小，基生三出脉。花两性，黄绿色，5 基数，单生或成腋生聚伞花序。核果小，近球形或短矩圆形，直径 0.7～1.2 cm，具薄的中果皮，味酸，核两端钝。花期 5-7 月，果期 8-9 月（图 974a）。

生境与分布　生于海拔 1 200 m 以下的低山灌丛中，分布于神农架各地（图 974b）。

ITS2序列特征　酸枣 *Z. jujuba* var. *spinosa* 共 6 条序列，分别来自于神农架样本和 GenBank（GQ434737），序列比对后长度为 221 bp，有 2 个变异位点，分别为 88 位点 C-T 变异，94 位点 A-G 变异。主导单倍型序列特征见图 975。

psbA-trnH序列特征　酸枣 *Z. jujuba* var. *spinosa* 共 4 条序列，分别来自于神农架样本和 GenBank（KU236009、KU236011），序列比对后长度为 310 bp，有 1 个变异位点，为 258 位点 G-A 变异，在 174 位点存在碱基缺失，175～203 位点存在碱基插入。主导单倍型序列特征见图 976。

a   b

图 974 酸枣形态与生境图

图 975 酸枣 ITS2 序列信息

扫码查看酸枣
ITS2 基因序列

图 976 酸枣 *psb*A-*trn*H 序列信息

扫码查看酸枣
*psb*A-*trn*H 基因序列

资源现状与用途 酸枣 *Z. jujuba* var. *spinosa*，别名大枣、贯枣等，在我国分布广泛，资源丰富。民间用于治疗神经衰弱、失眠等。果实肉薄，含有丰富的维生素 C，能够生食或制作果酱。花芳香多蜜，为华北地区的重要蜜源植物之一。

蔷 薇 科 Rosaceae

龙 芽 草

Agrimonia pilosa Ledeb.

龙芽草 *Agrimonia pilosa* Ledeb. 为《中华人民共和国药典》（2020 年版）"仙鹤草"药材的基原物

种。其干燥地上部分具有收敛止血、截疟止痢、解毒补虚的功效，用于咯血、吐血、崩漏下血、痢疾、血痢、痈肿疮毒、阴痒带下、脱力劳伤等。

植物形态 多年生草本，高 30～120 cm。间断奇数羽状复叶；小叶 3～4 对，向上减少至 3 小叶，倒卵形至倒卵披针形；叶柄被稀疏柔毛或短柔毛。花序穗状总状顶生，花序轴被柔毛，被柔毛；花黄色；花柱 2。果倒卵圆锥形，顶端有数层钩刺。花果期 5—11 月（图 977a）。

生境与分布 生于海拔 2 800 m 以下的溪边、路旁、草地、灌丛、林缘或疏林下，分布于神农架各地（图 977b）。

a   b

图 977　龙芽草形态与生境图

ITS2序列特征 龙芽草 *A. pilosa* 共 3 条序列，均来自于神农架样本，序列比对后长度为 224 bp，其序列特征见图 978。

图 978　龙芽草 ITS2 序列信息

扫码查看龙芽草
ITS2 基因序列

psbA-trnH序列特征 龙芽草 *A. pilosa* 共 3 条序列，均来自于神农架样本，序列比对后长度为 281 bp，其序列特征见图 979。

图 979　龙芽草 *psb*A-*trn*H 序列信息

扫码查看龙芽草
*psb*A-*trn*H 基因序列

资源现状与用途 龙芽草 *A. pilosa*，别名瓜香草、老鹤嘴、毛脚茵、金顶龙芽等，在我国广泛分布。龙芽草全草含鞣质可提制拷胶，还可提取脂肪油用于生产化妆品。此外，龙芽草水煮液可用于喷杀蚜虫。

杏

Prunus armeniaca L.

杏 *Prunus armeniaca* L.（*Flora of China* 收录为 *Armeniaca vulgaris* Lamarck）为《中华人民共和国药典》（2020 年版）"苦杏仁"药材的基原物种之一。其干燥成熟种子具有降气止咳平喘、润肠通便的功效，用于咳嗽气喘、胸满痰多、肠燥便秘等。

植物形态 乔木。多年生枝浅褐色，皮孔大而横生，一年生枝浅红褐色，具多数小皮孔。叶片宽卵形或圆卵形，先端急尖至短渐尖，基部圆形至近心形，叶边有圆钝锯齿，基部常具 1～6 腺体。花单生，先于叶开放；花萼紫绿色；萼筒圆筒形，外面基部被短柔毛；萼片卵形至卵状长圆形，先端急尖或圆钝，花后反折；花瓣圆形至倒卵形，白色或带红色，具短爪。果实球形，白色、黄色至黄红色，常具红晕，微被短柔毛；果肉多汁；种仁味苦或甜。花期 3—4 月，果期 6—7 月（图 980a）。

生境与分布 神农架阳日镇、松柏镇、新华镇、宋洛乡等地有栽培（图 980b）。

a   b

图 980 杏形态与生境图

ITS2序列特征 杏 *P. armeniaca* 共 3 条序列，均来自于神农架样本，序列比对后长度为 212 bp，有 1 个变异位点，为 188 位点 C-T 变异，在 205 位点存在碱基缺失。主导单倍型序列特征见图 981。

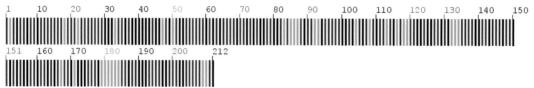

图 981　杏 ITS2 序列信息

扫码查看杏
ITS2 基因序列

psbA-trnH序列特征　杏 *P. armeniaca* 共 3 条序列，均来自于神农架样本，序列比对后长度为 263 bp，其序列特征见图 982。

图 982　杏 *psb*A-*trn*H 序列信息

扫码查看杏
*psb*A-*trn*H 基因序列

资源现状与用途　杏 *P. armeniaca*，产全国各地，多为栽培，尤以华北、西北和华东地区种植较多。我国杏的主要栽培品种，按用途可分食用杏类、仁用杏类、加工用杏类。杏营养丰富，富含钙、磷、维生素、蛋白质等多种营养元素，是受人们普遍喜爱的水果之一。除鲜食和制干外，杏还被用来加工成杏汁、杏酒、杏脯等杏产品。

梅

Prunus mume (Sieb.) Sieb. et Zucc.

梅 *Prunus mume*（Sieb.）Sieb. et Zucc.（*Flora of China* 收录为 *Armeniaca mume* Siebold）为《中华人民共和国药典》（2020 年版）"梅花"和"乌梅"药材的基原物种。其干燥花蕾为"梅花"，具有疏肝和中、化痰散结的功效，用于肝胃气痛、郁闷心烦、梅核气、瘰疬疮毒等；其干燥近成熟果实为"乌梅"，具有敛肺、涩肠、生津、安蛔的功效，用于肺虚久咳、久泻久痢、虚热消渴、蛔厥呕吐腹痛等。

植物形态　小乔木。小枝绿色，光滑无毛。叶片卵形或椭圆形，先端尾尖，基部宽楔形至圆形，叶边常具小锐锯齿，灰绿色；叶柄常有腺体。花单生，香味浓，先于叶开放；花梗短，常无毛；花萼通常红褐色；花瓣倒卵形，白色至粉红色；子房密被柔毛，花柱短或稍长于雄蕊。果实近球形，黄色或绿白色，被柔毛，味酸。花期冬春季，果期 5—6 月（图 983a）。

生境与分布　神农架有栽培（图 983b）。

ITS2序列特征　梅 *P. mume* 共 3 条序列，均来自于神农架样本，序列比对后长度为 212 bp，其序列特征见图 984。

a   b

图 983 梅形态与生境图

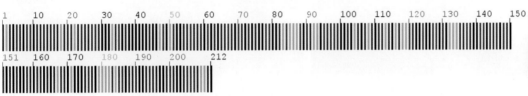

图 984 梅 ITS2 序列信息

扫码查看梅
ITS2 基因序列

*psb*A–*trn*H序列特征 梅 *P. mume* 共 3 条序列，均来自于 GenBank（JN046648、JN046649、JN046651），序列比对后长度为 319 bp，在 195～199 位点存在碱基缺失。主导单倍型序列特征见图 985。

扫码查看梅
*psb*A-*trn*H 基因序列

图 985 梅 *psb*A-*trn*H 序列信息

枇 杷

Eriobotrya japonica（Thunb.）Lindl.

枇杷 *Eriobotrya japonica*（Thunb.）Lindl. 为《中华人民共和国药典》（2020 年版）"枇杷叶"药材的基原物种。其干燥叶具有清肺止咳、降逆止呕的功效，用于肺热咳嗽、气逆喘急、胃热呕逆、烦热口渴等。

植物形态 常绿小乔木。叶片革质，披针形或椭圆长圆形，上部边缘有疏锯齿，基部全缘，上面光亮，多皱，下面密生灰棕色绒毛。圆锥花序顶生，具多花；总花梗和花梗密生锈色绒毛；萼筒浅杯状，萼片三角卵形，先端急尖，萼筒及萼片外面有锈色绒毛；花瓣白色，长圆形或卵形，有锈色绒毛。果实球形或长圆形，黄色或橘黄色，外有锈色柔毛。花期10—12月，果期5—6月（图986a）。

生境与分布 生于海拔2 000 m以下的山坡、河谷中，分布于神农架阳日镇、新华镇、宋洛乡、红坪镇等地（图986b）。

a　　　　　　　　　　　　　　　　b

图986　枇杷形态与生境图

ITS2序列特征 枇杷 E. japonica 共3条序列，均来自于神农架样本，序列比对后长度为219 bp，有1个变异位点，为205位点处A-G变异，在25位点处存在简并碱基Y。主导单倍型序列特征见图987。

图987　枇杷 ITS2 序列信息

扫码查看枇杷
ITS2 基因序列

psbA-trnH序列特征 枇杷 E. japonica 共4条序列，分别来自于神农架样本和 GenBank（KF022254），序列比对后长度为269 bp，有2个变异位点，分别为261位点 A-G变异，267位点 C-G变异。主导单倍型序列特征见图988。

图988　枇杷 psbA-trnH 序列信息

扫码查看枇杷
psbA-trnH 基因序列

枇杷 *E. japonica*，别名卢橘，在我国分布广泛。枇杷用途广泛，果实、花、叶、树皮、根皆可入药。除果实鲜食外，枇杷果肉可供做糖水罐头、蜜饯、果脯、果汁、果胶、果露、果酱、果膏、果酒等产品。枇杷树干木材坚韧，可制作乐器、木梳等。枇杷花可做花茶。枇杷叶可以制成茶叶，也可入药制成枇杷露、枇杷叶膏、枇杷叶冲剂。枇杷树也常植于庭园、公园，作为绿化用树。

柔毛路边青

Geum japonicum Thunb. var. *chinense* Bolle

柔毛路边青 *Geum japonicum* Thunb. var. *chinense* Bolle 为《中华人民共和国药典》（2020 年版）"蓝布正"药材的基原植物之一。其干燥全草具有益气健脾、补血养阴、润肺化痰的功效，用于气血不足、虚痨咳嗽、脾虚带下等。

植物形态 多年生草本。须根，簇生。茎直立，被黄色短柔毛及粗硬毛。基生叶为大头羽状复叶，通常有小叶 1～2 对，其余侧生小叶呈附片状，顶生小叶最大，卵形或广卵形，下部茎生叶 3 小叶，上部茎生叶单叶，3 浅裂，裂片圆钝或急尖。花序疏散，顶生数朵；萼片三角卵形；花瓣黄色，几圆形，比萼片长。聚合果卵球形或椭球形，瘦果被长硬毛，花柱宿存部分光滑，顶端有小钩，果托被长硬毛，长 2～3 mm。花果期 5—10 月（图 989a）。

生境与分布 生于海拔 2 000 m 以下的山坡草地、田边、河边、灌丛及疏林下，分布于神农架各地（图 989b）。

a	b

图 989　柔毛路边青形态与生境图

ITS2序列特征 柔毛路边青 *G. japonicum* var. *chinense* 共 4 条序列，均来自于神农架样本，序列比对后长度为 211 bp，其序列特征见图 990。

psbA-trnH序列特征 柔毛路边青 *G. japonicum* var. *chinense* 共 4 条序列，均来自于神农架样本，序列比对后长度为 211 bp，其序列特征见图 991。

图 990　柔毛路边青 ITS2 序列信息

扫码查看柔毛路边青
ITS2 基因序列

图 991　柔毛路边青 *psb*A-*trn*H 序列信息

扫码查看柔毛路边青
*psb*A-*trn*H 基因序列

翻　白　草

Potentilla discolor Bge.

翻白草 *Potentilla discolor* Bge. 为《中华人民共和国药典》（2020 年版）"翻白草"药材的基原物种之一。其干燥全草具有清热解毒、止痢、止血的功效，用于湿热泻痢、痈肿疮毒、血热吐衄、便血、崩漏等。

🌿 **植物形态**　多年生草本。根粗壮，下部常肥厚呈纺锤形。花茎直立，上升或微铺散，密被白色绵毛。基生叶有小叶 2～4 对，叶柄密被白色绵毛；茎生叶 1～2，有掌状 3～5 小叶；基生叶托叶膜质，外面被白色长柔毛。聚伞花序有花数朵至多朵，疏散，外被绵毛；花直径 1～22 cm；萼片三角状卵形，外面被白色绵毛；花瓣黄色，倒卵形。花果期 5—9 月（图 992a）。

🌿 **生境与分布**　生于海拔 1 500 m 以下的荒地、山谷、沟边、山坡草地及疏林下，分布于神农架松柏镇、新华镇、下谷乡等地（图 992b）。

a　　　　　　　　　　　　　　　　　　b

图 992　翻白草形态与生境图

ITS2序列特征 翻白草 *P. discolor* 共 3 条序列，均来自于神农架样本，序列比对后长度为 210 bp，有 1 个变异位点，为 93 位点 G-T 变异。主导单倍型序列特征见图 993。

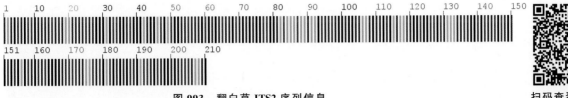

图 993 翻白草 ITS2 序列信息

扫码查看翻白草
ITS2 基因序列

psbA-trnH序列特征 翻白草 *P. discolor* 共 2 条序列，均来自于神农架样本，序列比对后长度为 376 bp，有 1 个变异位点，为 340 位点 G-T 变异，在 130~157 位点存在碱基插入。主导单倍型序列特征见图 994。

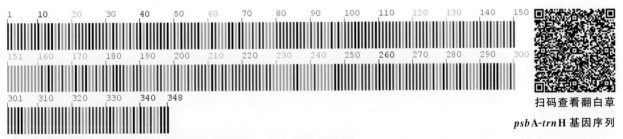

图 994 翻白草 psbA-trnH 序列信息

扫码查看翻白草
psbA-trnH 基因序列

资源现状与用途 翻白草 *P. discolor*，别名鸡腿根、天藕、翻白萎陵菜、叶下白、鸡爪参等，在我国分布广泛。民间经常把翻白草泡水代茶饮治疗糖尿病。其植株紧密、花期长，为良好的荫生和观花地被。

委 陵 菜

Potentilla chinensis Ser.

委陵菜 *Potentilla chinensis* Ser. 为《中华人民共和国药典》（2020 年版）"委陵菜"药材的基原物种。其干燥全草具有清热解毒、凉血止痢的功效，用于赤痢腹痛、久痢不止、痔疮出血、痈肿疮毒等。

植物形态 多年生草本。根粗壮，圆柱形，稍木质化。花茎直立或上升。基生叶为羽状复叶，有小叶 5~15 对，叶柄被短柔毛及绢状长柔毛；小叶片对生或互生，上面绿色，被短柔毛或脱落几无毛，中脉下陷，下面被白色绒毛，沿脉被白色绢状长柔毛。伞房状聚伞花序，基部有披针形苞片，外面密被短柔毛；花直径通常 0.8~1 cm；萼片三角卵形，顶端急尖；花瓣黄色，宽倒卵形，顶端微凹。花果期 4—10 月（图 995a）。

生境与分布 生于海拔 500~900 m 的山坡草地、林缘或疏林下，分布于神农架新华镇、宋洛乡、松柏镇、阳日镇等地（图 995b）。

a   b

图 995　委陵菜形态与生境图

■**ITS2序列特征** 委陵菜 *P. chinensis* 共 3 条序列，均来自于神农架样本，序列比对后长度为 210 bp，共有 5 个变异位点，分别为 156 位点 A-C 变异，164 位点 G-T 变异，165 位点 G-C 变异，175 位点 G-A 变异，191 位点 A-G 变异。主导单倍型序列特征见图 996。

图 996　委陵菜 ITS2 序列信息

扫码查看委陵菜
ITS2 基因序列

■**psbA–trnH序列特征** 委陵菜 *P. chinensis* 共 3 条序列，分别来自于神农架样本和 GenBank（GQ435272、GQ435273），序列比对后长度为 379 bp，在 122～152 位点存在碱基缺失。主导单倍型序列特征见图 997。

扫码查看委陵菜
*psb*A-*trn*H 基因序列

图 997　委陵菜 *psb*A-*trn*H 序列信息

■**资源现状与用途** 委陵菜 *P. chinensis*，别名一白草、生血丹、扑地虎、五虎嚼血，资源丰富，在我国分布广泛。

月 季 花
Rosa chinensis Jacq.

月季花 *Rosa chinensis* Jacq. 为《中华人民共和国药典》（2020 年版）"月季花"药材的基原物种。其干燥花具有活血调经、疏肝解郁的功效，用于气滞血瘀、月经不调、痛经、闭经、胸胁胀痛等。

植物形态 直立灌木。小枝粗壮，圆柱形，近无毛，有短粗的钩状皮刺或无刺。小叶 3～5，小叶片宽卵形至卵状长圆形，先端长渐尖或渐尖，基部近圆形或宽楔形，边缘有锐锯齿。花数朵簇生，稀单生；萼片卵形；花瓣重瓣至半重瓣，红色、粉红色至白色，倒卵形，先端有凹缺，基部楔形；花柱离生，伸出萼筒口外。果卵球形或梨形，红色，萼片脱落。花期 4—9 月，果期 6—11 月（图 998a，b）。

生境与分布 神农架有栽培。

a　　　　　　　　　　　　　　　　　b

图 998　月季花形态图

ITS2序列特征 月季花 *R. chinensis* 共 3 条序列，均来自于神农架样本，序列比对后长度为 212 bp，有 3 个变异位点，分别为 64 位点 G-C 变异，156 位点 C-T 变异，196 位点 A-C 变异，在 21 位点存在碱基插入，207 位点存在简并碱基 W。主导单倍型序列特征见图 999。

图 999　月季花 ITS2 序列信息

扫码查看月季花
ITS2 基因序列

psbA-trnH序列特征 月季花 *R. chinensis* 共 3 条序列，均来自于神农架样本，序列比对后长度为 284 bp，有 1 个变异位点，为 123 位点 C-A 变异。主导单倍型序列特征见图 1 000 。

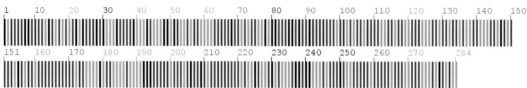

图 1 000　月季花 *psb*A-*trn*H 序列信息

扫码查看月季花
*psb*A-*trn*H 基因序列

资源现状与用途　月季花 *R. chinensis*，别名月月红、四季花，我国各地均产，多为栽培。除药用外，在城市园林建设、盆景栽培、科学研究以及商业生产中有重要价值。因其花型秀美、香气宜人、颜色丰富、品类繁复、适应性强、四季开花等优点，深受世界各国人们的喜爱，是人们日常生活中的重要花卉之一。

金　樱　子
Rosa laevigata Michx.

金樱子 *Rosa laevigata* Michx. 为《中华人民共和国药典》（2020 年版）"金樱子"药材的基原物种。其干燥成熟果实具有固精缩尿、固崩止带、涩肠止泻的功效，用于遗精滑精、遗尿尿频、崩漏带下、久泻久痢等。

植物形态　常绿攀缘灌木。小枝粗壮，散生扁弯皮刺，无毛。小叶革质，通常 3；小叶片椭圆状卵形、倒卵形或披针状卵形；小叶柄和叶轴有皮刺和腺毛。花单生于叶腋，花梗和萼筒密被腺毛，随果实成长变为针刺；花瓣白色，宽倒卵形，先端微凹。果梨形、倒卵形，萼片宿存。花期 4—6 月，果期 7—11 月（图 1001a）。

生境与分布　生于海拔 1 600 m 以下的向阳山坡、田边灌丛中，分布于神农架松柏镇、红坪镇等地（图 1001b）。

a　　　　　　　　　　　　　　b

图 1001　金樱子形态与生境图

ITS2序列特征　金樱子 *R. laevigata* 共 3 条序列，均来自于神农架样本，序列比对后长度为

212 bp，在 10 位点存在碱基插入，171、205 位点存在碱基缺失。主导单倍型序列特征见图 1002。

图 1002　金樱子 ITS2 序列信息

扫码查看金樱子
ITS2 基因序列

_psb_A-_trn_H序列特征　金樱子 *R. laevigata* 共 3 条序列，均来自于 GenBank（DQ778781、KP095881、KJ575462），序列比对后长度为 304 bp，有 3 个变异位点，分别为 176、241 位点 A-C 变异，278 位点 C-T 变异，在 177～179、111～126 位点存在碱基插入，285～289 位点存在碱基缺失。主导单倍型序列特征见图 1003。

图 1003　金樱子 *psb*A-*trn*H 序列信息

扫码查看金樱子
*psb*A-*trn*H 基因序列

资源现状与用途　金樱子 *R. laevigata*，别名刺梨子、山石榴、山鸡头子、和尚头等，在我国分布广泛，为常见的药食同源植物。金樱子果实营养丰富，富含多种维生素、多糖、黄酮类物质及多种微量元素。目前，以金樱子为原料开发的保健产品包括金樱子麦芽糖、金樱子复合型袋泡茶、金樱子糯米酒、金樱子酸奶。此外，金樱子提取物还可与黏胶纺丝液共混纺丝，开发出新型植物源抑菌纤维系列针织品。

玫　瑰

Rosa rugosa Thunb.

玫瑰 *Rosa rugosa* Thunb. 为《中华人民共和国药典》（2020 年版）"玫瑰花"药材的基原物种。其干燥花蕾具有行气解郁、和血、止痛的功效，用于肝胃气痛、食少呕恶、月经不调、跌扑伤痛等。

植物形态　直立灌木；茎粗壮，丛生；小枝密被绒毛，并有针刺和腺毛，皮刺外被绒毛。小叶5～9；叶柄和叶轴密被绒毛和腺毛；托叶大部贴生于叶柄，离生部分卵形。花单生于叶腋，或数朵簇生，苞片卵形，边缘有腺毛，外被绒毛；萼片卵状披针形，先端尾状渐尖，常有羽状裂片而扩展成叶状；花瓣倒卵形，重瓣至半重瓣，芳香，紫红色至白色。果扁球形，砖红色，肉质，平滑，萼片宿存。花期 5－6 月，果期 8－9 月（图 1004a）。

生境与分布　神农架有栽培（图 1004b）。

a   b

图 1004   玫瑰形态与生境图

ITS2序列特征   玫瑰 *R. rugosa* 共 3 条序列，均来自于神农架样本，序列比对后长度为 212 bp，有 1 个变异位点，为 196 位点 T-C 变异。主导单倍型序列特征见图 1005。

图 1005   玫瑰 ITS2 序列信息

扫码查看玫瑰
ITS2 基因序列

psbA-trnH序列特征   玫瑰 *R. rugosa* 共 2 条序列，均来自于 GenBank（DQ778805、KJ575493），序列比对后长度为 340 bp，其序列特征见图 1006。

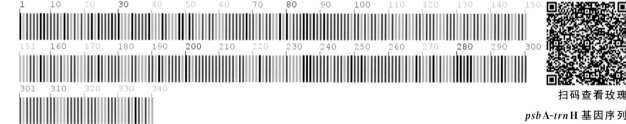

扫码查看玫瑰
*psb*A-*trn*H 基因序列

图 1006   玫瑰 *psb*A-*trn*H 序列信息

资源现状与用途   玫瑰 *R. rugosa*，别名徘徊花、刺玫花，原产于我国华北、日本及朝鲜等地，目前全国各地均有种植。玫瑰全身是宝，花、根、果均可入药，花朵可做汤剂或丸剂，花露调酒饮服，根主要做汤剂，果实用来做浓缩维生素制剂的原料。玫瑰花含有多种微量元素，维生素 C 含量很高，玫瑰花可制作各种茶点，如玫瑰糖、玫瑰糕、玫瑰茶、玫瑰酒、玫瑰酱菜、玫瑰膏等。玫瑰是名贵的香料植物，从玫瑰花中提取的高级香料玫瑰油，被称为"液体黄金"。此外，从蒸馏玫瑰油后的花残渣中提取玫瑰红色素，可用于食品着色。

毛叶插田泡

Rubus coreanus Miq. var. *tomentosus* Card.

毛叶插田泡 *Rubus coreanus* Miq. var. *tomentosus* Card. 为神农架民间药材"过江龙"的基原物种。其根或果实具有祛风除湿、止痛活络的功效，用于风湿关节痛、跌打损伤等。

植物形态 灌木，高 1～3 m。枝红褐色，被白粉，具近直立或钩状皮刺。小叶通常 5 枚；叶片下面密被短绒毛。托叶线状披针形，有柔毛。伞房花序生于侧枝顶端；总花梗、花梗及花萼被灰白色短柔毛；花瓣红色至深红色，直径 7～10 mm。聚合果近球形，深红色至紫黑色。花期 4-6 月，果期 6-8 月（图 1007a）。

生境与分布 生于海拔 2 500 m 以下的山坡灌丛或沟谷旁，分布于神农架各地（图 1007b）。

a   b

图 1007　毛叶插田泡形态与生境图

ITS2序列特征 毛叶插田泡 *R. coreanus* var. *tomentosus* 共 3 条序列，均来自于神农架样本，序列比对后长度为 211 bp，其序列特征见图 1008。

图 1008　毛叶插田泡 ITS2 序列信息

扫码查看毛叶插田泡
ITS2 基因序列

***psb*A–*trn*H序列特征** 毛叶插田泡 *R. coreanus* var. *tomentosus* 共 3 条序列，均来自于神农架样本，序列比对后长度为 329 bp，其序列特征见图 1009。

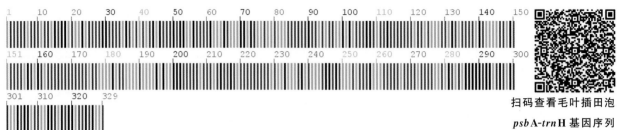

图1009 毛叶插田泡 *psb*A-*trn*H 序列信息

扫码查看毛叶插田泡
*psb*A-*trn*H 基因序列

地　榆

Sanguisorba officinalis L.

地榆 *Sanguisorba officinalis* L. 为《中华人民共和国药典》（2020 年版）"地榆"药材的基原物种之一。其干燥根具有凉血止血、解毒敛疮的功效，用于便血、痔血、血痢、崩漏、水火烫伤、痈肿疮毒等。

植物形态 多年生草本，高 30～120 cm。茎直立，有棱。基生叶为羽状复叶，小叶 4～6 对，卵形或长圆状卵形，顶端圆钝，边缘有锯齿。穗状花序椭圆形，圆柱形或卵球形，直立；萼片 4 枚，紫红色。果包藏于宿存萼筒内。花果期 7—10 月（图 1010a）。

生境与分布 生于海拔 800～2 500 m 的草甸、山坡草地、灌丛中或疏林下，分布于神农架各地（图 1010b）。

a　　　　　　　　　　　　　　　　　　b

图 1010 地榆形态与生境图

ITS2序列特征 地榆 *S. officinalis* 共 3 条序列，均来自于神农架样本，序列比对后长度为 207 bp，在 200 位点存在碱基缺失。主导单倍型序列特征见图 1011。

图 1011　地榆 ITS2 序列信息

_psb_A-_trn_H序列特征 地榆 _S. officinalis_ 共 3 条序列，均来自于神农架样本，序列比对后长度为 307 bp，其序列特征见图 1012。

图 1012　地榆 _psb_A-_trn_H 序列信息

资源现状与用途 地榆 _S. officinalis_，别名黄瓜香、玉札等，主要分布在华中、东北、西北等地区。近年来，地榆抗炎、抗肿瘤、促造血作用等新的功效相继被发现。地榆制剂在临床上应用广泛。

长 叶 地 榆

Sanguisorba officinalis L. var. _longifolia_ (Bert.) Yu et Li.

长叶地榆 _Sanguisorba officinalis_ L. var. _longifolia_（Bert.）Yu et Li. 为《中华人民共和国药典》（2020 年版）"地榆"药材的基原物种之一。其干燥根具有凉血止血、解毒敛疮的功效，用于便血、痔血、血痢、崩漏、水火烫伤、痈肿疮毒等。

植物形态 草本。基生叶小叶带状长圆形至带状披针形，基部微心形，圆形至宽楔形；茎生叶较多，与基生叶相似，但更长而狭窄。花穗长圆柱形，长 2～6 cm，直径通常 0.5～1 cm。雄蕊与萼片近等长。花果期 8—11 月（图 1013a）。

生境与分布 生于海拔 600～1 800 m 的草甸、山坡草地、灌丛中或疏林下，分布于神农架各地（图 1013b）。

ITS2序列特征 长叶地榆 _S. officinalis_ var. _longifolia_ 共 3 条序列，分别来自于神农架样本和 GenBank（JF421541、JF421542），序列比对后长度为 207 bp，有 3 个变异位点，分别为 5 位点 T-C 变异，28 位点 T-G 变异，100 位点 C-A 变异。主导单倍型序列特征见图 1014。

a   b

图 1013　长叶地榆形态与生境图

1　10　20　30　40　50　60　70　80　90　100　110　120　130　140　150
151　160　170　180　190　200　207

图 1014　长叶地榆 ITS2 序列信息

扫码查看长叶地榆
ITS2 基因序列

*psb*A–*trn*H序列特征　长叶地榆 *S. officinalis* var. *longifolia* 共 3 条序列，均来自于神农架样本，序列比对后长度为 307 bp，其序列特征见图 1015。

1　10　20　30　40　50　60　70　80　90　100　110　120　130　140　150
151　160　170　180　190　200　210　220　230　240　250　260　270　280　290　300
301 307

扫码查看长叶地榆
*psb*A-*trn*H 基因序列

图 1015　长叶地榆 *psb*A-*trn*H 序列信息

资源现状与用途　长叶地榆 *S. officinalis* var. *longifolia* 为常用中药，在我国分布广泛。该药在民间应用历史悠久，疗效确切，具有很高的研究价值。长叶地榆的根为止血要药，可治疗烧伤、烫伤等。有些地区用来提制栲胶。

茜 草 科 Rubiaceae

栀 子

Gardenia jasminoides Ellis

栀子 *Gardenia jasminoides* Ellis 为《中华人民共和国药典》（2020 年版）"栀子"药材的基原物种。其干燥成熟果实具有泻火除烦、清热利湿、凉血解毒、消肿止痛的功效，用于热病心烦、湿热黄疸、淋证涩痛、血热吐衄、目赤肿痛、火毒疮疡、外治扭挫伤痛等。

植物形态 灌木，高 0.3～3 m。叶对生，稀轮生，革质，常为长圆状披针形、倒卵形或椭圆形，长 3～25 cm；托叶膜质。花单生于枝顶；萼管顶部常 6 裂；花冠白色或乳黄色，高脚碟状，常 6 裂。果黄色或橙红色，有翅状纵棱，顶有宿存萼片。花期 3—7 月，果期 5 月至翌年 2 月（图 1016a）。

生境与分布 生于海拔 1 500 m 以下的旷野、山谷灌丛或林中，分布于神农架红坪镇等地（图 1016b）。

a   b

图 1016　栀子形态与生境图

ITS2序列特征 栀子 *G. jasminoides* 共 3 条序列，均来自于神农架样本，序列比对后长度为 201 bp，其序列特征见图 1017。

图 1017　栀子 ITS2 序列信息

扫码查看栀子
ITS2 基因序列

psbA-trnH序列特征 栀子 *G. jasminoides* 共 3 条序列，均来自于神农架样本，序列比对后长度为 241 bp，有 9 个变异位点，在 71、117、228 位点存在碱基插入，150、200~202 位点存在碱基缺失。主导单倍型序列特征见图 1018。

图 1018　栀子 *psb*A-*trn*H 序列信息

扫码查看栀子
*psb*A-*trn*H 基因序列

资源现状与用途　栀子 *G. jasminoides*，别名黄栀子、黄果树、山栀子等，分布区域较广。民间常用栀子碾磨成粉外用，用于治疗扭挫伤痛等症；栀子也是常见的药食两用植物，日常可代茶饮用；因含番红花色素苷基，亦可作为黄色染料应用于食品、纺织等轻工业。

茜　草

Rubia cordifolia L.

茜草 *Rubia cordifolia* L. 为《中华人民共和国药典》（2020 年版）"茜草"药材的基原物种。其干燥根和根茎具有凉血、祛瘀、止血、通经的功效，用于吐血、衄血、崩漏、外伤出血、瘀阻经闭、关节痹痛、跌扑肿痛等。

植物形态　草质攀缘藤木。根状茎和其节上的须根均红色；茎方柱形，有 4 棱，棱上生倒生皮刺，中部以上多分枝。叶通常 4 片轮生，纸质，披针形或长圆状披针形，基部心形，边缘有齿状皮刺，两面粗糙，脉上有微小皮刺；基出脉 3 条。叶柄长有倒生皮刺。聚伞花序腋生和顶生，花序和分枝均细瘦，有微小皮刺；花冠淡黄色，干时淡褐色。果球形，成熟时橘黄色。花期 8—9 月，果期 10—11 月（图 1019a）。

生境与分布　生于海拔 2 000 m 以下的林下、林缘、灌丛中，分布于神农架各地（图 1019b）。

a　　　　　　　　　　　　　　　　　　b

图 1019　茜草形态与生境图

ITS2序列特征 茜草 *R. cordifolia* 共 3 条序列，均来自于神农架样本，序列比对后长度为 231 bp，有 1 个变异位点，为 34 位点处 C-T 变异。主导单倍型序列特征见图 1020。

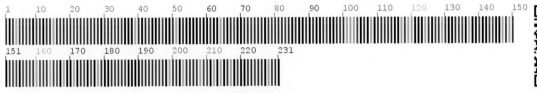

图 1020　茜草 ITS2 序列信息

扫码查看茜草
ITS2 基因序列

***psb*A-*trn*H序列特征** 茜草 *R. cordifolia* 共 3 条序列，均来自于神农架样本，序列比对后长度为 246 bp，其序列特征见图 1021。

图 1021　茜草 *psb*A-*trn*H 序列信息

扫码查看茜草
*psb*A-*trn*H 基因序列

钩　藤

Uncaria rhynchophylla（Miq.）Miq. ex Havil.

钩藤 *Uncaria rhynchophylla*（Miq.）Miq. ex Havil. 为《中华人民共和国药典》（2020 年版）"钩藤"药材的基原物种之一。其带钩茎枝具有息风定惊、清热平肝的功效，用于肝风内动、惊痫抽搐、高热惊厥、感冒夹惊、小儿惊啼、妊娠子痫、头痛眩晕等。

植物形态 藤本。嫩枝较纤细，方柱形或略有 4 棱角。叶纸质，椭圆形或椭圆状长圆形，两面均无毛，下面有时有白粉，顶端短尖或骤尖，基部楔形至截形。头状花序直径 5～8 mm，单生叶腋，总花梗具一节，苞片微小，或成单聚伞状排列。果序直径 10～12 mm；小蒴果长 5～6 mm，被短柔毛，宿存萼裂片近三角形，长 1 mm，星状辐射。花果期 5—12 月（图 1022a）。

生境与分布 生于 800～2 000 m 以下的山谷溪边的疏林或灌丛中，分布于神农架红坪镇、新华镇、木鱼镇等地（图 1022b）。

ITS2序列特征 钩藤 *U. rhynchophylla* 共 3 条序列，均来自于神农架样本，序列比对后长度为 220 bp，其序列特征见图 1023。

***psb*A-*trn*H序列特征** 钩藤 *U. rhynchophylla* 共 3 条序列，均来自于神农架样本，序列比对后长度为 277 bp，其序列特征见图 1024。

a
b

图 1022　钩藤形态与生境图

图 1023　钩藤 ITS2 序列信息

扫码查看钩藤
ITS2 基因序列

图 1024　钩藤 psbA-trnH 序列信息

扫码查看钩藤
psbA-trnH 基因序列

资源现状与用途　钩藤 U. rhynchophylla，别名钩丁、鹰爪风等，主要分布于广东、广西、云南、贵州、福建、湖南、湖北及江西等地区。所含钩藤碱有降血压作用。钩藤还具有一定的观赏价值。

华　钩　藤

Uncaria sinensis（Oliv.）Havil.

华钩藤 *Uncaria sinensis*（Oliv.）Havil. 为《中华人民共和国药典》（2020 年版）"钩藤"药材的基原物种之一。其干燥带钩茎枝具有息风定惊、清热平肝的功效，用于肝风内动、惊痫抽搐、高热惊厥、感冒夹惊、小儿惊啼、妊娠子痫、头痛眩晕等。

植物形态　木质藤本。嫩枝较纤细，方柱形或有 4 棱角。叶薄纸质，椭圆形，顶端渐尖，基部圆或钝，两面均无毛。头状花序单生叶腋，总花梗具一节，节上苞片微小，总花梗腋生；头状花序，花序轴有稠密短柔毛；小苞片线形或近匙形；花近无梗，花萼管长 2 mm，外面有苍白色毛，萼裂片线状长圆形，有短柔毛；花冠管长 7～8 mm。花果期 6—10 月（图 1025a）。

生境与分布 生于海拔 800～2 000 m 的山地疏林中，分布于神农架各地（图 1025b）。

a　　　　　　　　　　　　　　　　　　b

图 1025　华钩藤形态与生境图

ITS2序列特征 华钩藤 *U. sinensis* 共 3 条序列，均来自于神农架样本，序列比对后长度为 220 bp，其序列特征见图 1026。

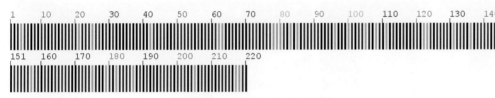

图 1026　华钩藤 ITS2 序列信息

扫码查看华钩藤
ITS2 基因序列

psbA-trnH序列特征 华钩藤 *U. sinensis* 共 3 条序列，均来自于神农架样本，序列比对后长度为 266 bp，有 1 个变异位点，为 166 位点 T-A 变异，在 238 位点存在碱基缺失。主导单倍型序列特征见图 1027。

图 1027　华钩藤 *psb*A-*trn*H 序列信息

扫码查看华钩藤
*psb*A-*trn*H 基因序列

芸 香 科 Rutaceae

酸 橙
Citrus aurantium L.

酸橙 *Citrus aurantium* L. 为《中华人民共和国药典》(2020 年版)"枳实"药材的基原物种之一。其干燥未成熟果实具有理气宽中、行滞消胀的功效，用于胸胁气滞、胀满疼痛、食积不化、痰饮内停、脏器下垂等。

植物形态 小乔木。枝叶茂密，刺多。叶色浓绿，质地颇厚，翼叶倒卵形。总状花序有花少数，有时兼有腋生单花，有单性花倾向，即雄蕊发育，雌蕊退化；花萼 5 或 4 浅裂；花大小不等。果圆球形或扁圆形，果皮稍厚至甚厚，难剥离，橙黄至朱红色，果心实或半充实，瓢囊 10~13 瓣，果肉味酸，有时有苦味或兼有特异气味；种子多且大，常有肋状棱，子叶乳白色，单或多胚。花期 4—5 月，果期 9—12 月（图 1028a）。

生境与分布 神农架有栽培（图 1028b）。

a   b

图 1028 酸橙形态与生境图

ITS2序列特征 酸橙 *C. aurantium* 共 3 条序列，均来自于神农架样本，序列比对后长度为 232 bp，有 3 个变异位点，分别为 103 位点 C-A 变异，183、199 位点 G-A 变异，在 146 位点存在碱基缺失。主导单倍型序列特征见图 1029。

图 1029 酸橙 ITS2 序列信息

扫码查看酸橙
ITS2 基因序列

psbA-trnH序列特征 酸橙 *C. aurantium* 共 3 条序列，均来自于神农架样本，序列比对后长度为 364 bp，有 2 个变异位点，分别为 233 位点 A-C 变异，349 位点 G-T 变异，在 59 位点存在碱基插入。主导单倍型序列特征见图 1030。

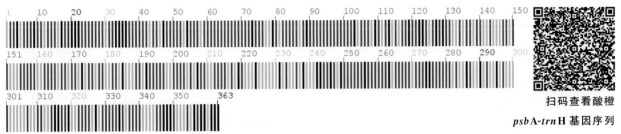

扫码查看酸橙
*psb*A-*trn*H 基因序列

图 1030　酸橙 *psb*A-*trn*H 序列信息

资源现状与用途　酸橙 *C. aurantium* 主要栽种于秦岭以南各地。酸橙富含维生素 C，与柠檬的酸度接近。栽培酸橙的干燥幼果多被干燥制成药用枳实，还可加工成蜜饯如橘饼等。酸橙果皮中果胶含量较高，可以提取作为食品工业中的凝聚剂，也可将果皮脱黄处理后直接加工成果酱。其种子中油脂类物质含量多，榨取后是良好的工业用油。

柚

Citrus grandis (L.) Osbeck.

柚 *Citrus grandis* (L.) Osbeck. ［*Flora of China* 收录为 *Citrus maxima* (Burm.) Merr.］为《中华人民共和国药典》（2020 年版）"化橘红"药材的基原物种之一。其未成熟或近成熟的干燥外层果皮具有理气宽中、燥湿化痰的功效，用于咳嗽痰多、食积伤酒、呕恶痞闷等。

植物形态　乔木。嫩枝、叶背、花梗、花萼及子房均被柔毛，嫩叶通常暗紫红色，嫩枝扁且有棱。叶质颇厚，色浓绿，阔卵形或椭圆形，顶端钝或圆，有时短尖，基部圆。总状花序，有时兼有腋生单花；花蕾淡紫红色，稀乳白色；花萼不规则 5～3 浅裂。果圆球形，扁圆形，梨形或阔圆锥状，杂交种有朱红色的，果皮甚厚或薄；种子多达 200 余粒，亦有无子的，形状不规则，子叶乳白色，单胚。花期 4—5 月，果期 9—12 月（图 1031a）。

生境与分布　神农架有栽培（图 1031b）。

a　　　　　　　　　　　b

图 1031　柚形态与生境图

ITS2序列特征 柚 *C. grandis* 共 3 条序列，均来自于神农架样本，序列比对后长度为 231 bp，有 1 个变异位点，为 11 位点 C-G 变异，在 196 位点存在简并碱基 Y。主导单倍型序列特征见图 1032。

图 1032 柚 ITS2 序列信息

扫码查看柚 ITS2 基因序列

psbA-trnH序列特征 柚 *C. grandis* 共 3 条序列，均来自于神农架样本，序列比对后长度为 433 bp，有 1 个变异位点，为 418 位点 T-G 变异。主导单倍型序列特征见图 1033。

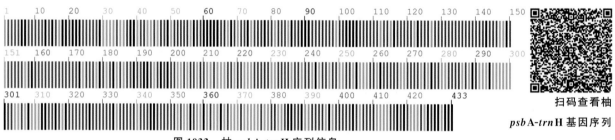

图 1033 柚 *psbA-trnH* 序列信息

扫码查看柚 *psbA-trnH* 基因序列

柑　橘

Citrus reticulata Blanco

柑橘 *Citrus reticulata* Blanco 为《中华人民共和国药典》（2020 年版）"陈皮""橘红""橘核"药材的基原物种。其干燥成熟果皮为"陈皮"，具有理气健脾、燥湿化痰的功效，用于脘腹胀满、食少吐泻、咳嗽痰多等；其干燥外层果皮为"橘红"，具有理气宽中、燥湿化痰的功效，用于咳嗽痰多、食积伤酒、呕恶痞闷等；其干燥成熟种子为"橘核"，具有理气、散结、止痛的功效，用于疝气疼痛、睾丸肿痛、乳痈乳癖等症。

植物形态 小乔木。分枝多，枝扩展或略下垂，刺较少。单身复叶，翼叶通常狭窄，叶片披针形，椭圆形或阔卵形，大小变异较大，顶端常有凹口。花单生或 2～3 朵簇生；花萼不规则 3～5 浅裂；花瓣通常长 1.5 cm 以内。果形通常扁圆形至近圆球形，果皮甚薄而光滑，淡黄色，朱红色或深红色，中心柱大而常空，稀充实，瓤囊 7～14 瓣，囊壁薄或略厚，柔嫩或颇韧，汁胞通常纺锤形；种子或多或少。花期 4—5 月，果期 10—12 月（图 1034a）。

生境与分布 神农架各地有栽培（图 1034b）。

ITS2序列特征 柑橘 *C. reticulata* 共 3 条序列，均来自于神农架样本，序列比对后长度为 231 bp，有 6 个变异位点，分别为 11、37 位点 C-G 变异，46 位点 G-C 变异，83、196 位点 C-T 变异，187 位点 G-T 变异。主导单倍型序列特征见图 1035。

a   b

图 1034　柑橘形态与生境图

图 1035　柑橘 ITS2 序列信息

扫码查看柑橘
ITS2 基因序列

🌸 **_psb_A–_trn_H序列特征**　柑橘 _C. reticulata_ 共 3 条序列，均来自于神农架样本，序列比对后长度为 479 bp，有 1 个变异位点，为 451 位点 T-G 变异。主导单倍型序列特征见图 1036。

扫码查看柑橘
_psb_A-_trn_H 基因
序列

图 1036　柑橘 _psb_A-_trn_H 序列信息

黄 皮 树

Phellodendron chinense Schneid.

　　黄皮树 _Phellodendron chinense_ Schneid.（_Flora of China_ 收录为川黄檗）为《中华人民共和国药典》（2020 年版）"黄柏"药材的基原物种。其干燥树皮具有清热燥湿、泻火除蒸、解毒疗疮的功效，用于湿热泻痢、黄疸尿赤、带下阴痒、热淋涩痛、脚气痿躄、骨蒸劳热、盗汗、遗精、疮疡肿毒、湿疹湿疮等。

　　🌸 **植物形态**　乔木，高达 15 m。成年树有厚、纵裂的木栓层，内皮黄色。叶轴及叶柄粗壮，通常密被褐锈色或棕色柔毛，有小叶 7～15 片；小叶纸质，长圆状披针形或卵状椭圆形，顶部短尖至渐尖，基部阔楔形至圆形；两侧通常略不对称，边全缘或浅波浪状，叶背密被长柔毛或至少在叶脉上被毛，叶面中脉有短毛或嫩叶被疏短毛。花序顶生，花通常密集，花序轴粗壮，密被短柔毛。果多数密集成团，果的顶部略狭窄的椭圆形或近圆球形，蓝黑色。花期 5—6 月，果期 9—11 月（图 1037a）。

生境与分布 生于海拔 900 m 以上杂木林中，分布于神农架红坪镇、下谷乡、木鱼镇等地（图 1037b）。

a   b

图 1037 黄皮树形态与生境图

ITS2 序列特征 黄皮树 *P. chinense* 共 3 条序列，均来自于神农架样本，序列比对后长度为 226 bp，有 1 个变异位点，为 210 位点 G-A 变异。主导单倍型序列特征见图 1038。

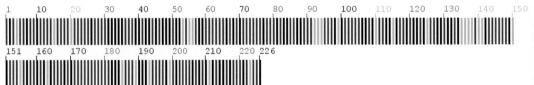

图 1038 黄皮树 ITS2 序列信息

扫码查看黄皮树
ITS2 基因序列

psbA-trnH 序列特征 黄皮树 *P. chinense* 共 3 条序列，均来自于神农架样本，序列比对后长度为 532 bp，有 4 个变异位点，分别为 28 位点 C-T 变异，516、523 位点 T-G 变异，530 位点 A-C 变异，在 47 位点存在碱基缺失。主导单倍型序列特征见图 1039。

扫码查看黄皮树
*psb*A-*trn*H 基因
序列

图 1039 黄皮树 *psb*A-*trn*H 序列信息

资源现状与用途 黄皮树 *P. chinense*，别名檗木、黄柏皮等，分布于湖北、湖南西北部、四川东部等地区。黄皮树是我国常用大宗中药材，生长周期长，一般十年以上才可采收。目前，国家已禁止野生黄柏上市交易。

吴 茱 萸

Evodia rutaecarpa (Juss.) Benth.

吴茱萸 *Evodia rutaecarpa* (Juss.) Benth. [*Flora of China* 收录为 *Tetradium ruticarpum* (A. Juss.) Hartley] 为《中华人民共和国药典》（2020 年版）"吴茱萸"药材的基原物种之一。其干燥近成熟果实具有散寒止痛、降逆止呕、助阳止泻的功效，用于厥阴头痛、寒疝腹痛、寒湿脚气、经行腹痛、脘腹胀痛、呕吐吞酸、五更泄泻等。

植物形态 小乔木或灌木，嫩枝暗紫红色。叶有小叶 5～11 片，小叶薄至厚纸质，卵形，椭圆形或披针形，两侧对称或一侧的基部稍偏斜，边全缘或浅波浪状，小叶两面及叶轴被长柔毛，毛密如毡状，油点大且多。花序顶生；雄花序的花彼此疏离，雌花序的花密集或疏离。果序宽 3～12 cm，果密集或疏离，暗紫红色，有大油点，每分果瓣有 1 种子。花期 4—6 月，果期 8—11 月（图 1040a）。

生境与分布 生于海拔 500～2 200 m 的山地疏林及灌丛中，分布于神农架松柏镇、新华镇、红坪镇等地（图 1040b）。

a   b

图 1040 吴茱萸形态与生境图

ITS2序列特征 吴茱萸 *E. rutaecarpa* 共 3 条序列，均来自于神农架样本，序列比对后长度为 223 bp，其序列特征见图 1041。

psbA-trnH序列特征 吴茱萸 *E. rutaecarpa* 共 3 条序列，均来自于神农架样本，序列比对后长度为 448 bp，其序列特征见图 1042。

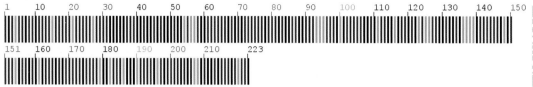

图 1041　吴茱萸 ITS2 序列信息

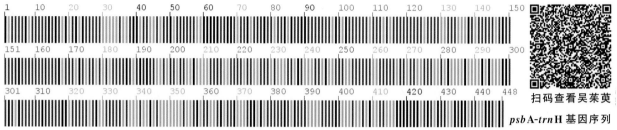

图 1042　吴茱萸 *psb*A-*trn*H 序列信息

资源现状与用途　吴茱萸 *E. rutaecarpa*，别名野茶辣、野吴萸，主要分布于湖北、湖南、广西东北部等地区。现代研究发现，吴茱萸可治疗小儿腹泻、高血压、哮喘、溃疡型口腔炎、高血压、湿疹等疾病。

飞 龙 掌 血

Toddalia asiatica (L.) Lam.

飞龙掌血 *Toddalia asiatica* (L.) Lam. 为神农架民间药材"三百棒"的基原物种。其干燥根或根皮具有祛风除湿、散瘀止血、消肿止痛的功效，用于跌打损伤、慢性腰腿痛、风湿疼痛等。

植物形态　木质藤本。老茎干有较厚的木栓层及黄灰色、纵向细裂且凸起的皮孔，茎枝及叶轴有甚多向下弯钩的锐刺。小叶无柄，对光透视可见密生的透明油点，揉之有类似柑橘叶的香气。花淡黄白色；雄花序为伞房状圆锥花序；雌花序呈聚伞圆锥花序。果橙红或朱红色。花期几乎全年，在五岭以南各地，多于春季开花；沿长江两岸各地，多于夏季开花。果期多在秋冬季（图 1043a）。

生境与分布　生于海拔 2 000 m 以下的山坡、灌丛、疏林、山间沟谷，分布于神农架木鱼镇、宋洛乡、下谷乡、新华镇等地（图 1043b）。

ITS2序列特征　飞龙掌血 *T. asiatica* 共 3 条序列，均来自于神农架样本，序列比对后长度为225 bp，有 5 个变异位点，分别为 61、124 位点 C-G 变异，134 位点 G-T 变异，142 位点 A-G 变异，206 位点 C-T 变异。主导单倍型序列特征见图 1044。

psbA-trnH序列特征　飞龙掌血 *T. asiatica* 共 3 条序列，均来自于神农架样本，序列比对后长度为 392 bp，其序列特征见图 1045。

a   b

图 1043　飞龙掌血形态与生境图

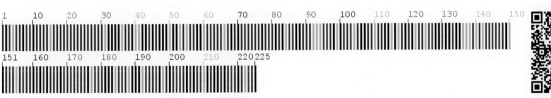

图 1044　飞龙掌血 ITS2 序列信息

扫码查看飞龙掌血
ITS2 基因序列

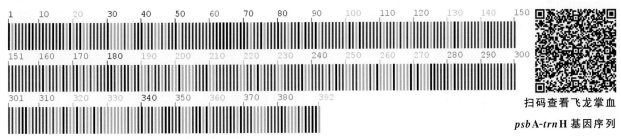

图 1045　飞龙掌血 *psb*A-*trn*H 序列信息

扫码查看飞龙掌血
*psb*A-*trn*H 基因序列

花　椒

Zanthoxylum bungeanum Maxim.

花椒 *Zanthoxylum bungeanum* Maxim. 为《中华人民共和国药典》（2020 年版）"花椒"药材的基原物种之一。其干燥成熟果皮具有温中止痛、杀虫止痒的功效，用于脘腹冷痛、呕吐泄泻、虫积腹痛，外治湿疹、阴痒等。

植物形态　落叶小乔木，高 3～7 m。枝有短刺。小叶 5～13 片，对生，无柄，卵形，椭圆形，叶缘有细裂齿，齿缝有油点；叶轴常有甚狭窄的叶翼。花序顶生或生于侧枝之顶；花被片6～8枚，黄绿色；雄蕊5～8；心皮3或2个。果紫红色，散生微凸起的油点。花期4—5月，果期8—10月（图1046a）。

生境与分布 生于海拔2 500 m以下的山坡灌丛中，分布于神农架新华镇、宋洛乡、木鱼镇、红坪镇、下谷乡等地（图1046b）。

a   b

图1046 花椒形态与生境图

ITS2序列特征 花椒 *Z. bungeanum* 共3条序列，均来自于神农架样本，序列比对后长度为224 bp，有7个变异位点。主导单倍型序列特征见图1047。

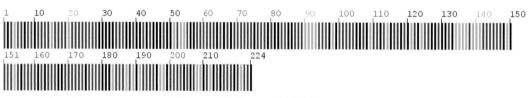

图1047 花椒 ITS2 序列信息

扫码查看花椒
ITS2 基因序列

_psb_A-_trn_H序列特征 花椒 *Z. bungeanum* 共3条序列，均来自于神农架样本，序列比对后长度为400 bp，其序列特征见图1048。

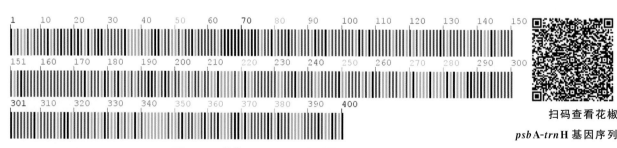

图1048 花椒 _psb_A-_trn_H 序列信息

扫码查看花椒
_psb_A-_trn_H 基因序列

资源现状与用途 花椒 *Z. bungeanum*，别名大椒、秦椒、蜀椒等，在我国分布广泛。花椒在我国有悠久的栽培历史，且种植区域广，资源丰富。花椒是一种药食同源食品，作为调味品，能去除肉类腥气，促进唾液分泌，刺激味蕾，提高食欲。目前，我国花椒产业已是年产值百亿元的大产业，产值逐年增加，并已形成了重庆的江津、酉阳，四川的金阳、汉源，山东的泰安、莱芜，甘肃的武都，陕西的韩城，山西的芮城等全国闻名的花椒产业基地，已成为当地农业的支柱产业。

青 椒

Zanthoxylum schinifolium Sieb. et Zucc.

青椒 *Zanthoxylum schinifolium* Sieb. et Zucc. 为《中华人民共和国药典》（2020 年版）"花椒"药材的基原物种之一。其干燥成熟果皮具有温中止痛、杀虫止痒的功效，用于脘腹冷痛、呕吐泄泻、虫积腹痛，外治湿疹、阴痒等。

植物形态 灌木，通常高 1～2 m。茎枝有短刺，刺基部两侧压扁状。复叶，小叶 7～19 片；小叶纸质，对生，宽卵形至披针形，或阔卵状菱形，叶面有在放大镜下可见的细短毛或毛状凸体。花序顶生，花或多或少；萼片及花瓣均 5 片；花瓣淡黄白色；雄花的退化雌蕊甚短。2～3 浅裂；雌花有心皮 3 个。分果瓣红褐色，干后变暗苍绿或褐黑色，顶端几无芒尖，油点小。种子直径 3～4 mm。花期 7－9 月，果期 9－12 月（图 1049a）。

生境与分布 生于海拔 1 000 m 以下的山地疏林、灌丛中，分布于神农架新华镇、阳日镇、下谷乡、松柏镇等地（图 1049b）。

a

b

图 1049 青椒形态与生境图

ITS2序列特征 青椒 *Z. schinifolium* 共 3 条序列，均来自于神农架样本，序列比对后长度为 224 bp。主导单倍型序列特征见图 1050。

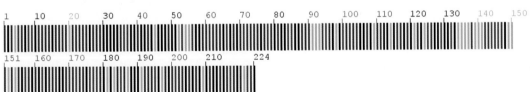

图 1050 青椒 ITS2 序列信息

扫码查看青椒
ITS2 基因序列

资源现状与用途 青椒 *Z. schinifolium*，别名山花椒、小花椒、王椒、香椒子等，分布于我国五岭以北、辽宁以南大多数省区。除药用外，又作食品调味料。果可提芳香油；种子可榨油。在农业上可以应用于杀灭害虫和抑制病菌；在医学上可以应用于杀菌、抑制平滑肌收缩、抗肿瘤、抗氧化性和麻醉等；在日用化妆品行业中可以用于开发减肥、抗炎和抑杀螨虫的产品；在食品行业，由于青花椒精油具有抗氧化活性和特有的麻香味，可以开发成为食品添加剂。

三白草科 Saururaceae

蕺 菜

Houttuynia cordata Thunb

蕺菜 *Houttuynia cordata* Thunb 为《中华人民共和国药典》（2020 年版）"鱼腥草"药材的基原物种。其新鲜全草或干燥地上部分具有清热解毒、消痈排脓、利尿通淋的功效，用于肺痈吐脓、痰热喘咳、热痢、热淋、痈肿疮毒等。

植物形态 多年生草本。叶全缘，具柄；托叶贴生于叶柄上，膜质。花小，聚集成顶生或与叶对生的穗状花序，花序基部有 4 片白色花瓣状的总苞片；雄蕊 3 枚，花丝长，下部与子房合生，花药长圆形，纵裂；雌蕊由 3 个部分合生的心皮所组成，子房上位，1 室，侧膜胎座 3，每 1 侧膜胎座有胚珠 6～8 颗，花柱 3 枚，柱头侧生。蒴果近球形，顶端开裂。花果期 4—7 月（图 1051a）。

生境与分布 生于海拔 1 500 m 以下的沟边或林下草丛中，分布于神农架各地（图 1051b）。

a   b

图 1051 蕺菜形态与生境图

ITS2序列特征 蕺菜 *H. cordata* 共 3 条序列，均来自于神农架样本，序列比对后长度为 253 bp，其序列特征见图 1052。

图 1052　蕺菜 ITS2 序列信息

扫码查看蕺菜
ITS2 基因序列

psbA-trnH序列特征　蕺菜 *H. cordata* 共 3 条序列，均来自于神农架样本，序列比对后长度为 170 bp，其序列特征见图 1053。

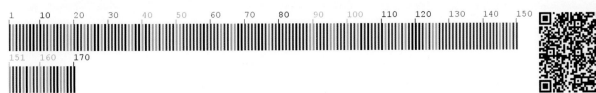

图 1053　蕺菜 *psb*A-*trn*H 序列信息

扫码查看蕺菜
*psb*A-*trn*H 基因序列

资源现状与用途　蕺菜 *H. cordata*，别名折耳根、侧耳根等，广泛分布于我国长江流域和南方各省区，有人工栽培，资源丰富。蕺菜药蔬兼用，是极具开发价值的植物资源。蕺菜的茎叶和地下根状茎都可以做菜、煮粥、泡茶等，经榨汁或浸提处理后可制成饮料。

虎耳草科　Saxifragaceae

落　新　妇

Astilbe chinensis（Maximowicz）Franchet & Savatier

落新妇 *Astilbe chinensis*（Maximowicz）Franchet & Savatier 为神农架民间"七十二七"药材"龙头七"的基原物种。其根茎具有活血祛瘀、祛风清热的功效，用于跌打损伤、头身疼痛等。

植物形态　多年生草本，高 40～80 cm。基生叶为二至三回三出复叶；小叶卵形、菱状卵形至长卵形，长 1.8～8 cm，渐尖，边缘有重牙齿；茎生叶 2～3 枚，较小。圆锥花序长达 30 cm，密生褐色曲柔毛，花密集；花萼 5 深裂；花瓣 5，红紫色，狭条形；雄蕊 10 个；心皮 2 个，离生。花果期 6－9 月（图 1054a）。

生境与分布　生于海拔 800～2 200 m 的山坡草丛或林下，分布于神农架大九湖镇、宋洛乡等地（图 1054b）。

a

b

图 1054　落新妇形态与生境图

ITS2序列特征　落新妇 A. chinensis 共 3 条序列，均来自于神农架样本，序列比对后长度为 253 bp，其序列特征见图 1055。

图 1055　落新妇 ITS2 序列信息

扫码查看落新妇
ITS2 基因序列

psbA-trnH序列特征　落新妇 A. chinensis 共 3 条序列，均来自于神农架样本，序列比对后长度为 418 bp，其序列特征见图 1056。

图 1056　落新妇 psbA-trnH 序列信息

扫码查看落新妇
psbA-trnH 基因序列

资源现状与用途　落新妇 A. chinensis，别名小升麻、红升麻、金毛三七，主要分布于东北、华北、华中等地区，资源丰富。落新妇是岩白菜素的主要来源之一，具有镇痛、抗氧化、抗癌活性。此外，落新妇花序又是良好的鲜切花材料。

常　山
Dichroa febrifuga Lour.

常山 *Dichroa febrifuga* Lour. 为《中华人民共和国药典》（2020 年版）"常山"药材的基原物种。其干燥根具有涌吐痰涎、截疟的功效，用于痰饮停聚、胸膈痞塞、疟疾等。

植物形态　落叶灌木，高 1～2 m。小枝常有 4 钝棱。叶对生，常椭圆形或卵状矩圆形，长 8～25 cm，边缘有锯齿；叶柄长 1.5～5 cm。伞房状圆锥花序顶生或生于上部叶腋；花两性，蓝色，直径约 1 cm；萼筒 5～6 齿裂；花瓣 5～6；雄蕊 10～20；花柱 4～6。浆果蓝色，有宿存萼齿及花柱。花期 2—4 月，果期 5—8 月（图 1057a）。

生境与分布　生于海拔 2 000 m 以下的阴湿林中，分布于神农架木鱼镇、下谷乡等地（图 1057b）。

a　　　　　　　　　　　　　　　b

图 1057　常山形态与生境图

ITS2序列特征　常山 *D. febrifuga* 共 3 条序列，均来自神农架样本，序列比对后长度为 230 bp，其序列特征见图 1058。

图 1058　常山 ITS2 序列信息

扫码查看常山
ITS2 基因序列

psbA-trnH序列特征　常山 *D. febrifuga* 共 3 条序列，均来自神农架样本，序列比对后长度为 423 bp，有 2 个变异位点，分别为 367 位点 A-T 变异，407 位点 G-T 变异。主导单倍型序列特征见图 1059。

扫码查看常山

*psb*A-*trn*H 基因序列

图 1059　常山 *psb*A-*trn*H 序列信息

资源现状与用途　常山 D. *febrifuga*，别名鸡骨常山、鸡骨风、大金刀等，主要分布于华中、华南、西南等地区。民间主要用于治疗疟疾。其根、茎、叶均有药用价值，根可治疟疾，叶（蜀漆）抗疟效价为根的数倍，叶、果可消气，茎、叶煎水能杀虱子，果还可用作调料。常山植物花叶秀美，叶脉明显，初夏开花，花形精致，是良好的观叶观花植物。

黄　水　枝

Tiarella polyphylla D. Don

黄水枝 *Tiarella polyphylla* D. Don 为神农架民间"七十二七"药材"防风七"的基原物种。其带根全草具有清热解毒、活血散瘀、消肿止痛的功效，用于治疗痈疖肿毒、跌打损伤及咳嗽气喘等。

植物形态　多年生草本，高 20～45 cm。茎不分枝，有伸展的柔毛。叶基生并茎生，宽卵形或五角形，长 2～8.5 cm，掌状 3～5 浅裂，先端渐尖，基部心形，边缘有浅牙齿，两面疏生糙伏毛。花序总状；花萼白色，钟形，裂片 5；无瓣；雄蕊 10 个；心皮 2 个，不等大。蒴果长约 1 cm。花果期 4—11 月（图 1060a）。

生境与分布　生于海拔 2 400 m 以下的林下、路旁的草丛中，分布于神农架新华镇、宋洛乡、木鱼镇、松柏镇、大九湖镇等地（图 1060b）。

a　　　　　　　　　　　　　　　　　b

图 1060　黄水枝形态与生境图

ITS2序列特征 黄水枝 *T. polyphylla* 共 3 条序列，均来自于神农架样本，序列比对后长度为 239 bp，其序列特征见图 1061。

```
1  10  20  30  40  50  60  70  80  90  100  110  120  130  140  150
151  160  170  180  190  200  210  220  230  239
```

图 1061　黄水枝 ITS2 序列信息

扫码查看黄水枝
ITS2 基因序列

五味子科 Schisandraceae

华中五味子

Schisandra sphenanthera Rehd. et Wils.

华中五味子 *Schisandra sphenanthera* Rehd. et Wils. 为《中华人民共和国药典》（2020 年版）"南五味子"药材的基原物种。其干燥成熟果实具有收敛固涩、益气生津、补肾宁心的功效，用于久咳虚喘、梦遗滑精、遗尿尿频、久泻不止、自汗盗汗、津伤口渴、内热消渴、心悸失眠等。

植物形态 落叶木质藤本。叶纸质，倒卵形、宽倒卵形，先端短急尖或渐尖，基部楔形或阔楔形，干膜质边缘至叶柄成狭翅，上面深绿色，下面淡灰绿色，有白色点；叶柄红色。花生于近基部叶腋，花梗纤细，花被片 5～9，橙黄色，椭圆形或长圆状倒卵形。聚合果果托长 6～17 cm，成熟小核果红色，具短柄；种子长圆体形或肾形。花期 4—7 月，果期 7—9 月（图 1062a）。

生境与分布 生于海拔 1 500 m 以下的林缘或疏林中，分布于神农架各地（图 1062b）。

a　　　　　　　　　　　　　　　　　　　b

图 1062　华中五味子形态与生境图

ITS2序列特征 华中五味子 *S. sphenanthera* 共 3 条序列，均来自于神农架样本，序列比对后长度为 231 bp，其序列特征见图 1063。

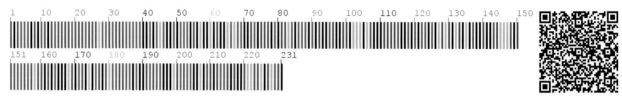

图 1063　华中五味子 ITS2 序列信息

扫码查看华中五味子
ITS2 基因序列

psbA-trnH序列特征　华中五味子 *S. sphenanthera* 共 3 条序列，均来自于神农架样本，序列比对后长度为 393 bp，其序列特征见图 1064。

扫码查看华中五味子
*psb*A-*trn*H 基因序列

图 1064　华中五味子 *psb*A-*trn*H 序列信息

资源现状与用途　华中五味子 *S. sphenanthera*，别名南五味子、香苏、红铃子等，在我国分布广泛。华中五味子喜阴凉湿润气候，耐寒，不耐水浸，需适度荫蔽，是我国常用中药材。近年，华中五味子野生资源急剧下降，目前已被纳入《国家重点保护野生药材物种名录》，属于三级保护野生药材物种。

玄 参 科 Scrophulariaceae

美观马先蒿

Pedicularis decora Franch.

美观马先蒿 *Pedicularis decora* Franch. 为神农架民间药材"太白人参"的基原物种。其根茎具有补气养阴、止痛的功效，用于病后体虚、阴虚潮热、缓解疼痛等。

植物形态　多年生草本，高达 1 m，多毛。茎不分枝或有时上部分枝，中空，生有白色无腺的疏长毛。根茎粗壮肉质。叶线状披针形至狭披针形，深裂至 2/3 处为长圆状披针形的裂片，裂片达 20 对，缘有重锯齿。花序穗状而长，毛较密而具腺；花黄色，萼有密腺毛，很小，齿三角形而小，锯齿不明显或几全缘；花管长 12 mm，有毛，下唇裂片卵形，钝头，中裂较大于侧裂，盔约与下唇等长，舟形，下缘有长须毛。果卵圆而稍扁，两室相等，端有刺尖。花果期 7—10 月（图 1065a）。

生境与分布 生于海拔 1 900～2 900 m 的山坡、草甸，分布于神农架红坪镇、宋洛乡、木鱼镇、大九湖镇等地（图 1065b）。

a   b

图 1065　美观马先蒿形态与生境图

ITS2序列特征 美观马先蒿 *P. decora* 共 2 条序列，均来自于 GenBank（JF977537、JF977538），序列比对后长度为 240 bp，其序列特征见图 1066。

图 1066　美观马先蒿 ITS2 序列信息　　　　　扫码查看美观马先蒿 ITS2 基因序列

***psb*A-*trn*H序列特征** 美观马先蒿 *P. decora* 共 2 条序列，均来自于 GenBank（JN045953、JN045954），序列比对后长度为 512 bp，有 2 个变异位点，分别为 93 位点 G-A 变异，163 位点 C-T 变异，在 74～80 位点存在碱基缺失，363～364 位点存在碱基插入。主导单倍型序列特征见图 1067。

扫码查看美观马先蒿 *psb*A-*trn*H 基因序列

图 1067　美观马先蒿 *psb*A-*trn*H 序列信息

返顾马先蒿

Pedicularis resupinata Linnaeus

返顾马先蒿 *Pedicularis resupinata* Linnaeus 为神农架民间"七十二七"药材"芝麻七"的基原物种。其根具有祛风利湿的功效，用于关节疼痛、风湿性关节炎、小便不通等。

植物形态 多年生草本。根多数丛生，细长而纤维状。茎常单出，上部多分枝，粗壮而中空，多方形有棱。叶密生，均茎出，边缘有钝圆的重齿，齿上有浅色的胼胝或刺状尖头，且常反卷，两面无毛或有疏毛。花单生于茎枝顶端的叶腋中，无梗或有短梗。花冠淡紫红色，管伸直，近端处略扩大，自基部起即向右扭旋，此种扭旋使下唇及盔部成为回顾之状。花期6—8月；果期7—9月（图1068a）。

生境与分布 生于海拔400～2 000 m的林缘下或草甸上，分布于神农架新华镇、宋洛乡、木鱼镇、红坪镇等地（图1068b）。

a b

图 1068 返顾马先蒿形态与生境图

ITS2序列特征 返顾马先蒿 *P. resupinata* 共3条序列，均来自于神农架样本，序列比对后长度为229 bp，有2个变异位点，分别为13位点 C-T 变异，17位点 T-C 变异。主导单倍型序列特征见图1069。

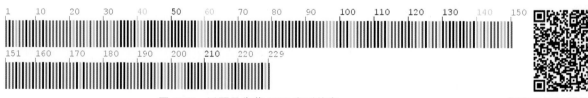

图 1069 返顾马先蒿 ITS2 序列信息

扫码查看返顾马先蒿
ITS2 基因序列

*psb*A-*trn*H序列特征　返顾马先蒿 *P. resupinata* 共 3 条序列，均来自于神农架样本，序列比对后长度为 556 bp，其序列特征见图 1070。

扫码查看返顾马先蒿 *psb*A-*trn*H 基因序列

图 1070　返顾马先蒿 *psb*A-*trn*H 序列信息

资源现状与用途　返顾马先蒿 *P. resupinata*，别名马屎蒿、梳子草、大茵陈等，在我国大部分地区均有分布。部分地区常煎汤外用以治疗疥疮，水煎内服治疗尿路结石、小便不畅等症。

地　黄
Rehmannia glutinosa Libosch.

地黄 *Rehmannia glutinosa* Libosch. 为《中华人民共和国药典》（2020 年版）"地黄"和"熟地黄"药材的基原物种。其新鲜块根为"鲜地黄"，具有清热生津、凉血、止血的功效，用于热病伤阴、舌绛烦渴、温毒发斑、吐血、衄血、咽喉肿痛等；其干燥块根为"生地黄"，具有清热凉血、养阴生津的功效，用于热入营血、温毒发斑、吐血衄血、热病伤阴、舌绛烦渴、津伤便秘、阴虚发热、骨蒸劳热、内热消渴等；"生地黄"的炮制加工品为"熟地黄"，具有补血滋阴、益精填髓的功效，用于血虚萎黄、心悸怔忡、月经不调、崩漏下血、肝肾阴虚、腰膝酸软、骨蒸潮热、盗汗遗精、内热消渴、眩晕、耳鸣、须发早白等。

植物形态　多年生草本，体高 10～30 cm，密被灰白色多细胞长柔毛和腺毛。根茎肉质，鲜时黄色。茎紫红色。叶通常在茎基部集成莲座状，向上则强烈缩小成苞片；叶片卵形至长椭圆形。花具长 0.5～3 cm 之梗，梗细弱，弯曲而后上升，密被多细胞长柔毛和白色长毛，具 10 条隆起的脉；萼齿 5 枚；花冠长 3～4.5 cm；花冠筒多少弓曲，外面紫红色，被多细胞长柔毛，花冠裂片，5 枚；花柱顶部扩大成 2 枚片状柱头。蒴果卵形至长卵形。花果期 4—7 月（图 1071a）。

生境与分布　神农架有栽培（图 1071b）。

ITS2序列特征　地黄 *R. glutinosa* 共 3 条序列，均来自于神农架样本，序列比对后长度为 231 bp，其序列特征见图 1072。

资源现状与用途　地黄 *R. glutinosa*，别名怀庆地黄，小鸡喝酒等，主要分布于我国东北、西北、华中等地区。以鲜地黄、生地黄和熟地黄三种形式入药。近年来也逐渐被引入畜牧行业，地黄及其提取液常用于家畜心力衰竭、猪口蹄疾等疾病的防治。

a   b

图 1071　地黄形态与生境图

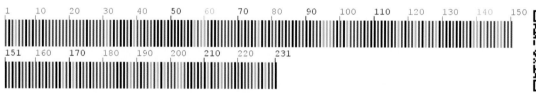

图 1072　地黄 ITS2 序列信息

扫码查看地黄
ITS2 基因序列

资源现状与用途　地黄 R. glutinosa，别名生地、地髓等，分布于我国的辽宁、河北、河南、山东、山西、陕西、甘肃、内蒙古、江苏等地区。具有强心利尿、解热消炎、促进血液凝固和降低血糖等作用。除药用价值外，还具有一定的观赏价值。

玄　参

Scrophularia ningpoensis **Hemsl.**

玄参 *Scrophularia ningpoensis* Hemsl. 为《中华人民共和国药典》（2020 年版）"玄参"药材的基原物种。其干燥根具有清热凉血、滋阴降火、解毒散结的功效，用于热入营血、温毒发斑、热病伤阴、舌绛烦渴、津伤便秘、骨蒸劳嗽、目赤、咽痛、白喉、瘰疬、痈肿疮毒等。

植物形态　草本。支根数条，纺锤形或胡萝卜状膨大。茎四棱形，有浅槽，无翅或有极狭的翅，常分枝。叶在茎下部多对生而具柄，上部的有时互生而柄极短，叶片多变化。花序为疏散的大圆锥花序，由顶生和腋生的聚伞圆锥花序合成，聚伞花序常 2～4 回复出；花褐紫色，花冠筒多少球形。蒴果卵圆形，连同短喙长 8～9mm。花期 6—10 月，果期 9—11 月（图 1073a）。

生境与分布　神农架有栽培（图 1073b）。

a   b

图 1073　玄参形态与生境图

ITS2序列特征　玄参 *S. ningpoensis* 共 3 条序列，均来自于神农架样本，序列比对后长度为 222 bp，其序列特征见图 1074。

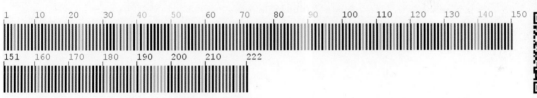

图 1074　玄参 ITS2 序列信息

扫码查看玄参
ITS2 基因序列

psbA-trnH序列特征　玄参 *S. ningpoensis* 共 3 条序列，均来自于神农架样本，序列比对后长度为 408 bp，其序列特征见图 1075。

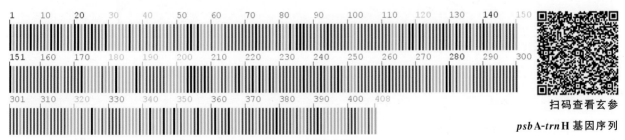

扫码查看玄参
*psb*A-*trn*H 基因序列

图 1075　玄参 *psb*A-*trn*H 序列信息

资源现状与用途　玄参 S. ningpoensis，别名元参、浙玄参、水萝卜等，分布较广，产于湖北、安徽、江苏、浙江、福建、江西、湖南、广东、贵州、四川等地区。现代研究表明，玄参具有调节人体免疫系统、抗炎、抗菌、抗氧化、抗肿瘤等药理作用，常用于防治心脑血管疾病、糖尿病、消化系统疾病等。

苦 木 科 Simaroubaceae

臭 椿

Ailanthus altissima（Mill.）Swingle

臭椿 _Ailanthus altissima_（Mill.）Swingle 为《中华人民共和国药典》（2020 年版）"椿皮"药材的基原物种。其干燥根皮或干皮具有清热燥湿、收涩止带、止泻、止血的功效，用于赤白带下、湿热泻痢、久泻久痢、便血、崩漏等。

植物形态 落叶乔木。树皮平滑而有直纹；嫩枝有髓。叶为奇数羽状复叶，有小叶 13～27 枚；小叶对生或近对生，纸质，卵状披针形，先端长渐尖，基部偏斜，两侧各具 1 或 2 个粗锯齿，齿背有腺体 1 个，揉碎后具臭味。圆锥花序长 10～30 cm；花淡绿色。翅果长椭圆形，种子位于翅的中间，扁圆形。花期 4—5 月，果期 8—10 月（图 1076a）。

生境与分布 生于海拔 500～1 300 m 的向阳山坡林中，分布于神农架各地（图 1076b）。

a   b

图 1076 臭椿形态与生境图

ITS2序列特征 臭椿 _A. altissima_ 共 4 条序列，均来自于神农架样本，序列比对后长度为 225 bp，有 3 个变异位点，分别为 48、85 位点 C-T 变异，172 位点 C-A 变异。主导单倍型序列特征见图 1077。

_psb_A-_trn_H序列特征 臭椿 _A. altissima_ 共 3 条序列，均来自于 GenBank（KC816431、KC816433、KC816434），序列比对后长度为 430 bp，有 2 个变异位点，为 297、298 位点 T-A 变异，在 232～241 bp 位点存在碱基缺失。主导单倍型序列特征见图 1078。

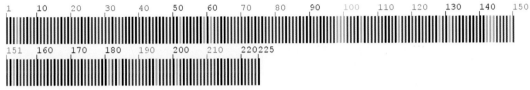

图 1077　臭椿 ITS2 序列信息

扫码查看臭椿 ITS2 基因序列

图 1078　臭椿 *psb*A-*trn*H 序列信息

扫码查看臭椿 *psb*A-*trn*H 基因序列

资源现状与用途　臭椿 *A. altissima*，别名臭椿皮、大皮臭椿等，主要分布于东北、中部等地区。臭椿树皮提取物被开发成多种害虫的驱避剂。此外，臭椿对烟尘和二氧化硫具有很强的抗性，是道路和工厂的优良绿化树种。

苦　木

Picrasma quassioides（D. Don）Benn.

苦木 *Picrasma quassioides*（D. Don）Benn.（*Flora of China* 收录为苦树）为《中华人民共和国药典》（2020 年版）"苦木"药材的基原物种。其干燥枝和叶具有清热解毒、祛湿的功效，用于风热感冒、咽喉肿痛、湿热泻痢、湿疹、疮疖、蛇虫咬伤等。

植物形态　落叶或常绿的乔木或灌木。树皮通常有苦味。叶互生，通常成羽状复叶。花序腋生，成总状、圆锥状或聚伞花序；花小，辐射对称，单性、杂性或两性；花瓣 3～5，分离，镊合状或覆瓦状排列；子房通常 2～5 裂，花柱 2～5 个，分离或多少结合，柱头头状，每室有胚珠 1～2 颗，倒生或弯生，中轴胎座。果为翅果、核果或蒴果，一般不开裂。花期 4—5 月，果期 6—9 月（图 1079a）。

生境与分布　生于海拔 1 000～1 800 m 的山地杂木林中，分布于神农架阳日镇、新华镇、宋洛乡、木鱼镇、松柏镇等地（图 1079b）。

ITS2序列特征　苦木 *P. quassioides* 共 2 条序列，均来自于神农架样本，序列比对后长度为 225 bp，其序列特征见图 1080。

psbA-trnH序列特征　苦木 *P. quassioides* 共 2 条序列，均来自于 GenBank（HQ427020、MH749303），序列比对后长度为 201 bp，其序列特征见图 1081。

a   b

图 1079　苦木形态与生境图

图 1080　苦木 ITS2 序列信息

扫码查看苦木
ITS2 基因序列

图 1081　苦木 *psb*A-*trn*H 序列信息

扫码查看苦木
*psb*A-*trn*H 基因序列

资源现状与用途　苦木 *P. quassioides*，别名苦树、苦皮树、臭辣子、苦坛木、苦胆木，分布于我国黄河流域以南各省区。目前，以苦木提取液为主要成分开发出了苦木针剂、消炎利胆片等制剂。民间兽医用苦木皮治牛咳嗽、胃炎、大小肠热症、炭疽病等。还有以苦树作农药，杀灭蔬菜及园林害虫。

茄　科 Solanaceae

枸　杞
Lycium chinense Mill.

枸杞 *Lycium chinense* Mill. 为《中华人民共和国药典》（2020 年版）"地骨皮"药材的基原物种之一。其干燥根皮具有凉血除蒸、清肺降火的功效，用于阴虚潮热、骨蒸盗汗、肺热咳嗽、咯血、衄血、内热消渴等。

植物形态　灌木，高 0.5～1m。多分枝，枝条有棘刺。叶互生或 2～4 枚簇生，卵形、长椭圆形至卵状披针形，长 1.5～5 cm，先端急尖，基部楔形；叶柄长 0.4～1 cm。花在长枝上单生或双生于叶腋，在短枝上则同叶簇生；花冠漏斗状，淡紫色，5 深裂。浆果红色。花果期 6—11 月（图 1082a）。

生境与分布　生于海拔 400～900 m 的路边或林缘，分布于神农架松柏镇、阳日镇等地（图 1082b）。

a　　　　　　　　　　　　　　　　　　　b

图 1082　枸杞形态与生境图

ITS2序列特征　枸杞 *L. chinense* 共 3 条序列，均来自于神农架样本，序列比对后长度为 230 bp，有 7 个变异位点，分别为 43、97、173 位点 T-C 变异，108 位点 A-C 变异，176 位点 G-A 变异，200 位点 A-G 变异，210 位点 C-T 变异，在 13 位点存在碱基插入。主导单倍型序列特征见图 1083。

图 1083　枸杞 ITS2 序列信息

扫码查看枸杞
ITS2 基因序列

酸 浆

Physalis alkekengiL. var. franchetii（Mast.）Makino

酸浆 *Physalis alkekengi* L. var. *franchetii*（Mast.）Makino（*Flora of China* 收录为挂金灯）为《中华人民共和国药典》（2020 年版）"锦灯笼"药材的基原物种。其干燥宿萼或带果实的宿萼具有清热解毒、利咽化痰、利尿通淋的功效，用于咽痛音哑、痰热咳嗽、小便不利、热淋涩痛等，外治天疱疮、湿疹等。

植物形态 多年生草本，基部常匍匐生根。茎分枝稀疏或不分枝，茎较粗壮，茎节膨大。叶基部不对称狭楔形、下延至叶柄，叶仅叶缘有短毛。花萼阔钟状，花萼除裂片密生毛外筒部毛被稀疏，果萼毛被脱落而光滑无毛；花冠辐状，白色，裂片开展，阔而短，顶端骤然狭窄成三角形尖头，外面有短柔毛，边缘有缘毛；果萼卵状，薄革质，网脉显著，有 10 纵肋，橙色或火红色；浆果球状，橙红色。花期 5—9 月，果期 6—10 月（图 1084a）。

生境与分布 生于海拔 800～1 500 m 的山坡林下，分布于神农架红坪镇、木鱼镇等地（图 1084b）。

a   b

图 1084 酸浆形态与生境图

ITS2序列特征 酸浆 *P. alkekengi* var. *franchetii* 共 3 条序列，均来自于神农架样本，序列比对后长度为 211 bp，其序列特征见图 1085。

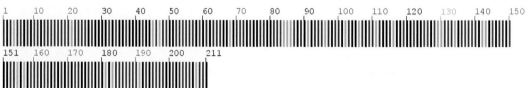

图 1085 酸浆 ITS2 序列信息

扫码查看酸浆
ITS2 基因序列

资源现状与用途 酸浆 *P. alkekengi* var. *franchetii*，别名挂金灯、泡泡草等，资源丰富，分布广泛。民间用于治疗小儿上呼吸道炎症、急性扁桃体炎等症。除药用外，酸浆也是一种常见的水果，已开发出葡萄酸浆果酱、酸浆南瓜饮料等产品。

旌 节 花 科 Stachyuraceae

喜马山旌节花

Stachyurus himalaicus Hook. f. et Thoms

喜马山旌节花 *Stachyurus himalaicus* Hook. f. et Thoms.（*Flora of China* 收录为西域旌节花）为《中华人民共和国药典》（2020 年版）"小通草"药材的基原物种之一。其干燥茎髓具有清热、利尿、下乳的功效，用于小便不利、淋证、乳汁不下等。

植物形态 落叶灌木或小乔木。叶片坚纸质至薄革质，披针形至长圆状披针形，先端渐尖至长渐尖，基部钝圆，边缘具细而密的锐锯齿，齿尖骨质并加粗。穗状花序腋生，无总梗，通常下垂，基部无叶；花黄色，几无梗；萼片 4 枚；花瓣 4 枚，倒卵形；花药黄色，2 室，纵裂。果实近球形，无梗或近无梗，具宿存花柱。花期 3—4 月，果期 5—8 月（图 1086a）。

生境与分布 生于海拔 600～1 800 m 的山坡灌木丛中，分布于神农架下谷乡、松柏镇等地（图 1086b）。

a   b

图 1086　喜马山旌节花形态与生境图

ITS2序列特征 喜马山旌节花 S. himalaicus 共 3 条序列，均来自于神农架样本，序列比对后长度为 223 bp，其序列特征见图 1087。

图 1087　喜马山旌节花 ITS2 序列信息

扫码查看喜马山旌节花 ITS2 基因序列

psbA-trnH序列特征 喜马山旌节花 S. himalaicus 共 2 条序列，均来自于神农架样本，序列比对后长度为 512 bp，其序列特征见图 1088。

图 1088　喜马山旌节花 psbA-trnH 序列信息

扫码查看喜马山旌节花 psbA-trnH 基因序列

中国旌节花

Stachyurus chinensis **Franch.**

中国旌节花 *Stachyurus chinensis* Franch. 为《中华人民共和国药典》（2020 年版）"小通草"药材的基原物种之一。其干燥茎髓具有清热、利尿、下乳的功效，用于小便不利、淋证、乳汁不下等。

植物形态 落叶灌木，高 2～4 m。树皮光滑紫褐色或深褐色。叶互生，卵形、长圆状卵形至长圆状椭圆形，长 5～12 m，渐尖至尾状渐尖，具圆齿状锯齿。穗状花序腋生；花黄色，先叶开放；萼片 4；花瓣 4；雄蕊 8；子房瓶状。果圆球形，直径 6～7 cm。花期 3—4 月，果期 5—7 月（图 1089a）。

生境与分布 生于海拔 2 500 m 以下的山坡、沟边或灌丛中，分布于神农架各地（图 1089b）。

ITS2序列特征 中国旌节花 S. chinensis 共 3 条序列，均来自于神农架样本，序列比对后长度为 223 bp，有 4 个变异位点，分别为 32 位点 T-C 变异，49 位点 G-C 变异，195、205 位点 C-T 变异。主导单倍型序列特征见图 1090。

图 1089　中国旌节花形态与生境图

图 1090　中国旌节花 ITS2 序列信息

扫码查看中国旌节花
ITS2 基因序列

psbA-trnH序列特征　中国旌节花 S. chinensis 共 3 条序列，均来自于神农架样本，序列比对后长度为 531 bp，有 2 个变异位点，分别为 137 位点 T-A 变异，422 位点 T-G 变异，在 265～271、347～366 位点存在碱基缺失。主导单倍型序列特征见图 1091。

扫码查看中国旌
节花 psbA-trnH
基因序列

图 1091　中国旌节花 psbA-trnH 序列信息

瑞香科 Thymelaeaceae

芫 花

Daphne genkwa Sieb. et Zucc.

芫花 *Daphne genkwa* Sieb. et Zucc. 为《中华人民共和国药典》（2020 年版）"芫花"药材的基原物种。其干燥花蕾具有泻水逐饮、外用杀虫疗疮的功效，用于水肿胀满、胸腹积水、痰饮积聚、气逆咳喘、二便不利等，外治疥癣秃疮、痈肿、冻疮等。

植物形态 落叶灌木，多分枝。叶对生，纸质，卵形或卵状披针形至椭圆状长圆形，先端急尖或短渐尖，基部宽楔形或钝圆形，边缘全缘。花比叶先开放，紫色或淡紫蓝色，无香味，常 3～6 朵簇生于叶腋或侧生，花梗短，具灰黄色柔毛；花萼筒细瘦，筒状。果实肉质，白色，椭圆形，包藏于宿存的花萼筒的下部，具 1 颗种子。花期 3—5 月，果期 6—7 月（图 1092a）。

生境与分布 生于海拔 600m 以下山坡路旁，分布于神农架阳日镇等地（图 1092b）。

a   b

图 1092　芫花形态与生境图

ITS2序列特征 芫花 *D. genkwa* 共 3 条序列，均来自于神农架样本，序列比对后长度为 221 bp，其序列特征见图 1093。

图 1093　芫花 ITS2 序列信息

扫码查看芫花
ITS2 基因序列

鞘 柄 木 科 Toricelliaceae

角叶鞘柄木
Toricellia angulata Oliv.

角叶鞘柄木 *Toricellia angulata* Oliv. 为神农架民间常用药材"接骨丹"的基原物种。其根具有活血祛瘀、接骨、祛风利湿的功效，用于外伤骨折、跌打损伤、风湿关节痛、痨伤、产后腰痛、慢性肠炎、腹泻等。

植物形态 落叶灌木或小乔木。叶互生，膜质或纸质。雄花的花萼管倒圆锥形，裂片 5，齿状；花瓣 5，长圆披针形，先端钩状内弯；雄蕊 5，与花瓣互生；雌花序较长；花萼管状钟形，无毛，裂片 5，披针形；子房倒卵形，3 室，与花萼管合生，无毛，柱头微曲，下延；花梗细圆柱形，有小苞片 3 枚。果实核果状，卵形，直径 4 mm，花柱宿存。花期 4 月，果期 6 月（图 1094a）。

生境与分布 生于海拔 800～2 000 m 的林缘或林下，分布于神农架新华镇、松柏镇等地（图 1094b）。

a   b

图 1094　角叶鞘柄木形态与生境图

ITS2序列特征 角叶鞘柄木 *T. angulata* 共 2 条序列，均来自于神农架样本，序列比对后长度为 230 bp，其序列特征见图 1095。

图 1095　角叶鞘柄木 ITS2 序列信息

扫码查看角叶鞘柄木 ITS2 基因序列

psbA-trnH序列特征 角叶鞘柄木 *T. angulata* 共 2 条序列，均来自于神农架样本，序列比对后长度为 428 bp，其序列特征见图 1096。

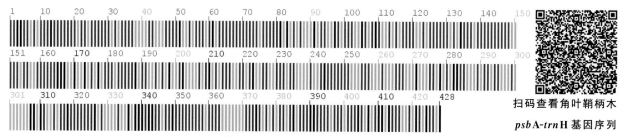

扫码查看角叶鞘柄木

***psbA-trnH*基因序列**

图 1096　角叶鞘柄木 *psbA-trnH* 序列信息

荨　麻　科　Urticaceae

庐山楼梯草

Elatostema stewardii Merr.

庐山楼梯草 *Elatostema stewardii* Merr. 为神农架民间药材"七十二七"药材"鸡血七"的基原物种。其全草或根茎具有活血散瘀、消肿止痛的功效，用于跌打扭伤、骨折、咳嗽等。

植物形态 多年生草本，高 25～50 cm。茎肉质，常不分枝。叶无柄，斜椭圆形或斜狭倒卵形，长 5～14 cm，中部以上边缘有牙齿；托叶钻状三角形。雌雄异株；雄花序近圆形，直径达 1 cm，具短柄；雌花序无柄，较小；苞片狭椭圆形，有纤毛。瘦果狭卵形，长约 0.8 mm。花期 7－9 月（图 1097a）。

生境与分布 生于海拔 1 500 m 以下的阴湿沟边或山麓树下，分布于神农架各地（图 1097b）。

a　　　　　　　　　　　　　　　　　　　　　b

图 1097　庐山楼梯草形态与生境图

ITS2序列特征 庐山楼梯草 *E. stewardii* 共 3 条序列，均来自于神农架样本，序列比对后长度为 255 bp，有 1 个变异位点，为 44 位点 C-T 变异。主导单倍型序列特征见图 1098。

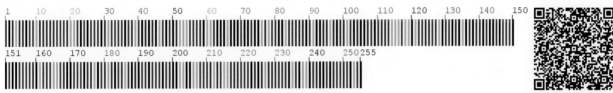

图 1098　庐山楼梯草 ITS2 序列信息

扫码查看庐山楼梯草
ITS2 基因序列

psbA-trnH序列特征 庐山楼梯草 *E. stewardii* 共 3 条序列，均来自于神农架样本，序列比对后长度为 237 bp，其序列特征见图 1099。

图 1099　庐山楼梯草 *psb*A-*trn*H 序列信息

扫码查看庐山楼梯草
*psb*A-*trn*H 基因序列

资源现状与用途 庐山楼梯草 *E. stewardii*，别名接骨草、白龙骨、冷坑青等，主要分布于华中、华东、西南、西北等地区。其株型低矮，生长迅速，致密整齐。园林中，可用于布置岩石园、溪边、岸边、池塘边阴湿地处或植于林下、高大建筑物阴面。

败 酱 科 Valerianaceae

蜘 蛛 香

Valeriana jatamansi Jones

蜘蛛香 *Valeriana jatamansi* Jones 为《中华人民共和国药典》（2020 年版）"蜘蛛香"药材的基原物种。其干燥根茎和根具有理气止痛、消食止泻、祛风除湿、镇惊安神的功效，用于脘腹胀痛、食积不化、腹泻痢疾、风湿痹痛、腰膝酸软、失眠等。

植物形态 草本，植株高 20～70 cm。根茎粗厚，块柱状，节密，有浓烈香味；茎 1 至数株丛生。基生叶发达，叶片心状圆形至卵状心形，边缘具疏浅波齿，被短毛或有时无毛；茎生叶不发达，下部的心状圆形，上部的常羽裂，无柄。花序为顶生的聚伞花序，苞片和小苞片长钻形，最上部的小苞片常与果实等长。花白色或微红色，杂性。瘦果长卵形，两面被毛。花期 5—7 月，果期 6—9 月（图 1100a）。

生境与分布 生于海拔 1 000 ～2 800 m 的山坡、山谷、溪边或林下阴湿处，分布于神农架木鱼镇、宋洛乡、松柏镇等地（图 1100b）。

a   b

图 1100　蜘蛛香形态与生境图

ITS2序列特征　蜘蛛香 *V. jatamansi* 序列共 2 条，均来自于 GenBank（KY238290、KX277663），序列比对后长度为 246 bp，有 3 个变异位点，分别为 8 位点 T-C 变异，109 位点 A-T 变异，189 位点 C-T 变异，在 84 位点存在碱基缺失。主导单倍型序列特征见图 1101。

图 1101　蜘蛛香 ITS2 序列信息

扫码查看蜘蛛香
ITS2 基因序列

psbA-trnH序列特征　蜘蛛香 *V. jatamansi* 共 3 条序列，均来自于神农架样本，序列比对后长度为 199 bp，其序列特征见图 1102。

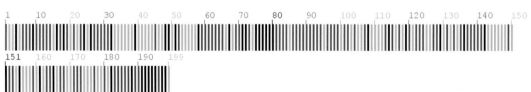

图 1102　蜘蛛香 *psb*A-*trn*H 序列信息

扫码查看蜘蛛香
*psb*A-*trn*H 基因序列

资源现状与用途　蜘蛛香 *V. jatamansi*，别名豆豉菜根、九转香、雷公七、马蹄香、鬼见愁等，主要分布于华北、华中、西南等地区。该植物已有悠久的应用历史，可作香料及药用。贵州民间用菜油调敷治蜘蛛疮等。每年端午节前后，民间用蜘蛛香作烟熏剂，用来驱除害虫。

缬　草

Valeriana officinalis L.

缬草 *Valeriana officinalis* L. 为神农架民间药材"墨香"的基原物种之一。其根茎具有理气、止痛、安神的功效，用于胃腹胀痛、腰腿痛、跌打损伤、神经衰弱、失眠等。

植物形态　多年生高大草本。根状茎粗短呈头状，须根簇生；茎中空，有纵棱，被粗毛。茎生叶卵形至宽卵形，羽状深裂，裂片 7～11 枚。花序顶生，成伞房状三出聚伞圆锥花序；小苞片中央纸质，两侧膜质，长椭圆状长圆形、倒披针形或线状披针形。花冠淡紫红色或白色，花冠裂片椭圆形，雌雄蕊约与花冠等长。瘦果长卵形。花期 5—7 月，果期 6—10 月（图 1103a，b）。

生境与分布　生于海拔 1 500～2 600 m 的山坡草地或高山草甸，分布于神农架木鱼镇、大九湖镇、宋洛乡等地（图 1103c）。

a　　　　　　　　　　　　　　　b　　　　　　　　　　　　　　　c

图 1103　缬草形态与生境图

ITS2序列特征　缬草 *V. officinalis* 共 3 条序列，均来自于 GenBank（EU796889、AJ426560、DQ180745），序列比对后长度为 234 bp，有 3 个变异位点，分别为 28 位点 C-A 变异，172 位点 G-A 变异，210 位点 C-T 变异，在 61 位点存在碱基插入，45 位点存在简并碱基 Y。主导单倍型序列特征见图 1104。

图 1104　缬草 ITS2 序列信息

扫码查看缬草
ITS2 基因序列

***psb*A-*trn*H序列特征**　缬草 *V. officinalis* 共 3 条序列，均来自于神农架样本，序列比对后长度为 250 bp，其序列特征见图 1105。

图 1105　缬草 *psb*A-*trn*H 序列信息

扫码查看缬草
*psb*A-*trn*H 基因序列

马鞭草科 Verbenaceae

马 鞭 草

Verbena officinalis L.

马鞭草 *Verbena officinalis* L. 为《中华人民共和国药典》（2020 年版）"马鞭草"药材的基原物种。其干燥地上部分具有活血散瘀、解毒、利水、退黄、截疟的功效，用于癥瘕积聚、痛经经闭、喉痹、痈肿、水肿、黄疸、疟疾等。

植物形态　多年生草本。茎四方形，节和棱上有硬毛。叶片卵圆形至倒卵形或长圆状披针形，基生叶的边缘通常有粗锯齿和缺刻；茎生叶多数 3 深裂，裂片边缘有不整齐锯齿，两面均有硬毛，背面脉上尤多。穗状花序顶生和腋生，细弱；花小，无柄，最初密集，结果时疏离；花冠淡紫至蓝色，外面有微毛，裂片 5 枚。果长圆形，外果皮薄，成熟时 4 瓣裂。花期 6—8 月，果期 7—10 月（图 1106a）。

生境与分布　生于海拔 1 200 m 以下的山坡路旁，分布于神农架阳日镇、新华镇、下谷乡、松柏镇等地（图 1106b）。

a　　　　　　　　　　　　　　　　　　　　b

图 1106　马鞭草形态与生境图

ITS2序列特征　马鞭草 *V. officinalis* 共 3 条序列，均来自于神农架样本，序列比对后长度为 234 bp，其序列特征见图 1107。

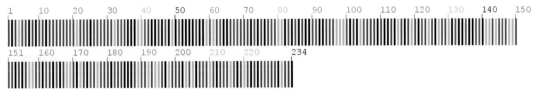

图 1107　马鞭草 ITS2 序列信息

扫码查看马鞭草
ITS2 基因序列

psbA-trnH序列特征　马鞭草 V. officinalis 共 3 条序列，均来自于神农架样本，序列比对后长度为 274 bp，其序列特征见图 1108。

图 1108　马鞭草 psbA-trnH 序列信息

扫码查看马鞭草
psbA-trnH 基因序列

牡　荆

Vitex negundo L. var. *cannabifolia* (Sieb. et Zucc.) Hand.-Mazz.

牡荆 *Vitex negundo* L. var. *cannabifolia*（Sieb. et Zucc.）Hand.-Mazz. 为《中华人民共和国药典》（2020 年版）"牡荆叶"药材的基原物种。其新鲜叶具有祛痰、止咳、平喘的功效，用于咳嗽痰多等。

植物形态　落叶灌木或小乔木；小枝四棱形。叶对生，掌状复叶，小叶 5 枚；小叶片披针形或椭圆状披针形，顶端渐尖，基部楔形，边缘有粗锯齿，表面绿色，背面淡绿色，通常被柔毛。圆锥花序顶生，长 10～20 cm；花冠淡紫色。果实近球形，黑色。花期 6—7 月，果期 8—11 月（图 1109a）。

生境与分布　生于海拔 1 000 m 以下的山坡或沟边灌木丛中，分布于神农架阳日镇、新华镇、松柏镇等地（图 1109b）。

a　　　　　　　　　　　　　　b

图 1109　牡荆形态与生境图

ITS2序列特征 牡荆 V. *negundo* var. *cannabifolia* 共 3 条序列，均来自于神农架样本，序列比对后长度为 216 bp，其序列特征见图 1110。

图 1110　牡荆 ITS2 序列信息

扫码查看牡荆
ITS2 基因序列

psbA–trnH序列特征 牡荆 V. *negundo* var. *cannabifolia* 共 3 条序列，均来自于神农架样本，序列比对后长度为 338 bp，有 2 个变异位点，分别为 73 位点 C-G 变异，90 位点 A-C 变异，在 74 位点存在简并碱基 W。主导单倍型序列特征见图 1111。

图 1111　牡荆 *psbA-trn*H 序列信息

扫码查看牡荆
*psbA-trn*H 基因序列

资源现状与用途 牡荆 V. *negundo* var. *cannabifolia*，别名黄荆、小荆等，主要分布于华东各省及华中、华南、西南部分地区。除具有药用价值外，牡荆也是一种重要的蜜源植物。

堇 菜 科 Violaceae

茜

Viola moupinensis Franch.

茜 *Viola moupinensis* Franch. 为神农架民间"三十六还阳"药材"马蹄还阳"的基原物种。其全草具有清热解毒、活血止血的功效，用于跌打损伤、骨折、刀伤、咳血、乳痈、疮疖肿毒、疮疖溃烂不收口等。

植物形态 多年生草本。无地上茎，枝端簇生数枚叶片。根状茎粗 6～10 mm。叶基生，叶片心形或肾状心形；叶柄有翅；托叶离生，卵形。花较大，淡紫色或白色，具紫色条纹；萼片披针形或狭卵形；花瓣长圆状倒卵形，侧方花瓣里面近基部有须毛；距囊状，较粗，明显长于萼片的附属物；子房无毛，花柱基部稍向前膝曲，上部增粗，柱头平截。花期 4—6 月，果期 5—7 月（图 1112a）。

生境与分布 生长于海拔 1 500～2 100 m 的山坡、林下、岩石边或沟谷旁草丛中，分布于神农架各地（图 1112b）。

a   b

图 1112　堇形态与生境图

ITS2序列特征 堇 *V. moupinensis* 共 3 条序列，均来自于神农架样本，序列比对后长度为 222 bp，有 8 个变异位点，在 32～33 位点存在碱基插入。主导单倍型序列特征见图 1113。

图 1113　堇 ITS2 序列信息

扫码查看堇
ITS2 基因序列

***psb*A-*trn*H序列特征** 堇 *V. moupinensis* 共 3 条序列，均来自于神农架样本，序列比对后长度为 295 bp，有 3 个变异位点，为 76 位点 T-G 变异，108、138 位点 A-T 变异。主导单倍型序列特征见图 1114。

图 1114　堇 *psb*A-*trn*H 序列信息

扫码查看堇
*psb*A-*trn*H 基因序列

紫 花 地 丁

Viola yedoensis Makino

紫花地丁 *Viola yedoensis* Makino（*Flora of China* 收录为 *Viola philippica* Cav.）为《中华人民共和国药典》（2020 年版）"紫花地丁"药材的基原物种。其干燥全草具有清热解毒、凉血消肿的功效，用于疗疮肿毒、痈疽发背、丹毒、毒蛇咬伤等。

植物形态 多年生草本，无地上茎。根状茎短，垂直，淡褐色，节密生。叶多数，基生，莲座状；叶片下部者通常较小，呈三角状卵形或狭卵形，上部者较长，呈长圆形。花中等大，紫堇色或淡紫色，喉部色较淡并带有紫色条纹；萼片卵状披针形或披针形。蒴果长圆形，无毛。种子卵球形，淡黄色。花果期 4 月中下旬至 9 月（图 1115a）。

生境与分布 生于海拔 1 500 m 以下的田埂、路边，分布于神农架各地（图 1115b）。

a   b

图 1115　紫花地丁形态与生境图

ITS2序列特征 紫花地丁 *V. yedoensis* 共 3 条序列，均来自于神农架样本，序列比对后长度为 222 bp，有 3 个变异位点，分别为 165 位点 T-G 变异，170 位点 G-C 变异，197 位点 T-C 变异。主导单倍型序列特征见图 1116。

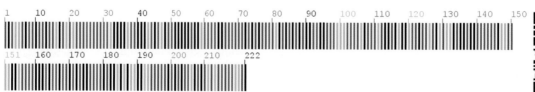

图 1116　紫花地丁 ITS2 序列信息

扫码查看紫花地丁
ITS2 基因序列

psbA-trnH序列特征 紫花地丁 *V. yedoensis* 共3条序列，均来自于神农架样本，序列比对后长度为367 bp，在213～214位点存在碱基插入，313位点存在碱基缺失。主导单倍型序列特征见图1117。

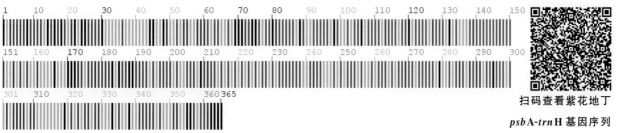

扫码查看紫花地丁
*psb*A-*trn*H 基因序列

图 1117　紫花地丁 *psb*A-*trn*H 序列信息

资源现状与用途 紫花地丁 *V. yedoensis*，别名地丁草、独行虎、紫地丁等，在我国分布广泛。紫花地丁具有药用和观赏价值，且春夏秋均可采收，资源丰富。紫花地丁配合其他中药可治疗多种猪病、兔病。其提取物被应用于化妆品、牙膏等日化产品。此外，紫花地丁还可被引种到公园及街头绿地作为观赏植物。

索　引

拉丁文索引

神农架药用植物资源与基因鉴定

中 文 索 引

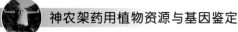